高等职业教育
智能制造专业群
"德技并修 工学结合"
系列教材

电路与模拟电子技术

主编 陈伟元 索迹

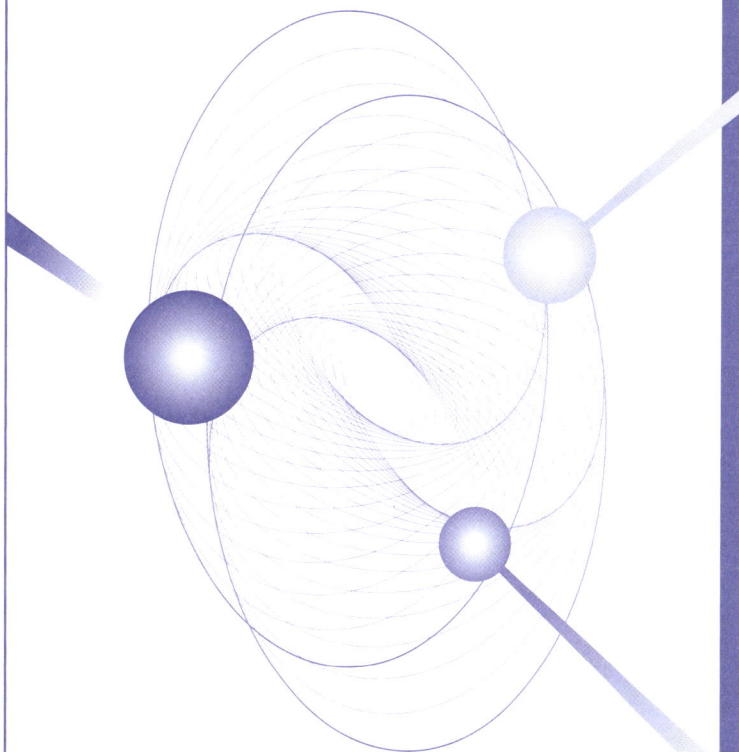

INTELLIGENT MANUFACTURING

中国教育出版传媒集团

高等教育出版社·北京

内容提要

本书为高等职业教育智能制造专业群"德技并修 工学结合"系列教材之一。

本书以"立德树人"为根本任务,注重学生素质及能力培养,重点突出,要点明确、淡化理论分析,突出理论教学与实践训练相结合。本书有机整合了电路分析与模拟电子技术,共分为8个项目,包括电路基本概念和基本定律、直流电路分析、动态电路分析、正弦稳态电路分析、半导体二极管及其应用电路、半导体三极管及放大电路、集成运算放大器及其应用和信号发生电路。

本书配套提供丰富的数字化教学资源,包括教学课件(PPT)、动画、仿真动画、微实验和习题解答等,其中动画、仿真动画、微实验可通过扫描二维码快速、便捷获得,便于移动自主学习,也可发送电子邮件至 gzdz@ pub. hep. cn 获取教学资源。同时本书配套数字化课程,具体学习方式详见"智慧职教"服务指南。

本书适用于高等职业院校智能制造类、电子信息类、计算机类等相关专业教学,也可供成人教育和相关科技人员学习参考。

图书在版编目(CIP)数据

电路与模拟电子技术 / 陈伟元,索迹主编. -- 北京:高等教育出版社,2022.11
ISBN 978-7-04-059398-3

Ⅰ.①电… Ⅱ.①陈… ②索… Ⅲ.①电子电路-高等职业教育-教材②模拟电路-电子技术-高等职业教育-教材 Ⅳ.①TM13②TN710

中国版本图书馆 CIP 数据核字(2022)第 167275 号

DIANLU YU MONI DIANZI JISHU

策划编辑	曹雪伟	责任编辑	曹雪伟	封面设计	姜 磊	版式设计	徐艳妮
责任绘图	于 博	责任校对	吕红颖	责任印制	耿 轩		

出版发行	高等教育出版社	网 址	http://www.hep.edu.cn
社 址	北京市西城区德外大街4号		http://www.hep.com.cn
邮政编码	100120	网上订购	http://www.hepmall.com.cn
印 刷	河北信瑞彩印刷有限公司		http://www.hepmall.com
开 本	787 mm×1092 mm 1/16		http://www.hepmall.cn
印 张	18.25		
字 数	430 千字	版 次	2022年11月第1版
购书热线	010-58581118	印 次	2022年11月第1次印刷
咨询电话	400-810-0598	定 价	48.00元

本书如有缺页、倒页、脱页等质量问题,请到所购图书销售部门联系调换
版权所有 侵权必究
物 料 号 59398-00

"智慧职教"服务指南

"智慧职教"(www.icve.com.cn)是由高等教育出版社建设和运营的职业教育数字教学资源共建共享平台和在线课程教学服务平台,与教材配套课程相关的部分包括资源库平台、职教云平台和 App 等。用户通过平台注册。登录即可使用该平台。

● 资源库平台:为学习者提供本教材配套课程及资源的浏览服务。

登录"智慧职教"平台,在首页搜索框中搜索"电路与模拟电子技术",找到对应作者主持的课程,加入课程参加学习,即可浏览课程资源。

● 职教云平台:帮助任课教师对本教材配套课程进行引用、修改,再发布为个性化课程(SPOC)。

1. 登录职教云平台,在首页单击"新增课程"按钮,根据提示设置要构建的个性化课程的基本信息。

2. 进入课程编辑页面设置教学班级后,在"教学管理"的"教学设计"中"导入"教材配套课程,可根据教学需要进行修改,再发布为个性化课程。

● App:帮助任课教师和学生基于新构建的个性化课程开展线上线下混合式、智能化教与学。

1. 在应用市场搜索"智慧职教 icve"App,下载安装。

2. 登录 App,任课教师指导学生加入个性化课程,并利用 App 提供的各类功能,开展课前、课中、课后的教学互动,构建智慧课堂。

"智慧职教"使用帮助及常见问题解答请访问 help.icve.com.cn。

前　言

　　制造业是国民经济的战略性、基础性和先导性产业,对调整产业结构、转变发展方式、促进社会就业和维护国家安全具有十分重要的作用,特别是以电子信息技术及新一代人工智能引领下的智能制造产业成为带动社会发展的重要引擎。我国正处于经济结构调整和新旧动能转换的重要转型期,需要进一步发挥智能制造的创新驱动作用,以智能制造产业发展引领技术创新与生产方式转变。

　　"电路与模拟电子技术"课程是高等职业院校智能制造类专业和电子信息类专业的专业基础课程。在以往高等职业院校相关专业人才培养方案中,"电路与模拟电子技术"课程内容安排在"电路分析"与"模拟电子技术"两门课程中来完成,学时比较多。两门课程涉及的数学知识和物理知识比较多,理论知识难度大,不易掌握,直接影响学生学习的积极性。本书为了合理安排后续教学,适应目前高等职业教育的实际教学需要,有机整合"电路分析基础"和"模拟电子技术"的教学内容,删减理论性较强的内容,适当增加实践技能培训内容,并引入现代信息化辅助教学手段。

　　本书具有以下特色:

　　1. 充分考虑电子技术相关岗位对技术技能人才培养的要求,将"电路分析"与"模拟电子技术"课程内容有机整合。引入电子技术在人工智能、新能源、集成电路等新一代信息技术的典型应用案例,融入课程思政元素,突出知识与技能的工程应用性,适应当前学生的认知能力。

　　2. 吸取了电子技术应用于智能制造领域的新技术、新知识和新方法,对接电子产品设计、制造与测试等领域相关技术标准和岗位要求。同时,注重吸收电子信息等行业领域的应用场景和企业文化,贯通立德树人,体现企业 6S 管理、6σ 管理规则。

　　3. 实现知识学习和技能训练相结合。理论知识学习是掌握专业技能的必备条件,本书加入仿真实训和技能训练环节,指导学生可以通过不同训练方式来掌握所学知识。仿真实训能够让同学们对原理加深理解,不受限于场地,同时也有助于提高学生的技能训练能力。

　　4. 本书配套的动画、仿真动画和微实验可以通过扫描书中二维码进行学习,视频生动传神,有利于吸引学生,提升学习积极性;引入虚拟仿真技术,使学生在观看视频的同时,还可以"动手操作",通过改变电路结构和参数,可实时观察到实验结果,打破了以往微课视频只能看,不能动手操作的局限;支持移动学习方式,充分利用数字化教学资源,自主学习、自我测试;线下和线上有机结合,满足学生个性化学习需求。

　　本书力求做到集"知识性、先进性、实用性、趣味性"于一体,用"图文、动画、微课"等方式来激发学生的阅读兴趣,尽量避免烦琐而枯燥的公式推导,注重引导并启发学生理解掌握电路的基本概念、基本理论和基本分析方法,注重培养学生的工程实践应用能力。

　　本书包括电路分析与模拟电子技术两部分内容,其中电路分析部分安排在项目 1 至项目 4,是课程的重要知识基础,为后续模拟电子技术学习提供理论基础。模拟电子技术部分安排在项目 5 至项目 8,简化定量计算,突出特性分析。

　　本书由苏州市职业大学陈伟元、索迹、陆春妹、钱国林,无锡学院宋志强等老师共同编写完成,陈伟元编写项目 1、项目 2,并负责全书统稿;索迹编写项目 3、项目 5、项目 6 和项目 8;陆春妹编写项目 7,钱国林编写项目 4,并由陆春妹、宋志强负责课程数字化资源建设。中国车载信息服务产业应用联盟庞春霖也参与了本书的编写。在本书的编写过程中,还得到有关专家和老师的关心和帮助,同时感谢参考文献的编者给予的帮助,在此一并表示衷心感谢。

　　由于编者水平有限,不妥之处在所难免,恳请各位读者批评指正。

编者
2022 年 8 月

微实验和仿真动画简介

目　录

项目6　半导体三极管及
　　　　放大电路 ·········· 155

电路基本概念和基本定律

⚙ 项目要求

项目主要知识点：

1. 电路的基本概念和基本物理量；
2. 电路的基本元件，包括电阻元件、电感元件、电容元件、电压源、电流源和受控源等；
3. 电路的基本定律，包括欧姆定律和基尔霍夫定律。

学习目标及素质、能力要求：

1. 能准确描述电路的基本概念和基本物理量，理解电压和电流的参考方向；
2. 掌握电阻、电感、电容、电压源、电流源和受控源的基本特性；
3. 能熟练应用基尔霍夫定律和欧姆定律对电路进行分析计算；
4. 认识电路元件符号，能看懂电路图；
5. 能够按照要求搭建电路，能够使用仪器仪表测量电路参数；
6. 学会使用 Multisim 仿真软件进行电路仿真；
7. 具有工程思维和规范操作的素养。

🔧 项目导入

日常生活离不开各种电器，如吸尘器、电磁炉、电冰箱、电热水器和电暖气等。电器工作离不开电路，正是各种电路保证了电器正常工作，想了解这些电路是如何工作的，这就需要具备一定的电路基础知识。通过本项目的学习，学生应了解电路原理并为进行电路分析打下必要的基础。

◤ 知识点 **1.1**
电路组成和电路模型

为实现一定功能，将若干电气设备或元器件按照一定方式连接起来的整体称为电路。简单来说，电路就是电流流通的路径。实际电路不胜枚举，其作用归纳起来有两种：一是实现电能的传输和转换，如电力系统中的电路；二是实现信号的传递加工和处理，如遥控器电路。

图 1.1(a) 所示是一个手电筒实际电路，电路由干电池、导线、开关和灯泡依次连接起来实现照明功能。当开关闭合后，干电池把化学能转换成电能给灯泡供电，灯泡再把电能转换

成光能,从而实现照明。

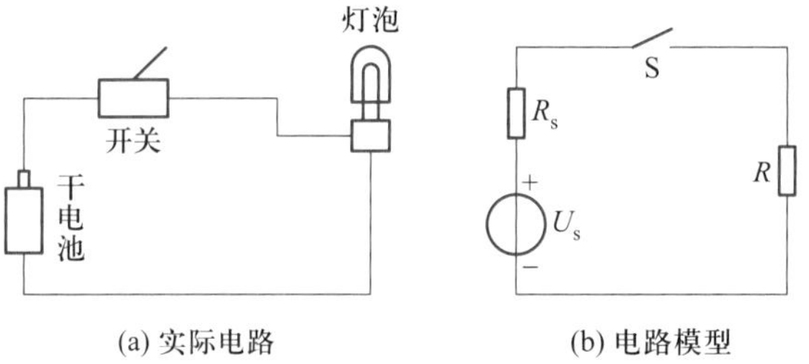

(a) 实际电路　　　　　　　　　　(b) 电路模型

图 1.1　手电筒电路

　　虽然实际电路千差万别,要实现的功能各不相同,但是任何电路都包括电源、负载和连接导线(中间环节)等三个基本部分。电路中提供电能或信号的器件称为电源,如发电机、电池等。电路中吸收电能或输出信号的器件称为负载,如电动机、电灯等。连接导线将电源和负载连成通路,起着连通电路和传输能量的作用。在实际使用中,电路还要添加诸如开关、断路器、变压器等引导和控制电流的传输控制器件,这些器件称为中间环节,它们在电路中起着传输和分配电能、控制和保护电气设备的作用。

　　为方便研究实际电路,将实际电路中的元件用理想电路元件表示。把理想电路元件连接在一起画出的电路图就是电路模型。如图 1.1(b) 所示电路,就是用电路模型表示的手电筒电路。电路模型将复杂的实体电路变得简洁明了,便于分析。本书中进行分析和计算的电路都是电路模型,简称电路。电路模型中的各元件忽略次要因素,电磁转换过程都集中在元件内部进行,称为集总参数元件,这些元件所构成的电路称为集总参数电路,一般适用于低频和中频电路分析。

　　一般的理想元件具有两个引出端,这类元件称为二端理想电路元件。具有两个以上引出端的元件,称为多端理想电路元件。为了叙述简单,下文中将"理想"二字省去。

　　电路元件分为无源元件和有源元件两大类。常用电路元件的电路符号如图 1.2 所示。无源元件包括电阻元件、电感元件和电容元件,如图 1.2(a) ~ 图 1.2(c) 所示。有源元件包括理想电压源和理想电流源,也称为电路的独立源,为电路提供激励,如图 1.2(d) 和图 1.2(e) 所示。不明性质的元件用图 1.2(f) 表示。无源元件接收到的电压和电流称为响应。激励和响应是因果关系,有激励才有响应。后面知识点将详细介绍这几种常用的电路模型。

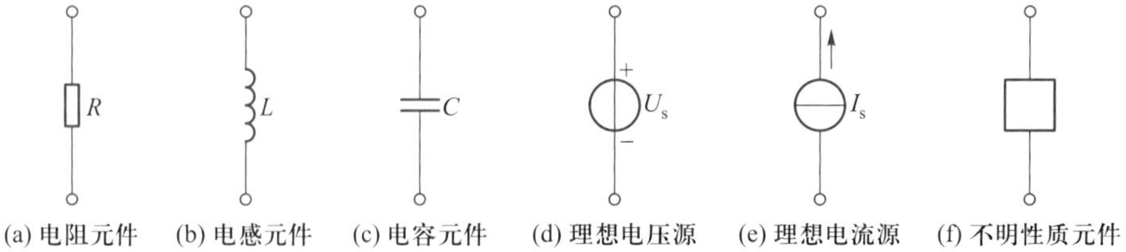

(a) 电阻元件　(b) 电感元件　(c) 电容元件　(d) 理想电压源　(e) 理想电流源　(f) 不明性质元件

图 1.2　常用电路元件的电路符号

　　不同工作条件下,电路处于不同的工作状态,具有不同的特点。电路状态主要有短路、开路和通路三种情况。当电路中某一部分电路用导线(导线电阻忽略不计)连接起来时,该部分电路中的电流全部被导线所旁路,这时电路的状态称为短路;当电路中某一部分电路与电源断开时,该部分电路中没有电流,也没有能量传输和转换,这时电路的状态称为开路;当电源与负载接通时,电路中有电流以及能量传输和交换,这时电路的状态称为通路。

知识点 **1.2**
电路的基本物理量

电路的基本物理量有电流、电压、电动势和电功率等,这些物理量在高中阶段已经接触过,这里将给出更加全面的定义和解释。当电路中的电流、电压、电动势、电功和电功率等物理量随时间变化时,分别用小写字母 i、u、e、p 等表示;当这些物理量大小恒定时,分别用大写字母 I、U、E、P 等表示。直流电路中的物理量一般用大写字母表示,交流电路中的物理量一般用小写字母表示。

1.2.1　电流

电荷定向移动形成电流,电流大小用电流强度来表示。单位时间内通过某一导体横截面的电荷量称为电流强度,简称电流。方向不随时间变化的电流称为直流电流,其中,大小和方向都不随时间变化的电流称为恒定的直流电流(稳恒电流);方向不变而大小随时间变化的电流称为脉动的直流电流。大小和方向都随时间变化的电流称为交流电流,其中,按正弦规律随时间变化的交流电流称为正弦电流;不按正弦规律随时间变化的交流电流统称为非正弦电流。大小不变而方向随时间变化的电流称为脉冲等幅交变电流。通常情况下,直流电流是指恒定的电流,用大写字母 I 表示;交流电流是指正弦电流,用小写字母 i 表示。直流电流的大小为

$$I = \frac{Q}{t} \tag{1-1}$$

交流电流的大小为

$$i = \frac{\mathrm{d}q}{\mathrm{d}t} \tag{1-2}$$

动画:电流的定义

在国际单位制(SI)中,电流的单位为安培,简称安(A),也可以用毫安(mA)和微安(μA)表示,其换算关系为 $1\ \text{A} = 10^3\ \text{mA} = 10^6\ \text{μA}$。

规定正电荷移动的方向为电流的实际方向,电流的方向用箭头表示。在电路比较复杂的情况下,要知道电流的实际方向是比较困难的,为此引入参考方向这个概念。把电路中任意假设的电流方向称为电流的参考方向。在电路分析时,可以先任意假设一个电流的参考方向,再根据这个参考方向求出电流值,如果求出的电流值为正,说明实际方向与参考方向一致,否则说明实际方向与参考方向相反,如图 1.3 所示。

图 1.3(a)所示的实线箭头表示电流的参考方向为由 a 流向 b,虚线箭头表示实际方向,二者方向一致,表示电流的实际方向与参考方向相同,i 为正;图 1.3(b)所示表示电流的实际方向与参考方向相反,i 为负。电流的参考方向也可以用双下标表示,如 i_{ab},表示电流的参考方向是由 a 指向 b。

(a) 电流参考方向与实际方向相同　　　　(b) 电流参考方向与实际方向相反

图 1.3　电流参考方向和实际方向示意图

1.2.2　电压、电位和电动势

电路中单位正电荷从 a 点移至 b 点,电场力所做的功称为 a、b 两点间的电压。用大写字母 U 表示恒定的电压,用小写字母 u 表示变化的电压。对外电路而言,电压的方向规定为正电荷的运动方向。电路中 a、b 点两点间的电压为

$$u_{ab} = \frac{dw_{ab}}{dq} \qquad (1-3)$$

式中:u 为电压;w_{ab} 为电功;q 为电荷。

在国际单位制中,电压的单位为伏特(V),电功的单位为焦耳(J),电量的单位为库仑(C)。电压也可以用千伏(kV)和毫伏(mV)表示,其换算关系为 $1\ kV = 10^3\ V = 10^6\ mV$。

在电路中任选一点,称为参考点。电路某点的电位就是由该点到参考点的电压,或者说单位正电荷由该点移至参考点时电场力所做的功。用大写字母 V 表示恒定的电位,用小写字母 v 表示变化的电位。

电路中任意两点的电压就是这两点间的电位差。图 1.4 所示电路中 a、b 点两点间的电压等于 a、b 两点的电位差。电压和电位的关系可表述为

$$U_{ab} = V_a - V_b \qquad (1-4)$$

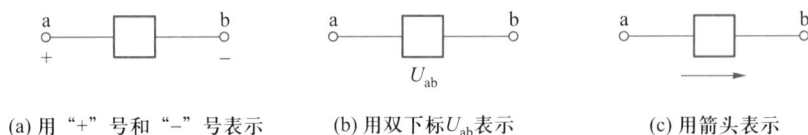

(a) 用"+"号和"–"号表示　　　(b) 用双下标U_{ab}表示　　　(c) 用箭头表示

图 1.4　电压参考方向表示方法

电动势是表示电源特征的一个物理量。外力克服电场力把单位正电荷从电源的负极搬运到正极所做的功称为电源电动势,用 e 或 E 表示。电动势的实际方向与电压实际方向相反,规定为由电源的负极指向正极。

电压的实际方向规定为由电位高处(+)指向电位低处(–),因此电学中通常又把电压称为电压降。

复杂电路中,无法直观地看出电压的实际方向,与电流方向的处理方法类似,也引入电压参考方向。可任选一方向为电压的参考方向进行电路分析,如果最后求得的 u 为正值,说明电压的实际方向与参考方向相同,否则说明两者相反。图 1.4(a)中,当 $V_a = 5\ V$,$V_b = 3\ V$ 时,按所标注的电压参考方向,$U_{ab} = V_a - V_b = 5\ V - 3\ V = 2\ V > 0$,说明电压实际方向与参考方向一致;将图 1.4(a)中电压参考方向的"+"和"–"对调,求出 $U_{ba} = V_b - V_a = 3\ V - 5\ V = -2\ V < 0$,说明其实际方向与参考方向相反。

在电路图上,电压参考方向的表示方法有以下三种。

(1)用"+"号和"−"号分别标注在电路图的a点和b点附近,"+"表示高电位,"−"表示低电位。如图1.4(a)所示,电压参考方向是从a点指向b点。

(2)用双下标U_{ab}表示,a表示高电位,b表示低电位。如图1.4(b)所示,电压参考方向是从a点指向b点。

(3)用箭头表示,即设定沿箭头方向是电位降的方向。如图1.4(c)所示,a点为高电位,b点为低电位,电压参考方向是从a点指向b点。

对于同一个元件,其电流参考方向和电压参考方向可以相互独立地任意确定。如果将电流参考方向和电压参考方向取为一致,即电流的参考方向从电压的"+"流向"−",则称为关联参考方向,如图1.5(a)所示;如果电流参考方向和电压参考方向不一致,则称为非关联参考方向,如图1.5(b)所示。通常,电源取非关联参考方向,负载取关联参考方向。在关联参考方向下,如果电压、电流都是正值,则说明该元件的真实性质是负载;如果电压、电流有正负,则说明该元件的真实性质是电源。设置参考方向只是分析电路的需要,不必纠结其真实方向。在电路分析之前需要设定电压和电流参考方向,标注在电路上,一旦设定,在计算过程中不能再更改参考方向。

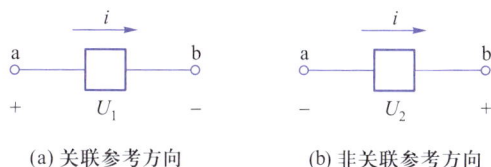

(a)关联参考方向　　　　(b)非关联参考方向

图1.5 电压与电流关联参考方向与非关联参考方向示意图

1.2.3 电功率

电场力在单位时间内所做的功称为电功率,简称功率,用p或P表示。功率的表达式为

$$p=\frac{\mathrm{d}w}{\mathrm{d}t} \tag{1-5}$$

在国际单位制中,功率的单位为瓦特(W),即

1 W(瓦特)= 1 V(伏特)×1 A(安培)= 1 J(焦耳)/1 s(秒)

大功率时可以用千瓦(kW)或兆瓦(MW)表示,小功率时可以用毫瓦(mW)和微瓦(μW)表示。

当电压和电流取关联参考方向时,$p=ui$;当电压和电流取非关联参考方向时$p=-ui$。如果某元件的功率$p>0$,说明该元件吸收功率;如果某元件的功率$p<0$,说明该元件发出功率。

在直流电路中,电流、电压和功率用大写字母表示,即$P=UI$或$P=-UI$。

电器铭牌上标示的电功率是额定功率,即额定电压和额定电流的乘积。

平时人们更关注电器会消耗多少电能,电能是功率和时间的乘积,用W表示。对于直流电路,在t时间内功率为P的电器消耗的电能为$W=Pt$,电能单位为焦耳,简称焦(J)。实际工程或生活中常用"度"来衡量电能。功率为1 kW的电器用电1 h,消耗的电能为1度,即1度=1 kW×1 h=1 kW·h(千瓦时)。1度电与焦耳之间的关系为1度=3.6×10^{6} J。

例1.1 求图1.6所示各元件的功率。

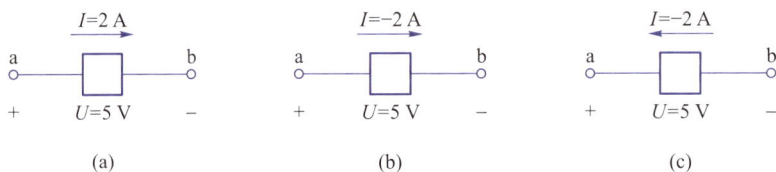

图 1.6 例 1.1 用图

解：图(a)所示电压和电流为关联参考方向，$P = UI = 5\text{ V} \times 2\text{ A} = 10\text{ W}$，$P > 0$，吸收 10 W 功率；

图(b)所示电压和电流为关联参考方向，$P = UI = 5\text{ V} \times (-2\text{ A}) = -10\text{ W}$，$P < 0$，发出 10 W 功率；

图(c)所示电压和电流为非关联参考方向，$P = -UI = -5\text{ V} \times (-2\text{ A}) = 10\text{ W}$，$P > 0$，吸收 10 W 功率。

知识点 **1.3**
电路的基本元件

常见的电路元件包括电阻、电容、电感、电压源、电流源和受控源等。电路元件在电路中的作用以及元件的性质是由其电压、电流关系，即伏安关系（VAR）决定的。

1.3.1 电阻元件和欧姆定律

电阻元件是一种消耗电能的二端元件。实际电路中表示电阻特性的元件是电阻器，电阻元件是从实际电阻器中抽象出来的电路模型，如图 1.2(a)所示。通常用 R 表示电阻元件的电阻，在国际单位制中，电阻的单位为欧姆（Ω），常用的电阻单位还有千欧（kΩ）和兆欧（MΩ）。电阻元件还可以用另一个参数——电导 G 来表示，$G = \dfrac{1}{R}$，国际单位为西门子（S）。

电流与电压大小成正比的电阻元件称为线性电阻元件。本书采用的都是线性电阻元件。元件的电流与电压的关系曲线称为元件的伏安特性曲线。线性电阻元件的伏安特性曲线为通过坐标原点的直线，如图 1.7 所示，这个关系称为欧姆定律（Ohm's Law）。

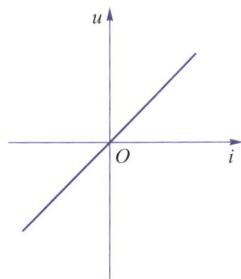

图 1.7 线性电阻元件的伏安特性曲线

电压和电流取关联参考方向时，电阻的伏安关系（对电阻而言，就是指欧姆定律）为

$$u = Ri$$

电压和电流取非关联参考方向时，电阻的伏安关系为

$$u = -Ri$$

在直流电路中，电压和电流取关联参考方向时，电阻的功率为

$$P = UI = RI^2 = \frac{U^2}{R} = GU^2$$

动画：电阻的定义

电压和电流取非关联参考方向时,电阻的功率为

$$P = -UI = RI^2 = \frac{U^2}{R} = GU^2$$

电阻的功率恒大于零,说明电阻元件消耗能量、吸收功率,是耗能元件。

1.3.2　电感元件

电感元件是一种能够储存磁场能量(磁能)的二端元件,是实际电感器的理想化模型,如图1.2(b)所示。电感元件由导线绕制而成,电感线圈的匝数用字母 N 表示,按照线圈中有无铁心,电感线圈分为空心线圈与铁心线圈两种类型。如果电感线圈是空心线圈,那么线圈中的介质是空气,而空气的磁导率是常数,这样空心线圈的电感量就是定值。本书采用的就是空心线圈的电感,即线性电感。

通常用字母 L 表示电感元件的电感量(简称电感),其国际单位为亨利(H),常用的单位还有毫亨(mH)。电感电压的大小等于电感量与电感电流变化率的乘积。

当电感电压与电流取关联参考方向时,电感的伏安关系为

$$u = L\frac{\mathrm{d}i}{\mathrm{d}t}$$

当电压与电流取非关联参考方向时,电感的伏安关系为

$$u = -L\frac{\mathrm{d}i}{\mathrm{d}t}$$

可见,只有流过电感电流变化时,电感两端才有电压。在直流电路中,电感上即使有电流通过,但是电流的变化率 $\frac{\mathrm{d}i}{\mathrm{d}t} = 0$,则电感电压 $u = 0$,相当于短路,因此电感具有"通直流"的作用。

1.3.3　电容元件

电容元件是一种能够储存电场能量(电能)的二端元件,是实际电容器的理想化模型,如图1.2(c)所示。电容元件分为有极性电容和无极性电容。有极性电容如电解电容,其引线有正、负极性之分,在电路连接时需注意引线极性不能接反,否则会损坏元件。大多数电容器是无极性电容,如空气电容、云母电容、纸介电容和瓷介电容等,无极性电容的两根引线没有正、负极性之分,在电路连接时可以任意连接。

通常用字母 C 表示电容元件的电容量(简称电容),其国际单位是法拉(F),常用的单位还有毫法(mF)和微法(μF)。电容电流的大小等于电容量与电容电流变化率的乘积。

当电容电压与电流取关联参考方向时,电容的伏安关系为

$$i = C\frac{\mathrm{d}u}{\mathrm{d}t}$$

当电压与电流取非关联参考方向时,电容的伏安关系为

$$i = -C\frac{\mathrm{d}u}{\mathrm{d}t}$$

可见,只有电容电压变化时,电容两端才有电流。在直流电路中,电容上即使有电压,但

是电压的变化率 $\dfrac{\mathrm{d}u}{\mathrm{d}t}=0$,电容电流 $i=0$,相当于开路,因此电容具有"隔直流"的作用。

1.3.4 理想电压源

电源是电路的组成部分,实际电源可以是电池、发电机等。分析电路时,根据不同性质,电源可分为电压源和电流源两种不同特性的电路模型,这两种电源也称为独立源。

理想电压源是一个理想二端元件,其符号如图 1.8(a)所示。常用电压源有直流电压源和交流电压源。直流电压源的电压是恒定值,如图 1.8(b)所示;交流电压源的电压是变化的,如图 1.8(c)所示。

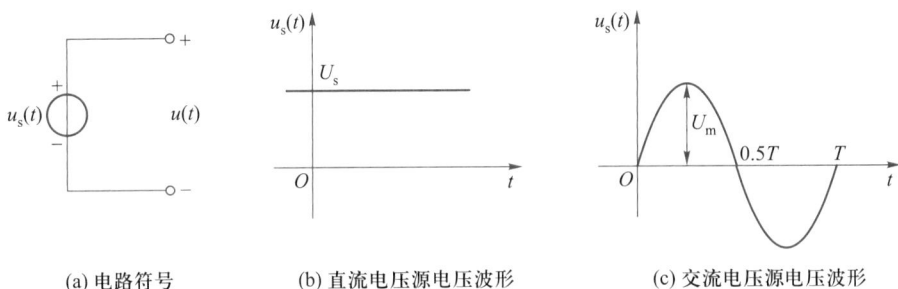

(a) 电路符号   (b) 直流电压源电压波形   (c) 交流电压源电压波形

图 1.8 电压源电路符号及电压波形

电压源具有以下两个特点。

(1)电压源对外提供的电压由电压源本身确定,不会因所接的外电路不同而改变。

(2)电压源的电流是由外电路决定的,随外接电路不同而不同。

电压源电压与电流之间的关系称为伏安特性(也称为外特性)。直流电压源的伏安特性如图 1.9 所示。电压为零的电压源相当于短路。

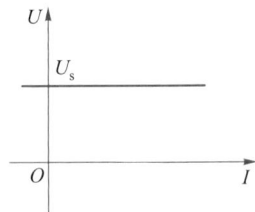

图 1.9 直流电压源的伏安特性

设电压源功率为 p。在关联参考方向下,当 $p>0$ 时,电压源实际上是吸收功率,相当于给电压源充电;当 $p<0$ 时,电压源实际上是发出功率,相当于电压源对外供电。电压源通常取非关联参考方向。在非关联参考方向下,当 $p>0$ 时,电压源实际上是发出功率;当 $p<0$ 时,电压源实际上是吸收功率。

1.3.5 理想电流源

理想电流源是一个理想二端元件,其电路符号如图 1.10(a)所示,理想电流源也可以分为直流电流源和交流电流源两类。

电流源具有以下两个特点。

(1)电流源向外提供的电流由电源本身确定,不会因外电路的不同而改变,与电流源两端电压无关。

(2)电流源的电压是由外电路决定的,随外接电路的不同而不同。

直流电流源的伏安特性(也称为外特性)如图 1.10(b)所示。电流为零的电流源相当于开路。

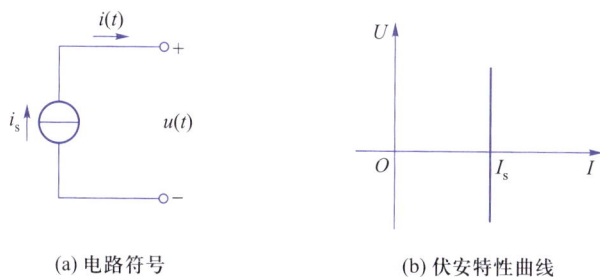

(a) 电路符号　　　　　　　　　(b) 伏安特性曲线

图 1.10　电流源的电路符号及直流电流源的伏安特性曲线

设电流源的功率为 p。在关联参考方向下,当 $p>0$ 时,电流源实际是吸收功率,处于充电状态;当 $p<0$ 时,电流源实际是发出功率,对外供电。电流源通常也取非关联参考方向。在非关联参考方向下,当 $p>0$ 时,电流源实际上是发出功率;当 $p<0$ 时,电流源实际上是吸收功率。

1.3.6　受控源

在电源模型中,除了理想电压源和理想电流源这两种独立源,还有一种电源,它们的电压和电流不是独立的,而是受电路中另一处的电压或电流控制,这样的电源称为受控源或非独立源。

受控源有四类,分为:① 电压控制电压源(VCVS),如图 1.11(a)所示,μ 为控制系数,无量纲;② 电压控制电流源(VCCS),如图 1.11(b)所示,g 为控制系数,量纲是西门子(S);③ 电流控制电压源(CCVS),如图 1.11(c)所示,γ 为控制系数,量纲是欧姆(Ω);④ 电流控制电流源(CCCS),如图 1.11(d)所示,β 为控制系数,无量纲。这四个控制系数具有特定含义,不能用其他符号随意代替。

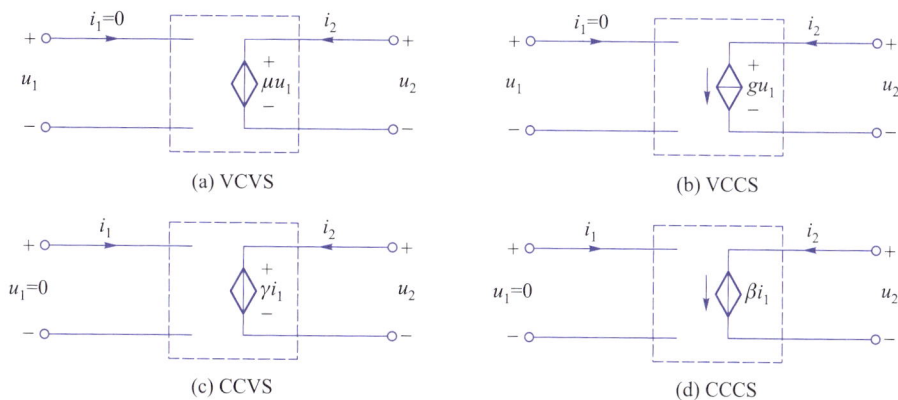

(a) VCVS　　　　　　　　　(b) VCCS

(c) CCVS　　　　　　　　　(d) CCCS

图 1.11　四类受控源的参数关系

受控源实际上反映的是电路中某处的电压或电流能够控制另一处的电压或电流这一现象,它在电路中的作用与独立源完全不同。独立源在电路中起"激励"作用,有了这种"激励"作用,电路中才能产生响应(即电压和电流);而受控源则受电路中其他电压或电流控制,当这些控制量为零时,受控源的电压或电流也随之为零。

知识点 **1.4**

基尔霍夫定律

1.4.1 电路分析常用术语

以图 1.12 所示电路为例,电路分析中常用术语和定义介绍如下。

(1)支路:电路中的每个分支称为支路。图 1.12 中有 ab、adb、acb 三条支路。对于一个整体电路而言,支路就是指其中不具有任何分支的局部电路。

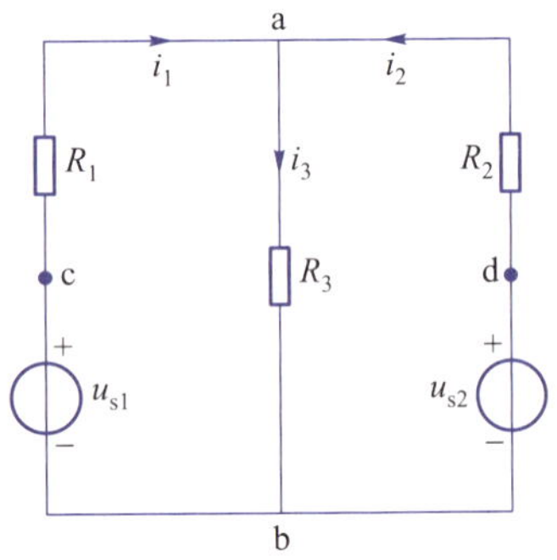

图 1.12 常用术语举例用图

(2)节点:电路中三条或三条以上支路的连接点称为节点。图 1.12 中有 a 点和 b 点两个节点。

(3)回路:电路中任一闭合的路径称为回路。图 1.12 中有 abca、adba、adbca 三个回路。

(4)网孔:将电路画在平面上,在回路内部不另含有支路的回路称为网孔,只有平面网络才有网孔的定义。网孔是回路的一种,如图 1.12 中的 abca 和 adba。可见,网孔都是回路,但回路不一定是网孔。

(5)网络:在电路分析中,一般把含有元件较多的电路称为网络。在实际中,电路与网络可以混用,没有严格的区别。图 1.12 所示就是一个电路,也可以说是一个网络。

(6)平面网络:凡是可以画在一个平面上而不出现任何支路交叉现象的网络称为平面网络。图 1.12 所示就是一个平面网络。

1.4.2 基尔霍夫电流定律

欧姆定律是针对一段支路或单个元件上电压、电流的约束关系,与该段支路或单个元件在空间的位置无关。对于一个多支路的电路而言,电路结构将给各支路电流和回路中各段电压带来另外两种约束,这两种约束与元件本身的性质无关,只与电路结构有关,称为拓扑约束。描述这种拓扑约束关系的就是基尔霍夫电压定律(KVL)和基尔霍夫电流定律(KCL),这两个定律是由德国物理学家 G. R. 基尔霍夫(G. R. Kirchhoff)于 1845 年首先提出,故此得名。基尔霍夫电压定律、基尔霍夫电流定律和欧姆定律,称为电路三大基本定律,是电路分析的依据。

基尔霍夫电流定律可以表述为:在任一瞬时,流入任一节点的电流之和必定等于从该节点流出的电流之和,即 $\sum i_入 = \sum i_出$。也可以表述为:在任一瞬时,通过任一节点电流的代数和恒为零。设流入节点的电流为正,流出节点的电流为负,则 $\sum i_入 - \sum i_出 = \sum i = 0$。

仿真动画:基尔霍夫电流定律

例 1.2 列出图 1.13 中各节点的 KCL 方程。

解:设流入节点的电流为正,流出节点的电流为负。

对节点 a,列 KCL 方程,有

$$i_1 - i_4 - i_6 = 0$$

对节点 b,列 KCL 方程,有

$$i_2 + i_4 - i_5 = 0$$

对节点 c,列 KCL 方程,有

$$i_3 + i_5 + i_6 = 0$$

以上三式相加,得

$$i_1 - i_4 - i_6 + i_2 + i_4 - i_5 + i_3 + i_5 + i_6 = i_1 + i_2 + i_3 = 0$$

把图 1.13 所示虚线所包围的区域看作是一个大节点,i_1、i_2、i_3 是流入此大节点的电流,$i_1 + i_2 + i_3 = 0$ 表明该大节点同样适用基尔霍夫电流定律。由此可知,KCL 不仅适用于节点,也适用于包围几个节点的闭合曲面,这就是基尔霍夫电流定律的推广。

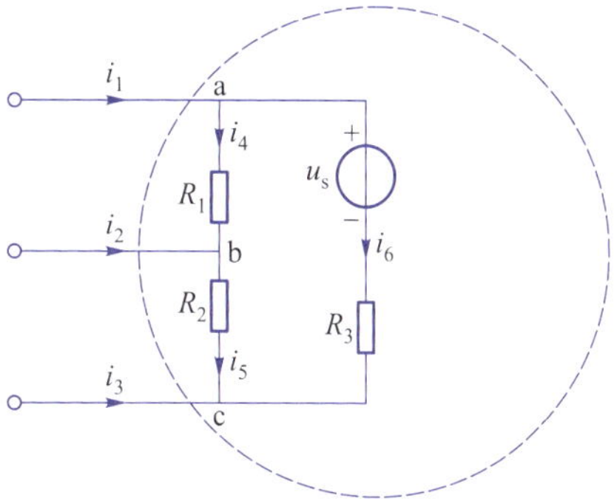

图 1.13 例 1.2 用图

1.4.3 基尔霍夫电压定律

基尔霍夫电压定律可以表述为:在任一瞬时,任一回路上的电位升之和等于电位降之和,即 $\sum u_升 = \sum u_降$。也可以表述为:在任一瞬时,沿电路任一回路电压的代数和恒等于零,即 $\sum u_升 - \sum u_降 = \sum u = 0$。

应用基尔霍夫电压定律列写方程时,首先假设回路绕行方向,可以是顺时针方向,也可以是逆时针方向,并把假设的回路绕行方向标识于电路图中,回路各段电压的参考方向与回路绕行方向一致时取正号,相反时取负号。

KVL 通常用于闭合回路,但也可推广应用到任一不闭合电路。

例 1.3 列出图 1.14 所示电路的 KVL 方程。

解:假设回路绕行方向如图 1.14 所示,对这个回路列出 KVL 方程,有

图 1.14 例 1.3 用图

$$u_{ab} + u_{s3} + i_3 R_3 - i_2 R_2 - u_{s2} - i_1 R_1 - u_{s1} = 0$$

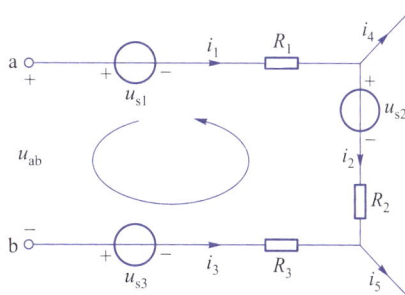

项目训练

一、仿真训练

(一)欧姆定律仿真分析

1. 仿真目的

(1)学习使用 Multisim 仿真软件。

(2)加深对线性电阻元件的理解。

(3)通过仿真验证欧姆定律。

2. 仿真原理

欧姆定律确定了线性电阻电压和电流之间的正比例关系,比例常数就是这个电阻元件的电阻值。

3. 仿真设备

安装 Multisim 仿真软件的计算机 1 台。

4. 仿真步骤

(1) 欧姆定律验证电路如图 1.15 所示。利用 Multisim 仿真软件创建图 1.15 所示电路的仿真框图,验证欧姆定律。在仿真软件元件库中选用元器件,电阻在基本元件库(Basic),直流电压源、接地符号在电源库(Power Source Components)。单击仿真软件"绘制(P)"菜单下的"元器件(C)/Indicators",选用电压表(VOLTMETER)和电流表(AMMETER)。

创建好的仿真框图如图 1.16 所示。需要注意电流表 A(U1)要串接在电路中,电压表 V(U2)要并接到电路中,电流表与电压表的极性要与电源一致。软件分析时必须有个接地点。连接好后按电路图中的要求设置电阻和电源数值(双击各元件,在弹出的面板中可以设置参数),电源(V1)电压 U_s 为 10 V,电阻 R_1 为 10 Ω。

本仿真中,也可以利用测量器件库(Measurement Components)中的万用表(XMM)测量电流和电压。从仿真窗口右侧测量器件库中取出万用表(XMM),单击万用表,打开其参数设置对话框,把它设置成电流表或电压表。

(2) 仿真框图创建完成后,单击仿真软件"运行/停止"按钮(Simulation Switch),启动仿真。仿真结果如图 1.16 中电压表和电流表读数所示,将读数记录在表 1.1 中。双击电阻 R1,按照表 1.1 设置不同的电阻值,重新仿真,把仿真结果记录在表 1.1 中。

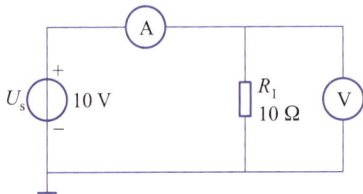

图 1.15 欧姆定律验证电路   图 1.16 欧姆定律仿真框图

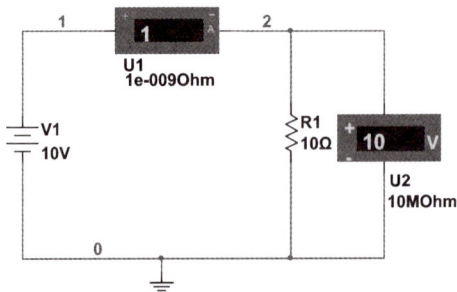

表 1.1 欧姆定律仿真数据记录表

R/Ω	100	200	500	1k	2k	5k
测量值 I/mA						
测量值 U/V						

(3) 根据表 1.1 中的仿真数据,绘制伏安特性曲线,验证欧姆定律。

5. 思考题

测量电路的电压与电流时,电压表与电流表的接法有什么要求? 为什么?

(二) 基尔霍夫定律仿真分析

1. 仿真目的

(1) 学习使用 Multisim 仿真软件。

（2）通过仿真验证基尔霍夫定律，并加深对参考方向的理解。

2. 仿真原理

参见知识点 1.4 基尔霍夫定律相关内容。

3. 仿真设备

安装 Multisim 仿真软件的计算机 1 台。

4. 仿真步骤

（1）KCL 仿真。KCL 验证电路如图 1.17 所示。利用 Multisim 仿真软件创建图 1.17 所示电路的仿真框图，测量支路电流验证 KCL。在仿真软件自带的元件库中选用元器件，电阻在基本元件库（Basic），直流电压源、接地符号在电源库（Power Source Components）。单击仿真软件"绘制（P）"菜单下的"元器件（C）/Indicators"，选用电流表（AMMETER）。

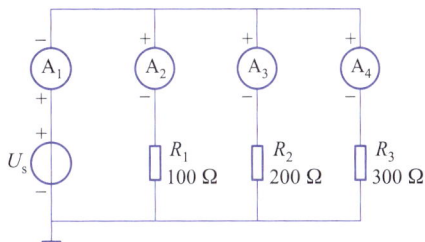

图 1.17 KCL 验证电路

创建好的仿真框图如图 1.18 所示。需要注意的是电流表（验证电路中的 $A_1 \sim A_4$，仿真电路中的 U1~U4）要串接在电路中，电流表的极性要与电源一致。仿真时必须有个接地点。连接好后按电路图中的要求设置电阻和电源数值（双击各元件，在弹出的面板中设置参数），$U_s = 6$ V，$R_1 = 100$ Ω，$R_2 = 200$ Ω，$R_3 = 300$ Ω。

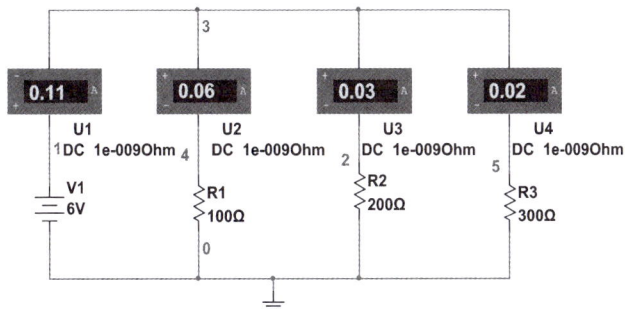

图 1.18 KCL 仿真框图

微实验：基尔霍夫电流定律

仿真框图创建完成后，单击仿真软件"运行/停止"按钮（Simulation Switch），启动仿真，将仿真数据记录在表 1.2 中。根据本项目所学电路知识，计算各支路电流值并记录在表 1.2 中。将测量值与计算值进行比较，验证 KCL。

表 1.2 KCL 验证数据记录表

各支路电流/A	I_1	I_2	I_3	I_4	$\sum I$
测量值/A					
计算值/A					

（2）KVL 仿真。KVL 验证电路如图 1.19 所示。利用 Multisim 仿真软件创建图 1.19 所示电路的仿真框图，测量电阻电压验证 KVL。在仿真软件元件库中选用元器件，电阻在基本元件库（Basic），直流电压源、接地符号在电源库（Power Source Components）。单击仿真软件

"绘制（P）"菜单下的"元器件（C）/Indicators"，选用电压表（VOLTMETER）。创建好的仿真框图如图1.20所示。需要注意电压表（验证电路中的 $V_1 \sim V_3$；仿真框图中的 U1 ~ U3）要并接在电阻两端，极性与电路图中的参考方向一致。连接好后按电路图中的要求设置电阻和电源数值（双击各元件，在弹出的面板中设置参数），$U_s = 6$ V，$R_1 = 1$ kΩ，$R_2 = 2$ kΩ，$R_3 = 3$ kΩ。

图1.19　KVL验证电路

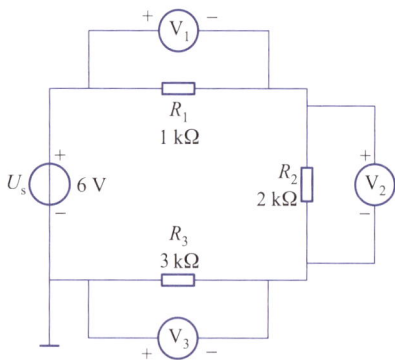

图1.20　KVL仿真框图

仿真框图创建完成后，单击仿真软件"运行/停止"按钮（Simulation Switch），启动仿真。将仿真数据记录在表1.3中。根据本项目所学电路知识，计算各电阻电压值并记录在表1.3中。将测量值与计算值进行比较，验证KVL。

表1.3　KVL验证数据记录表

各电阻电压/V	U_1	U_2	U_3	$\sum U$
测量值/V				
计算值/V				

5. 思考题

如果改变参考方向，结论是否满足KCL和KVL？

二、技能训练

（一）电路基本参数测量

1. 训练目的

（1）掌握直流电源的使用和数字万用表的基本操作技能。

（2）学习使用数字万用表测量电流、电压、电位与电阻。

（3）了解参考点与电位的关系，会测量电路中各点电位和元件两端电压的方法。

2. 训练原理

（1）测量电压。将数字万用表转换开关拨至电压挡上，测直流电压拨至直流挡，测交流电压拨至交流挡。注意量程的选择。测量电压时将表笔并联到待测元件两端。

（2）测量电流。测量时数字万用表的红、黑表笔串联在被测电路中。

（3）测量电阻。测量电阻时，被测电阻与其他电路没有任何接触，也不要用手接触表笔的导电部分，以免影响测量结果。

3. 训练器材

双路直流电源(+6 V、+12 V)1 只,直流电流表(50 mA)1 只,电阻(100 Ω、200 Ω、300 Ω)各 1 只,数字万用表 1 只,开关 1 只,导线若干。

4. 训练内容与步骤

(1) 认识数字万用表。

(2) 搭建图 1.21 所示电路参数测量电路。注意,连接电路前要先用万用表测量电路中所使用的电阻。

(3) 电压和电流测量。闭合开关 S,用数字万用表分别测量电压 U_{ea}、U_{ab}、U_{be}、U_{cd}、U_{de},并连同电流表读数记录在表 1.4 中。

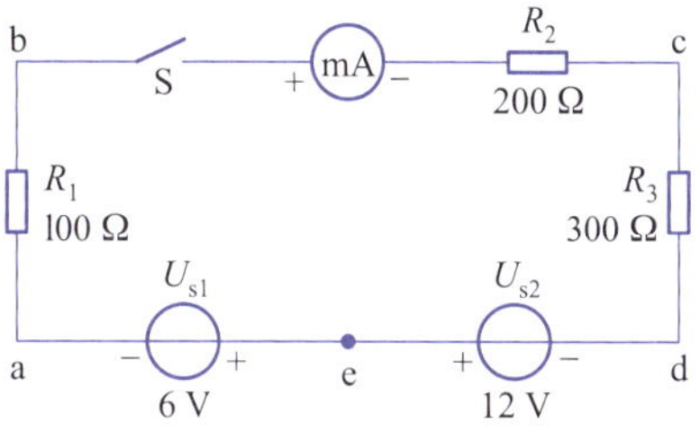

(4) 电位测试。分别选取 a、b、c、d、e 各点为参考

图 1.21　电路参数测量电路

点,将数字万用表黑表笔接参考点,红笔依次测量其他点电位,并填入表 1.5 中,测量时注意电位的正负。

表 1.4　电压和电流理论值与测量值记录表

结果	I/mA	U_{ea}/V	U_{ab}/V	U_{be}/V	U_{cd}/V	U_{de}/V
理论值						
测量值						

表 1.5　电位测量值记录表

参考点	电位				
	V_a/V	V_b/V	V_c/V	V_d/V	V_e/V
a	0				
b		0			
c			0		
d				0	
e					0

5. 注意事项

(1) 测量过程中注意电流表的方向。

(2) 测量电路中各点电位时,每次只能取一个参考点(零点电位)。

(3) 训练过程中遵守实训室相关规定。

动画:电流、电压的测量

6. 思考题

(1) 电压与电位的关系是什么?

(2) 选择不同的参考点时电路中各点的电位、任意两点间的电压有无变化?

(二) 基尔霍夫定律的验证

1. 训练目的

(1) 验证 KCL、KVL,加深对基尔霍夫定律的理解。

(2) 加深理解电路分析中参考方向和绕行方向的作用。

(3) 了解参考点与电位的关系,会测量电路中各点的电位和元件两端的电压。

2. 训练原理

（1）训练主要依据基尔霍夫电流定律（KCL）和基尔霍夫电压定律（KVL）内容,在搭建的电路上进行验证。

（2）分析电路前要设定电路电流或电压的参考方向。

3. 训练器材

双路直流电源（+4 V、+9 V）1 只,直流电流表（50 mA）1 只,功率为 1 W 的电阻（100 Ω、200 Ω、300 Ω）各1 只,数字万用表 3 只,导线若干。

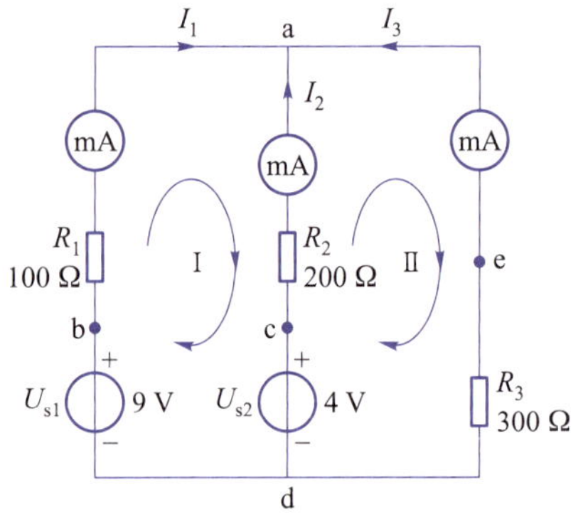

4. 训练内容与步骤

（1）按图 1.22 所示连接训练电路,调节电源电压使 $U_{s1}=9$ V, $U_{s2}=4$ V。

（2）测量各支路电流 I_1、I_2、I_3,注意电流方向,将数据填入表 1.6 中,计算流经节点 a 电流值的代数和 $\sum I = I_1 + I_2 + I_3$,与理论值进行比较。

图 1.22　基尔霍夫定律测试电路

表 1.6　直流电流理论值与测量值记录表

结果	I_1/mA	I_2/mA	I_3/mA	节点 a 的 $\sum I$/mA
理论值				
测量值				

（3）测量电路各段电压 U_{db}、U_{ba}、U_{ac}、U_{cd}、U_{ad},测量时要注意电压正负极性,将所测得的电压数据填入表 1.7 中,计算回路 Ⅰ 电压 $\sum U = U_{db} + U_{ba} + U_{ac} + U_{cd}$ 和回路 Ⅱ 电压 $\sum U = U_{dc} + U_{ca} + U_{ad}$,与理论值进行比较。

表 1.7　各段电压理论值与测量值

结果	U_{db}/V	U_{ba}/V	U_{ac}/V	U_{cd}/V	U_{ad}/V	回路 Ⅰ $\sum U$/V	回路 Ⅱ $\sum U$/V
理论值							
测量值							

5. 注意事项

（1）确保训练过程中电源电压稳定。

（2）训练过程中要注意电流方向和电压极性。

（3）训练过程中遵守实训室相关规定。

6. 思考题

（1）根据训练结果验证基尔霍夫定律,加深对基尔霍夫定律的理解。

（2）理论值和测量值是否存在误差？产生误差的原因有哪些？

项目小结

1. 电路模型的概念:用理想电路元件组合在一起画出的电路图就是电路模型。

2. 本项目重点介绍了电路的电流、电压和电功率三个基本物理量,电位、电动势和电能的概念也有涉及。规定电流方向为正电荷运动的方向,电压方向为电位降低的方向。

3. 在电路比较复杂的时候,要知道电流或电压的实际方向比较困难,因此引入了参考方向的概念。为使用方便,常常将电流和电压的参考方向取为一致,即电流的方向从电压的"+"流向"−",称为关联参考方向。参考方向需要在分析电路前设定,标注在所分析的电路上,一旦设定,在计算的过程中不能随意更改。

4. 电路模型中常用的元件有电阻元件、电感元件、电容元件、理想电流源、理想电压源和受控源。二端元件电压、电流的关系称为伏安特性,用 VAR 表示。

5. 分析电路时常用欧姆定律、基尔霍夫电流定律和基尔霍夫电压定律三大基本定律。这三大基本定律适用于集总参数电路,使用时应注意电压、电流的参考方向。

6. 分析电路经常用到二端网络、节点、支路、回路和网孔等术语。

习 题 1

1.1　单项选择题

(1) 电路元件的电压与电流参考方向如图 1.23 所示,若 $U>0$,$I<0$,则二者的实际方向为(　　)。

　A. a 点为高电位,电流由 a 流向 b　　　　　B. a 点为高电位,电流由 b 流向 a

　C. b 点为高电位,电流由 a 流向 b　　　　　D. b 点为高电位,电流由 b 流向 a

(2) 在图 1.24 所示电路中,若电流源电流 $I_s = 2$ A,则电路的功率情况为(　　)。

　A. 电阻吸收功率,电压源和电流源发出功率　　B. 电阻与电流源吸收功率,电压源发出功率

　C. 电阻与电压源吸收功率,电流源发出功率　　D. 电阻无作用,电流源吸收功率,电压源发出功率

(3) 在图 1.25 所示电路中,电流 I 为(　　)。

　A. $\dfrac{U_1 - U_2}{2}$　　　　B. $\dfrac{U_2 - U_1}{2}$　　　　C. $2(U_1 - U_2)$　　　　D. $2(U_2 - U_1)$

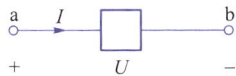

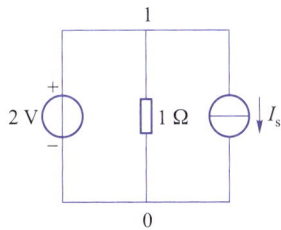

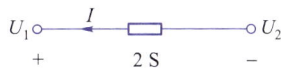

图 1.23　题 1.1(1)　　　　图 1.24　题 1.1(2)　　　　图 1.25　题 1.1(3)

(4) 如图 1.26 所示,已知元件 A 电压 $U = -3$ V,电流 $I = 4$ A;元件 B 电压 $U = 2$ V,电流 $I = -2$ A,则元件 A、B 的吸收功率分别为(　　)。

　A. 12 W,−4 W　　　B. 12 W,4 W　　　C. −12 W,4 W　　　D. −12 W,−4 W

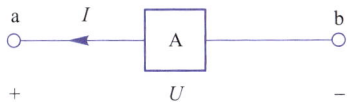

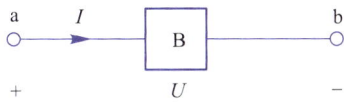

(a)　　　　　　　　　　　　　　(b)

图 1.26　题 1.1(4)

(5) 如图 1.27 所示,当电位器的触点向右移动时,A、B 两点的电位(　　)。

　　A. 降低,升高　　　　B. 降低,降低　　　　C. 升高,升高　　　　D. 升高,降低

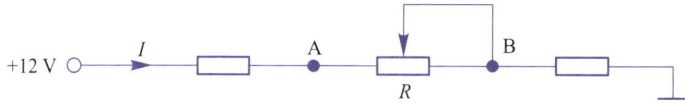

图 1.27　题 1.1(5)

1.2　判断题(请在每小题后的圆括号内正确的打"√",错误的打"×")

(1) U_{ab} 表示 a 端电位高于 b 端电位。　　　　　　　　　　　　　　　　　　　(　　)

(2) 电源的输出功率和电流取决于负载的大小。　　　　　　　　　　　　　　　　(　　)

(3) 一个电热器从 220 V 的电源吸收功率为 100 W,若连接到 100 V 的电源,则吸收功率为 50 W。　(　　)

(4) 电气设备在使用时,电压、电流和功率的实际值一定要等于它们的额定值。　(　　)

(5) 电源的额定功率为 125 kW,端电压为 220 V,当接上一个 220 V、60 W 的灯泡时,灯泡会被烧坏。　(　　)

1.3　图 1.28 所示为某电路的支路,在图示参考方向下,$i(t) = 4\cos\left(2\pi t + \dfrac{\pi}{4}\right)$ A,问:

(1) $i(0)$ 和 $i(0.5)$ 的实际方向是什么?

(2) 若电流参考方向与图 1.28 中相反,则 $i(0)$ 和 $i(0.5)$ 的实际方向有无变化?

图 1.28　题 1.3

1.4　求图 1.29 中的待求电压(设电流表内阻为零)。

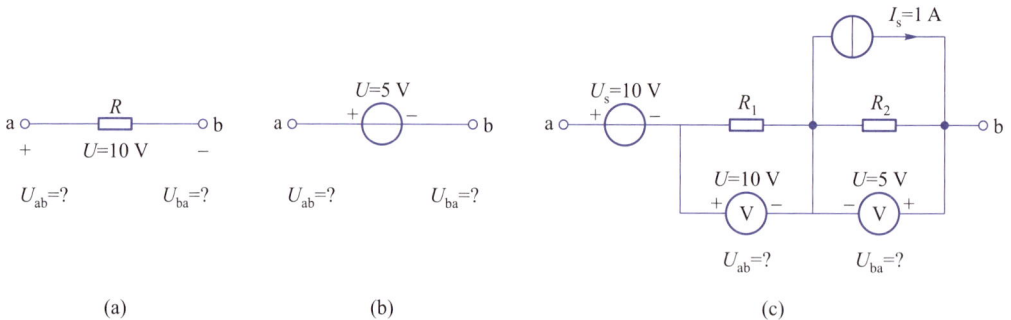

图 1.29　题 1.4

1.5　求图 1.30 中各元件的吸收功率。

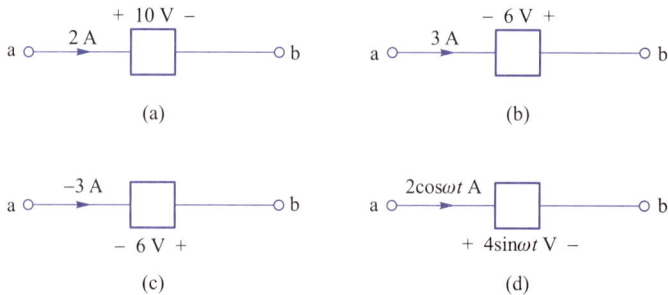

图 1.30　题 1.5

1.6　求图 1.31 所示电路的未知电流。

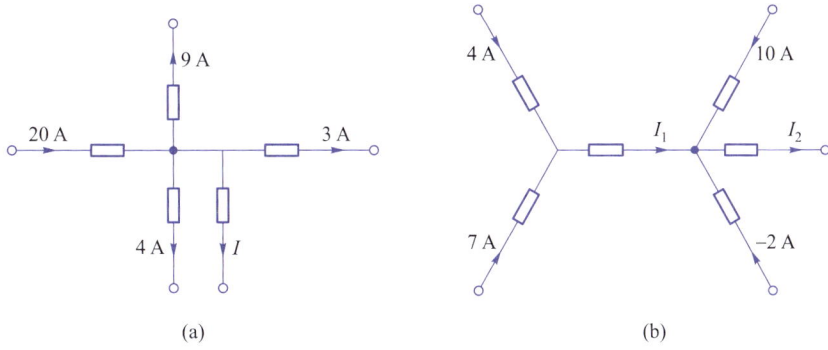

图 1.31 题 1.6

1.7 解答图 1.32 中的各问题(设电流表内阻为零)。

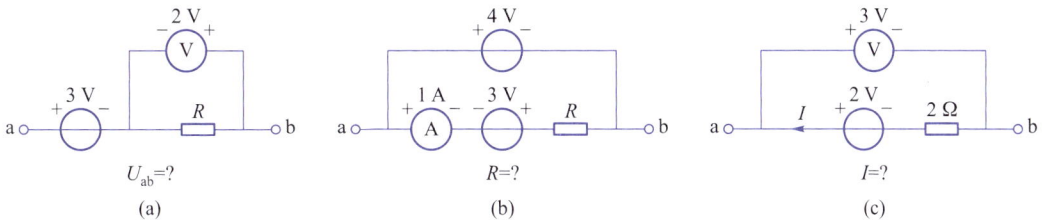

图 1.32 题 1.7

1.8 分别求图 1.33 所示电路在开关打开和闭合时的 U_{AB}、U_{AO} 和 U_{BO}。

1.9 试求图 1.34 所示部分电路的电压 U_{fe}、U_{af}、U_{db} 和电流 I_{cd}。

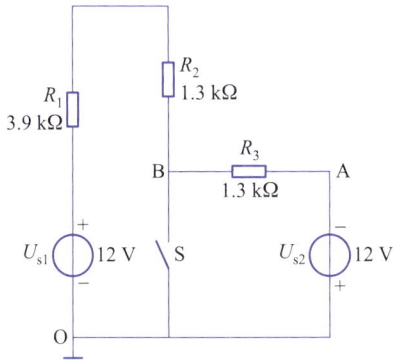

图 1.33 题 1.8

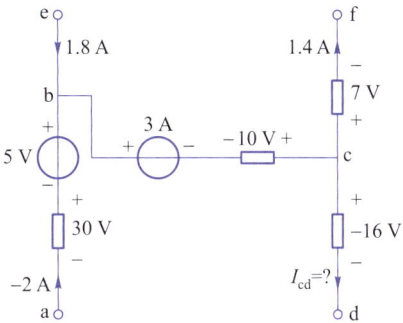

图 1.34 题 1.9

1.10 求图 1.35 所示电路的 U、R、I。

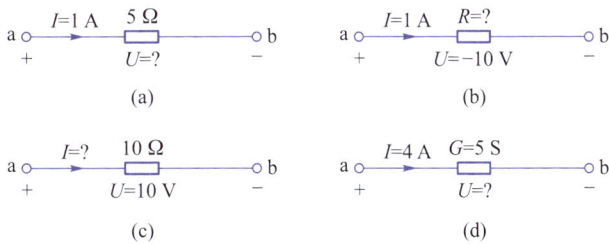

图 1.35 题 1.10

1.11 图 1.36 所示电路是从某电路中抽出的受控支路，根据已知条件求出控制变量。

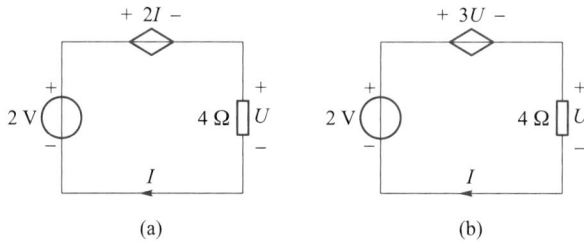

图 1.36 题 1.11

1.12 求图 1.37 所示电路的电流 I 和电压 U。

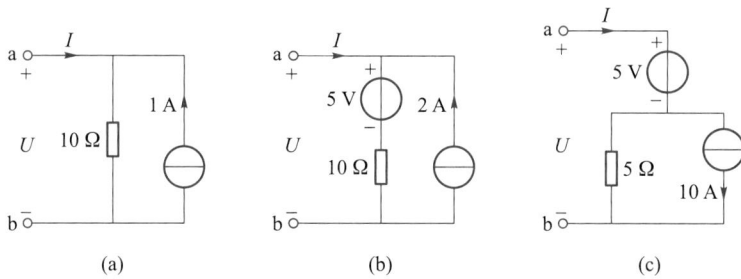

图 1.37 题 1.12

1.13 写出图 1.38 所示各电路的 $U = f(I)$ 和 $I = f(U)$ 两种形式的端口特性方程。

（此处应有图 1.38）

图 1.38 题 1.13

1.14 如图 1.39 所示，根据给定的支路电流参考方向和回路绕行方向，分别列出节点 a、b、c、d 的电流方程和各回路的电压方程。

1.15 应用基尔霍夫定律和欧姆定律列出图 1.40 所示电路的节点方程和回路方程组，并解出各电阻支路的电流。

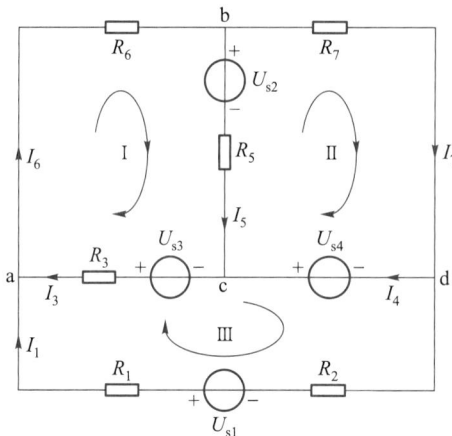

图 1.39 题 1.14

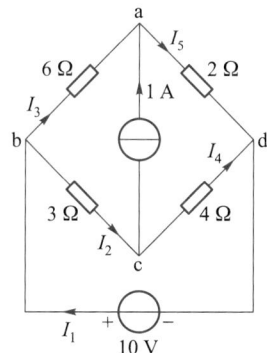

图 1.40 题 1.15

1.16 列出图 1.41 所示电路中的 KCL 方程，并说明这些方程中有多少是独立的。

1.17 列出图 1.41 所示电路中的 KVL 方程，并且说明这些方程中有多少是独立的。

1.18 求图 1.42 所示电路中的 U_{ab} 和 I_R。其中 $R_1 = 10\ \Omega, R_2 = 5\ \Omega, R_3 = 4\ \Omega, R_4 = 2\ \Omega$。

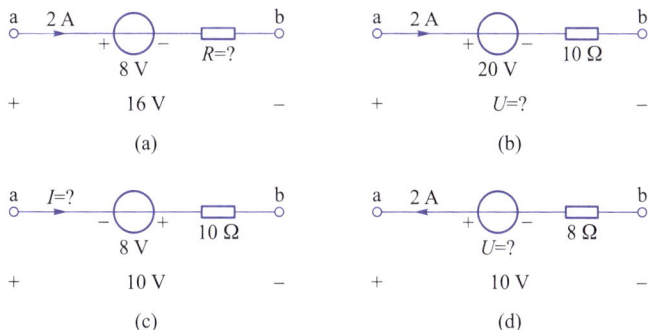

图 1.41 题 1.16 和题 1.17　　　　　　图 1.42 题 1.18

1.19 求图 1.43 中各电路的未知量。

1.20 求图 1.44 所示电路中的 U_s、R_1 和 R_3。

1.21 利用 KVL 求图 1.45 所示电路中的未知量 U_1、U_2。

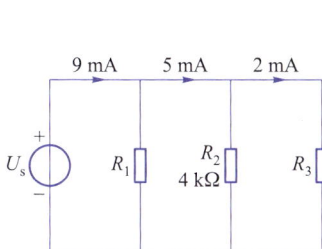

图 1.43 题 1.19

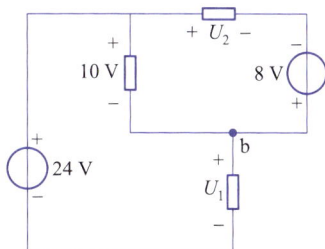

图 1.44 题 1.20　　　　　　图 1.45 题 1.21

1.22 如图 1.46 所示的电路,已知 $R_1 = 4\ \Omega, R_2 = 2\ \Omega, R_3 = 10\ \Omega$,求(1)电流 I_1、I_2 和 I_3;(2)电压 U_{ab}、U_{ac} 和 U_{bc}。

1.23 在图 1.47 所示的电路中,求电阻 R 及 a 点的电位。

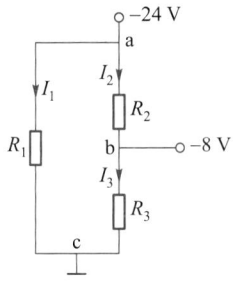

图 1.46 题 1.22

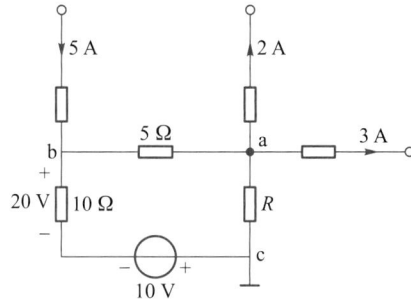

图 1.47 题 1.23

直流电路分析

⚙ 项目要求

项目主要知识点：

1. 电阻等效变换和电源等效变换；

2. 电路分析方法，包括支路电流法、网孔电流法、节点电压法和回路电流法；

3. 电路分析的重要定理，包括叠加定理、替代定理、戴维南定理、诺顿定理和最大功率传输定理。

学习目标及素质、能力要求：

1. 熟练掌握无源网络电阻等效变换和电源等效变换；

2. 会应用支路电流法、网孔电流法、节点电压法和回路电流法分析电路，会应用叠加定理、替代定理、戴维南定理、诺顿定理和最大功率传输定理对电路进行分析计算；

3. 会按照电路图搭建电路并进行测试，会对测试数据进行分析处理，形成报告；

4. 会使用仿真软件进行电路仿真分析；

5. 形成在"等效"原则下将复杂问题简单化处理的思维方法。

🔧 项目导入

项目 1 学习了电路的基本术语和电路分析的三大基本定律，但是对于较复杂的电路，这些知识还远远不够，需要进一步学习更有效的电路分析方法和电路定理。在计算机广泛应用的今天，这些电路方法很容易转换成计算机算法，因此电流求解更加方便、快捷和准确。

知识点 **2.1**

电阻等效变换和电源等效变换

项目 1 中介绍过，二端网络端口电压与电流的关系称为二端网络的伏安特性。如果两个二端网络的伏安特性完全相同，那么就称这两个二端网络互为等效。如图 2.1 所示，如果两个二端网络 N_1 和 N_2 的伏安特性相同，那么二者互为等效网络。这个等效是指对外电路等效，即端口电压和端口电流对外电路的作用相同，但是这两个网络内部结构可以不同。在研究电路等效时，一定要掌握等效的实质含义。

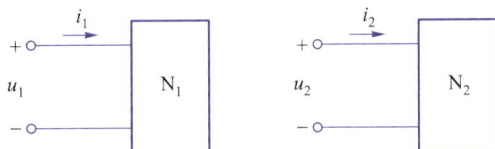

图 2.1 二端网络

2.1.1 电阻串联等效变换

在电路中,把若干个电阻元件首尾依次连接,中间没有分支,流过各电阻的是同一电流,这种连接方式称为电阻串联。图 2.2(a) 所示为 3 个电阻串联电路。由图 2.2(a) 可知,流过 3 个电阻的电流都是 I,3 个电阻的电压分别为 U_1、U_2、U_3,电阻电压和电流取关联参考方向,根据基尔霍夫电压定律及欧姆定律,得

$$U = U_1 + U_2 + U_3 = IR_1 + IR_2 + IR_3 = I(R_1 + R_2 + R_3) = IR(R \text{ 为 3 个电阻的和})$$

图 2.2(b) 所示为图 2.2(a) 的等效电路。由此可以得出结论:n 个电阻串联的等效电阻是各串联电阻的和。即有

$$R_串 = R_1 + R_2 + \cdots + R_n \tag{2-1}$$

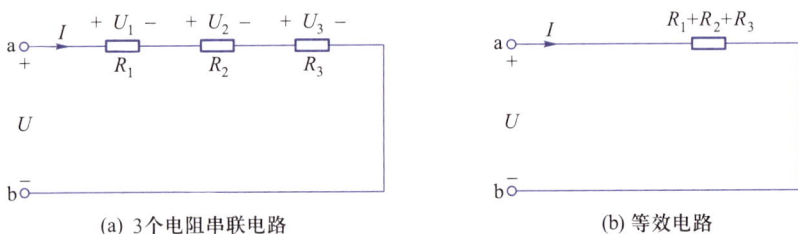

(a) 3个电阻串联电路   (b) 等效电路

图 2.2 电阻串联等效变换

图 2.2(a) 中各电阻的电压为

$$\left. \begin{aligned} U_1 &= R_1 I = R_1 \frac{U}{R_串} = \frac{R_1}{R_1 + R_2 + R_3} \cdot U \\ U_2 &= R_2 I = R_2 \frac{U}{R_串} = \frac{R_2}{R_1 + R_2 + R_3} \cdot U \\ U_3 &= R_3 I = R_3 \frac{U}{R_串} = \frac{R_3}{R_1 + R_2 + R_3} \cdot U \end{aligned} \right\} \tag{2-2}$$

式(2-2)为电阻串联电路分压公式,各电阻分压的多少与其阻值成正比,即 $U_1 : U_2 : U_3 = R_1 : R_2 : R_3$。

电阻串联时,总的等效电阻大于其中任何一个串联电阻。端口电压一定时,串联电阻越多,总的等效电阻越大,电流越小,各个电阻的电压和等于端口电压,在实际应用中可以通过串联电阻进行"限流",这就是分压器的原理。

2.1.2 电阻并联等效变换

在电路中,把若干个电阻元件首端接在一起,尾端接在一起,各电阻电压相同,这种连接方式称为电阻并联。图 2.3(a) 所示为 3 个电阻的并联电路,电路中电阻的大小用电导 G

表示。

由图 2.3(a)可知,3 个电阻的电压相同,都为 U,3 个电阻流过的电流分别为 I_1、I_2、I_3,根据基尔霍夫电流定律及欧姆定律,得

$$I = I_1 + I_2 + I_3 = G_1 U + G_2 U + G_3 U = (G_1 + G_2 + G_3) U = GU(G \text{ 为 3 个电阻电导的和})$$

图 2.3(b)所示为图 2.3(a)的等效电路。可以得出结论:n 个电阻并联的等效电导是各并联电导的和。即有

$$G_{并} = G_1 + G_2 + \cdots + G_n \tag{2-3}$$

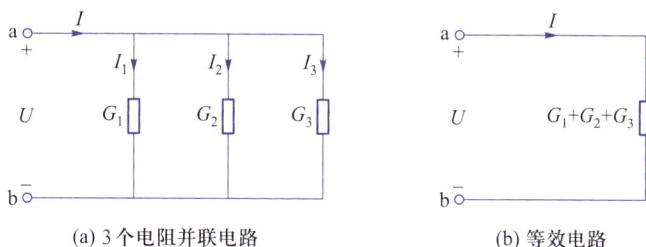

(a) 3 个电阻并联电路　　　　　(b) 等效电路

图 2.3　电阻并联等效变换

如果用电阻表示,则等效电阻的倒数等于各并联电阻倒数的和,即

$$\frac{1}{R_{并}} = \frac{1}{R_1} + \frac{1}{R_2} + \cdots + \frac{1}{R_n}$$

电阻并联时,图 2.3(a)中各电阻的电流为

$$\left. \begin{aligned} I_1 &= G_1 U = G_1 \frac{I}{G_{并}} = \frac{G_1}{G_1 + G_2 + G_3} I \\ I_2 &= G_2 U = G_2 \frac{I}{G_{并}} = \frac{G_2}{G_1 + G_2 + G_3} I \\ I_3 &= G_3 U = G_3 \frac{I}{G_{并}} = \frac{G_3}{G_1 + G_2 + G_3} I \end{aligned} \right\} \tag{2-4}$$

式(2-4)为电阻并联分流公式,各电阻分流的多少与其电导成正比,即 $I_1 : I_2 : I_3 = G_1 : G_2 : G_3$。

电阻并联时,总的等效电阻小于其中任何一个并联电阻,电阻小流过的电流反而大。利用电阻的并联可以实现"分流",这就是分流器的原理。

2.1.3　电阻混联等效变换

电路中如果电阻既有串联连接又有并联连接,则称为电阻混联电路或电阻串并联电路。对于混联电路,可以将串联电阻和并联电阻分别用串联等效变换和并联等效变换逐步化简,最后化简为一个等效电阻。下面以例 2.1 来说明电阻混联电路的化简方法。

例 2.1　电路如图 2.4(a)所示,求 a、b 两点间的等效电阻 R_{ab}。

解:首先无电阻导线 d、d′可以缩成一点用 d 表示,d 和 c 点之间有两个 6 Ω 的并联电阻,a 和 d 之间有一个 5 Ω 和一个 20 Ω 的电阻并联,如图 2.4(b)所示。然后将两组并联电阻分别化简,图 2.4(b)变为图 2.4(c)。由图 2.4(c)可以看出,3 Ω 电阻和 7 Ω 电阻串联后与 15 Ω 电阻并联,再与 4 Ω 电阻串联,因此求得 a、b 两点间等效电阻为

$$R_{ab} = 4\ \Omega + \frac{15\ \Omega \times (3\ \Omega + 7\ \Omega)}{15\ \Omega + 3\ \Omega + 7\ \Omega} = 4\ \Omega + 6\ \Omega = 10\ \Omega$$

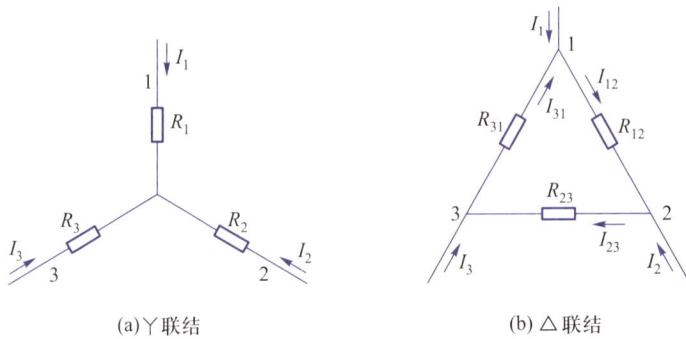

图 2.4   例 2.1 用图

2.1.4   电阻 Y-△等效变换

如图 2.5 所示电阻的两种接法,很显然既不是串联也不是并联。图 2.5(a)中 3 个电阻的一端汇集于一个电路节点,另一端分别连接于 3 个不同的电路端钮上,很像大写的英文字母 Y,称为电阻的星形联结,用 Y 表示。图 2.5(b)中 3 个电阻连接成一个闭环,由 3 个连接点分别引出 3 个接线端钮,很像一个三角形,称为电阻的三角形联结,用符号△表示。

电阻的 Y 联结和△联结都是通过 3 个端钮与外部电路相连接,如果它们的对应端钮之间有相同的电压,流入对应端钮有相同的电流,那么这两种接法的电阻网络是等效的。满足等效条件可以推导出二者转换公式(具体推导过程省略,有兴趣的读者可以自行推导或参阅参考文献),变换前后网络的外特性不变。当△联结网络变换为 Y 联结网络时,电阻间关系为式(2-5);反之电阻间关系为式(2-6)。即

(a) Y 联结   (b) △联结

图 2.5   电阻的 Y 联结和△联结

$$\left.\begin{array}{l} R_1 = \dfrac{R_{12}R_{31}}{R_{12}+R_{23}+R_{31}} \\[3mm] R_2 = \dfrac{R_{12}R_{23}}{R_{12}+R_{23}+R_{31}} \\[3mm] R_3 = \dfrac{R_{23}R_{31}}{R_{12}+R_{23}+R_{31}} \end{array}\right\}$$
(2-5)

动画:电阻
星形联结与
三角形联结
等效变换

$$R_{12} = \frac{R_1 R_2 + R_2 R_3 + R_3 R_1}{R_3}$$

$$R_{23} = \frac{R_1 R_2 + R_2 R_3 + R_3 R_1}{R_1}$$ $\hspace{2cm}$ (2-6)

$$R_{31} = \frac{R_1 R_2 + R_2 R_3 + R_3 R_1}{R_2}$$

为了便于记忆,式(2-5)和式(2-6)可写成如下形式,即

$$\curlyvee 联结电阻 = \frac{\triangle 联结相邻两电阻之积}{\triangle 联结各电阻之和}$$

$$\triangle 联结电阻 = \frac{\curlyvee 联结中各电阻两两乘积之和}{对面的 \curlyvee 联结电阻}$$

如果图 2.5（a）中 $R_1 = R_2 = R_3 = R$,则转变为 △ 联结后 $R_{12} = R_{23} = R_{31} = 3R$,即 $R_\triangle = 3R_\curlyvee$；如果图 2.5（b）中 $R_{12} = R_{23} = R_{31} = R$,则转变为 $\curlyvee$ 联结后 $R_1 = R_2 = R_3 = \frac{1}{3}R$,即 $R_\curlyvee = \frac{1}{3}R_\triangle$。

2.1.5　电源等效变换

项目一中介绍了理想电压源和理想电流源。多个理想电压源只能串联,不能并联。多个理想电压源串联时总电压等于各个理想电压源电压的代数和。多个理想电流源只能并联,不能串联。多个理想电流源并联时总电流等于各个理想电流源电流的代数和。

实际的电压源和电流源总是存在内阻或内阻为有限值。在电路中,为正确描述实际的电压源和电流源特性,给出了实际电压源和实际电流源模型。实际电压源模型是由理想电压源和电阻串联构成的,如图 2.6 所示。实际电流源模型是由理想电流源和电阻并联构成的,如图 2.7 所示。

由图 2.6（a）可以得出实际电压源外特性方程为 $U = U_s - R_s I$,即

$$I = \frac{U_s}{R_s} - \frac{U}{R_s}$$ $\hspace{2cm}$ (2-7)

根据式(2-7)画出实际电压源外特性曲线,如图 2.6（b）所示。

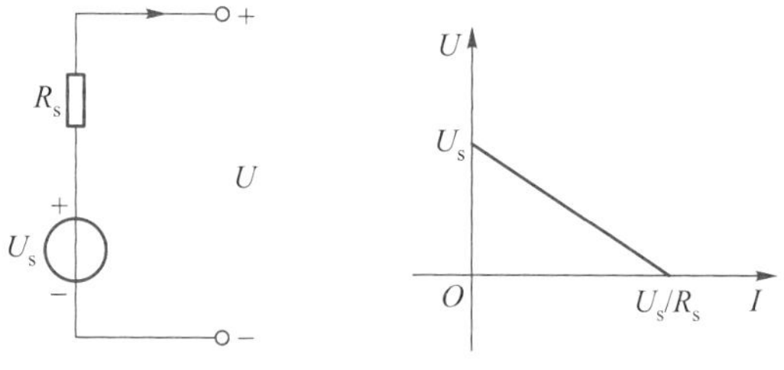

(a) 模型　　　　(b) 外特性曲线

图 2.6　实际电压源模型和外特性曲线

由图 2.7（a）可以得出实际电流源的外特性方程为

$$I = I_s - G_s U$$ $\hspace{2cm}$ (2-8)

根据式(2-8)画出实际电压源外特性曲线,如图 2.7（b）所示。

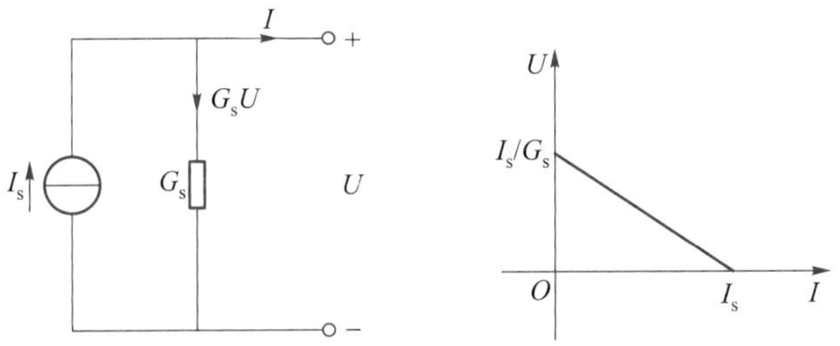

(a) 模型   (b) 外特性曲线

图 2.7　实际电流源模型和外特性曲线

比较式(2-7)和式(2-8)，只要满足

$$G_s = \frac{1}{R_s}, I_s = G_s U_s \tag{2-9}$$

实际电压源和实际电流源就对外部电路等效。这样，式(2-9)就是实际电压源和实际电流源等效变换条件。两者等效变换时，电压源 U_s 与电流源 I_s 之间数量关系遵循欧姆定律，电源内阻 R_s 值不变，电压源电压与电流源电流的方向为非关联参考方向，如图 2.6 和图 2.7 所示，电压源由"－"到"＋"的方向与电流源电流方向保持一致。

例 2.2　用电源等效变换法求图 2.8(a)所示电路中 R 支路的电流 I。已知 $U_{s1} = 18$ V，$U_{s2} = 12$ V，$R_1 = 6$ Ω，$R_2 = 3$ Ω，$R = 5$ Ω。

解：把每个电压源电阻串联支路变换为电流源电阻并联支路，如图 2.8(b)所示。根据式(2-8)得

$$I_{s1} = \frac{U_{s1}}{R_1} = \frac{18 \text{ V}}{6 \text{ Ω}} = 3 \text{ A}$$

$$I_{s2} = \frac{U_{s2}}{R_2} = \frac{12 \text{ V}}{3 \text{ Ω}} = 4 \text{ A}$$

$$I_s = I_{s1} + I_{s2} = 3 \text{ A} + 4 \text{ A} = 7 \text{ A}$$

并联 R_1、R_2 的等效电阻为

$$R_{12} = \frac{R_1 R_2}{R_1 + R_2} = \frac{3 \text{ Ω} \times 6 \text{ Ω}}{3 \text{ Ω} + 6 \text{ Ω}} = 2 \text{ Ω}$$

(a)   (b)   (c)

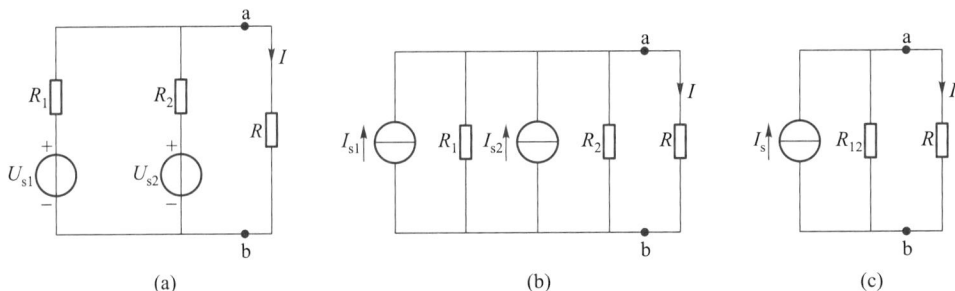

图 2.8　例 2.2 用图

网络简化如图 2.8(c)所示。对图 2.8(c)所示电路，可按分流关系求得 R 的电流 I 为

$$I = \frac{R_{12}}{R_{12} + R} \times I_s = \frac{2 \text{ Ω}}{2 \text{ Ω} + 5 \text{ Ω}} \times 7 \text{ A} = 2 \text{ A}$$

电路分析方法

本知识点以电阻电路为例,介绍电路的基本分析方法,包括支路电流法、网孔电流法、节点电压法和回路电流法四种常用的分析方法。

2.2.1　支路电流法

支路电流法是电路分析最基本的方法之一。此法以支路电流为未知量,利用 KCL 和 KVL 列出支路电流方程和网孔电压方程,然后求解支路电流。下面以图 2.9 所示电路为例,说明支路电流法的应用以及解题的一般步骤。设各支路电流分别为 I_1、I_2、I_3,参考方向如图 2.9 所示。

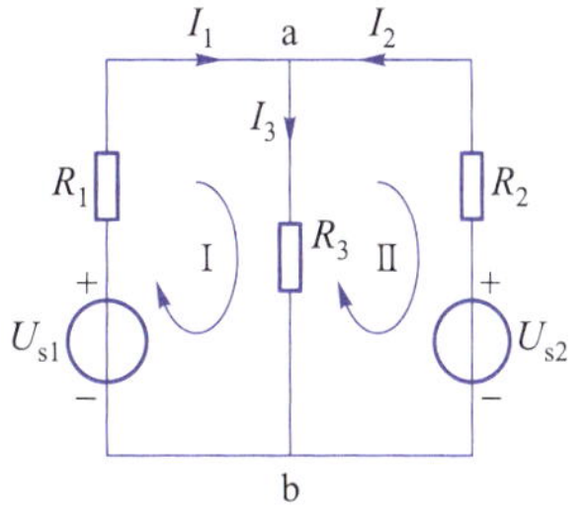

设流入节点电流为正,流出节点电流为负,列写 KCL 方程。对于节点 a,有

$$I_1 + I_2 - I_3 = 0 \qquad (2\text{-}10)$$

对于节点 b,有

图 2.9　支路电流法举例用图

$$-I_1 - I_2 + I_3 = 0 \qquad (2\text{-}11)$$

整理后可知,式(2-10)和式(2-11)实际上是一个方程。也就是说,这个含有两个节点的电路所列出的两个节点电流方程,只有一个是独立的。由此可知,节点数为 n 的电路,即含有 n 个节点的电路可以列出 $(n-1)$ 个独立方程。

图 2.9 中有两个网孔,对这两个网孔列写 KVL 方程。设网孔方向为顺时针方向。对于网孔 I,有

$$R_1 I_1 + R_3 I_3 = U_{s1} \qquad (2\text{-}12)$$

对于网孔 II,有

$$R_2 I_2 + R_3 I_3 = U_{s2} \qquad (2\text{-}13)$$

联立式(2-10)、式(2-12)和式(2-13),解方程,即可求出 I_1、I_2、I_3。

综上所述,支路电流法分析求解电路的一般步骤如下。

(1)在电路中标出各支路电流的参考方向。电流的参考方向可以任意假设,但是一旦设定,在计算中不能随意更改。

(2)设节点电流参考方向,通常设流入节点电流为正,流出节点电流为负,对 $(n-1)$ 个独立节点列出 KCL 方程。

(3)设各网孔绕行方向,通常将各网孔绕行方向设为一致,即同为顺时针方向或逆时针方向。网孔内各电量电压方向与网孔绕行方向一致时为正,相反时为负。对 $b-(n-1)$ 个网孔列出 KVL 方程。

(4)联立求解上述 KCL 和 KVL 方程,求出各支路电流。

例 2.3　如图 2.9 所示,两个参数不同的电源并联运行向负载电路 R_3 供电,已知负载电

阻为 $R_3 = 24\ \Omega$,两个电源的电压和内阻分别为 $U_{s1} = 130\ \text{V}$、$R_1 = 1\ \Omega$ 和 $U_{s2} = 117\ \text{V}$、$R_2 = 0.6\ \Omega$。试用支路电流法求各支路电流 I_1、I_2、I_3 和各元件功率。

解:设各支路电路方向和网孔绕行方向如图 2.9 所示,对节点 a 和两个网孔列出 KCL 和 KVL 方程得

$$\left.\begin{array}{r} I_1 + I_2 - I_3 = 0 \\ 1\ \Omega \times I_1 + 24\ \Omega \times I_3 = 130\ \text{V} \\ 0.6\ \Omega \times I_2 + 24\ \Omega \times I_3 = 117\ \text{V} \end{array}\right\}$$

解得 $I_1 = 10\ \text{A}$,$I_2 = -5\ \text{A}$,$I_3 = 5\ \text{A}$。I_2 为负值,说明它的实际方向与参考方向相反。

U_{s1} 的功率为

$$-U_{s1}I_1 = -130\ \text{V} \times 10\ \text{A} = -1300\ \text{W}$$

电源 U_{s1} 功率小于零,说明电源 U_{s1} 确实是发出功率。

U_{s2} 的功率为

$$-U_{s2}I_2 = -117\ \text{V} \times (-5)\ \text{A} = 585\ \text{W}$$

电源 U_{s2} 功率大于零,说明电源 U_{s2} 实际上是吸收功率。

各电阻的吸收功率为

$$I_1^2 R_1 = 10^2 \times 1\ \text{W} = 100\ \text{W}$$

$$I_2^2 R_2 = (-5)^2 \times 0.6\ \text{W} = 15\ \text{W}$$

$$I_3^2 R_3 = 5^2 \times 24\ \text{W} = 600\ \text{W}$$

总吸收功率为

$$585\ \text{W} + 100\ \text{W} + 15\ \text{W} + 600\ \text{W} = 1300\ \text{W}$$

总吸收功率等于发出功率,满足功率守恒,也证明了计算是正确的。

2.2.2 网孔电流法

支路电流法适用于分析支路数较少的电路,对于支路数较多的电路,未知数较多,方程数目较多,求解不方便。因为一般电路中网孔的个数要小于支路个数,因此为了减少未知数,以网孔电流为未知量列写电路方程,这种方法称为网孔电流法。图 2.10 所示为网孔电流法举例用图,设想在每个网孔中,都有一个电流沿网孔边界流动,这样的电流称为网孔电流,如图 2.10 中标注的电流 I_{m1} 和 I_{m2}。

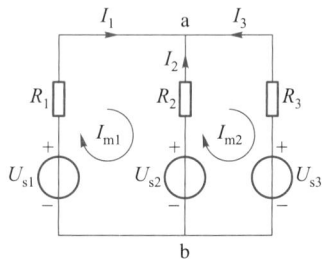

图 2.10 网孔电流法举例用图

图 2.10 中有三条支路、两个网孔,I_1、I_2、I_3 为支路电流,I_{m1}、I_{m2} 为网孔电流,网孔电流与支路电流之间的关系为 $I_1 = I_{m1}$,$I_2 = -I_{m1} + I_{m2}$,$I_3 = -I_{m2}$。

选取网孔绕行方向与网孔电流的参考方向一致,对两个网孔分别列出 KVL 方程,得

$$R_1 I_1 - R_2 I_2 = U_{s1} - U_{s2}$$
$$R_2 I_2 - R_3 I_3 = U_{s2} - U_{s3} \tag{2-14}$$

将支路电流用网孔电流代入,得

$$R_1 I_{m1} + R_2 I_{m1} - R_2 I_{m2} = U_{s1} - U_{s2}$$
$$R_2 I_{m2} - R_2 I_{m1} + R_3 I_{m2} = U_{s2} - U_{s3} \tag{2-15}$$

整理后得

$$(R_1+R_2)I_{m1}-R_2I_{m2}=U_{s1}-U_{s2}$$
$$-R_2I_{m1}+(R_2+R_3)I_{m2}=U_{s2}-U_{s3}$$

$$(2-16)$$

把式(2-16)改写成标准形式,有

$$\left.\begin{array}{l} R_{11}I_{m1}+R_{12}I_{m2}=U_{s11} \\ R_{21}I_{m1}+R_{22}I_{m2}=U_{s22} \end{array}\right\}$$

$$(2-17)$$

式中,$R_{11}=R_1+R_2$,$R_{22}=R_2+R_3$,R_{11}、R_{22}分别为网孔1和网孔2所包含的所有电阻之和,称为网孔的自电阻。因为选取自电阻的电压和电流为关联参考方向,所以网孔的自电阻都取正号。$R_{12}=R_{21}=-R_2$,R_{12}、R_{21}为网孔1和网孔2公共支路的电阻,称为相邻网孔的互电阻。当相邻两个网孔电流的参考方向取为一致时,即同为顺时针或逆时针时,互电阻为负。这是因为当两个相邻网孔电流方向一致时,相邻网孔电流在互电阻上产生的电压方向必定相反。当相邻两个网孔电流的参考方向取为不一致时,互电阻为正。$U_{s11}=U_{s1}-U_{s2}$,$U_{s22}=U_{s2}-U_{s3}$,U_{s11}、U_{s22}分别是各网孔中电压源电压的代数和,电压源电压方向与网孔绕行方向一致时为负;反之为正。

推广到具有m个网孔的平面电路,网孔电流法方程的标准形式为

$$\left.\begin{array}{l} R_{11}I_{m1}+R_{12}I_{m2}+\cdots+R_{1m}I_{mm}=U_{s11} \\ R_{21}I_{m1}+R_{22}I_{m2}+\cdots+R_{2m}I_{mm}=U_{s22} \\ \cdots \\ R_{m1}I_{m1}+R_{m2}I_{m2}+\cdots+R_{mm}I_{mm}=U_{smm} \end{array}\right\}$$

$$(2-18)$$

网孔电流法以网孔电流为变量,对网孔列出电压方程,方程数为$b-(n-1)$个,比支路电流法少$n-1$个 KCL 方程。

归纳网孔电流法求解电路的基本步骤如下。

(1)选取网孔作为独立回路,在网孔中标出网孔电流的参考方向,并把这一参考方向作为回路绕行方向。

(2)若电路中存在电流源和电阻并联的电源模型(即实际电流源),则先根据电源等效变换原则变换为电压源和电阻串联模型(即实际电压源)。

(3)列写各网孔电压方程。方程左侧为自电阻和本网孔电流乘积与互电阻和相邻网孔电流乘积的代数和。自电阻恒为正,各网孔电流方向相同时互电阻为负,否则为正。方程右侧为该网孔内所有电压源的代数和,当电压源电压方向与网孔电流方向一致时为负;相反时为正。

(4)联立方程组求解,求出各网孔电流。

(5)在电路图上标出各支路电流的参考方向,按网孔电流与支路电流方向一致时取正、相反时取负的原则进行叠加运算,求出各支路电流或其他量。

当电路含有理想电流源或受控源时,可以采用以下方法处理。

(1)当电路中含有理想电流源,且理想电流源所在支路仅流过一个网孔电流(即理想电流源位于非公共支路上)时,该网孔电流就是电流源电流。

(2)当电路中含有理想电流源,且理想电流源所在支路流过两个网孔电流(即理想电流源位于公共支路上)时,可设定理想电流源两端电压,将该电压代入网孔电流法方程中,再利用已知的理想电流源电流添加一个补充方程,联立求解,求出网孔电流。

（3）当电路中含有受控源时,先将受控源当作独立源列出网孔电流法方程,再将受控源的控制量用网孔电流表示,添加一个补充方程,联立求解,求出网孔电流。

需要说明的是,网孔电流法只适用于平面电路。

例2.4 用网孔电流法求图2.11所示电路各支路电流。

解:设各网孔电流方向和网孔绕行方向如图2.11所示。计算各网孔的自电阻和相关网孔的互电阻及每一网孔的电源电压,有

$$R_{11} = 1\ \Omega + 2\ \Omega = 3\ \Omega,\ R_{12} = R_{21} = -2\ \Omega$$
$$R_{22} = 1\ \Omega + 2\ \Omega = 3\ \Omega,\ R_{23} = R_{32} = 0$$
$$R_{33} = 1\ \Omega + 2\ \Omega = 3\ \Omega,\ R_{13} = R_{31} = -1\ \Omega$$
$$U_{s11} = 10\ V,\ U_{s22} = -5\ V,\ U_{s33} = 5\ V$$

按式(2-18)列出网孔方程组,有

$$\left.\begin{array}{l} 3\ \Omega \times I_{m1} - 2\ \Omega \times I_{m2} - I_{m3} = 10\ V \\ -2\ \Omega \times I_{m1} + 3\ \Omega \times I_{m2} = -5\ V \\ -1\ \Omega \times I_{m1} + 3\ \Omega \times I_{m3} = 5\ V \end{array}\right\}$$

求解网孔方程组得

$$I_{m1} = 6.25\ A,\quad I_{m2} = 2.5\ A,\quad I_{m3} = 3.75\ A$$

设各支路电流的参考方向如图2.11所示。根据网孔电流求出各支路电流,有

$$I_1 = I_{m1} = 6.25\ A$$
$$I_2 = I_{m2} = 2.5\ A$$
$$I_3 = I_{m1} - I_{m2} = 3.75\ A$$
$$I_4 = I_{m1} - I_{m3} = 2.5\ A$$
$$I_5 = I_{m3} - I_{m2} = 1.25\ A$$
$$I_6 = I_{m3} = 3.75\ A$$

2.2.3 节点电压法

节点电压法是以电路的节点电压为未知量来进行电路分析的一种方法。在电路的 n 个节点中,任选一个为参考点,把其余($n-1$)个节点对参考点的电压称为节点电压。图2.12所示为节点电压法分析用图,图中有3个节点,分别用①、②、③标注。设节点③为参考节点,节点①、②的节点电压分别为 U_{10}、U_{20}。图2.12中有6条支路,支路电流分别为 I_1、I_2、I_3、I_4、I_5、I_6。

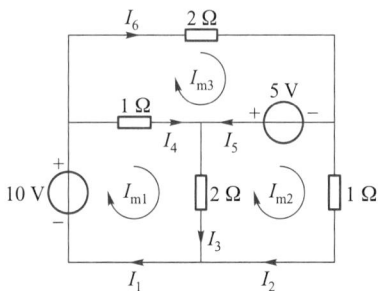

图2.11 例2.4用图

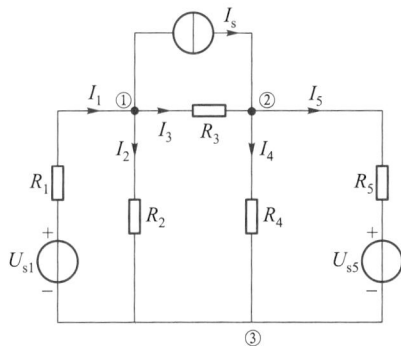

图2.12 节点电压法分析用图

分别对节点①、②列出 KCL 方程，得

$$\left.\begin{aligned} -I_1+I_2+I_3+I_s=0 \\ -I_3+I_4+I_5-I_s=0 \end{aligned}\right\} \tag{2-19}$$

将各支路电流用节点电压表示为

$$\left.\begin{aligned} I_1 &= \frac{U_{s1}-U_{10}}{R_1} \\[4pt] I_2 &= \frac{U_{10}}{R_2} \\[4pt] I_3 &= \frac{U_{10}-U_{20}}{R_3} \\[4pt] I_4 &= \frac{U_{20}}{R_4} \\[4pt] I_5 &= \frac{U_{20}-U_{s5}}{R_5} \end{aligned}\right\} \tag{2-20}$$

将式(2-20)代入式(2-19)，整理得到节点电压方程为

$$\left.\begin{aligned} \left(\frac{1}{R_1}+\frac{1}{R_2}+\frac{1}{R_3}\right)U_{10}-\frac{1}{R_3}U_{20}=\frac{U_{s1}}{R_1}-I_s \\[6pt] -\frac{1}{R_3}U_{10}+\left(\frac{1}{R_3}+\frac{1}{R_4}+\frac{1}{R_5}\right)U_{20}=\frac{U_{s5}}{R_5}+I_s \end{aligned}\right\} \tag{2-21}$$

用电导代替电阻，式(2-21)可写为

$$\begin{aligned} (G_1+G_2+G_3)U_{10}-G_3 U_{20}=G_1 U_{s1}-I_s \\ -G_3 U_{10}+(G_3+G_4+G_5)U_{20}=G_5 U_{s5}+I_s \end{aligned} \tag{2-22}$$

把式(2-22)改写成标准形式为

$$\begin{aligned} G_{11} U_{10}+G_{12} U_{20}=G_1 U_{s1}-I_s \\ G_{21} U_{10}+G_{22} U_{20}=G_5 U_{s5}+I_s \end{aligned} \tag{2-23}$$

式中：$G_{11}=G_1+G_2+G_3$，$G_{22}=G_3+G_4+G_5$，G_{11}、G_{22} 分别称为节点①、②的自电导。自电导恒为正，等于与各节点相连的所有电导之和。$G_{12}=G_{21}=-G_3$，G_{12}、G_{21} 分别为节点①、②的互电导。互电导恒为负，等于连接两个节点的支路电导和。

推广到具有 n 个节点的电路，将第 n 个节点设为参考节点，节点电压法方程的标准形式为

$$\left.\begin{aligned} G_{11} U_{10}+G_{12} U_{20}+\cdots+G_{1(n-1)} U_{(n-1)0}=I_{s11} \\ G_{21} U_{10}+G_{22} U_{20}+\cdots+G_{2(n-1)} U_{(n-1)0}=I_{s22} \\ \cdots \\ G_{(n-1)1} U_{10}+G_{(n-1)2} U_{20}+\cdots+G_{(n-1)(n-1)} U_{(n-1)0}=I_{s(n-1)(n-1)} \end{aligned}\right\} \tag{2-24}$$

式中：I_{s11}、$I_{s22}\cdots I_{s(n-1)(n-1)}$ 分别为流入节点①、②…第 $(n-1)$ 个节点的电流源电流的代数和，流入节点电流为正，流出节点电流为负。

节点电压法以节点电压为变量，对节点列出电流方程，方程数为 $(n-1)$ 个。

归纳节点电压法求解电路的基本步骤如下。

（1）选定参考节点（一般用0或接地符号表示），标出其余各独立节点的序号和节点电压，节点电压参考方向由独立节点指向参考节点。

（2）若电路中存在电压源与电阻串联的电源模型（即实际电压源），则先根据电源等效变换原则变换为电流源与电阻并联的模型（即实际电流源）。

（3）对独立节点列出电流方程。方程左侧为自电导和该节点电压乘积与互电导和相邻节点电压乘积的代数和，自电导为正，互电导为负。方程右侧为与该节点相连的电流源电流的代数和，流入节点电流为正，流出为负。

（4）联立方程组求解，求出各节点电压。

（5）指定各支路电流的参考方向，并由所求得的节点电压计算各支路电流或其他量。

当电路中含有理想电压源或受控源时，可以采用以下方法处理。

（1）当电路中含有理想电压源时，可取理想电压源的负极性端作为参考点，则节点电压就是电压源电压。这样节点电压方程还会减少一个。

（2）当电路中含有受控源时，先将受控源当作独立源列出节点电压法方程，再将受控源的控制量用节点电压表示，添加一个补充方程，联立求解，求出节点电压。

例2.5 试用节点电压法求图2.13所示电路的各支路电流。

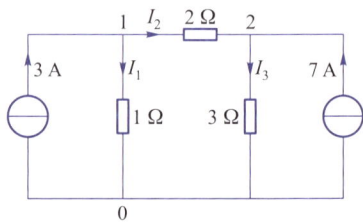

图2.13 例2.5用图

解：在电路中标出电路各节点序号，取节点0为参考节点，设节点1、2的节点电压分别为 U_1、U_2，按式（2-24）列方程，得

$$\left(\frac{1}{1}\,\text{S} + \frac{1}{2}\,\text{S}\right)U_1 - \frac{1}{2}\,\text{S} \times U_2 = 3\,\text{A}$$

$$-\frac{1}{2}\,\text{S} \times U_1 + \left(\frac{1}{2}\,\text{S} + \frac{1}{3}\,\text{S}\right)U_2 = 7\,\text{A}$$

解方程得 $U_1 = 6\,\text{V}$，$U_2 = 12\,\text{V}$。

设备支路电流的参考方向如图2.13所示。根据支路电流与节点电压的关系，得

$$I_1 = \frac{U_1}{1\,\Omega} = \frac{6\,\text{V}}{1\,\Omega} = 6\,\text{A}$$

$$I_2 = \frac{U_1 - U_2}{2} = \frac{6\,\text{V} - 12\,\text{V}}{2\,\Omega} = -3\,\text{A}$$

$$I_3 = \frac{U_2}{3} = \frac{12\,\text{V}}{3\,\Omega} = 4\,\text{A}$$

2.2.4 回路电流法

回路电流法和网孔电流法类似，都是以电流为变量列写电压方程。二者的区别是：① 网孔电流法以网孔电流为变量列写电压方程；回路电流法以回路电流为变量列写电压方程；② 网孔电流法仅适用于平面电路，回路电流法不仅适用于平面电路，也适用于非平面电路；③ 回路电流法更具有普遍性，网孔电流法可以看作是回路电流法的特例。

具有 l 个回路的电路，回路电流法方程的标准形式为

$$R_{11}I_{l1}+R_{12}I_{l2}+\cdots+R_{1l}I_{ll}=U_{s11}$$
$$R_{21}I_{l1}+R_{22}I_{l2}+\cdots+R_{2l}I_{ll}=U_{s22}$$
$$\cdots$$
$$R_{l1}I_{l1}+R_{l2}I_{l2}+\cdots+R_{ll}I_{ll}=U_{sll}$$

$$(2-25)$$

式中:I_{l1}、$I_{l2}\cdots I_{ll}$分别为回路1、回路2…回路l的回路电流;R_{11}、$R_{22}\cdots R_{ll}$分别是回路1、回路2…回路l的自电阻之和,自电阻恒为正;R_{12}、$R_{13}\cdots R_{1l}$分别是回路1和回路2、回路3…回路l的互电阻之和;R_{21}、$R_{23}\cdots R_{2l}$分别是回路2与回路1、回路3…回路l的互电阻之和……R_{l1}、$R_{l3}\cdots R_{l(l-1)}$分别是回路l和回路1、回路3…回路$(l-1)$的互电阻之和。当两回路电流流过互电阻方向相同时互电阻为正,否则为负;U_{s11}、$U_{s22}\cdots U_{sll}$分别是回路1、回路2…回路l中电压源电压的代数和,电压源电压参考方向与回路绕行方向一致时为负,反之为正。

回路电流法列写方程形式和网孔电流法类似,求解电路的基本步骤与网孔电流法也相同。当电路含有理想电流源或受控源时,处理方法也与网孔电流法相同。

例2.6 试用回路电流法求图2.14所示电路的各支路电流。

解:设定各回路电流方向和回路绕行方向如图2.14所示,回路电流方程为

$$I_{l1}=6\text{ A}$$
$$-1\ \Omega\times I_{l1}+(1\ \Omega+3\ \Omega+6\ \Omega)I_{l2}-(1\ \Omega+6\ \Omega)I_{l3}=12\text{ V}$$
$$-(1\ \Omega+2\ \Omega)I_{l1}-(1\ \Omega+6\ \Omega)I_{l2}+(1\ \Omega+2\ \Omega+3\ \Omega+6\ \Omega)I_{l3}=12\text{ V}$$

解得

$$I_{l1}=I_{l2}=I_{l3}=6\text{ A}$$

则

$$I_1=I_{l1}=6\text{ A}$$
$$I_2=I_{l1}-I_{l3}=0\text{ A}$$
$$I_3=I_{l3}=6\text{ A}$$
$$I_4=I_{l2}=6\text{ A}$$
$$I_5=I_{l2}+I_{l3}=12\text{ A}$$
$$I_6=I_{l1}-I_{l2}-I_{l3}=-6\text{ A}$$

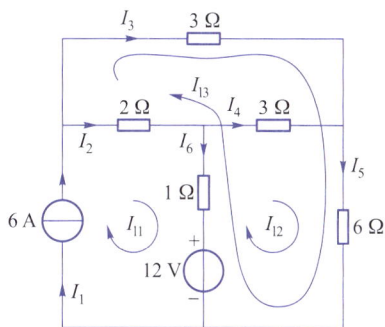

图2.14　例2.6用图

知识点 **2.3**
电路分析定理

本知识点以电阻电路为例介绍电路分析的常用定理,主要包括叠加定理、替代定理、戴维南定理、诺顿定理和最大传输功率定理。

2.3.1　叠加定理

叠加定理体现了线性电路的基本特性——叠加性,是线性电路的重要定理。叠加定理可以表述为:线性电路中,当有两个或两个以上独立电源共同作用时,任意支路的电流或电

压,都可以看作是各个独立电源单独作用时,在该支路中产生的电流或电压的代数和。例如,图 2.15(a)中电压源 U_s 和电流源 I_s 两个电源共同作用于 R_2 电阻支路,该支路的电流可以等效成图 2.15(b)和图 2.15(c)所示电压源和电流源单独作用时的代数和。等效时不作用的电压源相当于短路,不作用的电流源相当于开路。

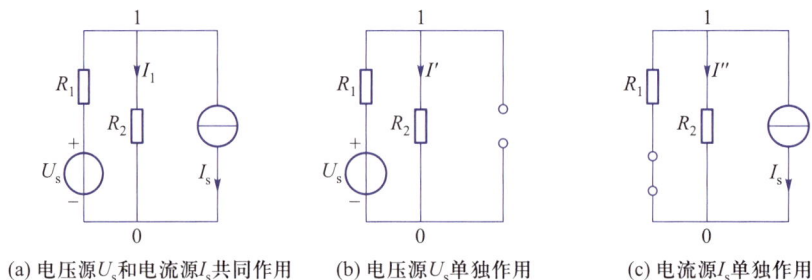

(a) 电压源U_s和电流源I_s共同作用　　(b) 电压源U_s单独作用　　(c) 电流源I_s单独作用

图 2.15　叠加定理举例

下面验证叠加定理。图 2.15(a)所示电路有两个节点,先用节点电压法来求解 R_2 的电流。设 0 点为参考节点,对节点 1 列出节点电压方程为

$$\left(\frac{1}{R_1}+\frac{1}{R_2}\right)U_1 = \frac{U_s}{R_1}-I_s$$

求出

$$U_1 = \frac{\dfrac{U_s}{R_1}-I_s}{\dfrac{1}{R_1}+\dfrac{1}{R_2}} = \frac{R_2 U_s - R_1 R_2 I_s}{R_1 + R_2}$$

电流 I 为

$$I = \frac{U_1}{R_2} = \frac{U_s - R_1 I_s}{R_1 + R_2} = \frac{U_s}{R_1 + R_2} - \frac{R_1}{R_1 + R_2}I_s$$

下面分别求解图 2.15(b)中的电流 I' 和图 2.15(c)中的电流 I''。这两个电路都是只有一个电源的简单电路,应用欧姆定律求解得

$$I' = \frac{U_s}{R_1 + R_2}$$

$$I'' = -\frac{R_1}{R_1 + R_2}I_s$$

I' 和 I'' 的代数和为

$$I' + I'' = \frac{U_s}{R_1 + R_2} + \frac{R_1}{R_1 + R_2}I_s = I$$

可见,电压源 U_s 和电流源 I_s 两个电源共同作用 R_2 电阻支路的电流,等于每个电源单独作用时的代数和。

应用叠加定理时,应注意以下几点。

(1)叠加定理只适用于线性电路,不适用于非线性电路。

(2)叠加定理只适用于电流或电压计算,不能用于功率计算。

(3)叠加时要注意电流或电压的参考方向,其代数和要以原电路中电流或电压的参考

方向为准。各独立电源单独作用时电路各处分电流或分电压的参考方向保持原电路中各电源共同作用时电流或电压的参考方向。

（4）应用叠加定理分析时，当某一独立电源单独作用，受控源保留不变，其余的独立电源置零。方法是将不作用的电压源用短路代替，保留其支路上的电阻；将不作用的电流源开路。如果电路中含有受控源，在独立源单独作用时保留，其数值随每个独立源单独作用时控制量的变化而变化。

例2.7　图2.16（a）所示桥形电路中，$R_1 = 2\ \Omega$，$R_2 = 1\ \Omega$，$R_3 = 3\ \Omega$，$R_4 = 0.5\ \Omega$，$U_s = 4.5\ V$，$I_s = 1\ A$。试用叠加定理求电压源的电流 I 和电流源的端电压 U。

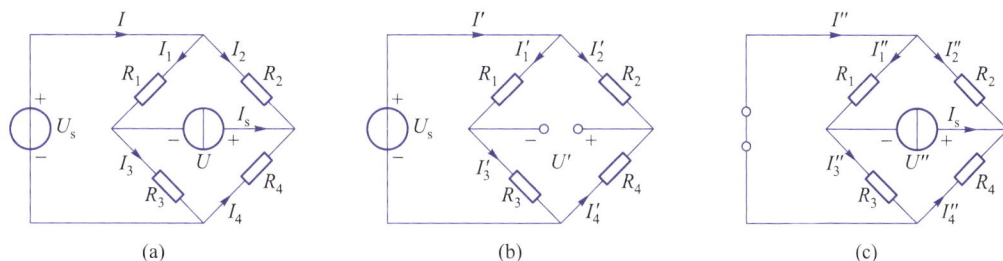

图2.16　例2.7用图

解:（1）当电压源单独作用时，电流源开路，如图2.16（b）所示，各支路电流分别为

$$I_1' = \frac{U_s}{R_1 + R_3} = \frac{4.5\ V}{2\ \Omega + 3\ \Omega} = 0.9\ A$$

$$I_3' = I_1' = 0.9\ A$$

$$I_2' = \frac{U_s}{R_2 + R_4} = \frac{4.5\ V}{1\ \Omega + 0.5\ \Omega} = 3\ A$$

$$I_4' = -I_2' = -3\ A$$

$$I' = I_1' + I_2' = 0.9\ A + 3\ A = 3.9\ A$$

电流源支路的端电压 U' 为

$$U' = -R_4 I_4' - R_3 I_3' = -0.5\ \Omega \times (-3)\ A - 3\ \Omega \times 0.9\ A = -1.2\ V$$

（2）当电流源单独作用时，电压源短路，如图2.16（c）所示，则各支路电流为

$$I_1'' = \frac{R_3}{R_1 + R_3} I_s = \frac{3\ \Omega}{2\ \Omega + 3\ \Omega} \times 1\ A = 0.6\ A$$

$$I_2'' = -\frac{R_4}{R_2 + R_4} I_s = -\frac{0.5\ \Omega}{1\ \Omega + 0.5\ \Omega} \times 1\ A = -0.333\ A$$

$$I'' = I_1'' + I_2'' = 0.6\ A - 0.333\ A = 0.267\ A$$

电流源的端电压为

$$U'' = R_1 I_1'' - R_2 I_2'' = 2\ \Omega \times 0.6\ A - 1\ \Omega \times (-0.333)\ A = 1.533\ V$$

（3）两个独立源共同作用时，电压源的电流为

$$I = I' + I'' = 3.9\ A + 0.267\ A = 4.167\ A$$

电流源的端电压为

$$U = U' + U'' = -1.2\ V + 1.533\ V = 0.333\ V$$

2.3.2　替代定理

替代定理可以表述为:在具有唯一解的电路中,如果第 k 条支路的电压和电流分别为 U_k 和 I_k ,则不论该支路原来是什么元件,总可以用以下三种元件中的任意一种替代,替代前后电路各处电压和电流保持不变。

(1)大小为 U_k ,方向与原支路电压方向一致的理想电压源。

(2)大小为 I_k ,方向与原支路电流方向一致的理想电流源。

(3)阻值为 $R = \dfrac{U_k}{I_k}$ 的电阻元件。

与叠加定理不同,替代定理不仅适用于线性电路,也适用于非线性电路。替代定理还可以推广到对某个二端网络的替代。如图 2.17 所示,已知二端网络 N_2 的端口电压或电流,则二端网络 N_2 可以用上述三种元件之一替代。需要注意的是,被替代网络的内部不能包含受控源的控制量,否则替代后控制量将消失而无法得到受控源的大小。

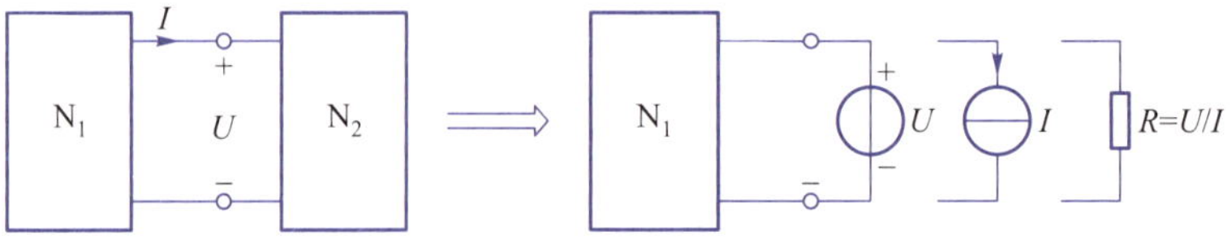

图 2.17　二端网络的替代定理应用

例 2.8　电路如图 2.18(a)所示,已知 $U_s = 16\ \text{V}$, $R_1 = R_2 = R_3 = 4\ \Omega$, $R_4 = R_5 = 2\ \Omega$,用替代定理求 R_2 支路电流 I 。

解:由图 2.18(a)可知,电阻 R_3 右侧二端网络端口电压为 U_s ,根据替代定理,可用一个电压源替代,但因为其内部含有受控电流源的控制量 U ,因此需先求出控制量 U ,有

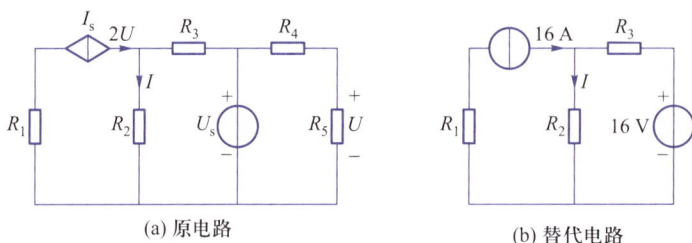

(a) 原电路　　　　　(b) 替代电路

图 2.18　例 2.8 用图

$$U = \frac{U_s}{R_4 + R_5} \times R_5 = \frac{16\ \text{V}}{2\ \Omega + 2\ \Omega} \times 2\ \Omega = 8\ \text{V}$$

则受控电流源的电流为

$$I_s = 2U = 2 \times 8\ \text{A} = 16\ \text{A}$$

根据替代定理,用 16 A 电流源替代受控电流源,用 16 V 电压源替代 R_3 右侧二端网络,如图 2.18(b)所示。根据叠加定理可求得

$$I = \frac{4\ \Omega}{4\ \Omega + 4\ \Omega} \times 16\ \text{A} + \frac{16\ \text{V}}{4\ \Omega + 4\ \Omega} = 10\ \text{A}$$

例2.9　图2.19所示网络 N 为含源网络,已知当 $R_1 =$ $2\ \Omega, I_1 = 6$ A 时, $I_2 = 10$ A;当 $R_1 = 3\ \Omega, I_1 = 9$ A 时, $I_2 = 55$ A,试求当 $I_2 = 0$ 时 R_1 等于多少。

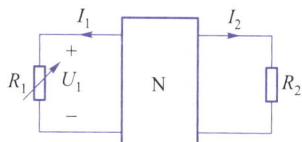

图 2.19　例 2.9 用图

解:设网络 N 内部电源为电压源 U_s。因为流过电阻 R_1 的电流和阻值已知, R_1 电压可求,根据替代定理电阻 R_1 可以用大小为 $U_1 = I_1 R_1$ 的电压源替代。根据叠加定理,流过电阻 R_2 的电流 I_2 可以看作是电压源 U_s 和 U_1 共同作用的结果,因此可设 I_2 为

$$K_s U_s + K_1 U_1 = I_2$$

代入数值得

$$\begin{cases} K_s U_s + K_1(2\times 6) = 10 \\ K_s U_s + K_1(3\times 9) = 55 \end{cases}$$

解得 $K_s U_s = -26, K_1 = 3$。

设当 $I_2 = 0$ 时电阻 R_1 电压为 U_1',则

$$K_s U_s + K_1 U_1' = 0$$

代入数值解得 $U_1' = \dfrac{26}{3}$ V。

同理,电阻 R_1 用大小为 I_1 的电流源替代。根据叠加定理,流过电阻 R_2 的电流 I_2 可以看作是电压源 U_s 和电流源 I_1 共同作用的结果,因此可设 I_2 为

$$K_s' U_s + K_1' I_1 = I_2$$

代入数值得

$$\begin{cases} K_s' U_s + 6K_1' = 10 \\ K_s' U_s + 9K_1' = 55 \end{cases}$$

解得 $K_s' U_s = -80, K_1' = 15$。

设当 $I_2 = 0$ 时电阻 R_1 电流为 I_1',则

$$K_s' U_s + K_1' I_1' = 0$$

代入数值解得 $I_1' = \dfrac{16}{3}$ A。

则电阻 R_1 为

$$R_1 = \frac{U_1'}{I_1'} = \frac{\dfrac{26}{3}\ \text{V}}{\dfrac{16}{3}\ \text{A}} = \frac{13}{8}\ \Omega$$

2.3.3　戴维南定理

戴维南定理(Thevenin's Theorem)可以描述为:任意线性含源二端网络,对外电路而言,总可以用一个电压源和一个电阻串联支路来代替。电压源的电压等于含源二端网络端口处的开路电压,串联电阻等于含源二端网络内部所有独立源置零(即电压源短路,电流源开路)时端口处的等效电阻。通常把电压源和电阻串联支路称为戴维南等效电路。戴维南定理把含源二端网络等效为一个实际电压源,是等效电源定理。需要注意的是,应用戴维南定理时,含源二端网络内部受控源要保留。

戴维南定理可以用叠加定理证明。设含源二端网络与外电路相连，如图 2.20（a）所示，端口 a、b 间的电压为 U，电流为 I，根据替代定理可以用电压和电流相同的电流源替代这个外电路，如图 2.20（b）所示。应用叠加定理，把图 2.20（b）分解为两个电源分别独立作用，如图 2.20（c）和图 2.20（d）所示，$U = U' + U''$。图 2.20（c）中，$U' = U_o$。图 2.20（d）中，U'' 为外部电源 I_s 作用的结果（网络内部的独立源不作用时的端口 a、b 电压），这时的含源二端网络就变成了无源二端网络。端口 a、b 间的电阻为无源二端网络的输入电阻 R_0，此时的电流源 I_s 流过这个电阻时产生的电压降为 $U'' = R_0 I_s = -R_0 I$。根据叠加定理可得到端口 a、b 间的电压 $U = U' + U'' = U_o - R_0 I$。对外电路而言，这个含源二端网络就等效为一个电压源（电压大小等于含源二端网络的开路电压 U_o）和一个电阻（电阻大小等于含源二端网络的等效电阻 R_0）的串联电路。由这个关系画出的等效电路如图 2.20（e）所示，即验证了戴维南定理。

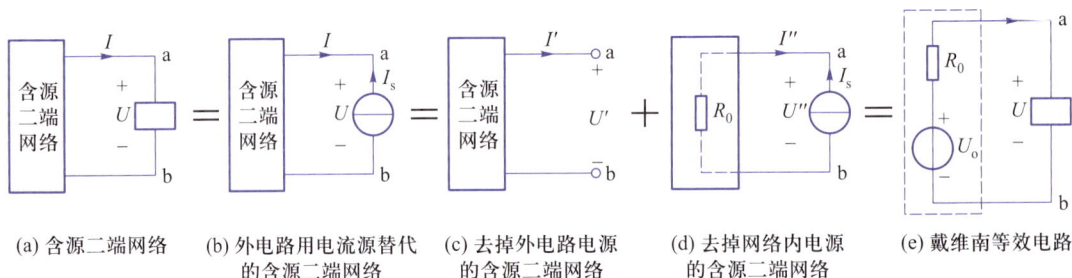

(a) 含源二端网络　　(b) 外电路用电流源替代　　(c) 去掉外电路电源　　(d) 去掉网络内电源　　(e) 戴维南等效电路
　　　　　　　　　的含源二端网络　　　　的含源二端网络　　　　的含源二端网络

图 2.20　戴维南定理的证明

在戴维南等效电路中，开路电压 U_o 的求解方法是先将该支路从电路中去掉，使之成为一个开放的端口，然后计算该端口电压。等效电阻 R_0 的求解方法有以下三种。

仿真动画：
戴维南定理

（1）当含源二端网络不含受控源时，首先把含源二端网络内所有独立源置零，即电压源短路，电流源开路，然后用电阻等效变换加以化简，即为端口的等效电阻。

（2）当含源二端网络含有受控源时，首先把含源二端网络内所有独立源置零，保留受控源，然后在端口处施加一电压源 U，计算端口处的电流 I；或在端口处施加一电流源 I，计算端口电压 U，则等效电阻 $R_0 = U/I$。

（3）分别求含源二端网络端口处的开路电压 U_o 和短路电流 I_s，则等效电阻 $R_0 = U_o/I_s$。

例 2.10　图 2.21（a）所示为一不平衡电桥电路，试求检流计电流 I。

(a)　　　　　　　(b)　　　　　　　(c)　　　　　　　(d)

图 2.21　例 2.10 用图

解: 在图 2.21(a)中,检流计支路相当于负载,将该条支路开路,如图 2.21(b)所示,求得 U_o 为

$$U_o = 5\ \Omega \times I_1 - 5\ \Omega \times I_2 = 5\ \Omega \times \frac{12\ \text{V}}{5\ \Omega + 5\ \Omega} - 5\ \Omega \times \frac{12\ \text{V}}{10\ \Omega + 5\ \Omega} = 2\ \text{V}$$

将电压源短路,如图 2.21(c)所示,求得 R_0 为

$$R_0 = \frac{5\ \Omega \times 5\ \Omega}{5\ \Omega + 5\ \Omega} + \frac{10\ \Omega \times 5\ \Omega}{10\ \Omega + 5\ \Omega} = 5.83\ \Omega$$

应用戴维南定理,把电桥电路等效为一实际电压源,如图 2.21(d)所示,求得电流 I 为

$$I = \frac{U_o}{R_0 + R_g} = \frac{2\ \text{V}}{5.83\ \Omega + 10\ \Omega} = 0.126\ \text{A}$$

例 2.11　求图 2.22(a)所示电路的戴维南等效电路。

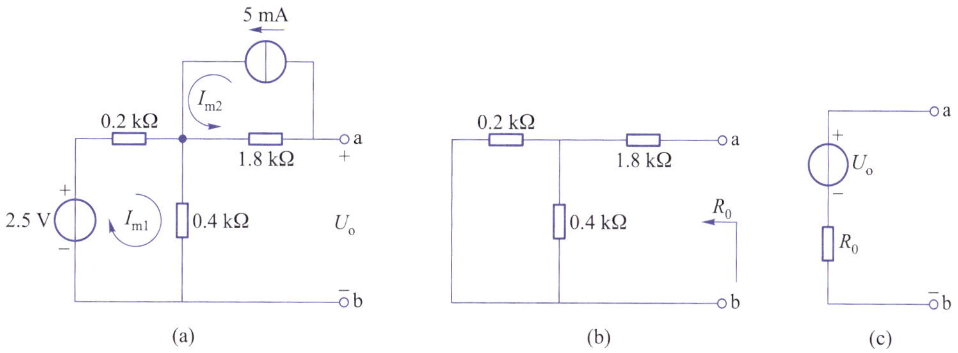

图 2.22　例 2.11 用图

解: 设网孔电流为 I_{m1}、I_{m2},如图 2.22(a)所示,求得网孔电流 I_{m1}、I_{m2} 为

$$I_{m1} = \frac{2.5\ \text{V}}{0.2\ \text{k}\Omega + 0.4\ \text{k}\Omega} = 4.2\ \text{mA}$$

$$I_{m2} = 5\ \text{mA}$$

则开路电压 U_o 为

$$U_o = -1.8\ \text{k}\Omega \times I_{m2} + 0.4\ \text{k}\Omega \times I_{m1} = -1.8\ \text{k}\Omega \times 5\ \text{mA} + 0.4\ \text{k}\Omega \times 4.2\ \text{mA} = -7.32\ \text{V}$$

将图 2.22(a)中的电压源短路、电流源开路,如图 2.22(b)所示,求得等效电阻 R_0 为

$$R_0 = 1.8\ \text{k}\Omega + \frac{0.2\ \text{k}\Omega \times 0.4\ \text{k}\Omega}{0.2\ \text{k}\Omega + 0.4\ \text{k}\Omega} = 1.93\ \text{k}\Omega$$

画出戴维南等效电路,如图 2.22(c)所示。

2.3.4　诺顿定理

诺顿定理(Norton's Theorem)可以描述为:任意线性含源二端网络,对外电路来说,总可以用一个电流源和一个电阻并联支路来代替。电流源的电流等于含源二端网络端口处的短路电流 I_s,并联电阻等于含源二端网络所有独立源置零(内部受控源要保留)时的等效电阻 R_0。诺顿定理把含源二端网络等效为一实际的电流源,也是等效电源定理。

诺顿定理可以用图 2.23 所示电路来描述。图 2.23(a)所示为含源二端网络 N_s,可以等效为图 2.23(b)所示电流源 I_s 和电阻 R_0 并联的诺顿等效电路。求解电流源电路 I_s 时,将负

载短路,如图 2.23(c)所示;求解等效电阻 R_0 时,将含源二端网络 N_s 中的电源置零,变为网络 N_0,求解 R_0,如图 2.23(d)所示。

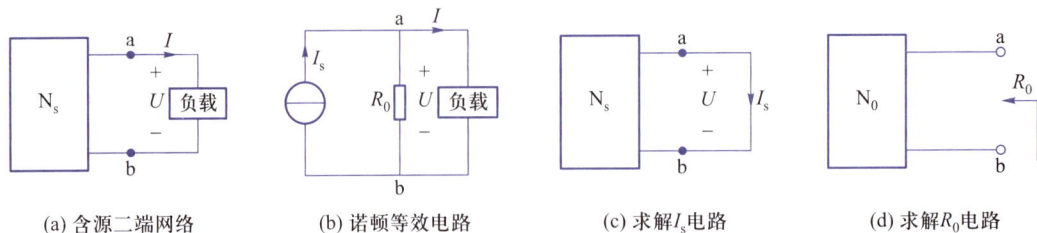

(a) 含源二端网络　　　(b) 诺顿等效电路　　　(c) 求解 I_s 电路　　　(d) 求解 R_0 电路

图 2.23　诺顿定理的描述

例 2.12　用诺顿定理求图 2.24(a)所示电路虚框部分的等效电路。

(a)　　　　　　　　(b)　　　　　　　　(c)

图 2.24　例 2.12 用图

解:(1) 求电流源电流 I_s。将含源二端网络短路,即 a 和 b 用导线短接,如图 2.24(a)所示,求短路电流 I_s。因为

$$I_1 = \frac{10\ V}{5\ \Omega} = 2\ A$$

则

$$I_s = 2I_1 = 4\ A$$

(2) 求等效电阻 R_0。将 10 V 电压源短路,如图 2.24(b)所示,显然 $I_1 = 0$,受控电流源电流也为零,电路开路,等效电阻 R_0 为无穷大。

因此,诺顿等效电路如图 2.24(c)所示。

2.3.5　最大功率传输定理

最大功率传输定理表明了负载从电源或信号源获取最大功率的条件,以及该最大功率的值。如图 2.25 所示,电源或信号源已经等效为戴维南等效电路,R_L 为负载。可求得负载 R_L 获得的功率为

$$P = I^2 R_L = \left(\frac{U_o}{R_0 + R_L}\right)^2 R_L \qquad (2-26)$$

由式(2-26)可知,负载功率 P 与负载电阻 R_L 是二次方关系,即 P-R_L 曲线是一个抛物线,在抛物线顶点处负载功率 P 具有最大值。令 $\dfrac{dP}{dR_L} = 0$,可求得负载获得最大功率条件为

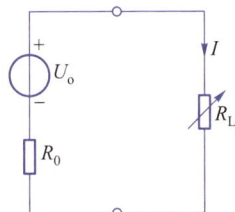

图 2.25　最大功率传输定理的分析

$$R_L = R_0$$

也就是说,当负载电阻等于电源或信号源内阻时,负载可获得最大功率,这就是最大功率传输定理。当满足 $R_L = R_0$ 时,负载获得最大功率匹配。

把条件 $R_L = R_0$ 代入式(2-26)中,可求得负载获得的最大功率为

$$P_{max} = \frac{U_o^2}{4R_0} \tag{2-27}$$

需要注意,最大功率传输定理使用的条件是:图 2.25 中的 U_o 和 R_0 不变,负载电阻 R_L 是可变的。另外,对于含有受控源的含源线性网络,其戴维南等效电阻 R_L 可能为零或负值,这种情况不适用最大功率传输定理。

⚙ 项目训练

一、仿真训练

（一）支路电流法与节点电压法仿真分析

1. 仿真目的

（1）熟悉 Multisim 仿真软件;

（2）学会利用 Multisim 仿真软件中的直流工作点分析法分析直流电路的支路电流和节点电压;

（3）学会利用 Multisim 仿真软件中的测量探针探测直流电路的支路电流和节点电压。

2. 仿真原理

直流电路的分析方法是指利用支路电流法、网孔电流法和节点电压法等列出电路方程,然后通过分析计算得到各支路电流和节点电压。

在 Multisim 仿真软件中,对于电路中各支路电流与节点电压,除了可以利用电压表和电流表测量外,还可以利用探针测量或直流工作点分析的方法获得。

3. 仿真设备

安装 Multisim 仿真软件的计算机 1 台。

4. 仿真步骤

（1）支路电流法建模仿真。支路电流法测试电路如图 2.26 所示。利用 Multisim 仿真软件创建如图 2.27 所示的仿真框图。在软件元件库中选用元器件,电阻在基本元件库（Basic）,直流电压源、接地符号在电源库（Power Source Components）。连接好后按图 2.26 所示设置电阻和电源数值（双击各元件,在弹出的面板中设置参数）。单击仿真软件"绘制（P）"菜单下的"Probe/Current",在仿真框图上放置电流探针。双击电流探针打开其属性设置对话框,单击"测量参数（Parameters）"选项卡,单击"Custom"按钮,把项目栏中不需要显示的选项单为"NO",只保留电流 I 选项为测量参数,单击"OK"按钮完成测量探针选项设置。

单击仿真软件"运行/停止"开关（Simulation Switch）,启动仿真。电流探针将显示支路电流值,将测量结果记录在表 2.1 中。利用本项目学习的支路电流法计算支路电流 I_1、I_2、I_3,将计算结果填入表 2.1,与测量结果进行比较。

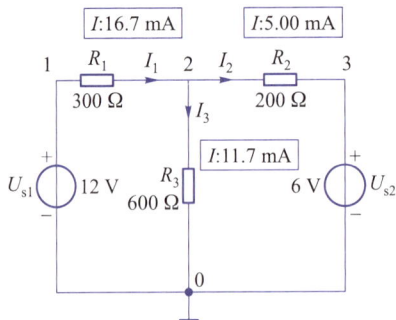

图 2.26　支路电流法测试电路

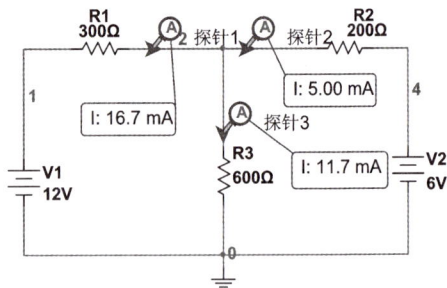

图 2.27　支路电流法仿真框图

改变电阻 R_3 的值为 800 Ω，重新计算和仿真，将数据记录在表 2.1 中，验证支路电流法。

表 2.1　支路电流法数据记录表

项目		I_1/mA	I_2/mA	I_3/mA	$\sum I/\text{mA}$
$R_3 = 600\ \Omega$	测量值				
	计算值				
$R_3 = 800\ \Omega$	测量值				
	计算值				

（2）节点电压法建模仿真

节点电压法测试电路如图 2.28 所示。利用 Multisim 仿真软件创建如图 2.29 所示的仿真框图。在软件元件库中选用元器件。连接好后按图 2.28 设置电阻和电源数值（双击各元件，在弹出的面板中设置参数）。单击仿真软件"绘制（P）"菜单下的"Probe/Current"和"Probe/Voltage and Current"，在仿真框图上放置电流探针和电压探针。双击探针打开其属性设置对话框，单击"测量参数（Parameters）"选项卡，单击"Custom"按钮，把项目栏中不需要显示的选项单击为"NO"，只保留电流 I 和电压 V 选项为测量参数，单击"OK"按钮完成测量探针选项设置。

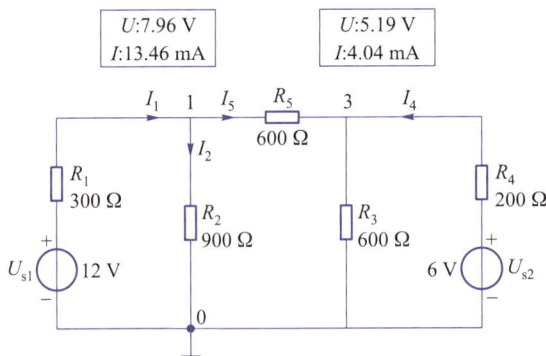

图 2.28　节点电压法测试电路

单击仿真软件"运行/停止"开关（Simulation Switch），启动仿真。探针将显示支路电流和节点电压值，将测量数据填入表 2.2。利用本项目学习的节点电压法计算支路电流 I_1、I_2 和节点 1、3 电压 u_1、u_2，将计算结果记录在表 2.2 中，与测量数据进行比较。

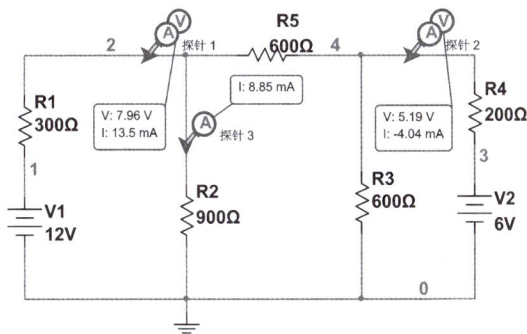

图 2.29　节点电压法仿真框图

本实训也可以利用 Multisim 仿真软件中的直流工作点分析法获得仿真数据。单击菜单栏"Option"下的"Preferences"选项,打开"Preferences"对话框,选中"Circuit"选项卡,选择"Show node names"选项,仿真框图中显示节点名称。单击仿真软件"仿真(S)"菜单下的"Analysis and simulation"选项,打开"Analyses and Simulation"对话框,如图 2.30 所示。在对话框左侧"Active Analysis"窗口选择"直流工作点"选项,在"直流工作点"窗口左侧"电路中的变量(b)"中选择要分析的变量 I(R1)、I(R2)、I(R4)、V(2)、V(4),单击"添加(A)"按钮将该变量添加到右侧"已选定用于分析的变量(I)"窗口中。单击"Analyses and Simulation"对话框下面"Run"按钮或者单击仿真软件"运行/停止"开关,可得到图 2.31 所示的分析结果。

改变电阻 R_5 的值为 1 kΩ,重新计算和仿真,将数据记录在表 2.2 中,验证节点电压法。

5. 思考题

(1) 将图 2.28 电路各支路电流的测量值与计算值进行比较,结果如何?

(2) 将图 2.29 各支路测量探针方向反过来(向左),则该支路探测点的电压与电流数据的变化如何?

图 2.30　Analyses and Simulation 对话框

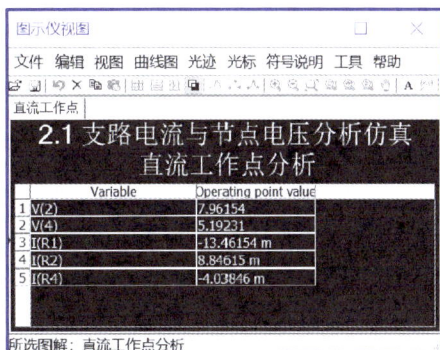

图 2.31　Multisim 直流工作点分析结果

表 2. 2 节点电压法仿真测量数据记录表

项目		U_1/V	U_2/V	I_1/mA	I_2/mA
$R_5 = 600\ \Omega$	测量值				
	计算值				
$R_5 = 1\ \mathrm{k}\Omega$	测量值				
	计算值				

（二）叠加定理仿真分析

1. 仿真目的

（1）学习使用 Multisim 仿真软件。

（2）加深对叠加定理的理解。

2. 仿真原理

叠加定理是线性电路的一个重要定理，体现了线性电路的基本性质，为分析和计算复杂的线性电路提供了新方法。

3. 仿真设备

安装 Multisim 仿真软件的计算机 1 台。

4. 仿真步骤

（1）利用 Multisim 仿真软件创建如图 2.32（a）所示的仿真框图。在软件元件库中选用元器件，电阻在基本元件库（Basic），直流电压源、接地符号在电源库（Power Source Components）。连接好后设置电阻和电源数值（双击各元件，在弹出的面板中设置参数）。单击仿真软件"绘制（P）"菜单下的"Probe/Current"，在仿真框图上放置电流探针。双击电流探针打开其属性设置对话框，选中"测量参数（Parameters）"选项卡，单击"Custom"按钮，把项目栏中不需要显示的选项单击为"NO"，只保留电流 I 选项为测量参数，单击"OK"按钮完成测量探针选项设置。

单击仿真软件"运行/停止"开关（Simulation Switch），启动仿真。探针将显示各支路电流，将测量数据记录在表 2.3 中。

微实验：叠加定理

（2）去掉 6 V 电压源，将该支路短路，如图 2.32（b）所示，重新仿真，测量 12 V 电压源单独作用时各支路的电流，将测量数据记录在表 2.3 中。

（3）去掉 12 V 电源，将该支路短路，如图 2.32（c）所示，重新仿真，测量 6 V 电源单独作用时各支路电流，将测量数据记录在表 2.3 中。

（4）根据表 2.3 中记录的仿真测量数据，验证叠加定理。

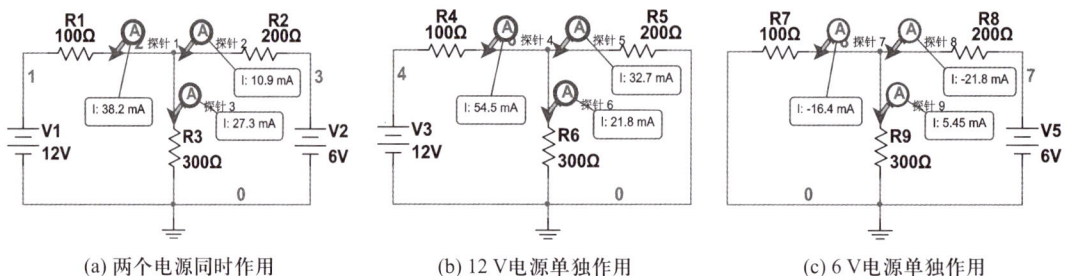

图 2.32 叠加定理仿真框图

表 2.3　叠加定理仿真测量数据记录表

作用电源	R_1 支路的电流值/mA	R_2 支路的电流值/mA	R_3 支路的电流值/mA
两个电源同时作用时			
12 V 电源单独作用时			
6 V 电源单独作用时			

5. **思考题**

用电压探针或电压表分别测量图 2.32(a)、图 2.32(b)、图 2.32(c)中 3 个电阻的电压,验证叠加定理。

二、技能训练

(一)叠加定理的验证

1. **训练目的**

(1)验证线性电路叠加定理。

(2)加深对叠加定理的认识。

2. **训练原理**

叠加定理的描述是:在多个独立电源作用的线性电路中,任一支路的电流或电压等于每个独立电源单独作用时,在该支路中产生的电流或电压的代数和。需要注意,当一个电源单独作用时,该支路电阻要保留,电流源不作用时相当于开路,电压源不作用时相当于短路。

3. **训练器材**

双路直流电源(+9 V、+4 V)各 1 个,直流电流表(50 mA)3 个,电阻(100 Ω/1 W、200 Ω/1 W、300 Ω/1 W)各 1 个,数字万用表 1 个,开关 1 个,导线若干。

4. **训练内容与步骤**

(1)按图 2.33(a)所示连接电路。调节电源电压,使 $U_1 = 9$ V, $U_2 = 4$ V。

(2) U_1 和 U_2 共同作用时,如图 2.33(a)所示,测量 I_1、I_2、I_3 和 U_{R1}、U_{R2}、U_{R3},将数据记录到表 2.4 中。

(3) U_1 单独作用时,如图 2.33(b)所示,测量 I_1'、I_2'、I_3' 和 U_{R1}'、U_{R2}'、U_{R3}',将数据记录到表 2.4 中。

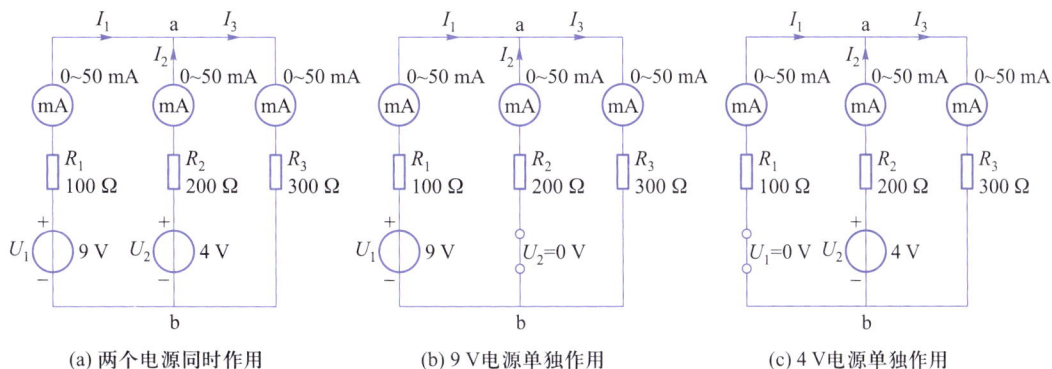

(a) 两个电源同时作用　　　(b) 9 V电源单独作用　　　(c) 4 V电源单独作用

图 2.33　叠加定理验证电路

（4）U_2 单独作用时，如图 2.33（c）所示，测量 I_1''、I_2''、I_3'' 和 U_{R1}''、U_{R2}''、U_{R3}''，将数据记录到表 2.4 中。

根据记录的数据，验证叠加定理，叠加计算时注意数据中的正负号，将叠加结果记入表 2.4 中。

表 2.4 叠加定理验证数据记录表

项目	R_1 电流/mA	R_2 电流/mA	R_3 电流/mA	R_1 电压/V	R_2 电压/V	R_3 电压/V
两个电源同时作用	I_1	I_2	I_3	U_{R1}	U_{R2}	U_{R3}
9 V 电源单独作用	I_1'	I_2'	I_3'	U_{R1}'	U_{R2}'	U_{R3}'
4 V 电源单独作用	I_1''	I_2''	I_3''	U_{R1}''	U_{R2}''	U_{R3}''
叠加结果						
误差值计算						

5. 注意事项

（1）测量过程中注意电流表的极性与测量结果的正负。

（2）实验过程中防止电源短路。

（3）训练过程中遵守实训室相关规定。

6. 思考题

线性电路中的功率可以使用叠加定理来求吗？试说明原因。

（二）戴维南定理的验证

1. 训练目的

（1）验证戴维南定理，加深对戴维南定理的了解。

（2）学会用实验确定含源二端网络等效电源电压和等效电阻。

2. 训练原理

（1）戴维南定理。

（2）等效电压源模型的电压和内阻。如果已知含源二端网络的内部参数，则可用计算的方法求出等效电压源模型的电压和内阻；如果不知道其内部结构参数，可以用实验的方法获得电源等效电压和电阻。

3. 训练器材

+12 V 直流电源 1 个，1 kΩ 电位器 1 个，开关 1 个，数字万用表 1 个，直流电流表（0～50 mA）1 个，100 Ω/1 W 电阻 1 个，200 Ω/1 W 电阻 2 个，导线若干。

4. 训练内容与步骤

（1）图 2.34（a）所示为戴维南定理实验测量电路，测试该电路的外特性。按图 2.34（a）连接训练电路，调节电源电压使 $U = 12$ V。

（2）将电路中的开关 S 闭合，改变负载 R_L，用电压表测量 A、B 两端的电压 U_L，电流表测量流过负载的电流 I_L，将数据填入表 2.5 中。必须测出 $R_L = \infty$ 时（相当于负载开路）的电压值和 $R_L = 0$（相当于负载短路）的电流值。R_L 为 ∞ 时测出的即为 A、B 两端的开路电压 U_o，$R_L = 0$ 时测出的电流值为 A、B 两端的短路电流。最后作出 $U_L = f(I_L)$ 曲线。

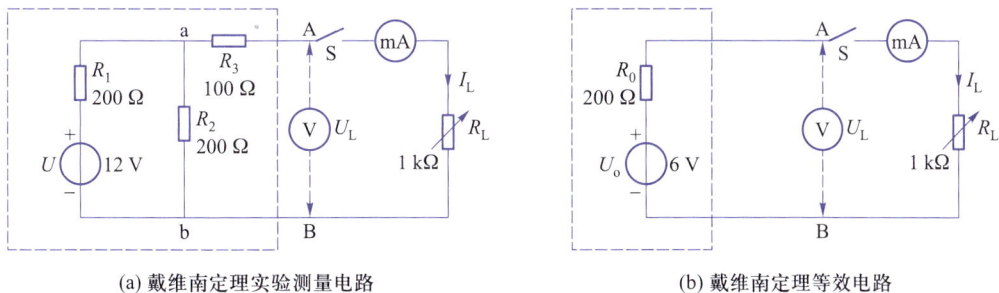

(a) 戴维南定理实验测量电路　　　　　　　(b) 戴维南定理等效电路

图 2.34　戴维南定理测试电路

表 2.5　戴维南定理实验电路外特性测试记录表

R_L/Ω	0						∞
U_L/V							
I_L/mA							

（3）图 2.34(b) 所示为戴维南定理等效电路，测量其外特性，即改变负载电阻值，测量负载电阻两端的电压和电流，将数值记录在表 2.6 中，并与步骤（2）中所测得的数值进行比较，验证戴维南定理。

表 2.6　戴维南定理等效电路外特性测试记录表

R_L/Ω	0						∞
U_L/V							
I_L/mA							

5. 注意事项

（1）确保训练过程中电源电压稳定。

（2）训练过程中要注意电流的方向和电压的极性。

（3）训练过程中遵守实训室相关规定。

6. 思考题

（1）从训练结果来验证基尔霍夫定律，加深对基尔霍夫定律的理解。

（2）理论值和测量值是否存在误差？产生误差的原因有哪些？

项目小结

本项目主要讨论了电路的两种分析方法。一是电路的等效变换法，包括电阻的串并联，电阻的星角变换，电源的等效变换，叠加定理、替代定理、戴维南定理、诺顿定理等；二是电路的网络方程法，包括支路电流法、网孔电流法、节点电压法和回路电流法。

习　题　2

2.1　单项选择题

（1）一个理想电流源两端的电压数值及方向（　　　　）。

A. 可以为任意值,仅取决于外电路,与电流源无关

B. 可以为任意值,仅取决于电流源,与外电路无关

C. 必定大于零,取决于外电路与电流源本身

D. 可以为任意值,取决于外电路与电流源本身

(2) 电路如图 2.35 所示,其中 3 A 电流源两端的电压 U 为(　　)。

A. 0 V　　　　　　B. 6 V　　　　　　C. 3 V　　　　　　D. 7 V

(3) 电路如图 2.36 所示,与理想电压源并联的电阻 R(　　)。

A. 对端口电压 U 有影响　　　　　　　　B. 对端口电电流 I 由影响

C. 对 U_s 支路的电流有影响　　　　　　　D. 对端口电压与电流均有影响

(4) 电路如图 2.37 所示,若 $I=0$,则 U_s 为(　　)。

A. 60 V　　　　　　B. 70 V　　　　　　C. 90 V　　　　　　D. −10 V

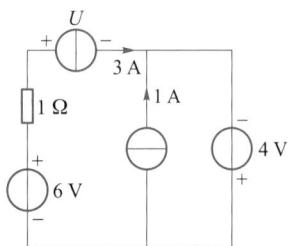
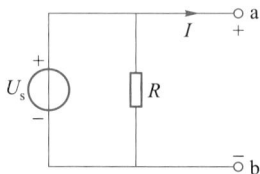
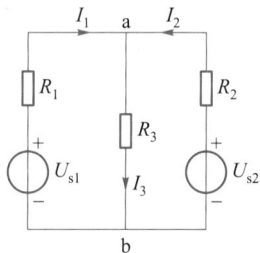

图 2.35　题 2.1(2)　　　　　图 2.36　题 2.1(3)　　　　　图 2.37　题 2.1(4)

(5) 图 2.38 所示电路中,戴维南等效电路中的等效电阻为(　　)。

A. 8 Ω　　　　　　B. 10 Ω　　　　　　C. 1.6 Ω　　　　　　D. 2 Ω

(6) 图题 2.39 所示电路中,表达式正确的是(　　)。

A. $I_1 = \dfrac{U_{s1} - U_{s2}}{R_1 + R_2}$　　B. $I_1 = \dfrac{U_{s1} - U_{ab}}{R_1 + R_3}$　　C. $I_2 = \dfrac{U_{s2}}{R_2}$　　D. $I_2 = \dfrac{U_{s2} - U_{ab}}{R_2}$

图 2.38　题 2.1(5)　　　　　　图 2.39　题 2.1(6)

2.2　判断题(请在每小题后的圆括号内正确的打"√",错误的打"×")

(1) 理想电压源输出电压恒定,输出电流也是恒定的。　　　　　　　　　　　　　　(　　)

(2) 理想电流源输出恒定的电流,其端电压只与其输出电流有关。　　　　　　　　(　　)

(3) 电压源和电流源在电路中都发出功率,起电源作用。　　　　　　　　　　　　(　　)

(4) 电压源和电流源之间的等效仅仅是对外电路而言的。　　　　　　　　　　　　(　　)

(5) 对于一个具有 n 个节点 b 条支路的电路,可以列出独立的 KVL 方程个数为($b-n-1$)个。　　(　　)

(6) 叠加定理是应用在线性电路中求解支路电压、电流和功率的方法。　　　　　　(　　)

(7) 电源置零的方法是将电压源短路,电流源开路。　　　　　　　　　　　　　　(　　)

（8）对同一个含源二端网络的戴维南等效电源和诺顿等效电源是可以进行等效变换的。 （   ）

2.3   试求图 2.40 所示各电路的等效电阻 R。

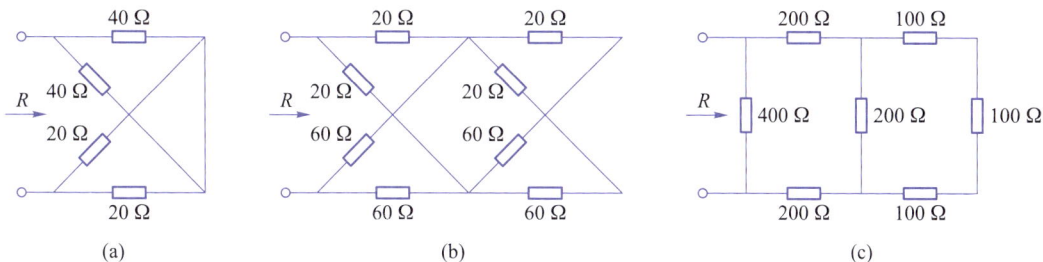

（a）   （b）   （c）

图 2.40   题 2.3

2.4   图 2.41 所示电路中，在开关 S 断开的条件下，求电源送出的电流和开关两端的电压 U_{ab}；在开关闭合后，再求电源送出的电流和通过开关的电流。

2.5   试利用电源等效变换法求图 2.42 所示电路的 U_1、U_2 和 I。

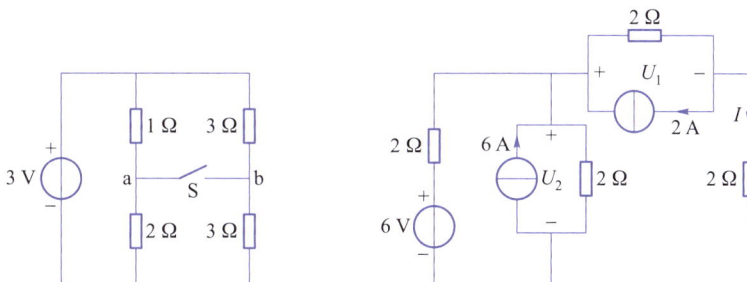

图 2.41   题 2.4   图 2.42   题 2.5

2.6   试利用电源等效变换法求图 2.43 所示电路的电压 U。

2.7   图 2.44 中，$U_s = 10\text{ V}$，$I_s = 5\text{ A}$，$R_1 = 2\text{ }\Omega$，$R_2 = 3\text{ }\Omega$。利用支路电流法求图题 2.7 所示电路各支路电流。

2.8   利用支路电流法求图 2.45 所示电路各支路电流。

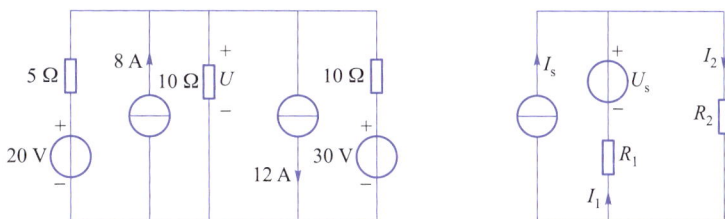

图 2.43   题 2.6   图 2.44   题 2.7、题 2.9

2.9   利用网孔电流法求图 2.44 所示电路各支路电流。

2.10   利用网孔电流法求图 2.45 所示电路各支路电流。

2.11   利用节点电压法求图 2.46 所示电路 a、b 两点的电位。

2.12   试用节点电压法求图 2.47 所示电路的各支路电流。

2.13   图 2.48 所示电路中，$I_{s1} = 2\text{ A}$，$I_{s2} = 5\text{ A}$，$U_{s1} = 5\text{ V}$，$R_1 = R_2 = 5\text{ }\Omega$。求电流 I 以及电流源、电压源发出的功率，并验证功率守恒。

2.14   求图 2.49 所示电路中 U_1、U_2、U_3 各为多少？

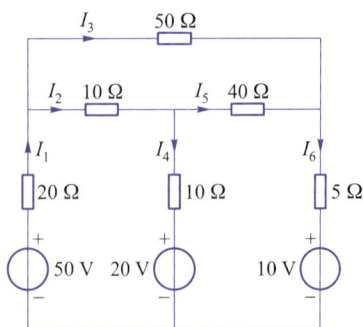

图 2.45 题 2.8、题 2.10

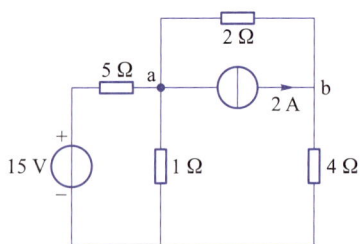

图 2.46 题 2.11

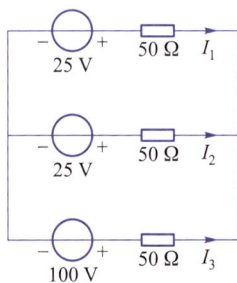

图 2.47 题 2.12

图 2.48 题 2.13

图 2.49 题 2.14

2.15 电路如图 2.50 所示,试用叠加定理求 I。

2.16 在图 2.51 所示的电路中,$R_2 = R_3$。当 $I_s = 0$ 时,$I_1 = 3$ A,$I_2 = I_3 = 2$ A。求当 $I_s = 6$ A 时的 I_1、I_2、I_3。

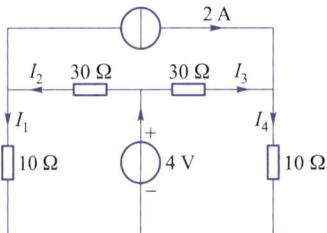

图 2.50 题 2.15

图 2.51 题 2.16

2.17 试用叠加定理求图 2.52 所示电路中各电阻支路的电流 I_1、I_2、I_3 和 I_4。

2.18 试用叠加定理求图 2.53 所示电路的电压 U 和电流 I_x。

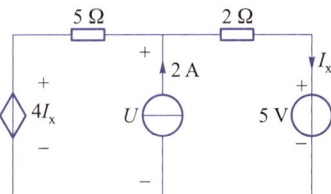

图 2.52 题 2.17

图 2.53 题 2.18

2.19 试求图 2.54 所示电路的戴维南或诺顿等效电路。

图 2.54　题 2.19

2.20　对于图 2.55 所示电路，已知 $U_o = 2.5\ \text{V}$，试用戴维南定理求解电阻 R。

2.21　已知图 2.56 所示电路中的网络 N 是由线性电阻组成的。当 $i_s = 1\ \text{A}$，$u_s = 2\ \text{V}$ 时，$i = 5\ \text{A}$；当 $i = -2\ \text{A}$，$u_s = 4\ \text{V}$ 时，$u = 24\ \text{V}$。试求当 $i_s = 2\ \text{A}$，$u_s = 6\ \text{V}$ 时的电压 u。

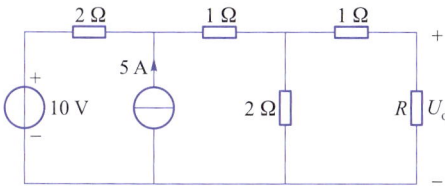

图 2.55　题 2.20

图 2.56　题 2.21

2.22　试用戴维南定理求图 2.57 所示电路的电流 I。

2.23　在图 2.58 所示电路中，试用戴维南定理和诺顿定理分别计算电流 I。

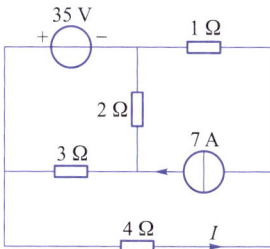

图 2.57　题 2.22

图 2.58　题 2.23

2.24　在图 2.59 所示电路中，当 R_L 取何值时，R_L 上可以获得最大功率？最大功率是多少？

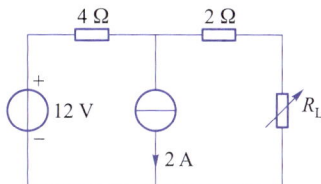

图 2.59　题 2.24

项目 3
动态电路分析

⚙ 项目要求

项目主要知识点：

1. 动态元件 L、C 的特性；
2. 换路定律，动态电路电压、电流初始值的确定；
3. 零输入响应、零状态响应和全响应；
4. 一阶电路的三要素分析法。

学习目标及素质、能力要求：

1. 掌握动态电路的概念，掌握动态元件 L、C 的特性；
2. 掌握换路定律及动态电路电压、电流初始值的确定方法；
3. 掌握零输入响应、零状态响应和全响应的分析计算方法；
4. 掌握一阶电路的三要素分析法；
5. 具有归纳、总结、提升的职业素养。

🔧 项目导入

含有大电感的电路，为什么在断开电源的瞬间会产生高压，甚至会超过电源电压？电容是如何充放电的？其充放电时间和哪些参数有关？学完本项目，你就会找到这些问题的答案。

知识点 3.1
动态电路和换路定律

项目 2 研究的直流电路中仅含有电阻元件（也称为纯电阻电路），电路都是在通电很长时间后，电路各处的响应都稳定，电路的这种状态称为稳定状态，简称稳态。实际上，当电路含有电感、电容储能元件时，电路电源在接通或断开瞬间，或者是电路参数突然变化时，电路各处的响应并不是一个恒值，而是需要经过一个动态变化过程。把电路从一个稳定状态转变到另一个稳定状态的动态变化过程称为暂态过程或过渡过程，简称暂态。此时的电路称为动态电路，电路中的响应称为暂态响应或动态响应。下面将介绍动态电路的各种定律及分析方法。

3.1.1　动态方程的建立

动态电路分析同样遵循欧姆定律和基尔霍夫定律,稳态电路的各种定理和定律同样适用于动态电路。下面分别以 RC 串联电路和 RL 并联电路为例,说明动态电路方程的建立方法。

图 3.1 所示为 RC 串联电路。在 $t=0$ 时刻闭合开关 S,以电容电压 $u_C(t)$ 作为电路响应,由 KVL 得

$$u_R(t)+u_C(t)=U_s \tag{3-1}$$

由于

$$i(t)=C\frac{\mathrm{d}u_C(t)}{\mathrm{d}t}$$

则

$$u_R(t)=Ri(t)=RC\frac{\mathrm{d}u_C(t)}{\mathrm{d}t} \tag{3-2}$$

将式(3-2)代入式(3-1),得到 RC 串联电路电压方程为

$$RC\frac{\mathrm{d}u_C(t)}{\mathrm{d}t}+u_C(t)=U_s \tag{3-3}$$

图 3.2 所示为 RL 并联电路。在 $t=0$ 时刻闭合开关 S,以电感电流 $i_L(t)$ 作为电路响应,由 KCL 得

$$i_R(t)+i_L(t)=I_s \tag{3-4}$$

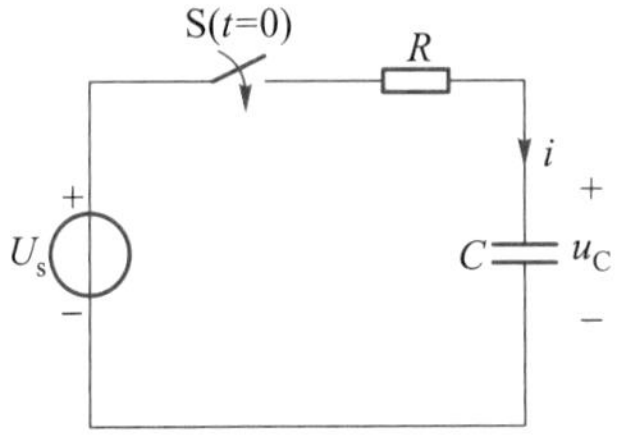

图 3.1　RC 串联电路 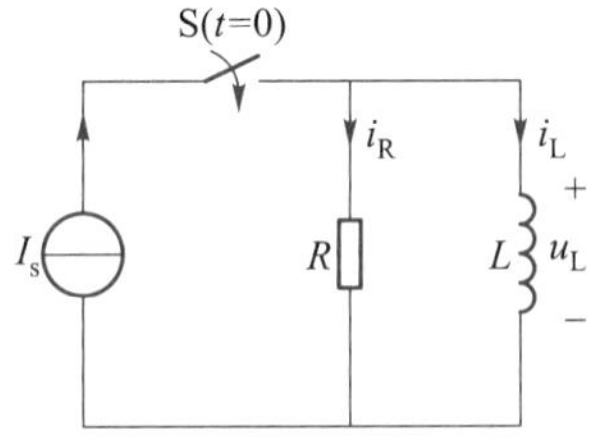　　　　图 3.2　RL 并联电路

由于

$$u_L(t)=L\frac{\mathrm{d}i_L(t)}{\mathrm{d}t}$$

则

$$i_R(t)=\frac{u_R(t)}{R}=\frac{u_L(t)}{R}=\frac{L}{R}\frac{\mathrm{d}i_L(t)}{\mathrm{d}t} \tag{3-5}$$

将式(3-5)代入式(3-4),得到 RL 并联电路电流方程为

$$\frac{L}{R}\frac{\mathrm{d}i_L(t)}{\mathrm{d}t}+i_L(t)=I_s \tag{3-6}$$

式(3-3)和式(3-6)都是一阶常系数线性微分方程。可见,动态电路是用微分方程来描述的。能够用一阶微分方程描述的电路称为一阶电路,图 3.1 和图 3.2 所示的两个电路都是一阶电路。判断一个电路是否是一阶电路可用以下方法。

（1）如果电路只含有一个动态（储能）元件，一定是一阶电路。

（2）如果电路含有两个以上的同类型的动态元件，先把电路中独立源置零（电压源短路，电流源开路），然后化简电路，如果最终可以化为一个 RC 回路或 RL 回路，那么原电路也是一阶电路。

（3）如果电路含有两种动态元件（既有电容又有电感），一定不是一阶电路。

3.1.2 换路定律

电路开关接通、断开或元件参数发生变化，都会引起电路工作状态发生变化，我们把这种变化称为"换路"。通常，将开始换路定义为 $t=0$ 时刻，换路前瞬间用 $t=0_-$ 表示，换路后瞬间用 $t=0_+$ 表示。根据动态元件电容和电感特性，如果电容电流为有限值，则换路前后电容电压不能跃变，即换路后瞬间电容电压等于换路前瞬间电容电压；如果电感电压为有限值，则换路前后电感电流不能跃变，即换路后瞬间电感电流等于换路前瞬间电感电流。这一规律称为换路定律。换路定律可表示为

$$\begin{cases} u_C(0_+) = u_C(0_-) \\ i_L(0_+) = i_L(0_-) \end{cases} \tag{3-7}$$

换路定律是动态电路分析的基础。需要注意的是，只有电容电压和电感电流受换路定律约束，在换路前后瞬间保持不变，而电路中其他的物理量不受换路定律约束，可能会发生跃变。

3.1.3 初始值的确定

动态电路是用微分方程描述的。为了分析换路后（$t \geq 0$）电路的响应，就要求解微分方程。而求解微分方程时，需要知道所求变量的初始条件，即 $t=0_+$ 时刻的值。把 $t=0_+$ 时刻的值称为初始值，微分方程的初始条件就是电容电压和电感电流的初始值 $u_C(0_+)$ 和 $i_L(0_+)$。

换路后电路响应的初始值可利用换路定律求得。首先根据换路前（$t<0$）的稳态电路，求得换路前瞬间的 $u_C(0_-)$ 和 $i_L(0_-)$，根据换路定律就可以得到换路后瞬间的 $u_C(0_+)$ 和 $i_L(0_+)$。然后把电容元件用大小等于 $u_C(0_+)$ 的理想电压源代替，电感元件用大小等于 $i_L(0_+)$ 的理想电流源代替。若 $u_C(0_+)=0$，则电容元件用短路线代替；若 $i_L(0_+)=0$，则电感元件作开路处理。画出 $t=0_+$ 时刻的等效电路，根据等效电路，就可求出电路其他响应的初始值。

例 3.1 如图 3.3（a）所示电路，$U_s=4$ V，$R_1=2$ Ω，$R_2=4$ Ω，$C=1$ F。开关 S 闭合前电路已处于稳态，在 $t=0$ 时闭合开关 S，求初始值 $i_1(0_+)$、$i_2(0_+)$ 和 $i_C(0_+)$。

解：（1）求开关 S 闭合前电容电压 $u_C(0_-)$。由于开关 S 闭合前电路已经处于稳态，$\dfrac{\mathrm{d}u(t)}{\mathrm{d}t}=0$，$i_C(t)=0$，电容可看作开路。因此

$$u_C(0_-) = U_s = 4 \text{ V}$$

（2）画出 $t=0_+$ 时刻等效电路。根据换路定律求得换路后瞬间电容电压 $u_C(0_+)$，有

$$u_C(0_+) = u_C(0_-) = 4 \text{ V}$$

把电容用一个 4 V 的理想电压源代替，画出 $t=0_+$ 时刻的等效电路如图 3.3（b）所示。

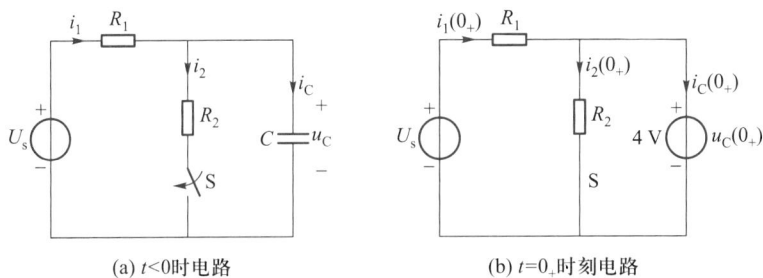

图 3.3 例 3.1 用图

（3）求初始值 $i_1(0_+)$、$i_2(0_+)$ 和 $i_C(0_+)$。根据 $t=0_+$ 时刻的等效电路,利用直流稳态电路的分析方法,可求出其他量的初始值,有

$$i_1(0_+) = \frac{U_s - u_C(0_+)}{R_1} = \frac{4\ \text{V} - 4\ \text{V}}{2\ \Omega} = 0\ \text{A}$$

$$i_2(0_+) = \frac{u_C(0_+)}{R_2} = \frac{4\ \text{V}}{4\ \Omega} = 1\ \text{A}$$

$$i_C(0_+) = i_1(0_+) - i_2(0_+) = -1\ \text{A}$$

例 3.2 如图 3.4（a）所示电路,$U_s = 10\ \text{V}$,$R_1 = 4\ \Omega$,$R_2 = R_3 = 6\ \Omega$,$C = 0.5\ \text{F}$,$L = 2\ \text{H}$。开关 S 闭合前电容和电感均未储能,在 $t = 0$ 时闭合开关 S,求初始值 $i_1(0_+)$、$i_2(0_+)$、$i_3(0_+)$ 和 $u_L(0_+)$。

解:（1）求开关 S 闭合前电容电压 $u_C(0_-)$ 和电感电流 $i_L(0_-)$。因为开关 S 闭合前电容和电感均未储能,因此

$$u_C(0_-) = 0$$

$$i_L(0_-) = i_3(0_-) = 0$$

（2）画出 $t = 0_+$ 时刻等效电路。根据换路定律得

$$u_C(0_+) = u_C(0_-) = 0$$

$$i_L(0_+) = i_L(0_-) = 0$$

换路后瞬间电容电压和电感电流均为零,把电容用短路线代替,把电感开路,画出 $t = 0_+$ 时刻的等效电路,如图 3.4（b）所示。

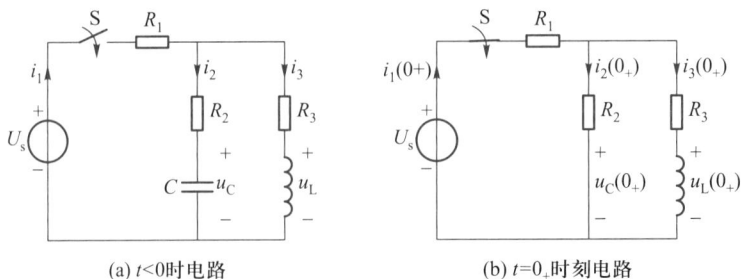

图 3.4 例 3.2 用图

（3）求初始值 $i_1(0_+)$、$i_2(0_+)$、$i_3(0_+)$ 和 $u_L(0_+)$。根据 $t = 0_+$ 时刻等效电路,利用直流稳态电路的分析方法,可求出其他量的初始值,有

$$i_1(0_+) = \frac{U_s}{R_1+R_2} = \frac{10\text{ V}}{4\text{ }\Omega+6\text{ }\Omega} = 1\text{ A}$$

$$i_2(0_+) = i_1(0_+) = 1\text{ A}$$

$$i_3(0_+) = 0\text{ A}$$

$$u_L(0_+) = R_2 i_2(0_+) = 6\text{ }\Omega\times1\text{ A} = 6\text{ V}$$

知识点 3.2
一阶动态电路的零输入响应

一阶动态电路在换路前储能元件已经储能,如果换路后去掉了电源,那么换路后电路的响应就完全是由储能元件的初始储能引起的。这种仅由储能元件的初始储能所引起的响应,称为零输入响应。零输入响应实际上是储能元件的放电过程。

3.2.1　一阶 RC 电路的零输入响应

一阶 RC 电路如图 3.5(a)所示,开关 S 原来($t<0$)处于位置 1,电容 C 已经充电,电路处于稳定状态,电容电压 $u_C(0_-) = U_s$。在 $t=0$ 时把开关 S 转换到位置 2,电容脱离电源 U_s 与电阻 R 串联,如图 3.5(b)所示。根据换路定律,换路后瞬间,电容电压初始值 $u_C(0_+) = u_C(0_-) = U_s$,电容电流初始值 $i_C(0_+) = \frac{U_s}{R}$。$t\geq0$ 后,电容开始通过电阻 R 放电,电容电压和电流逐渐减小,直至趋近于零,电路又达到新的稳定状态。由于 $t\geq0$ 后电路已无外加电源,电路响应是由电容的初始储能引起的,因此电路响应为零输入响应。一阶 RC 电路的零输入响应,就是已经充电的电容通过电阻放电的过程。

下面定量分析一阶 RC 电路的零输入响应。

根据图 3.5(b)得

$$u_C = u_R \tag{3-8}$$

由于

$$i_C = -C\frac{du_C}{dt}$$

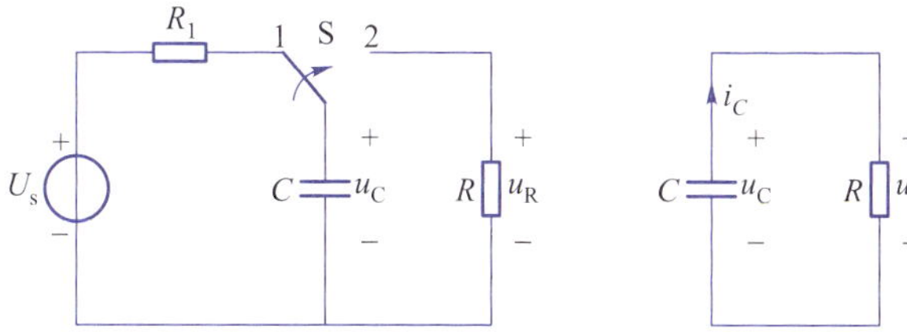

仿真动画:一阶 RC 电路的动态响应

(a) $t<0$时电路　　(b) $t\geq0$时电路

图 3.5　一阶 RC 电路的零输入响应电路

则

$$u_R = Ri_C = -RC\frac{du_C}{dt} \tag{3-9}$$

将式(3-9)代入式(3-8)得

$$RC\frac{\mathrm{d}u_C}{\mathrm{d}t}+u_C=0 \qquad (3-10)$$

式(3-10)是一阶常系数线性微分方程,其初始条件由初始值 $u_C(0_+)$ 确定。根据换路定律得

$$u_C(0_+)=u_C(0_-)=U_s \qquad (3-11)$$

将式(3-11)代入式(3-10)解微分方程,得到电容的零输入响应电压为

$$u_C=U_s\mathrm{e}^{-\frac{t}{RC}}=u_C(0_+)\mathrm{e}^{-\frac{t}{RC}} \qquad (t\geqslant 0) \qquad (3-12)$$

电容的零输入响应电流为

$$i_C=-C\frac{\mathrm{d}u_C}{\mathrm{d}t}=-C\frac{\mathrm{d}(u_s\mathrm{e}^{-\frac{t}{RC}})}{\mathrm{d}t}=\frac{U_s}{R}\mathrm{e}^{-\frac{t}{RC}}=i_C(0_+)\mathrm{e}^{-\frac{t}{RC}} \qquad (t\geqslant 0) \qquad (3-13)$$

令 $\tau=RC$,τ 称为 RC 串联电路的时间常数。τ 具有时间量纲,单位为秒(s)。式(3-12)和式(3-13)可写成

$$u_C=u_C(0_+)\mathrm{e}^{-\frac{t}{\tau}} \qquad (t\geqslant 0) \qquad (3-14)$$

$$i_C=i_C(0_+)\mathrm{e}^{-\frac{t}{\tau}} \qquad (t\geqslant 0) \qquad (3-15)$$

根据式(3-14)和式(3-15)画出电容零输入响应曲线,如图 3.6 所示。电容电压、电流都按照指数规律衰减,衰减快慢取决于时间常数 τ。τ 越大,衰减越慢;τ 越小,衰减越快。

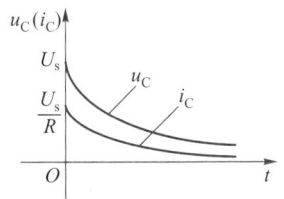

图 3.6 一阶 RC 电路零输入响应曲线

3.2.2 一阶 RL 电路的零输入响应

一阶 RL 电路如图 3.7(a)所示,开关 S 原来($t<0$)处于位置 1,电感 L 已经充电,电感储存磁能,电路处于稳定状态,电感电流 $i_L(0_-)=\dfrac{U_s}{R_1}$。在 $t=0$ 时把开关 S 转换到位置 2,电感脱离电源 U_s 与电阻 R 串联,如图 3.7(b)所示。根据换路定律,换路后瞬间,电感电流初始值 $i_L(0_+)=i_L(0_-)=\dfrac{U_s}{R_1}$。由于换路后电感电流有减小趋势,电感储存的磁能转变成电能,产生感应电动势,阻碍电流的减少,维持原来电流方向不变。电感电压初始值 $u_L(0_+)=u_R(0_+)=i_L(0_+)R=\dfrac{U_s}{R_1}R$。随着电感放电,电感电压和电流逐渐减小,直至趋近于零,电路又达到新的稳定状态。由于 $t\geqslant 0$ 后电路已无外加电源,电路响应是由电感的初始储能产生的,因此电路响应为零输入响应。一阶 RL 电路的零输入响应,就是已经充电的电感通过电阻放电的过程。下面定量分析一阶 RL 电路的零输入响应。

根据图 3.7(b)得

$$u_L=u_R \qquad (3-16)$$

因为

$$\begin{cases} u_L=-L\dfrac{\mathrm{d}i_L}{\mathrm{d}t} \\ u_R=Ri_L \end{cases} \qquad (3-17)$$

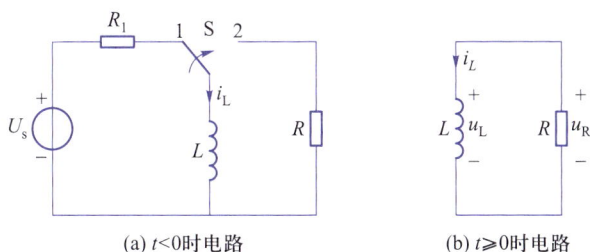

(a) $t<0$时电路　　　　(b) $t\geqslant0$时电路

图3.7　一阶 RL 电路的零输入响应电路

将式(3-17)代入式(3-16)得

$$L\frac{\mathrm{d}i_{\mathrm{L}}}{\mathrm{d}t}+Ri_{\mathrm{L}}=0 \tag{3-18}$$

式(3-18)是一阶常系数线性微分方程,其初始条件为 $i_{\mathrm{L}}(0_{+})=\dfrac{U_{\mathrm{s}}}{R_{1}}$,把初始条件代入式 (3-18),解微分方程,得到电感的零输入响应电流为

$$i_{\mathrm{L}}=\frac{U_{\mathrm{s}}}{R_{1}}\mathrm{e}^{-t/\frac{L}{R}}=i_{\mathrm{L}}(0_{+})\mathrm{e}^{-t/\frac{L}{R}} \qquad (t\geqslant0) \tag{3-19}$$

电感的零输入响应电压为

$$u_{\mathrm{L}}=-L\frac{\mathrm{d}i_{\mathrm{L}}}{\mathrm{d}t}=-L\frac{\mathrm{d}\left(\dfrac{U_{\mathrm{s}}}{R_{1}}\mathrm{e}^{-t/\frac{L}{R}}\right)}{\mathrm{d}t}=\frac{U_{\mathrm{s}}}{R_{1}}R\mathrm{e}^{-t/\frac{L}{R}}=u_{\mathrm{L}}(0_{+})\mathrm{e}^{-t/\frac{L}{R}} \qquad (t\geqslant0) \tag{3-20}$$

令 $\tau=\dfrac{L}{R}$, τ 称为 RL 串联电路的时间常数。τ 具有时间量纲,单位为秒(s)。式(3-19) 和式(3-20)可写成

$$i_{\mathrm{L}}=i_{\mathrm{L}}(0_{+})\mathrm{e}^{-\frac{t}{\tau}} \qquad (t\geqslant0) \tag{3-21}$$

$$u_{\mathrm{L}}=u_{\mathrm{L}}(0_{+})\mathrm{e}^{-\frac{t}{\tau}} \qquad (t\geqslant0) \tag{3-22}$$

根据式(3-21)和式(3-22)画出电感的零输入响应曲线,如图3.8所示。电感电压、电流都按照指数规律衰减,衰减快慢取决于时间常数 τ。τ 越大,衰减越慢;τ 越小,衰减越快。

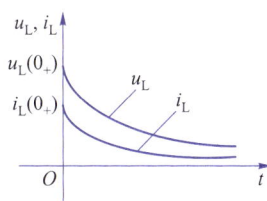

图3.8　一阶 RL 电路零输入响应曲线

综合式(3-14)、式(3-15)、式(3-21)和式(3-22)可以看出,一阶电路的零输入响应与初始值有关,并且都是从初始值开始按照指数规律 $\mathrm{e}^{-\frac{t}{\tau}}$ 衰减。用 $f(t)$ 表示零输入响应,用 $f(0_{+})$ 表示初始值,一阶动态电路零输入响应可以用下面通式表示为

$$f(t)=f(0_{+})\mathrm{e}^{-\frac{t}{\tau}} \qquad (t\geqslant0) \tag{3-23}$$

式中:τ 为一阶电路的时间常数。对于一阶 RC 电路,$\tau=RC$;对于一阶 RL 电路,$\tau=\dfrac{L}{R}$。R 是换路后独立源置零后从动态元件两端看进去的等效电阻。时间常数 τ 取决于电路的结构和参数,τ 越大,零输入响应衰减越慢;τ 越小,衰减越快。

例3.3　如图3.9(a)所示电路,$U_{\mathrm{s}}=10\ \mathrm{V}$,$R_{0}=1\ \Omega$,$R_{1}=4\ \Omega$,$R_{2}=R_{3}=2\ \Omega$,$C=0.1\ \mathrm{F}$。开关 S 原来在位置1,电路处于稳态,在 $t=0$ 时把开关 S 转换到位置2,求 $t\geqslant0$ 时的 u_{C} 和 i_{C}。

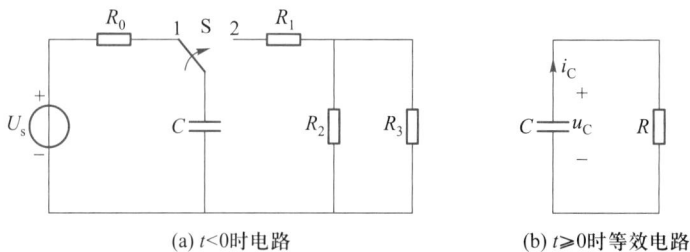

(a) $t<0$ 时电路　　　　　　　　(b) $t \geqslant 0$ 时等效电路

图 3.9　例 3.3 用图

解：根据题意，本题属于一阶 RC 电路零输入响应。由于换路前电路已经处于稳态，电容电压

$$u_C(0_-) = U_s = 10 \text{ V}$$

根据换路定律

$$u_C(0_+) = u_C(0_-) = 10 \text{ V}$$

换路后从电容两端看进去的等效电阻为

$$R = R_1 + (R_2 /\!/ R_3) = 4 \text{ }\Omega + \frac{2 \text{ }\Omega \times 2 \text{ }\Omega}{2 \text{ }\Omega + 2 \text{ }\Omega} = 5 \text{ }\Omega$$

换路后的等效电路如图 3.9（b）所示。时间常数

$$\tau = RC = 5 \text{ }\Omega \times 0.1 \text{ F} = 0.5 \text{ s}$$

根据式（3-14）计算 u_C 得

$$u_C = u_C(0_+) \mathrm{e}^{-\frac{t}{\tau}} = 10\mathrm{e}^{-2t} \text{ (V)} \qquad (t \geqslant 0)$$

则

$$i_C = -C \frac{\mathrm{d}u_C}{\mathrm{d}t} = -C \frac{\mathrm{d}(u_C(0_+)\mathrm{e}^{-\frac{t}{\tau}})}{\mathrm{d}t} = \frac{u_C(0_+)}{R}\mathrm{e}^{-\frac{t}{\tau}} = 2\mathrm{e}^{-2t} \text{ (A)} \qquad (t \geqslant 0)$$

本例求 i_C 时，也可以先求出 $t=0_+$ 时电容电流的初始值 $i_C(0_+)$

$$i_C(0_+) = \frac{u_C(0_+)}{R} = \frac{10 \text{ V}}{5 \text{ }\Omega} = 2 \text{ A}$$

再根据式（3-15）求 i_C 得

$$i_C = i_C(0_+)\mathrm{e}^{-\frac{t}{\tau}} = 2\mathrm{e}^{-2t} \text{ (A)} \qquad (t \geqslant 0)$$

例 3.4　如图 3.10 所示电路，$U_s = 5 \text{ V}$，$R_1 = 5 \text{ }\Omega$，$R = 1 \text{ k}\Omega$，$L = 1 \text{ H}$。在 $t=0$ 时断开开关 S，求：（1）$t \geqslant 0$ 时的 i_L 和 u_L；（2）$t=0$ 时 u_L。

解：（1）根据题意，本题属于一阶 RL 电路零输入响应。由于换路前电路已处于稳态，电感相当于短路，故换路前电感电流为

$$i_L(0_-) = \frac{U_s}{R_1} = \frac{5 \text{ V}}{5 \text{ }\Omega} = 1 \text{ A}$$

根据换路定律，换路后瞬间电感电流为

$$i_L(0_+) = i_L(0_-) = 1 \text{ A}$$

时间常数

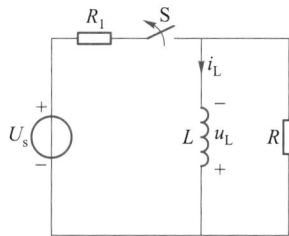

图 3.10　例 3.4 用图

$$\tau = \frac{L}{R} = \frac{1\ \text{H}}{1 \times 10^3\ \Omega} = 1\ \text{ms}$$

根据式(3-21)求 i_{L}，得

$$i_{\text{L}} = i_{\text{L}}(0_+)\text{e}^{-\frac{t}{\tau}} = 1\text{e}^{-1000t}\ \text{A} \qquad (t \geqslant 0)$$

则

$$u_{\text{L}} = Ri_{\text{L}} = 1 \times 10^3\ \Omega \times 1\text{e}^{-1000t}\ \text{A} = 1000\text{e}^{-1000t}\ \text{V} \qquad (t \geqslant 0)$$

（2）当 $t = 0$ 时

$$u_{\text{L}}(0_+) = 1000\text{e}^{-1000t}\Big|_{t=0} = 1\ \text{kV}$$

可见，在开关断开瞬间，电感两端会产生 1 kV 的尖峰电压，这会对电路产生极大的破坏。因此，电路板在设计时要尽可能减少布线时的寄生电感。含有电感的电子电路需要添加必要的缓冲电路，以消除电源断开瞬间电感放电产生的尖峰电压对电路的影响。如果电阻 R 是测量电感电压的电压表，为防止电压表损坏，应在开关断开前先移除电压表。

知识点 **3.3**
一阶动态电路的零状态响应

一阶电路如果在换路前储能元件未储能，换路后接通电源，那么换路后电路的响应就是由外加电源引起的。这种仅由外加电源引起的响应，称为零状态响应。零状态响应实际上是储能元件的充电过程。

3.3.1　一阶 RC 电路的零状态响应

一阶 RC 电路如图 3.11(a)所示，$t<0$ 时开关 S 断开，电容 C 未充电，电容电压 $u_{\text{C}}(0_-) = 0$。在 $t=0$ 时闭合开关 S，电容 C 接通电源 U_{s}。根据换路定律，换路后瞬间，电容电压初始值 $u_{\text{C}}(0_+) = u_{\text{C}}(0_-) = 0$，电容相当于短路，电容电流初始值 $i_{\text{C}}(0_+) = \dfrac{U_{\text{s}}}{R}$。$t \geqslant 0$ 后，电源 U_{s} 开始通过电阻 R 给电容 C 充电，电容电压逐渐升高，电容电流 $i_{\text{C}} = \dfrac{U_{\text{s}} - u_{\text{C}}(t)}{R}$ 逐渐减少。当 $t \to \infty$ 时，电容电压升至 U_{s}，即 $u_{\text{C}}(\infty) = U_{\text{s}}$。把 $t \to \infty$ 时的值称为稳态值或终止值。当电容电压上升至稳态值后，充电结束，电容相当于开路，电容电流趋近于零，即电容电流稳态值 $i_{\text{C}}(\infty) = 0$，电路又达到新的稳定状态。由于电容初始储能为零，$t \geqslant 0$ 后电路响应是由外加电源 U_{s} 引起的，因此电路响应为零状态响应。一阶 RC 电路的零状态响应，就是电源给电容充电的过程。

下面定量分析一阶 RC 电路的零状态响应。

根据图 3.11(a)，换路后

$$u_{\text{R}} + u_{\text{C}} = U_{\text{s}} \tag{3-24}$$

由于

$$i_{\text{C}} = C\frac{\text{d}u_{\text{C}}}{\text{d}t}$$

则

$$u_R = Ri_C = RC\frac{du_C}{dt} \tag{3-25}$$

将式(3-25)代入式(3-24)得

$$RC\frac{du_C}{dt} + u_C = U_s \tag{3-26}$$

式(3-26)是一阶常系数线性微分方程,其初始条件为 $u_C(0_+) = 0$,将初始条件代入式(3-26),解微分方程,得到电容的零状态响应电压为

$$u_C = U_s(1 - e^{-\frac{t}{RC}}) = u_C(\infty)(1 - e^{-\frac{t}{RC}}) \qquad (t \geqslant 0) \tag{3-27}$$

电容的零状态响应电流为

$$i_C = C\frac{du_C}{dt} = C\frac{d[U_s(1 - e^{-\frac{t}{RC}})]}{dt} = \frac{U_s}{R}e^{-\frac{t}{RC}} = \frac{u_C(\infty)}{R}e^{-\frac{t}{RC}} \qquad (t \geqslant 0) \tag{3-28}$$

令 $\tau = RC$,τ 为 RC 串联电路时间常数。式(3-27)和式(3-28)可写成

$$u_C = u_C(\infty)(1 - e^{-\frac{t}{\tau}}) \qquad (t \geqslant 0) \tag{3-29}$$

$$i_C = \frac{u_C(\infty)}{R}e^{-\frac{t}{\tau}} \qquad (t \geqslant 0) \tag{3-30}$$

根据式(3-29)和式(3-30)画出电容零状态响应曲线,如图 3.11(b)所示。可以看出,随着时间变化,电容电压按指数规律增加,电容电流按指数规律减小。

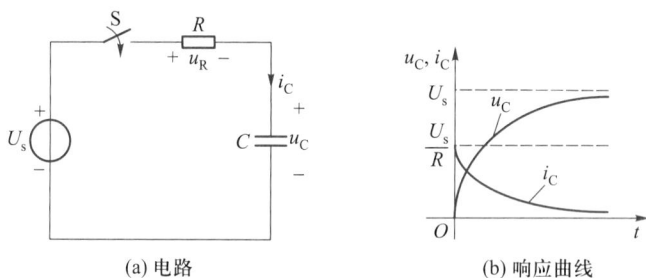

(a) 电路　　　　　　　　　(b) 响应曲线

图 3.11　一阶 RC 电路及其零状态响应曲线

3.3.2　一阶 RL 电路的零状态响应

一阶 RL 电路如图 3.12(a)所示,$t<0$ 时开关 S 断开,电感 L 未充电,电感电流 $i_L(0_-) = 0$。在 $t=0$ 时闭合开关 S,电感 L 接通电源 U_s。根据换路定律,换路后瞬间,电感电流初始值 $i_L(0_+) = i_L(0_-) = 0$,电感相当于开路,电感电压初始值 $u_L(0_+) = U_s$。$t \geqslant 0$ 以后,电源 U_s 开始通过电阻 R 给电感 L 充电,电感电流 i_L 逐渐升高,电感电压 $u_L = U_s - i_L R$ 逐渐减少。当 $t \to \infty$ 时,电感电压趋近于零,即电感电压稳态值 $u_L(\infty) = 0$。当电感电压减小至稳态值,充电结束,电感相当于短路,电感电流升至 $\frac{U_s}{R}$,即电感电流稳态值 $i_L(\infty) = \frac{U_s}{R}$,电路又达到新的稳定状态。由于电感初始储能为零,$t \geqslant 0$ 后电路响应是由外加电源 U_s 产生的,因此电路响应为零状态响应。一阶 RL 电路的零状态响应,就是电源给电感充电的过程。

下面定量分析一阶 RL 电路的零状态响应。

根据图 3.12(a),换路后有

$$u_R + u_L = U_s \tag{3-31}$$

又由于

$$\begin{cases} u_L = L\dfrac{di_L}{dt} \\ u_R = Ri_L \end{cases} \tag{3-32}$$

将式(3-32)代入式(3-31),得

$$L\frac{di_L}{dt} + Ri_L = U_s \tag{3-33}$$

式(3-33)是一阶常系数线性微分方程,其初始条件为 $i_L(0_+) = 0$,将初始条件代入式(3-33),解微分方程,得到电感的零状态响应电流为

$$i_L = \frac{U_s}{R}(1 - e^{-t/\frac{L}{R}}) = i_L(\infty)(1 - e^{-t/\frac{L}{R}}) \qquad (t \geq 0) \tag{3-34}$$

电感的零状态响应电压为

$$u_L = L\frac{di_L}{dt} = L\frac{d\left[\frac{U_s}{R}(1 - e^{-t/\frac{L}{R}})\right]}{dt} = U_s e^{-t/\frac{L}{R}} = Ri_L(\infty)e^{-t/\frac{L}{R}} \qquad (t \geq 0) \tag{3-35}$$

令 $\tau = \dfrac{L}{R}$,τ 为 RL 串联电路时间常数。式(3-34)和式(3-35)可分别写成

$$i_L = i_L(\infty)(1 - e^{-\frac{t}{\tau}}) \qquad (t \geq 0) \tag{3-36}$$

$$u_L = Ri_L(\infty)e^{-\frac{t}{\tau}} \qquad (t \geq 0) \tag{3-37}$$

根据式(3-36)和式(3-37)画出电感零状态响应曲线,如图 3.12(b)所示。可以看出,随着时间增加,电感电压按指数规律减小,电感电流按指数规律增加。

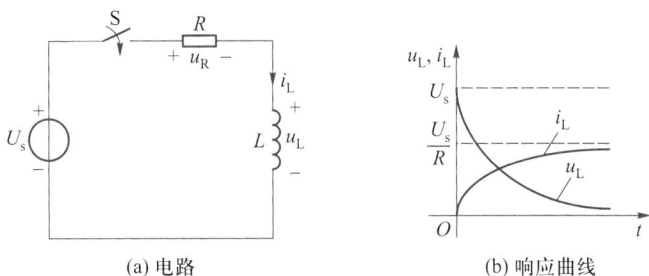

图 3.12 一阶 RL 电路零状态响应电路及响应曲线

综合式(3-29)和式(3-36)可以看出,一阶电路的零状态响应和稳态值有关,并且都是从稳态值开始按照指数规律 $e^{-\frac{t}{\tau}}$ 变化。如果用 $f(t)$ 表示零状态响应,用 $f(\infty)$ 表示稳态值,则电容电压和电感电流的零状态响应可以用下面通式表示为

$$f(t) = f(\infty)(1 - e^{-\frac{t}{\tau}}) \qquad (t \geq 0) \tag{3-38}$$

式(3-38)中,τ 为一阶电路的时间常数。对于一阶 RC 电路,$\tau = RC$;对于一阶 RL 电路,$\tau = \dfrac{L}{R}$。R 是指换路后独立源置零,从动态元件两端看进去的等效电阻。时间常数 τ 取决于

电路的结构和参数,τ 越大,零状态响应衰减越慢;τ 越小,衰减越快。

例3.5 电路如图3.13所示,已知 $U_s = 24$ V,$R_1 = 6$ Ω,$R_2 = 3$ Ω,$R_3 = 2$ Ω,$R_4 = 4$ Ω,$C = \frac{1}{3}$ F。开关 S 闭合前电容未储能,在 $t = 0$ 时开关 S 闭合。求:(1) 时间常数 τ;(2) $t \geq 0$ 时的 u_C 和 i_C。

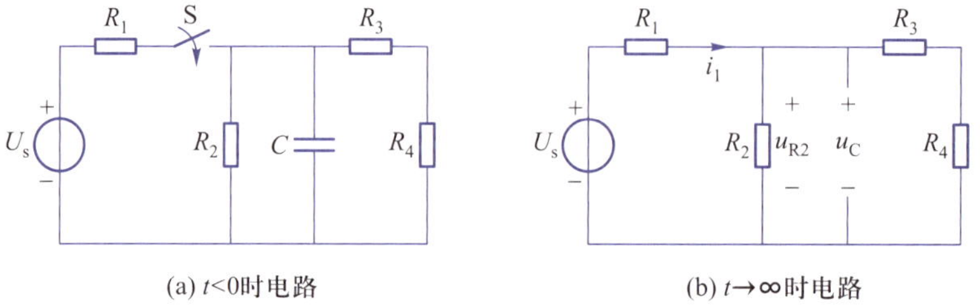

图 3.13 例 3.5 用图

(a) $t<0$时电路　　(b) $t \to \infty$时电路

图 3.13　例 3.5 用图

解:(1) $t \geq 0$ 后开关 S 闭合,将电压源 U_s 短接,从电容 C 两端看进去的等效电阻为

$$R = R_1 /\!/ R_2 /\!/ (R_3 + R_4) = 6 \text{ Ω} /\!/ 3 \text{ Ω} /\!/ (2 \text{ Ω} + 4 \text{ Ω}) = \frac{3}{2} \text{ Ω}$$

因此

$$\tau = RC = \frac{3}{2} \text{ Ω} \times \frac{1}{3} \text{ F} = 0.5 \text{ s}$$

(2) 根据题意,本题属于一阶 RC 电路零状态响应。当 $t \to \infty$ 时电容充电结束,电路如图 3.13(b)所示。根据等效电路得

$$i_1 = \frac{U_s}{R_1 + R_2 /\!/ (R_3 + R_4)} = \frac{24 \text{ V}}{6 \text{ Ω} + 3 \text{ Ω} /\!/ (2 \text{ Ω} + 4 \text{ Ω})} = 3 \text{ A}$$

$$u_C(\infty) = u_{R2} = U_s - R_1 i_1 = 24 \text{ V} - 6 \text{ Ω} \times 3 \text{ A} = 6 \text{ V}$$

根据式(3-29)和式(3-30)得

$$u_C = u_C(\infty)(1 - e^{-\frac{t}{\tau}}) = 6(1 - e^{-2t}) \text{ V} \qquad (t \geq 0)$$

$$i_C = \frac{U_s}{R} e^{-\frac{t}{\tau}} = \frac{24 \text{ V}}{\frac{3}{2} \text{ Ω}} e^{-2t} = 16 e^{-2t} \text{ A} \qquad (t \geq 0)$$

知识点 **3.4**

一阶动态电路的全响应及三要素法

知识点 3.2 和 3.3 分析了一阶动态电路的零输入响应和零状态响应。零输入响应是在没有电源作用的情况下,仅由储能元件的初始储能引起的响应;零状态响应是在储能元件没有初始储能的情况下,仅由外加电源引起的响应。如果一阶电路换路前储能元件已经储能,换路后还存在外加电源,那么电路的响应就是由储能元件的初始储能和外加电源共同作用产生的。把这种由储能元件的初始储能和外加电源共同作用产生的响应称为全响应。对于

线性电路,全响应可以看作是零输入响应和零状态响应的叠加。

3.4.1　一阶动态电路的全响应

这里以一阶 RC 电路为例分析一阶动态电路的全响应。如图 3.14(a) 所示,$t<0$ 时,开关 S 处于 1 位置,电容 C 被电压源 U_o 充电,电路处于稳定状态,电容电压 $u_C(0_-)=U_o$。在 $t=0$ 时,把开关 S 转换到位置 2,电容 C 与电源 U_s 接通,如图 3.14(b) 所示。根据换路定律,换路后瞬间 $u_C(0_+)=u_C(0_-)=U_o$。$t \geqslant 0$ 后,电路的响应是由电源 U_s 和电容 C 的初始储能共同作用产生的,因此电路响应为全响应。当 $t \to \infty$ 时,电容电压等于 U_s,即 $u_C(\infty)=U_s$,电路又达到新的稳定状态。

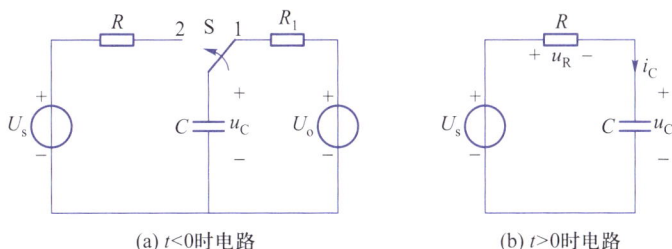

(a) $t<0$时电路　　　　　　　(b) $t>0$时电路

图 3.14　一阶 RC 电路全响应电路

根据图 3.14(b) 得

$$u_R + u_C = U_s \qquad (3-39)$$

由于

$$i_C = C \frac{\mathrm{d}u_C}{\mathrm{d}t}$$

则

$$u_R = Ri_C = RC \frac{\mathrm{d}u_C}{\mathrm{d}t} \qquad (3-40)$$

将式(3-40)代入式(3-39),得

$$RC \frac{\mathrm{d}u_C}{\mathrm{d}t} + u_C = U_s \qquad (3-41)$$

式(3-41)是一阶 RC 电路全响应的微分方程。它与式(3-33)的一阶 RC 电路零状态响应方程相同,区别仅仅在于初始条件不同。一阶 RC 电路零状态响应的初始条件是 $u_C(0_+)=0$,一阶 RC 电路全响应的初始条件是 $u_C(0_+)=U_o$。将一阶 RC 电路全响应的初始条件 $u_C(0_+)=U_o$ 代入式(3-41),解微分方程得到电容全响应电压为

$$u_C = U_o \mathrm{e}^{-\frac{t}{RC}} + U_s(1-\mathrm{e}^{-\frac{t}{RC}}) \qquad (t \geqslant 0) \qquad (3-42)$$

令 $\tau = RC$,τ 为 RC 串联电路时间常数。式(3-42)可写成

$$u_C = U_o \mathrm{e}^{-\frac{t}{\tau}} + U_s(1-\mathrm{e}^{-\frac{t}{\tau}}) \qquad (t \geqslant 0) \qquad (3-43)$$

电容的全响应电流为

$$i_C = C \frac{\mathrm{d}u_C}{\mathrm{d}t} = -\frac{U_o}{R}\mathrm{e}^{-\frac{t}{\tau}} + \frac{U_s}{R}\mathrm{e}^{-\frac{t}{\tau}} \qquad (t \geqslant 0) \qquad (3-44)$$

式(3-43)等号右侧第一项仅与初始值 $u_C(0_+)=U_o$ 有关,与输入(外加激励 U_s)无关,是电容初始储能单独作用引起的零输入响应;第二项仅与输入有关,与初始值无关,是激励 U_s

单独作用引起的零状态响应。因此，全响应可以看作是零输入响应和零状态响应的叠加，即

$$全响应 = 零输入响应 + 零状态响应$$

这体现了一阶线性动态电路的叠加性。这样，求一阶动态电路的全响应时，可以分别求零输入响应和零状态响应，再应用叠加定理得到全响应。

式（3-44）还可以写成

$$u_C = U_s + (U_0 - U_s) e^{-\frac{t}{\tau}} \qquad (t \geq 0) \qquad\qquad (3-45)$$

式（3-45）等号右侧第一项为微分方程的非齐次特解，是当 $t \to \infty$ 时储能元件的稳态值，称为稳态响应（稳态分量）或强制响应。稳态响应仅与输入有关，与初始值无关。式（3-45）等号右侧第二项为微分方程的齐次通解，其大小按指数规律衰减，称为暂态响应（暂态分量）或固有响应。暂态响应与输入有关，也与初始值有关。这样，一阶动态电路全响应也可以看作是暂态响应和稳态响应的叠加，即

$$全响应 = 稳态响应 + 暂态响应$$

当 $U_0 > U_s$ 时，一阶动态电路全响应曲线如图 3.15 所示。U_0 和 U_s 关系不同时，曲线会有所不同。

例 3.6　电路如图 3.16 所示，已知 $U_0 = 12\ \text{V}$，$U_s = 5\ \text{V}$，$R_1 = 6\ \Omega$，$R_2 = 5\ \Omega$，$C = 0.1\ \text{F}$。开关 S 原来在位置 1，电路处于稳态，在 $t = 0$ 时把开关 S 转换到位置 2，求 $t \geq 0$ 时的 u_C。

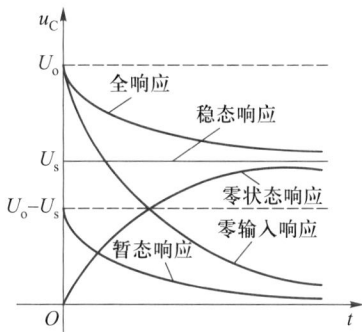

图 3.15　一阶 RC 电路全响应电压曲线

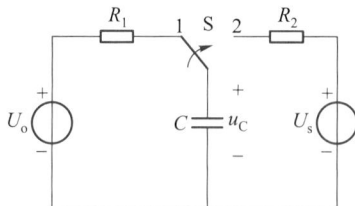

图 3.16　例 3.6 用图

解：根据题意，换路前电容 C 已经由电源 U_0 充电，换路后电路响应由电源 U_s 和储能电容 C 共同作用产生，属于一阶动态电路全响应。全响应等于零输入响应和零状态响应之和。

令 $U_s = 0$，此时电路的响应为零输入响应。

换路前电容电压为

$$u_C(0_-) = U_0 = 12\ \text{V}$$

根据换路定律，开关 S 闭合瞬间电容电压为

$$u_C(0_+) = u_C(0_-) = U_0 = 12\ \text{V}$$

时间常数 τ 为

$$\tau = RC = R_2 C = 5\ \Omega \times 0.1\ \text{F} = 0.5\ \text{s}$$

根据式（3-14），电容的零输入响应电压为

$$u'_C = U_s e^{-\frac{t}{RC}} = u_C(0_+) e^{-\frac{t}{\tau}} = 12 e^{-2t}\ \text{V} \qquad (t \geq 0)$$

令 $U_0 = 0$，则换路前电容电压 $u_C(0_-) = 0$，此时电路的响应为零状态响应。

换路后当 $t \to \infty$，电容电压的稳态值为

$$u_C(\infty) = U_s = 5 \text{ V}$$

根据式(3-28)，电容的零状态响应电压为

$$u_C'' = u_C(\infty)\left(1 - e^{-\frac{t}{\tau}}\right) = 5\left(1 - e^{-2t}\right) \text{ V} \qquad (t \geqslant 0)$$

根据叠加定理，电容的全响应电压为

$$u_C = u_C' + u_C'' = 12e^{-2t} \text{ V} + 5\left(1 - e^{-2t}\right) \text{ V} = \left(5 + 7e^{-2t}\right) \text{ V}$$

3.4.2　一阶动态电路的三要素法

根据前面一阶 RC 电路的全响应分析可知，一阶 RC 电路的全响应为

$$u_C = U_s + (U_o - U_s)e^{-\frac{t}{\tau}} \qquad (t \geqslant 0)$$

式中：U_o 为电路换路瞬间电容电压的初始值 $u_C(0_+)$；U_s 为当 $t \to \infty$ 时电容电压的稳态值 $u_C(\infty)$。上式可写成

$$u_C = U_s + (U_o - U_s)e^{-\frac{t}{\tau}} = u_C(\infty) + [u_C(0_+) - u_C(\infty)]e^{-\frac{t}{\tau}} \qquad (t \geqslant 0) \qquad (3-46)$$

如果用 $f(t)$ 表示电压或电流的全响应，用 $f(0_+)$ 表示初始值，用 $f(\infty)$ 表示稳态值，电压或电流的全响应可以用通式表示为

$$f(t) = f(\infty) + [f(0_+) - f(\infty)]e^{-\frac{t}{\tau}} \qquad (t \geqslant 0) \qquad (3-47)$$

式中：等号右侧第一项为稳态响应，第二项为暂态响应。

式(3-47)也可以写成式(3-48)的形式

$$f(t) = f(0_+)e^{-\frac{t}{\tau}} + f(\infty)\left(1 - e^{-\frac{t}{\tau}}\right) \qquad (t \geqslant 0) \qquad (3-48)$$

式中：等号右侧第一项为零输入响应，第二项为零状态响应。

根据式(3-47)或式(3-48)可知，一阶动态电路的全响应与初始值 $f(0_+)$、稳态值 $f(\infty)$ 和时间常数 τ 有关，只要知道这三个要素，就可以求得电路中任意变量的全响应。把这种根据 $f(0_+)$、$f(\infty)$ 和 τ 三个要素计算电路响应的方法称为三要素法。三要素法适用于求解一阶电路任意元件的电压或电流响应。由于零输入响应或零状态响应可以视作是全响应的特殊情况，因此三要素法也可以求解电路的零输入响应或零状态响应。应用三要素法求解电路响应时，不需要建立和求解微分方程，只需根据电路工作状态求得 $f(0_+)$、$f(\infty)$ 和 τ 这三个待求变量，代入式(3-47)或式(3-48)即可。其解题步骤如下。

（1）确定初始值 $f(0_+)$

① 根据 $t<0$ 时的稳态电路求电容电压 $u_C(0_-)$ 或电感电流 $i_L(0_-)$。因为 $t<0$ 时电路已处于稳态，电容可以视作开路，电感可以视作短路，电路相当于纯电阻电路。根据电路计算 $t<0$ 时的电容电压 $u_C(0_-)$ 或电感电流 $i_L(0_-)$。

② 根据换路定律，计算换路后 $t=0_+$ 时刻电容电压初始值 $u_C(0_+)$ 或电感电流初始值 $i_L(0_+)$。

③ 把电容元件用大小等于 $u_C(0_+)$ 的理想电压源代替，把电感元件用大小等于 $i_L(0_+)$ 的理想电流源代替，画出 $t=0_+$ 时刻的等效电路。若 $u_C(0_+)=0$，则电容视作短路；若 $i_L(0_+)=0$，则电感视作开路。根据 $t=0_+$ 时刻的等效电路，求得电路中其他变量的初始值 $f(0_+)$。

（2）确定稳态值 $f(\infty)$

稳态值 $f(\infty)$ 的求取根据 $t \to \infty$ 时的电路进行。因为 $t \to \infty$ 时电路达到新的稳态，电容视

作开路,电感视作短路,电路相当于纯电阻电路。根据电路计算各变量的稳态值 $f(\infty)$。

（3）确定时间常数 τ

把换路后电路中的所有独立源置零,即电压源短路,电流源开路,计算从动态元件两端看进去的等效电阻,然后求解时间常数 τ。对于一阶 RC 电路, $\tau = RC$;对于一阶 RL 电路, $\tau = \dfrac{L}{R}$。

（4）确定电路响应

把前面计算出的 $f(0_+)$、$f(\infty)$ 和 τ 代入到式（3-47）式（3-48）,就可以求解电路各处响应。

例 3.7　电路如图 3.17（a）所示,已知 $U_{s1} = 24 \text{ V}$, $U_{s2} = 12 \text{ V}$, $R_1 = 6 \ \Omega$, $R_2 = 3 \ \Omega$, $L = 0.1 \text{ H}$。开关 S 闭合前电路处于稳态,在 $t = 0$ 时闭合开关 S,试用三要素法求 $t \geqslant 0$ 时的 i_1、i_2 和 i_L。

解:（1）求初始值。$t < 0$ 电路处于稳态,电感视作短路,画出 $t = 0_-$ 时电路如图 3.17（b）所示。根据图 3.17（b）电路得

$$i_L(0_-) = \frac{U_{s1}}{R_1} = \frac{24 \text{ V}}{6 \ \Omega} = 4 \text{ A}$$

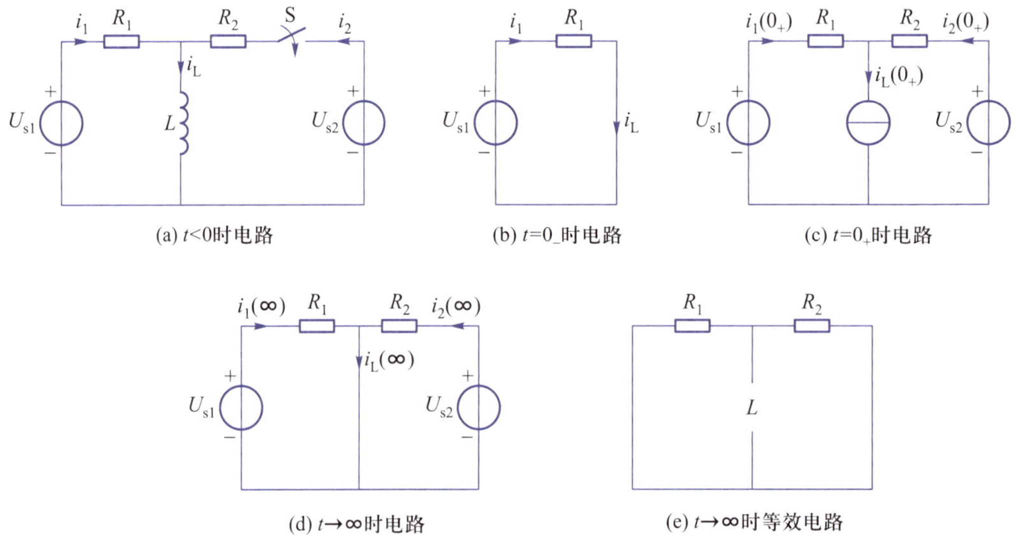

(a) $t < 0$ 时电路　　　　(b) $t = 0_-$ 时电路　　　　(c) $t = 0_+$ 时电路

(d) $t \to \infty$ 时电路　　　　(e) $t \to \infty$ 时等效电路

图 3.17　例 3.7 用图

根据换路定律得

$$i_L(0_+) = i_L(0_-) = 4 \text{ A}$$

把电感 L 用 4 A 的理想电流源代替,画出 $t = 0_+$ 时电路,如图 3.17（c）所示。根据图 3.17（c）所示电路,用节点电压法列出方程,有

$$u_L(0_+)\left(\frac{1}{6}\text{S} + \frac{1}{3}\text{S}\right) = \frac{24 \text{ V}}{6 \ \Omega} + \frac{12 \text{ V}}{3 \ \Omega} - 4 \text{ A}$$

解得

$$u_L(0_+) = 8 \text{ V}$$

则

$$i_1(0_+) = \frac{U_{s1}-u_L(0_+)}{R_1} = \frac{24\ \text{V}-8\ \text{V}}{6\ \Omega} = \frac{8}{3}\ \text{A}$$

$$i_2(0_+) = \frac{U_{s2}-u_L(0_+)}{R_2} = \frac{12\ \text{V}-8\ \text{V}}{3\ \Omega} = \frac{4}{3}\ \text{A}$$

（2）求稳态值。换路后，当 $t\to\infty$ 时电路达到新的稳态，电感视作短路，画出 $t\to\infty$ 时的电路如图 3.17(d) 所示，根据图 3.17(d) 所示电路，求 $t\to\infty$ 时的稳态值。有

$$i_1(\infty) = \frac{U_{s1}}{R_1} = \frac{24\ \text{V}}{6\ \Omega} = 4\ \text{A}$$

$$i_2(\infty) = \frac{U_{s2}}{R_2} = \frac{12\ \text{V}}{3\ \Omega} = 4\ \text{A}$$

$$i_L(\infty) = i_1(\infty)+i_2(\infty) = 4\ \text{A}+4\ \text{A} = 8\ \text{A}$$

（3）求时间常数。去掉电感，把电压源 U_{s1} 和 U_{s2} 短路，画出等效电路如图 3.17(e) 所示。根据图 3.17(e) 所示电路，计算从电感 L 两端看进去的等效电阻

$$R = R_1 /\!/ R_2 = 6\ \Omega /\!/ 3\ \Omega = 2\ \Omega$$

则时间常数 τ 为

$$\tau = \frac{L}{R} = \frac{0.1\ \text{H}}{2\ \Omega} = 0.05\ \text{s}$$

（4）利用三要素法得

$$i_1(t) = i_1(\infty)+[i_1(0_+)-i_1(\infty)]e^{-\frac{t}{\tau}} = 4\ \text{A}+\left(\frac{8}{3}-4\right)e^{-\frac{t}{0.05}}\ \text{A} = \left(4-\frac{4}{3}e^{-20t}\right)\ \text{A} \qquad (t\geqslant 0)$$

$$i_2(t) = i_2(\infty)+[i_2(0_+)-i_2(\infty)]e^{-\frac{t}{\tau}} = 4\ \text{A}+\left(\frac{4}{3}-4\right)e^{-\frac{t}{0.05}}\ \text{A} = \left(4-\frac{8}{3}e^{-20t}\right)\ \text{A} \qquad (t\geqslant 0)$$

$$i_L(t) = i_L(\infty)+[i_L(0_+)-i_L(\infty)]e^{-\frac{t}{\tau}} = 8\ \text{A}+(4-8)e^{-\frac{t}{0.05}}\ \text{A} = (8-4e^{-20t})\ \text{A} \qquad (t\geqslant 0)$$

例 3.8   电路如图 3.18 所示，已知 $U_s = 12\ \text{V}$，$R_1 = 2\ \Omega$，$R_2 = 1\ \Omega$，$C = 30\ \mu\text{F}$。开关 S 闭合前电路处于稳态，在 $t=0$ 时闭合开关 S，试用三要素求 u_C。

解： 由于开关 S 闭合前电路处于稳态，电容 C 视作开路，有

$$u_C(0_-) = U_s = 12\ \text{V}$$

根据换路定律得

$$u_C(0_+) = u_C(0_-) = 12\ \text{V}$$

图 3.18   例 3.8 用图

换路后，当 $t\to\infty$ 时电路达到新的稳态，电容视作开路，有

$$u_C(\infty) = U_{R2} = \frac{U_s}{R_1+R_2}R_2 = \frac{12\ \text{V}}{2\ \Omega+1\ \Omega}\times 1\ \Omega = 4\ \text{V}$$

把电压源 u_s 短路，去掉电容，从电容 C 两端看进去的等效电阻为

$$R = R_1 /\!/ R_2 = 2\ \Omega /\!/ 1\ \Omega = \frac{2}{3}\ \Omega$$

则时间常数 τ 为

$$\tau = RC = \frac{2}{3}\ \Omega \times 30\ \mu\text{F} = 2\times 10^{-5}\ \text{s}$$

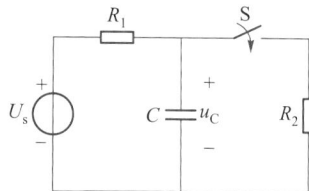

由三要素公式得

$$u_C(t) = u_C(\infty) + [u_C(0_+) - u_C(\infty)] e^{-\frac{t}{\tau}} = 4\text{ V} + (12-4) e^{-\frac{t}{2\times10^{-5}}}\text{ V} = (4+8e^{-50000t})\text{ V} \qquad (t \geqslant 0)$$

知识点 **3.5**

一阶动态电路的阶跃响应

一阶动态电路在换路前后电路状态会发生变化,这种换路的动作可以用阶跃函数来表示。

3.5.1　阶跃函数

阶跃函数是工程分析中常用的激励源。单位阶跃函数用 $\varepsilon(t)$ 表示,其数学表达式为

$$\varepsilon(t) = \begin{cases} 0 & t \leqslant 0_- \\ 1 & t \geqslant 0_+ \end{cases} \qquad (3-49)$$

单位阶跃函数在 $t=0$ 时其值从 0 跃变为 1,波形如图 3.19 所示。如果在 $t=0$ 时其值从 0 跃变为某一不为 1 的常数,则称为阶跃函数。如果在 $t=t_0$ 时发生跃变,则称为延迟的单位阶跃函数,用 $\varepsilon(t-t_0)$ 表示,波形如图 3.20 所示。

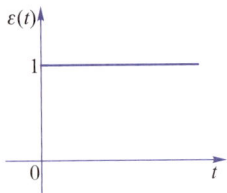

图 3.19　单位阶跃函数波形　　图 3.20　延迟的单位阶跃函数波形

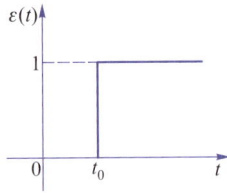

如果动态电路在 $t=0$ 时闭合开关 S,把 1 V 电压源接入电路,那么电路的激励就在 $t=0$ 时从 0 V 跃变为 1 V,激励的这一变化过程与单位阶跃函数 $\varepsilon(t)$ 的特性相似。因此,可以用阶跃函数来描述开关的动作,用阶跃函数代替开关的作用。如图 3.21 所示,网络 N 在 $t=0$ 时闭合开关 S,把 5 V 电压源接入网络 N,可以用阶跃函数来表示。如果电路在 $t=t_0$ 时闭合开关 S,则可以用延迟的阶跃函数来代替。

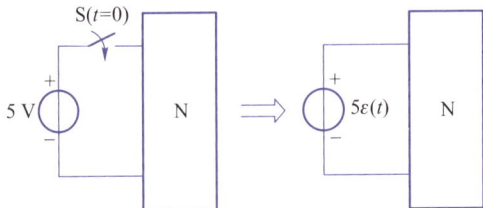

图 3.21　阶跃函数的开关作用

3.5.2　一阶动态电路的阶跃响应

电路在单位阶跃函数作用下的零状态响应称为单位阶跃响应。把零状态响应中的激励

$(U_s$ 或 $I_s)$ 改为单位阶跃函数,就可以得到电路的单位阶跃响应。例如,RC 串联电路在电压源 U_s 作用下的零状态响应为

$$u_C = U_s(1-e^{-\frac{t}{\tau}}) \qquad (t \geqslant 0)$$

$$i_C = \frac{U_s}{R}e^{-\frac{t}{\tau}} \qquad (t \geqslant 0)$$

在单位阶跃函数 $\varepsilon(t)$ 作用下的单位阶跃响应为

$$u_C = (1-e^{-\frac{t}{\tau}})\varepsilon(t)$$

$$i_C = \frac{1}{R}e^{-\frac{t}{\tau}}\varepsilon(t)$$

式中:因为单位阶跃函数 $\varepsilon(t)$ 在 $t \geqslant 0$ 时有效,所以并不需要再加上 $t \geqslant 0$ 这个条件。

如果激励是延迟的阶跃函数,即阶跃函数不是在 $t=0$,而是在 $t=t_0$ 时施加的,那么只要把上面表达式中的 t 改为 $(t-t_0)$,就可以得到延迟阶跃响应。例如,上述 RC 串联电路在延迟单位阶跃函数 $\varepsilon(t-t_0)$ 作用下的延迟单位阶跃响应为

$$u_C = (1-e^{-\frac{t-t_0}{\tau}})\varepsilon(t-t_0)$$

$$i_C = \frac{1}{R}e^{-\frac{t-t_0}{\tau}}\varepsilon(t-t_0)$$

例 3.9　RL 串联电路如图 3.22(a)所示,已知输入为图 3.22(b)所示的脉冲电压 $u(t)$。求零状态响应 i。

解:脉冲电压 $u(t)$ 可以看作是 $u'(t)$ 和 $u''(t)$ 两个阶跃电压的叠加,如图 3.22(c)所示。则

$$u(t) = u'(t) + u''(t) = U_s\varepsilon(t) - U_s\varepsilon(t-t_0)$$

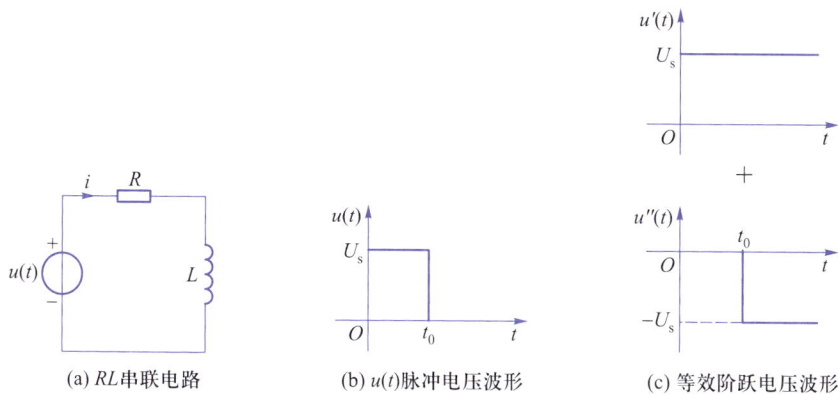

(a) RL 串联电路　　(b) $u(t)$ 脉冲电压波形　　(c) 等效阶跃电压波形

图 3.22　例 3.9 用图

$u'(t)$ 单独作用时,零状态响应为

$$i' = \frac{U_s}{R}(1-e^{-\frac{t}{\tau}})\varepsilon(t)$$

$u''(t)$ 单独作用时,零状态响应为

$$i'' = -\frac{U_s}{R}(1-e^{-\frac{t-t_0}{\tau}})\varepsilon(t-t_0)$$

因此零状态响应为

$$i = i' + i'' = \frac{U_s}{R}\left(1 - e^{-\frac{t}{\tau}}\right)\varepsilon(t) - \frac{U_s}{R}\left(1 - e^{-\frac{t-t_0}{\tau}}\right)\varepsilon(t - t_0)$$

⚙ 项目训练

一、仿真训练

一阶 *RC* 电路动态响应仿真分析

1. 仿真目的

（1）加深对一阶电路动态响应的理解,熟悉一阶电路零输入响应和零状态响应的特性。

（2）了解 *RC* 电路的充放电过程,掌握一阶电路时间常数 τ 对电容充放电快慢的影响。

（3）学会利用 Multisim 仿真软件进行一阶电路动态响应的仿真分析方法。

2. 仿真原理

一阶动态电路仅由储能元件的初始储能所引起的响应称为零输入响应;一阶动态电路仅由外加电源引起的响应称为零状态响应。零输入响应实际上是储能元件的放电过程,零状态响应实际上是储能元件的充电过程。时间常数 τ 会影响储能元件的充放电过程的快慢,τ 越大,动态响应衰减越慢;τ 越小,衰减越快。

在 Multisim 仿真软件中,利用虚拟示波器可以很清晰地观测一阶 *RC* 电路的充放电过程,以及时间常数 τ 对电容充放电快慢的影响。

3. 仿真设备

安装 Multisim 仿真软件的计算机 1 台。

4. 仿真步骤

（1）一阶 *RC* 电路零状态响应仿真分析。一阶 *RC* 电路动态响应测试电路如图 3.23 所示。在软件元件库中选用元器件,电阻、电容、开关在基本元件库（Basic）,直流电压源、接地符号在电源库（Power Source Components）。连接好后按图 3.23 设置电阻、电容和电源数值（双击各元件,在弹出的面板中设置参数）。从测量器件库（Measurement Components）中取出示波器（Oscilloscope-XSC）连接在电路中。创建好的仿真框图如图 3.24 所示。

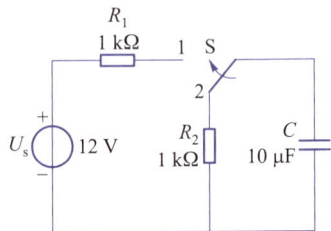

图 3.23　一阶 *RC* 电路动态响应
测试电路

单击仿真软件"运行/停止"开关（Simulation Switch）,启动仿真。单击仿真框图中开关 S 或按下空格键,切换开关位置使电容 *C* 接通电源。此时电路为零状态响应,电容 *C* 充电。打开示波器,观察电路的充电波形。仿真波形如图 3.25 所示。

单击仿真软件"运行/停止"开关（Simulation Switch）,停止仿真。将示波器显示板上的 T1 游标指针移动到 0 V 位置,将 T2 游标指针移动到间隔时间 1τ 的位置（$\tau = RC = 10$ ms）,观察 *Y* 轴所测电压值,将数据记录在表 3.1 中,再将 T2 游标指针移动到间隔时间 2τ、3τ 等位置,将数据记录在表 3.1 中。根据图 3.23 所示电路计算一阶 *RC* 电路零状态响应的理论值,填入表 3.1 中,与测量值进行比较。

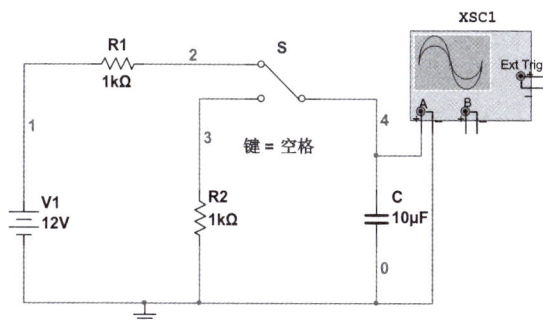

图 3.24 一阶 *RC* 电路动态响应仿真框图

图 3.25 一阶 *RC* 电路零状态响应仿真波形

（2）一阶 *RC* 电路零输入响应仿真分析。在图 3.24 所示仿真框图中，单击仿真软件"运行/停止"开关（Simulation Switch），启动仿真。然后先把开关 S 切换到上侧使电容 *C* 接通电源，再把开关 S 切换到下侧接通电阻 *R*₂。此时电路为零输入响应，电容 *C* 放电。打开示波器，观察电路的放电波形。仿真波形如图 3.26 所示。

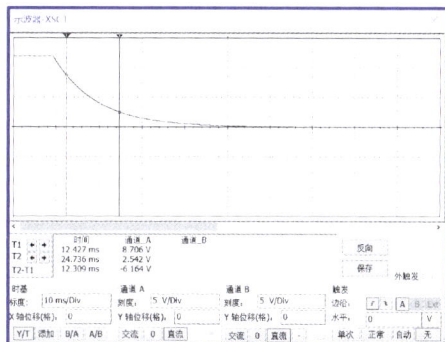

微实验：一阶 *RC* 电路动态响应

图 3.26 一阶 *RC* 电路零输入响应仿真波形

同上，改变 T2 游标指针位置，测量不同间隔时间时的电压值，将数据记录在表 3.1 中，根据图 3.23 所示电路计算一阶 *RC* 电路零输入响应的理论值，填入表 3.1 中，与测量值进行比较。

表 3.1 一阶 *RC* 电路动态响应仿真分析数据记录表

数值		时间					
		1τ	2τ	3τ	4τ	5τ	6τ
零状态响应	理论值						
	测量值						
零输入响应	理论值						
	测量值						

5. 思考题

（1）在图 3.24 所示仿真框图中，在开关 S 接通断开的瞬间，电容和电阻两端电压是否会发生跃变？

（2）如何改变仿真框图实现一阶动态电路全响应仿真？

（3）在图 3.23 所示仿真电路中，分别改变 R_1、R_2 和 C 的值，重新仿真，分析仿真结果。

二、技能训练

一阶 RC 电路充放电特性测试

1. 训练目的

（1）加深对动态元件充放电特性的认识，加深对一阶电路动态响应的理解。

（2）熟悉一阶电路零状态响应和零输入响应的特性。

（3）掌握一阶电路动态响应的实验研究方法。

2. 训练原理

储能元件的初始储能为零，仅由外加电源引起的响应称为零状态响应。如图 3.27 所示的一阶 RC 电路，电容 C 初始储能为零，电路处于稳定状态。在 $t = 0$ 时把开关 S 由位置 1 转到位置 2，电源 U_s 经电阻 R 向 C 充电，此时电路响应为零状态响应。

当电路中激励为零，仅由储能元件的初始储能所引起的响应称为零输入响应。在图 3.27 所示电路中，开关 S 原来在位置 2，电路已达稳定。在 $t = 0$ 时把开关 S 由位置 2 转到位置 1，电容 C 经电阻 R 放电，此时电路响应为零输入响应。

3. 训练器材

直流电源（12 V）1 个，电阻（2 kΩ/1 W、200 Ω/1 W、300 Ω/1 W）各 1 个，电解电容（1 000 μF）1 个，转换开关 1 个，电压表 1 台，示波器 1 台，秒表 1 只，导线若干。

4. 训练内容与步骤

（1）一阶 RC 电路零状态响应测试。按照图 3.28 所示实训电路图接好电路。将电源 U_s 调到 12 V，转换开关 S 置于位置 1，使电容充分放电，电容的初始储能为零。在 $t = 0$ 时把开关 S 由位置 1 转到位置 2，电源 U_s 经电阻 R_1、R_2 向电容 C 充电，电压表读数开始增加，电容逐渐充电到 12 V，用秒表记录时间，将测试数据填入表 3.2 中，并用示波器观察分析波形。

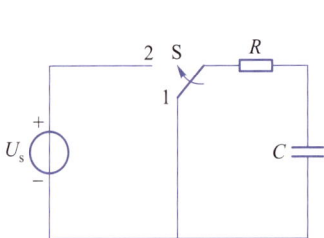

图 3.27　一阶 RC 电路动态响应原理图　　图 3.28　一阶 RC 电路动态响应实训电路图

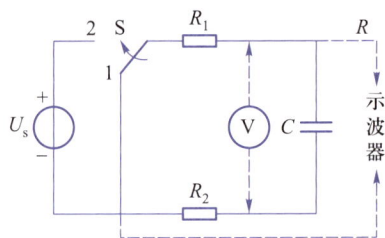

表 3.2　一阶 RC 电路动态响应测试数据记录表

测试内容	时间					
	1τ	2τ	3τ	4τ	5τ	6τ
零状态响应						
零输入响应						

（2）一阶 RC 电路零输入响应测试。按照图 3.28 所示实训电路图接好电路。将电源

U_s 调到 12 V,转换开关 S 置于位置 2,使电容充分充电,电压表读数显示为 12 V,电路达到稳态。在 $t=0$ 时把开关 S 由位置 2 转到位置 1,电容 C 经电阻 R_1、R_2 放电,电压表读数开始减小,用秒表记录时间,将测试数据填入表 3.2 中,并用示波器观察分析波形。

5. 注意事项

(1)电解电容正、负极性不能接反,否则会损坏电容。

(2)根据被测信号幅值,调节示波器幅值灵敏度,使波形清晰可测。

(3)训练过程中遵守实训室相关规定。

6. 思考题

(1)如何设计实训电路,实现一阶动态电路全响应测试。

(2)在图 3.28 所示实训电路中,电阻 R_2 的作用是什么?

项目小结

本项目主要研究一阶动态电路的时域响应分析方法。内容包括:一阶动态电路微分方程的建立,换路定律,一阶电路的零输入响应、零状态响应和全响应,一阶动态电路分析的三要素法,阶跃函数和阶跃响应等。

1. 一阶动态电路是用一阶微分方程描述的。微分方程的初始条件是电容电压和电感电流的初始值 $u_C(0_+)$ 和 $i_L(0_+)$。

2. 换路前后瞬间电容电压相等,即 $u_C(0_+)=u_C(0_-)$;电感电流相等,即 $i_L(0_+)=i_L(0_-)$。这一规律称为换路定律。利用换路定律可求取初始值 $u_C(0_+)$ 和 $i_L(0_+)$。

3. 一阶动态电路在没有独立电源作用的情况下,仅由储能元件初始储能所引起的响应,称为零输入响应。零输入响应实际上是储能元件的放电过程。一阶动态电路零输入响应为 $f(t)=f(0_+)e^{-\frac{t}{\tau}}$,与初始值 $f(0_+)$ 和时间常数 τ 有关。对于一阶 RC 电路,$\tau=RC$;对于一阶 RL 电路,$\tau=\frac{L}{R}$。R 是换路后去掉独立源从动态元件两端看进去的等效电阻。时间常数 τ 取决于电路的结构和参数,τ 越大,零输入响应衰减越慢;τ 越小,衰减越快。

4. 一阶动态电路仅由外加电源引起的响应,称为零状态响应。零状态响应实际上是储能元件的充电过程。一阶电路的零状态响应为 $f(t)=f(\infty)(1-e^{-\frac{t}{\tau}})$,与稳态值 $f(\infty)$ 和时间常数 τ 有关。和零输入响应一样,对于一阶 RC 电路,$\tau=RC$;对于一阶 RL 电路,$\tau=\frac{L}{R}$。R 是换路后去掉独立源从动态元件两端看进去的等效电阻。时间常数 τ 取决于电路的结构和参数,τ 越大,零状态响应衰减越慢;τ 越小,衰减越快。

5. 由储能元件的初始储能和外加电源共同作用产生的响应称为全响应。对于线性电路,全响应可以看作是零输入响应和零状态响应的叠加,即 $f(t)=f(0_+)e^{-\frac{t}{\tau}}+f(\infty)(1-e^{-\frac{t}{\tau}})$。也可以视作是稳态响应和暂态响应的叠加,即 $f(t)=f(\infty)+[f(0_+)-f(\infty)]e^{-\frac{t}{\tau}}$。一阶动态电路的全响应与初始值 $f(0_+)$、稳态值 $f(\infty)$ 和时间常数 τ 有关,只要知道这三个要素,就可以求得电路中任意变量的全响应。把这种根据 $f(0_+)$、$f(\infty)$ 和 τ 三个要素计算电路响应的方法称为三要素法。利用三要素求解一阶动态电路的时间响应时,首先根据换路前的稳态电路和换路定律确定初始值 $f(0_+)$，然后根据换路后的稳态电路确定稳态值 $f(\infty)$ 和时间常数 τ，代入三要素法计算公式即可。一阶动态电路处于稳定状态时，电容可以视作开路，电感可以视作短路。

6. 电路在单位阶跃函数作用下的零状态响应称为单位阶跃响应。把零状态响应中的激励（U_s 或 I_s）改为单位阶跃函数，就可以得到电路的单位阶跃响应。如果激励是延迟的阶跃函数，即阶跃函数是在 $t=t_0$ 时施加的，那么只要把零状态响应中的 t 改为（$t-t_0$），就可以得到延迟阶跃响应。

习　题　3

3.1　填空题

（1）电路从一个稳定状态转变到另一个稳定状态的变化过程称为_____。

（2）直流电路中，电感元件可以视作_____，电容元件可以看作_____。

（3）换路前后电容_____不能跃变，电感_____不能跃变。

（4）仅由储能元件初始储能所引起的响应称为_____；由外加电源引起的响应，称为_____；由储能元件的初始储能和外加电源共同作用产生的响应称为_____。

（5）一阶电路的零输入响应，$t \geqslant 0$ 后，电容电压逐渐_____，电容电流逐渐_____，电感电流逐渐_____，电感电压逐渐_____。

（6）一阶电路的零状态响应，$t \geqslant 0$ 后，电容电压逐渐_____，电容电流逐渐_____，电感电流逐渐_____，电感电压逐渐_____。

（7）在 RC 电路中，τ 等于_____，R 是将电路中_____后，从 C 两端看进去的等效电阻。

（8）在 RL 电路中，τ 等于_____，量纲是_____。

（9）时间常数 τ 取决于电路的结构和参数，τ 越大，时间响应衰减_____；τ 越小，衰减_____。

（10）直流电路中，$t<0_-$ 时达到稳态，此时电容视为_____状态，电感视为_____状态。$t \to \infty$ 时电容视为_____状态，电感视为_____状态。

（11）在三要素公式 $f(t)=f(\infty)+[f(0_+)-f(\infty)]e^{-\frac{t}{\tau}}$ 中，$f(\infty)$ 称为_____响应，而 $[f(0_+)-f(\infty)]e^{-\frac{t}{\tau}}$ 称为_____响应。

3.2　电路如图 3.29 所示，已知 $u_C(0_-)=8\text{ V}$，$t=0$ 时将开关 S 闭合，求 $i_C(0_+)$ 和 $u_R(0_+)$。

3.3　电路如图 3.30 所示，电路原已稳定。在 $t=0$ 瞬间将开关 S 闭合，设 $u_C(0_+)=u_C(0_-)=0$，试求开关 S 闭合后的 u_C。

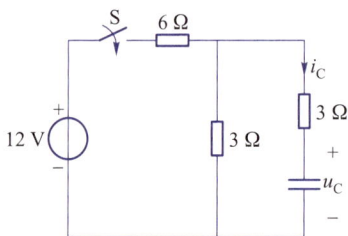

图 3.29　题 3.2

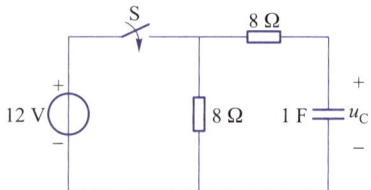

图 3.30　题 3.3

3.4　电路如图 3.31 所示，开关 S 处于 1 端位置较长时间，在 $t=0$ 时将开关扳向 2 端。试求 $t>0$ 时的 u_C，并计算它在 $t=1\text{ s}$ 和 $t=4\text{ s}$ 时的值。

3.5　电路如图 3.32 所示，已知 $I_s=5\text{ A}$，$R_1=3\text{ }\Omega$，$R_2=2\text{ }\Omega$，$C=0.1\text{ F}$。$t<0$ 时电路稳定，$t=0$ 时打开开关 S。

求 $t>0$ 时的 $u(t)$。

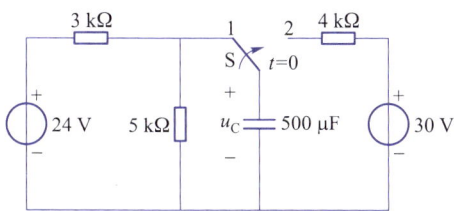

[图 3.31 题 3.4]

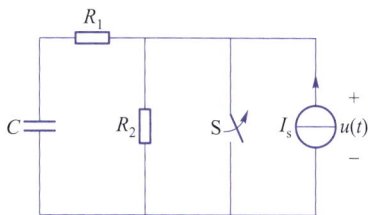

[图 3.32 题 3.5]

3.6 电路如图 3.33 所示,开关 S 闭合电路前稳定,$t=0$ 时开关闭合,求 $t>0$ 时的 $u_C(t)$。

3.7 电路如图 3.34 所示,已知 $U_{s1}=12$ V,$U_{s2}=8$ V,$I_s=4$ A,$R_1=2$ Ω,$R_2=2$ Ω,$R_3=1$ Ω,$L=1$ H。$t<0$ 电路稳定,$t=0$ 时断开开关 S。求 $t>0$ 时的 $u(t)$ 和 $i(t)$。

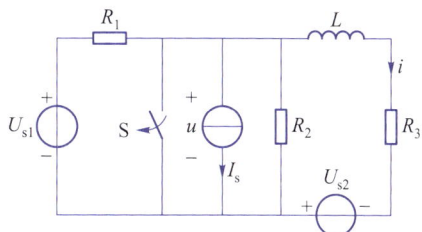

[图 3.33 题 3.6]

[图 3.34 题 3.7]

3.8 电路如图 3.35 所示,已知 $U_s=9$ V,$R_1=R_2=R_3=R_4=3$ Ω,$C=2$ F。$t<0$ 时电路稳定,$t=0$ 时断开开关 S。求 S 断开后的电容电压 $u_C(t)$。

3.9 电路如图 3.36 所示,已知 $U_{s1}=20$ V,$U_{s2}=48$ V,$R_1=2$ Ω,$R_2=10$ Ω,$L=5$ H。$t<0$ 时电路稳定,$t=0$ 时合上开关 S。求 $t>0$ 时的 $u_L(t)$。

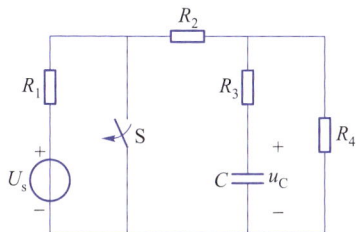

[图 3.35 题 3.8]

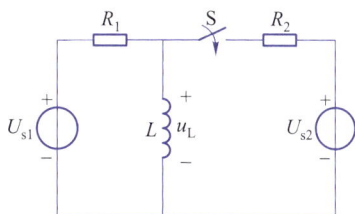

[图 3.36 题 3.9]

3.10 电路如图 3.37 所示,已知 $U_{s1}=24$ V,$U_{s2}=30$ V,$R_1=3$ kΩ,$R_2=5$ kΩ,$R_3=4$ kΩ,$C=500$ μF。开关 S 原来在位置 1,电路稳定,$t=0$ 时把开关 S 打向位置 2。求 $t>0$ 时的 $u_C(t)$。

3.11 电路如图 3.38 所示,电路原来已经稳定,$t=0$ 时闭合开关 S。求 $t>0$ 时的 $i_L(t)$ 和 $i_C(t)$。

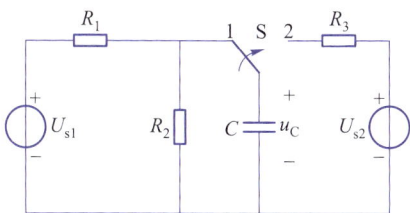

[图 3.37 题 3.10]

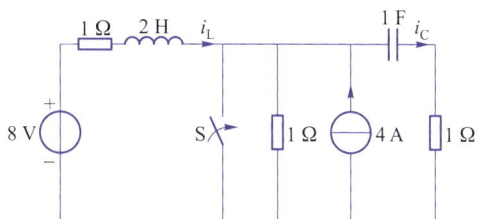

[图 3.38 题 3.11]

3.12 电路如图 3.39 所示,电路原来已经稳定,$t=0$ 时闭合开关 S_1,打开开关 S_2。求 t。

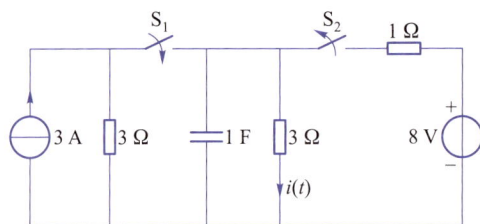

图 3.39 题 3.12

正弦稳态电路分析

项目要求

项目主要知识点：

1. 正弦量的基本概念；
2. 正弦量的相量表示法；
3. 正弦电路中的元件、交流电路的功率；
4. 交流电路中的谐振现象。

学习目标及素质、能力要求：

1. 掌握正弦电路中的基本概念；
2. 会画正弦电路的相量模型，会用相量法表示和分析正弦交流电路；
3. 能叙述电路中的谐振现象及与哪些因素有关，以及谐振现象在实际生产中的意义；
4. 会计算简单谐振电路的电路参数以及谐振频率；
5. 具有团队协作精神，实现"同频共振"。

项目导入

　　交流电是目前供电和用电的主要形式。民用电都是交流电，而正弦交流电又是交流电中应用最广泛的一种形式。在现代电力系统中，电能的生产、传输和分配主要以正弦交流电的形式进行，这是因为交流发电机等供电设备要比直流及其他波形的供电设备性能更好，效率高。在电子技术、通信等领域，正弦信号的应用也十分广泛。例如常见的荧光灯照明电路，就是交流电路的典型应用。通过本项目的学习，可以了解正弦交流电的知识，也可以加深对家庭用电的理解。

知识点 **4.1**
正弦交流电的基本概念

　　前面几个项目学习了直流电路的分析方法，本项目在此基础上研究交流电路的分析方法，直流电路分析用到的定理、定律和分析方法同样适用于交流电路分析。正弦交流电容易产生，并能用变压器改变电压，便于输送和使用，因此正弦交流电得到了更加广泛的应用。

4.1.1　正弦交流电的三要素

随时间按正弦规律变化的电压、电流、电势等物理量称为正弦交流电,简称交流电或正弦量。正弦交流电波形如图 4.1(a)所示,正弦电流瞬时值表达式为

$$i = I_{m} \sin(\omega t + \varphi_{i}) \tag{4-1}$$

式中:I_{m} 为振幅,是正弦电流的最大值;ω 为角频率;φ_{i} 为电流的初相位。这三个物理量是正弦量的特征表示量,称为正弦交流电三要素。正弦交流电不同于直流电,它的大小、方向随时间不断变化,而且同一电流流过不同类型的负载时,负载上的电压、相位差也不同。

1. 振幅

振幅是正弦交流电瞬时值的最大值,如式(4-1)中电流 i 的振幅为 I_{m},其值为正,用大写字母 I 带下标 m(max)表示。同理,交流电压振幅用 U_{m} 表示。

2. 角频率

角频率 ω 表示正弦交流电变化的快慢,单位为弧度/秒(rad/s),其表达式为

$$\omega = \frac{2\pi}{T} = 2\pi f \tag{4-2}$$

式中:T 为正弦量完成一个循环变化所需的时间,单位为 s,如图 4.1(b)所示;f 为正弦量在 1 s 内循环变化次数,称为频率,单位为 Hz。f 与 T 两者的关系互为倒数,即 $f = 1/T$。

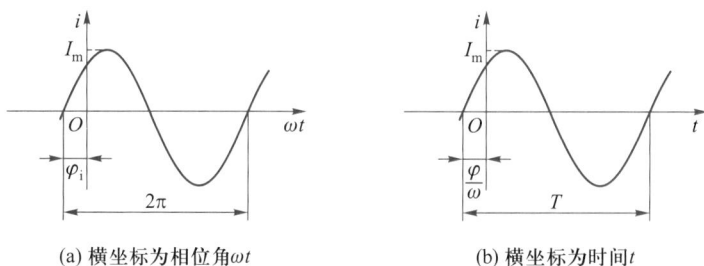

(a) 横坐标为相位角 ωt　　　　　　　(b) 横坐标为时间 t

图 4.1　正弦交流电波形

3. 相位

式(4-1)中,$(\omega t + \varphi)$ 是正弦交流电随时间变化的角度,称为相位角,简称相位,单位为弧度(rad)。正弦交流电变化一个周期相当于正弦函数变化 2π 弧度,所以正弦交流电相位变化的快慢可用角频率 ω 表示。当 $t=0$ 时的相位角 φ 称为初相位或初相,它反映了一个正弦量相位的起始点。规定 $\varphi \in [-\pi, \pi]$,并且,当正弦交流电零点值在时间起点的左侧时,φ 为正;当正弦交流电零点值在时间起点的右侧时,φ 为负。例如,在图 4.1(a)中,$\varphi_{i} > 0$。

4.1.2　正弦交流电的相位差和有效值

1. 相位差

两个正弦交流电,虽然频率相同,但是初相位可能不同,那么不同的交流电之间就会产生相位差。如果电路中瞬时电压 u 为

$$u = U_{m} \sin(\omega t + \varphi_{u}) \tag{4-3}$$

式中:φ_{u} 为电压的初相位。根据式(4-1)和式(4-3)可得电压和电流之间的相位差为

$$\Delta\varphi = (\omega t + \varphi_u) - (\omega t + \varphi_i) = \varphi_u - \varphi_i \tag{4-4}$$

规定 $\Delta\varphi \in [-\pi, \pi]$。

（1）当 $\varphi_u = \varphi_i$ 时,电压和电流之间的步调一致,称为同相位,如图 4.2（a）所示。

（2）当 $\varphi_u = \varphi_i + (2n+1)\pi$（$n$ 为整数）时,电压和电流之间的步调相反,称为反相,如图 4.2（b）所示。

（3）当 $\Delta\varphi = \varphi_u - \varphi_i \in (-180°, 0°)$ 时,电压和电流的步调不同。如图 4.2（c）所示,电压落后电流的相位角为 $\Delta\varphi$；如图 4.2（d）所示,$\Delta\varphi = \varphi_u - \varphi_i \in (0°, 180°)$,电压超前电流的相位角为 $\Delta\varphi$。

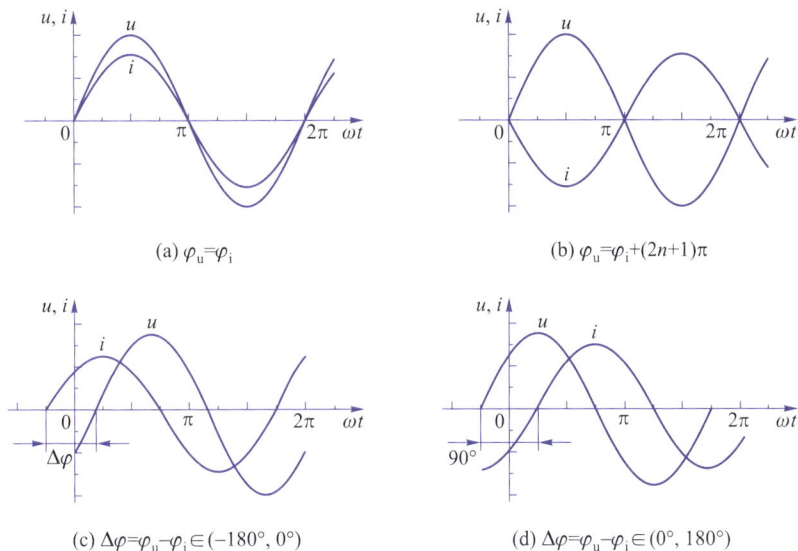

(a) $\varphi_u = \varphi_i$ 　　　(b) $\varphi_u = \varphi_i + (2n+1)\pi$

(c) $\Delta\varphi = \varphi_u - \varphi_i \in (-180°, 0°)$ 　　　(d) $\Delta\varphi = \varphi_u - \varphi_i \in (0°, 180°)$

图 4.2　电路参数相位差示意图

2. 有效值

当交流电和直流电分别通过同一电阻时,如果两者在相同时间内消耗的电能相等,即产生的热量相等,那么则该直流电数值就叫作交流电的有效值。通常用大写字母 I 表示电流有效值,用大写字母 U 表示电压有效值。下面先对正弦交流电电流有效值进行推导。在正弦交流电一个周期 T 内电流所做的功率为

$$P = RI^2 = \frac{1}{T}\int_0^T Ri^2 \,\mathrm{d}t$$

可得电流有效值为

$$I = \sqrt{\frac{1}{T}\int_0^T i^2 \,\mathrm{d}t} = \sqrt{\frac{1}{T}\int_0^T I_m^2 \sin^2\omega t \,\mathrm{d}t} = \frac{\sqrt{2}}{2}I_m \tag{4-5}$$

同理,正弦交流电压有效值与最大值之间的关系为

$$U = \frac{\sqrt{2}}{2}U_m \tag{4-6}$$

例 4.1　正弦瞬时交流电压 $u = -5\cos(10\pi t + 30°)$ V,瞬时电流 $i = -30\sin(10\pi t + 60°)$ A。试求:（1）电压的振幅、有效值、频率和初相位;（2）电压和电流之间的相位差。

解:（1）正弦交流瞬时电压为

$$u = -5\ \cos(10\pi t + 30°)\ \text{V} = 5\ \cos(-10\ \pi t - 30° + 180°)\ \text{V}$$
$$= 5\ \sin(10\pi t - 150° + 90°)\ \text{V} = 5\ \sin(10\ \pi t - 60°)\ \text{V}$$

根据式(4-2)可得,正弦交流电压幅值 $U_m = 5$ V,有效值 $U = \dfrac{U_m}{\sqrt{2}} = \dfrac{5}{\sqrt{2}}$ V $= 3.54$ V,角频率 $\omega = 10\pi$ rad/s,频率 $f = \dfrac{\omega}{2\pi} = \dfrac{10\pi}{2\pi}$ Hz $= 5$ Hz,其初相位 $\varphi_u = -60°$。

正弦交流电流为

$$i = -30\ \sin(10\ \pi t + 60°)\ \text{A} = 30\ \sin(10\ \pi t + 60° - 180°)\ \text{A} = 30\ \sin(10\ \pi t - 120°)\ \text{A}$$

根据式(4-2)可得,正弦交流电流 $I_m = 30$ A,有效值 $I = \dfrac{I_m}{\sqrt{2}} = \dfrac{30}{\sqrt{2}}$ A $= 21.22$ A,角频率 $\omega = 10\pi$ rad/s,频率 $f = \dfrac{\omega}{2\pi} = \dfrac{10\pi}{2\pi}$ Hz $= 5$ Hz,初相位 $\varphi_i = -120°$。

(2) 电压和电流的频率相等,它们之间的相位差 $\Delta\varphi = \varphi_u - \varphi_i = -60° - (-120°) = 60°$

例 4.2　已知正弦交流电压的频率为 100 Hz,振幅为 5 V,初相位为 π,试求:(1)电压瞬时值的正弦表达式;(2)写出 $t = T/3$ 时的电压值。

解:(1) 根据式(4-1)可得,电压瞬时值的正弦表达式为

$$u = U_m \sin(\omega t + \varphi_U)\ \text{V} = 5\ \sin(100 \times 2\pi t + \pi)\ \text{V} = 5\ \sin(200\pi t + \pi)\ \text{V}$$

(2) 周期 $T = 1/f = 0.01$ s,当 $t = T/3$ 时,电压的瞬时值为

$$u = 5\ \sin(200\pi t + \pi)\ \text{V} = 5\ \sin(200\pi \times 0.01/3 + \pi)\ \text{V} = 5\ \sin(5\pi/3)\ \text{V} \approx -4.33\ \text{V}$$

知识点 4.2
正弦交流电的相量表示法

正弦交流电可用三角函数式表示,也可用波形图来描述。但是在交流电路的分析和运算时,往往需要对各个电量进行加减乘除运算。此时用三角函数或波形图很不方便,因此在对正弦交流电进行计算分析时,常常引入相量表示法,将正弦表示形式变换成复数表示形式,以方便数学运算。

4.2.1　复数

1. 复数的表达

在复平面上可用一条从原点指向某一坐标点的有向线段表示复数,如图 4.3 所示。复数式有直角坐标式、三角函数式、极坐标式和指数式等表示方法。

(1) 直角坐标式。设 $\dot{A}$ 是一个复数,设 a 和 b 分别为它的实部和虚部,则有 $\dot{A} = a + jb$,式中 $j = \sqrt{-1}$,称为虚数单位;$|\dot{A}| = \sqrt{a^2 + b^2}$ 为复数的模。复数 $\dot{A}$ 的矢量与实轴正向间的夹角 φ 称为复数的辐角,$\varphi = \arctan\dfrac{b}{a}$。

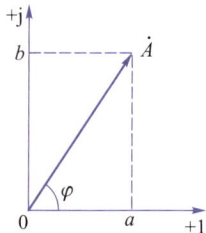

图 4.3　复数的表示

（2）三角函数式。$\dot{A}=a+jb=|\dot{A}|(\cos\varphi+j\sin\varphi)$，称为复数的三角形式。

（3）指数形式。根据欧拉公式 $e^{j\varphi}=\cos\varphi+j\sin\varphi$，可得 $\dot{A}=|\dot{A}|e^{j\varphi}$，称为复数的指数形式。

（4）极坐标形式。复数的极坐标形式可写为 $\dot{A}=|\dot{A}|\underline{/\varphi}$。

2. 复数的运算

（1）复数的加减运算。已知 $\dot{A}_1=a_1+jb_1,\dot{A}_2=a_2+jb_2$，则有

$$\dot{A}_1\pm\dot{A}_2=(a_1+jb_1)\pm(a_2+jb_2)=(a_1\pm a_2)+j(b_1\pm b_2) \tag{4-7}$$

复数的加、减运算采用直角坐标的形式比较方便。

（2）复数的乘除运算。已知 $\dot{A}_1=a_1+jb_1=|\dot{A}_1|\underline{/\varphi_1},\dot{A}_2=a_2+jb_2=|\dot{A}_2|\underline{/\varphi_2}$，则有

$$\dot{A}_1\cdot\dot{A}_2=|\dot{A}_1|\cdot|\dot{A}_2|\underline{/\varphi_1+\varphi_2} \tag{4-8}$$

$$\frac{\dot{A}_1}{\dot{A}_2}=\frac{|\dot{A}_1|\underline{/\varphi_1}}{|\dot{A}_2|\underline{/\varphi_2}}=\frac{|\dot{A}_1|}{|\dot{A}_2|}\underline{/\varphi_1-\varphi_2} \tag{4-9}$$

复数的乘、除运算采用极坐标的形式比较方便。

4.2.2 正弦量的相量图

正弦交流电可用三角函数、波形图和相量三种方法来表示。用前两种方法对正弦交流电进行运算时十分不便，而利用相量来进行运算就比较方便。相量可在复平面上用一个矢量来表示，如图4.4所示。从原点出发，作一有向线段 $\dot{I}$，它的长度等于 I_m，即正弦量的幅值；有向线段与水平轴的夹角等于 φ_i，即为正弦量的初相位；有向线段以角速度 ω 逆时针旋转，即为正弦量的角频率。该有向线段在纵轴上的数值等于该正弦量的瞬时值 $I_m\sin(\omega t+\varphi_i)$。该有向线段即为正弦交流电的相量。引入相量的一个好处是可以方便用向量和复数的运算法则求得几个同频率正弦电压或电流之和。

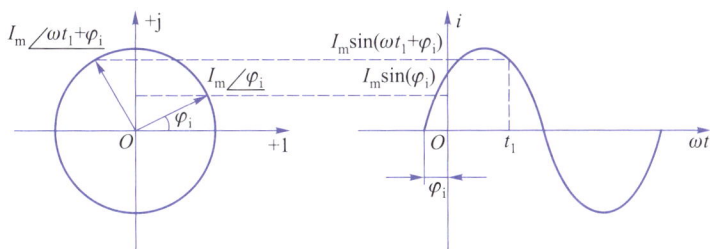

图 4.4 正弦量的相量表示

电流有效值的相量可表达为

$$\dot{I}=Ie^{j\varphi_i}=I\underline{/\varphi_i} \tag{4-10}$$

电流振幅的相量可表达为

$$\dot{I}_m=Ie^{j\varphi_i}=I_m\underline{/\varphi_i} \tag{4-11}$$

电压有效值的相量可表达为

$$\dot{U}=Ue^{j\varphi_u}=U\underline{/\varphi_u} \tag{4-12}$$

动画：正弦量的相量表示

电压振幅的相量可表达为

$$\dot{U}_\mathrm{m} = U_\mathrm{m}\mathrm{e}^{\mathrm{j}\varphi_\mathrm{i}} = U_\mathrm{m} \underline{/\varphi_\mathrm{u}} \qquad (4-13)$$

例 4.3　已知交流电压瞬时值 $u = 60\sqrt{2}\sin(\omega t - \pi/6)$ V，电流瞬时值 $i = 20\sqrt{2}\sin(\omega t + \pi/6)$ A，试写出它们的相量表达式，并绘制相量图。

解：根据交流电压、电流瞬时值表达式可知，$U_\mathrm{m} = 60\sqrt{2}$ V，$I_\mathrm{m} = 20\sqrt{2}$ A，$\varphi_\mathrm{u} = -\pi/6$，$\varphi_\mathrm{i} = \pi/6$。则电压、电流各自对应的有效值为

$$U = \frac{U_\mathrm{m}}{\sqrt{2}} = \frac{60\sqrt{2}}{\sqrt{2}}\text{ V} = 60\text{ V}, I = \frac{I_\mathrm{m}}{\sqrt{2}} = \frac{20\sqrt{2}}{\sqrt{2}}\text{ A} = 20\text{ A}$$

电压、电流有效值相量的直角坐标表达式为

$$\dot{U} = \left[60\cos\left(-\frac{\pi}{6}\right) + \mathrm{j}60\sin\left(-\frac{\pi}{6}\right)\right]\text{ V} = (30\sqrt{3} - \mathrm{j}30)\text{ V}$$

$$\dot{I} = \left(20\cos\frac{\pi}{6} + \mathrm{j}20\sin\frac{\pi}{6}\right)\text{ A} = (10\sqrt{3} + \mathrm{j}10)\text{ A}$$

电压、电流有效值相量的极坐标表达式为

$$\dot{U} = 60 \underline{/-\frac{\pi}{6}}\text{ V}, \dot{I} = 20 \underline{/\frac{\pi}{6}}\text{ A}$$

电压、电流有效值相量的指数表达式为

$$\dot{U} = 60\mathrm{e}^{-\mathrm{j}\frac{\pi}{6}}\text{ V}, \dot{I} = 20\mathrm{e}^{\mathrm{j}\frac{\pi}{6}}\text{ A}$$

相量图如图 4.5 所示。

例 4.4　已知正弦电流瞬时值 $i_1(t) = 5\cos(314t + 60°)$ A，$i_2(t) = -10\sin(314t + 60°)$ A。（1）写出这两个正弦电流的电流相量；（2）画出相量图；（3）求出 $i(t) = i_1(t) + i_2(t)$。

解：（1）对于正弦电流

$$i_1(t) = 5\cos(314t + 60°)\text{ A} = 5\sin(314t + 60° + 90°)\text{ A} = 5\sin(314t + 150°)\text{ A}$$

得到正弦电流 $i_1(t)$ 的相量表达式为

$$\dot{I}_{1\mathrm{m}} = 5 \underline{/150°}\text{ A}$$

对于正弦电流

$$i_2(t) = -10\sin(314t + 60°)\text{ A} = 10\sin(314t + 60° - 180°)\text{ A} = 10\sin(314t - 120°)\text{ A}$$

得到正弦电流 $i_2(t)$ 的相量表达式为

$$\dot{I}_{2\mathrm{m}} = 10 \underline{/-120°}\text{ A}$$

（2）由于两个电流的角频率相等，可将各电流相量 $\dot{I}_{1\mathrm{m}} = 5 \underline{/150°}$ A 和 $\dot{I}_{2\mathrm{m}} = 10 \underline{/-120°}$ A 画在一个复数平面上，得到如图 4.6 所示的相量图，从相量图容易看出各正弦电流的相位关系。用向量运算的平行四边形作图法则可以得到电流 I_m 的相量，从而知道电流 $i(t) = I_\mathrm{m}\sin(314t + \varphi)$ 的振幅约为 11.2 A，初相约为 $-146.6°$。作图法的优点是简单直观，但不精确。

（3）由于两个电流的角频率相等，所以可采用复数运算将两个相量相加

$$\dot{I}_\mathrm{m} = \dot{I}_{1\mathrm{m}} + \dot{I}_{2\mathrm{m}} = 5 \underline{/150°}\text{ A} + 10 \underline{/-120°}\text{ A} = (-4.33 + \mathrm{j}2.5)\text{ A} + (-5 - \mathrm{j}8.66)\text{ A}$$

$$= (-9.33 - \mathrm{j}6.16)\text{ A} = 11.18 \underline{/-146.6°}\text{A}$$

所以总电流为

$$i(t) = i_1(t) + i_2(t) = I_\mathrm{m}\sin(314t + \varphi) = 11.18\sin(314t - 146.6°)\text{ A}$$

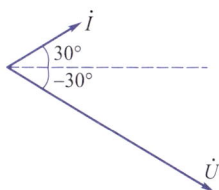

图 4.5 例 4.3 相量图

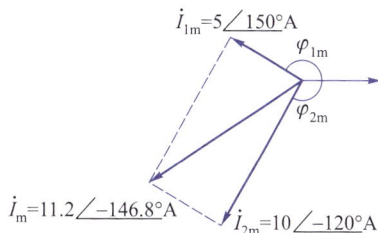

图 4.6 例 4.4 相量图

4.2.3 基尔霍夫定律的相量形式

在正弦稳态交流电路中,当正弦量采用相量表示后,可以利用基尔霍夫定律来进行电路参数的计算。基尔霍夫电流定律(KCL)的相量表达式为

$$\sum_{k=1}^{n} \dot{I}_k = 0 \tag{4-14}$$

式(4-14)表示在集中参数的正弦稳态交流电路中,流出(或流入)任一节点的各支路电流相量的代数和为零。一般取流出节点的电流方向为正号,流入节点的电流方向为负号。

基尔霍夫电压定律(KVL)的相量形式为

$$\sum_{k=1}^{n} \dot{U}_k = 0 \tag{4-15}$$

式(4-15)表示在集中参数的正弦稳态交流电路中,沿任一回路的支路电压相量的代数和为零。一般先选取一个绕行方向作为正方向,与该方向相同的电压相量取正号,反之则取负号。

知识点 **4.3**
单一元件正弦稳态电路分析

在正弦交流电路中,任何电路都是由单一参数元件(电阻、电感或电容)构成的,本知识点先分析单一元件在正弦稳态电路中的特性。在下面的推导过程中,设元件两端的电压和流过元件的电流均为关联参考方向,其瞬时表达式分别为

$$u = U_m \sin(\omega t + \varphi_u) = \sqrt{2}\,U\sin(\omega t + \varphi_u)$$

$$i = I_m \sin(\omega t + \varphi_i) = \sqrt{2}\,I\sin(\omega t + \varphi_i)$$

对应电压、电流有效值的相量表达式分别为

$$\dot{U} = U\underline{/\varphi_u}$$

$$\dot{I} = I\underline{/\varphi_i}$$

4.3.1 电阻元件的正弦稳态分析

如图 4.7(a)所示为线性电阻元件,在电压电流关联参考方向下,根据欧姆定律,电阻元

件电压的瞬时值为

$$u = Ri = \sqrt{2}\,RI\sin\,(\omega t + \varphi_i) = \sqrt{2}\,U\sin\,(\omega t + \varphi_u) \tag{4-16}$$

如图 4.7(b) 所示为纯电阻电路相量图,如图 4.7(c) 所示为其波形图。

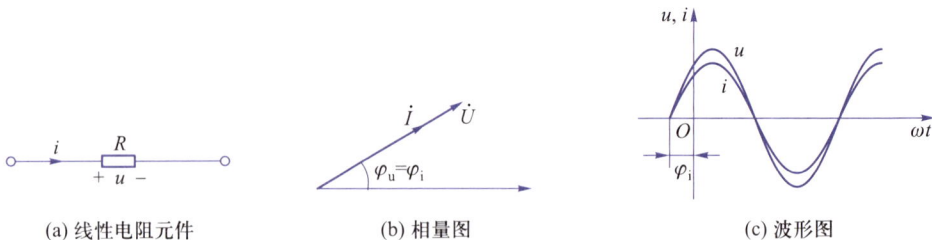

(a) 线性电阻元件   (b) 相量图   (c) 波形图

图 4.7 纯电阻电路

电阻元件电压、电流有效值相量的关系为 $\dot{U} = R\dot{I}$,将 $\dot{U} = U\,\underline{/\varphi_u}$、$\dot{I} = I\,\underline{/\varphi_i}$ 代入 $\dot{U} = R\dot{I}$,可得

$$U\,\underline{/\varphi_u} = RI\,\underline{/\varphi_i} \tag{4-17}$$

对照式(4-16)和式(4-17)可知,在纯电阻电路中:① 电压、电流的频率相同;② 有效值满足欧姆定律,即 $U = RI$;③ 电压、电流的初相位相等,即 $\varphi_u = \varphi_i$。

在任意一个时刻,瞬时电压与瞬时电流的乘积称为瞬时功率,即

$$
\begin{aligned}
p(t) &= u(t)i(t) = \sqrt{2}\,U\sin\,(\omega t + \varphi_u) \cdot \sqrt{2}\,I\sin\,(\omega t + \varphi_i) \\
&= 2UI\sin\,(\omega t + \varphi_u)\sin\,(\omega t + \varphi_i) \\
&= UI\left[\cos\,(\varphi_u - \varphi_i) - \cos\,(2\omega t + \varphi_u + \varphi_i)\right]
\end{aligned} \tag{4-18}
$$

对于电阻元件,$\varphi_u = \varphi_i$,设其初相位为 0,则电阻元件瞬时功率为

$$p(t) = UI(1 - \cos 2\omega t) \tag{4-19}$$

由式(4-19)可得,电阻的功率由两部分组成:第一部分 UI 为常数,第二部分为随时间变化的三角函数,其角频率为瞬时电压频率的两倍。瞬时功率 $p \geqslant 0$,说明电阻吸收功率。瞬时功率呈周期性变化,其周期为电流周期 T 的一半,如图 4.8 所示。

在交流电路中,瞬时功率在一个周期内的平均值,即一个周期内发出或负载消耗的瞬时功率称为平均功率,平均功率又称为有功功率。电阻元件的平均功率为

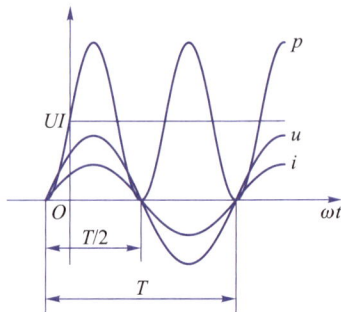

图 4.8 纯电阻电路的功率

$$
\begin{aligned}
P &= \frac{1}{T}\int_0^T p(t)\,\mathrm{d}t = \frac{1}{T}\int_0^T UI(1 - \cos 2\omega t)\,\mathrm{d}t \\
&= \frac{1}{T}\int_0^T UI\left(1 - \cos\frac{4\pi}{T}t\right)\mathrm{d}t = UI = RI^2 = \frac{U^2}{R}
\end{aligned} \tag{4-20}
$$

例 4.5 电阻元件值 $R = 10\ \Omega$,其两端瞬时电压为 $u(t) = 10\sqrt{2}\sin\,(314t + 60°)$ V,求流过电阻 R 的瞬时电流 $i(t)$ 及该电阻消耗的平均功率。

解:电压有效值相量为 $\dot{U} = 10\,\underline{/60°}$ V,由欧姆定律可得,电流有效值相量为

$$\dot{I} = \frac{\dot{U}}{R} = \frac{10\,\underline{/60°}\ \text{V}}{10\ \Omega} = 1\,\underline{/60°}\ \text{A}$$

流过电阻的电流瞬时值为

$$i(t) = \sqrt{2}\sin(314t + 60°)\ \text{A}$$

该电阻吸收的平均功率为

$$P = UI = 10\ \text{V} \times 1\ \text{A} = 10\ \text{W}$$

4.3.2　电感元件的正弦稳态分析

设正弦稳态电路中电感元件的瞬时电流为 $i = \sqrt{2}I\sin(\omega t + \varphi_i)$，电感端电压与电流之间的伏安关系为

$$u(t) = L\frac{\mathrm{d}i(t)}{\mathrm{d}t}$$

式中：L 为电感常量，单位为 H。根据电感元件伏安关系可得

$$u = L\frac{\mathrm{d}\sqrt{2}I\sin(\omega t + \varphi_i)}{\mathrm{d}t} = \sqrt{2}\,\omega LI\cos(\omega t + \varphi_i) = \sqrt{2}\,\omega LI\sin\left(\omega t + \varphi_i + \frac{\pi}{2}\right)$$

又因为 $u = \sqrt{2}U\sin(\omega t + \varphi_u)$，所以电压有效值 $U = \omega LI = X_L I$，电流初相位和电压初相位之间的关系为 $\varphi_u = \varphi_i + 90°$，即电压初相位超前电流初相位 $90°$。

电感元件电压的相量表达式为

$$\dot{U} = U\ \underline{/\varphi_u} = \omega LI\ \underline{/\varphi_u} = \omega LI\ \underline{/\varphi_i + 90°} = \mathrm{j}\omega L\dot{I}$$

用相量形式表示的电感电压与电流关系为

$$\dot{U} = \mathrm{j}X_L\dot{I} \qquad\qquad (4-21)$$

式中：X_L 为感抗，单位为 Ω，且 $X_L = \omega L = 2\pi f L$，感抗与频率 f 和电感 L 的乘积成正比。

在纯电感元件电路中，对照电压与电流参数可得以下结论。

（1）电压频率与电流频率相等。

（2）电压值与电流值之间满足欧姆定律，即 $U = X_L I = \omega L$。

（3）电压初相位超前电流初相位 $90°$，即 $\varphi_u = \varphi_i + 90°$。

图 4.9（a）所示为电感元件符号，图 4.9（b）所示为电感两端电压和流过电流相量图，图 4.9（c）所示为其波形图，此时 $\varphi_i = 0°$，$\varphi_u = 90°$。

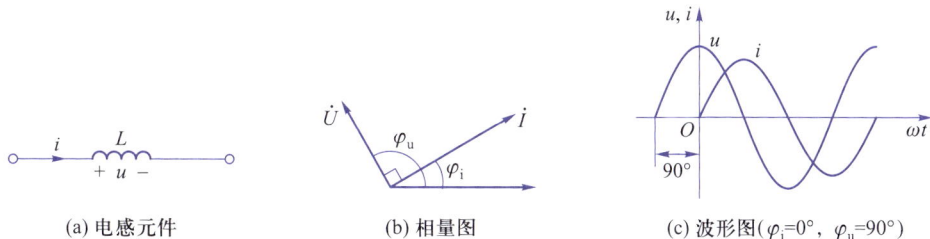

(a) 电感元件　　　　(b) 相量图　　　　(c) 波形图（$\varphi_i = 0°$，$\varphi_u = 90°$）

图 4.9　纯电感电路

对于电感元件，$\varphi_u = \varphi_i + 90°$，设 $\varphi_i = 0°$，电感元件瞬时功率为

$$p(t) = UI[\cos(\varphi_u - \varphi_i) - \cos(2\omega t + \varphi_u + \varphi_i)] = UI[\cos 90° - \cos(2\omega t + 90°)] = UI\sin 2\omega t$$

$$(4-22)$$

在一个周期内，式（4-22）的值一半时间为正、一半时间为负，说明在交流电路中，电感

既能吸收功率也能发出功率。

电感的平均功率为

$$P = \frac{1}{T}\int_0^T p(t)\,dt = \frac{1}{T}\int_0^T UI\sin(2\omega t)\,dt = 0 \qquad (4-23)$$

式(4-23)表明,电感在一个时间周期内的平均功率为零,电感在正弦交流电路中并不消耗能量。

例 4.6 在如图 4.10 所示电路中,电感 $L = 0.02$ H,正弦电源电压有效值为 $U = 220$ V,频率为 $f = 50$ Hz,试求:(1)流过电感的电流有效值 I;(2)如保持 U 不变,而电源 $f = 500$ Hz,这时 I 为多少?

解:(1)当 $f = 50$ Hz 时,有

$$X_L = \omega L = 2\pi f L = 2\times 3.14\times 50\ \text{Hz}\times 0.02\ \text{H} = 6.28\ \Omega$$

$$I = \frac{U}{X_L} = \frac{220\ \text{V}}{6.28\ \Omega} \approx 35\ \text{A}$$

(2)当 $f = 500$ Hz 时,有

$$X_L = \omega L = 2\pi f L = 2\times 3.14\times 500\ \text{Hz}\times 0.02\ \text{H} = 62.8\ \Omega$$

$$I = \frac{U}{X_L} = \frac{220\ \text{V}}{62.8\ \Omega} \approx 3.5\ \text{A}$$

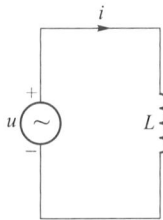

图 4.10 例 4.6 用图

从本例可以看出,电感对低频信号的阻抗小,对高频信号的阻抗大。电感在交流电路中具有通低频,阻高频的作用。

4.3.3 电容元件的正弦稳态分析

设电容元件两端的瞬时电压为 $u = \sqrt{2}U\sin(\omega t + \varphi_u)$,电容元件的端电压与电流之间的伏安关系为

$$i(t) = C\frac{du}{dt}$$

式中:C 为电容常量,单位为 F。根据电容元件伏安关系可得

$$i = C\frac{d[\sqrt{2}U\sin(\omega t + \varphi_u)]}{dt} = \sqrt{2}\omega CU\cos(\omega t + \varphi_u) = \sqrt{2}\omega CU\sin\left(\omega t + \varphi_u + \frac{\pi}{2}\right)$$

又因为 $i = \sqrt{2}I\sin(\omega t + \varphi_i)$,所以电流有效值 $I = \omega CU$,电流初相位和电压初相位之间的关系为 $\varphi_i = \varphi_u + 90°$,即电压初相位落后电流初相位 $90°$。

纯电容电路中电流有效值相量表达式为

$$\dot{I} = I\underline{/\varphi_i} = \omega CU\underline{/\varphi_u + 90°} = j\omega C\dot{U}$$

所以电容中相量形式的电压与电流关系为

$$\dot{U} = -j\frac{1}{\omega C}\dot{I} = -jX_C\dot{I} \qquad (4-24)$$

式中:X_C 为容抗,单位为 Ω,$X_C = \frac{1}{\omega C} = \frac{1}{2\pi f C}$,容抗与频率 f 与电容 C 的乘积成反比。

纯电容元件电路中,对照电压与电流参数可得以下结论。

(1)电压频率与电流频率相等。

（2）电压值与电流值的有效值满足欧姆定律，即 $U=X_C I=\dfrac{1}{\omega C}I$。

（3）电压初相位落后电流初相位 90°，即 $\varphi_u=\varphi_i-90°$。

图 4.1（a）所示为电容元件符号，图 4.11（b）所示为电容两端电压和流过电流的相量图，图 4.11（c）所示为其波形图，此时 $\varphi_i=90°,\varphi_u=0°$。

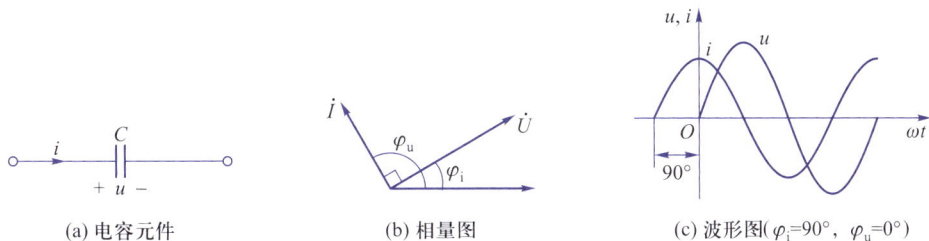

| (a) 电容元件 | (b) 相量图 | (c) 波形图（$\varphi_i=90°$，$\varphi_u=0°$） |

图 4.11　纯电容电路

对于电容元件，$\varphi_u=\varphi_i-90°$，设 $\varphi_i=0°$，电容元件瞬时功率为

$$p(t)=UI\left[\cos(\varphi_u-\varphi_i)-\cos(2\omega t+\varphi_u+\varphi_i)\right]=UI\left[\cos(-90°)-\cos(2\omega t-90°)\right]=-UI\sin 2\omega t$$

$$(4-25)$$

在一个周期内，式（4-25）的值一半时间为正、一半时间为负，说明在交流电路中，电容既能吸收功率也能发出功率。

电容的平均功率为

$$P=\frac{1}{T}\int_0^T p(t)\,\mathrm{d}t=\frac{1}{T}\int_0^T -UI\sin 2\omega t\,\mathrm{d}t=0$$

$$(4-26)$$

式（4-26）表明，电容与电感一样，在一个时间周期内的平均功率为 0，电容在正弦交流电路中并不消耗能量。

例 4.7　如图 4.11（a）所示电容 $C=4.0\times10^{-6}$ F，连接到 $f=50$ Hz，$\dot U=220\underline{/0°}$ V 的正弦电源两端，试求：（1）流过电容的电流相量 $\dot I$；（2）如电压 U 保持不变，正弦交流电频率 f 增加到 500 Hz，这时电流相量 $\dot I$ 为多少？

解：（1）当正弦交流电频率 $f=50$ Hz 时，容抗

$$X_C=\frac{1}{2\pi f C}=\frac{1}{2\times3.14\times50\ \text{Hz}\times4\times10^{-6}\ \text{F}}=796\ \Omega$$

根据 $\dot U=-jX_C\dot I$ 可得

$$\dot I=\frac{\dot U}{-jX_C}=\frac{220\underline{/0°}\ \text{V}}{-j796\ \Omega}\approx0.276\underline{/90°}\ \text{A}$$

（2）当正弦交流电频率 $f=500$ Hz 时，容抗

$$X_C=\frac{1}{2\pi f C}=\frac{1}{2\times3.14\times500\ \text{Hz}\times4\times10^{-6}\ \text{F}}=79.6\ \Omega$$

根据 $\dot U=-jX_C\dot I$ 可得

$$\dot I=\frac{\dot U}{-jX_C}=\frac{220\underline{/0°}\ \text{V}}{-j79.6\ \Omega}\approx2.76\underline{/90°}\ \text{A}$$

在这个例题中可以看出,电容对低频信号的阻抗大,对高频信号的阻抗小。电容在交流电路中具有通高频,阻低频的作用。

RLC 元件在正弦稳态下的特性见表 4.1。

表 4.1　RLC 元件在正弦稳态下的特性

类别	阻抗	瞬时关系	相量关系	相位关系	相量图
R	R	$u = Ri$	$\dot{U} = R\dot{I}$	$\varphi_u = \varphi_i$	$\dot{I}\ \dot{U} \longrightarrow$
L	$jX_L = j\omega L$	$u = L\dfrac{\mathrm{d}i}{\mathrm{d}t}$	$\dot{U} = j\omega L\dot{I}$	$\varphi_u = \varphi_i + 90°$	
C	$jX_C = -j\dfrac{1}{\omega C}$	$i = C\dfrac{\mathrm{d}u}{\mathrm{d}t}$	$\dot{U} = \dfrac{1}{j\omega C}\dot{I}$	$\varphi_u = \varphi_i - 90°$	

知识点 4.4

RLC 正弦稳态电路分析

4.4.1　RLC 串联正弦稳态电路分析

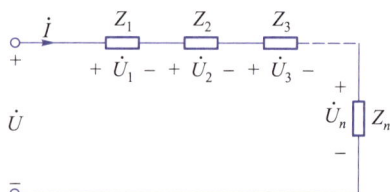

如图 4.12(a)所示为 RLC 串联电路,根据基尔霍夫电压定律可得瞬时电压之间的关系为

$$u = u_R + u_L + u_C$$

电压有效值相量之间的关系为

$$\dot{U} = \dot{U}_R + \dot{U}_L + \dot{U}_C$$

根据对 RLC 元件单一参数正弦稳态电路的分析可得

$$U = RI + j\omega LI - j\frac{1}{\omega C}I = \left[R + j\left(\omega L - \frac{1}{\omega C} \right) \right] I = (R + jX)I \qquad (4-27)$$

设 $Z = R + jX$,则

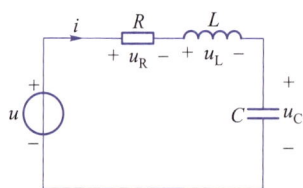

(a) RLC串联电路　　　　(b) n个阻抗串联电路　　　　(c) 等效电路

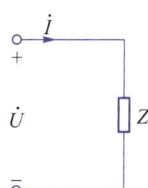

图 4.12　阻抗串联等效变换

$$\dot{U} = Z\dot{I} \qquad (4-28)$$

式(4-28)为欧姆定律的相量形式,复数 Z 称为复阻抗,简称阻抗。复阻抗由实部 R 和虚部

X 组成,虚部 X 由感抗 X_L 和容抗 X_C 组成。在图 4.12(a)所示为 RLC 串联电路中 $X=X_L-X_C=\omega L-\dfrac{1}{\omega C}$。

当有 n 个阻抗串联时,如图 4.12(b)所示。根据基尔霍夫电压定律和欧姆定律可得总电压有效值相量为

$$\dot U=\dot U_1+\dot U_2+\dot U_3+\cdots+\dot U_n=Z_1\dot I+Z_2\dot I+Z_3\dot I+\cdots+Z_n\dot I=(Z_1+Z_2+Z_3+\cdots+Z_n)\dot I=Z\dot I \quad(4-29)$$

由式(4-29)可知 n 个串联阻抗组成的电路中,等效阻抗值等于各串联阻抗值之和,即

$$Z=\frac{\dot U}{\dot I}=Z_1+Z_2+Z_3+\cdots+Z_n=\sum_{k=1}^{n}Z_k \quad(4-30)$$

串联阻抗的电流相量与其等效电路两端电压相量的关系为

$$\dot I=\frac{\dot U}{Z_1+Z_2+Z_3+\cdots+Z_n}=\frac{\dot U}{\displaystyle\sum_{k=1}^{n}Z_k} \quad(4-31)$$

第 k 个阻抗两端的电压相量与端口总电压相量之间的关系为

$$\dot U_k=Z_k\dot I=\frac{Z_k}{Z_1+Z_2+Z_3+\cdots+Z_n}\dot U=\frac{Z_k}{\displaystyle\sum_{k=1}^{n}Z_k}\dot U \quad(4-32)$$

式(4-32)为串联阻抗分压公式。

例 4.8 如图 4.13(a)所示的 RLC 串联电路中,$u(t)=20\sqrt{2}\sin 10t$ V,$R=30\ \Omega$,$L=8$ H,$C=0.0025$ F。用相量法计算电路中的物理参数 $i(t)$、$u_R(t)$、$u_L(t)$ 和 $u_C(t)$。

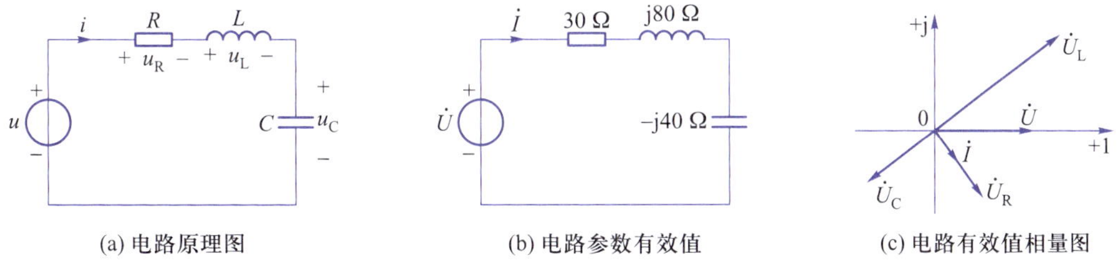

(a) 电路原理图   (b) 电路参数有效值   (c) 电路有效值相量图

图 4.13 例 4.8 用图

解: 电阻等效阻抗 $Z_R=30\ \Omega$;

电感等效阻抗 $Z_L=jX_L=j\omega L=j10\times8\ \Omega=j80\ \Omega$;

电容等效阻抗 $Z_C=-jX_C=\dfrac{1}{j\omega C}=-j\dfrac{1}{10\times0.0025}\ \Omega=-j40\ \Omega$;

RLC 串联电路的等效阻抗 $Z=Z_R+Z_L+Z_C=(30+j80-j40)\ \Omega=(30+j40)\ \Omega=50\underline{/53°}\ \Omega$;

电源电压瞬时值 $u(t)=20\sqrt{2}\sin 10t$ V;

电源电压有效值相量 $\dot U=20\underline{/0°}$ V;

流过 RLC 串联电路的电流相量值 $\dot I=\dfrac{\dot U}{Z}=\dfrac{20\underline{/0°}\ \text{V}}{50\underline{/53°}\ \Omega}=0.4\underline{/-53°}$ A

用根据分压公式(4-32)可得电阻、电感和电容上的电压相量分别为

$$\dot{U}_{\mathrm{R}} = \frac{30}{50\ \underline{/53°}} \times 20\ \underline{/0°}\ \mathrm{V} = 12\ \underline{/-53°}\ \mathrm{V}$$

$$\dot{U}_{\mathrm{L}} = \frac{\mathrm{j}80}{50\ \underline{/53°}} \times 20\ \underline{/0°}\ \mathrm{V} = 32\ \underline{/37°}\ \mathrm{V}$$

$$\dot{U}_{\mathrm{C}} = \frac{-\mathrm{j}40}{50\ \underline{/53°}} \times 20\ \angle 0°\ \mathrm{V} = 16\ \underline{/-143°}\ \mathrm{V}$$

根据以上所得电压和电流的相量可得相应瞬时值表达式为

$$i(t) = 0.4\sqrt{2}\sin(10t-53°)\ \mathrm{A}$$

$$u_{\mathrm{R}}(t) = 12\sqrt{2}\sin(10t-53°)\ \mathrm{V}$$

$$u_{\mathrm{L}}(t) = 32\sqrt{2}\sin(10t+37°)\ \mathrm{V}$$

$$u_{\mathrm{C}}(t) = 16\sqrt{2}\sin(10t-143°)\ \mathrm{V}$$

各 RLC 串联元件的电压相量如图 4.13(c) 所示。从相量图可以发现，端口电压相位超前于端口电流相位 53°，表明该 RLC 串联二端网络的端口特性等效于一个电阻与电感的串联，即二端网络具有电感性；电感电压有效值 $U_{\mathrm{L}} = 32\ \mathrm{V}$，比总电压有效值 $U = 20\ \mathrm{V}$ 大，这表明 RLC 串联电路中局部元件的端电压值可能比总电压值大。

4.4.2　RLC 并联正弦稳态电路分析

图 4.14(a) 所示 n 个阻抗并联，每个阻抗的电压相同。根据基尔霍夫电流定律和欧姆定律可得

$$\dot{I} = \dot{I}_1 + \dot{I}_2 + \cdots + \dot{I}_n = \frac{\dot{U}}{Z_1} + \frac{\dot{U}}{Z_2} + \cdots + \frac{\dot{U}}{Z_n} = \left(\frac{1}{Z_1} + \frac{1}{Z_2} + \cdots + \frac{1}{Z_n}\right)\dot{U} = \frac{\dot{U}}{Z} \qquad (4-33)$$

所以并联阻抗的等效阻抗为

$$Z = \frac{\dot{U}}{\dot{I}} = \frac{1}{\dfrac{1}{Z_1} + \dfrac{1}{Z_2} + \cdots + \dfrac{1}{Z_n}} = \frac{1}{Y} \qquad (4-34)$$

式中：$Y = \dfrac{1}{Z}$ 为复导纳，简称导纳，导纳是阻抗的倒数，单位是西门子（S）。电阻 R 的导纳为 $Y_{\mathrm{R}} = \dfrac{1}{Z_{\mathrm{R}}} = \dfrac{1}{R} = G$，电感 L 的导纳为 $Y_{\mathrm{L}} = \dfrac{1}{Z_{\mathrm{L}}} = \dfrac{1}{\mathrm{j}\omega L}$，电容 C 的导纳为 $Y_{\mathrm{C}} = \dfrac{1}{Z_{\mathrm{C}}} = \mathrm{j}\omega C$。

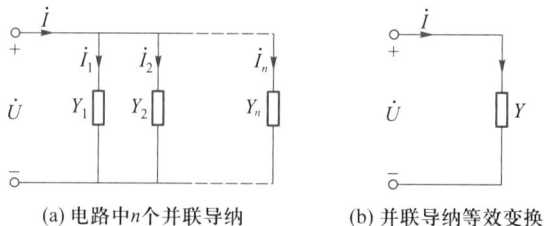

(a) 电路中 n 个并联导纳　　　　(b) 并联导纳等效变换

图 4.14　阻抗并联等效变换

将阻抗转换成导纳，式(4-34)可改写为

$$\dot{I} = Y\dot{U} \qquad (4-35)$$

$$Y = \frac{\dot{I}}{\dot{U}} = Y_1 + Y_2 + \cdots + Y_n = \sum_{k=1}^{n} Y_k \tag{4-36}$$

计算结果表明，n 个导纳并联组成的二端网络，等效于一个导纳，如图 4.14(b) 所示，其值等于各并联导纳之和。第 k 个导纳流过的电流相量与端口总电流相量之间的关系为

$$\dot{I}_k = Y_k \dot{U} = \frac{Y_k}{Y_1 + Y_2 + \cdots + Y_n} \dot{I} = \frac{Y_k}{\displaystyle\sum_{k=1}^{n} Y_k} \dot{I} \tag{4-37}$$

该公式称为并联导纳分流公式。如果仅有两个导纳并联，那么其分流公式为

$$\begin{cases} \dot{I}_1 = \dfrac{Y_1}{Y_1 + Y_2} \dot{I} \\[2ex] \dot{I}_2 = \dfrac{Y_2}{Y_1 + Y_2} \dot{I} \end{cases} \tag{4-38}$$

例 4.9　如图 4.15(a) 所示电路中总电流瞬时值 $i(t) = 15\sqrt{2}\sin 5t$ A，$R = 1\ \Omega$，$L = 0.145$ H，$C = 0.5$ F，试用相量方法计算电路中的瞬时值 $u(t)$、$i_R(t)$、$i_L(t)$ 和 $i_C(t)$。

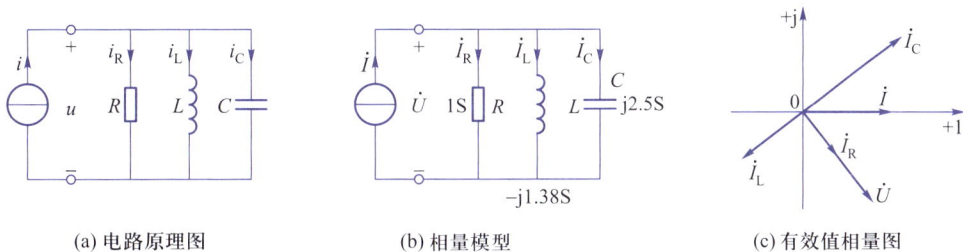

(a) 电路原理图　　　　　(b) 相量模型　　　　　(c) 有效值相量图

图 4.15　例 4.9 用图

解: 将图 4.15(a) 所示电路参数转换为相量值，电阻 R 的导纳为

$$Y_R = \frac{1}{Z_R} = 1 \text{ S}$$

电感 L 的导纳为

$$Y_L = \frac{1}{Z_L} = \frac{1}{j\omega L} = -j\frac{1}{5 \times 0.145} \text{ S} = -j1.38 \text{ S}$$

电容 C 的导纳为

$$Y_C = \frac{1}{Z_C} = j\omega C = j5 \times 0.5 \text{ S} = j2.5 \text{ S}$$

并联电路等效导纳

$$Y = Y_R + Y_L + Y_C = (1 - j1.38 + j2.5) \text{ S} = (1 + j1.12) \text{ S} = 1.5 \underline{/48.2°} \text{ S}$$

总电流有效值相量 $\dot{I} = 15 \underline{/0°}$ A。

RLC 并联电路两端电压相量为

$$\dot{U} = \frac{\dot{I}}{Y} = \frac{15 \underline{/0°} \text{ A}}{1.5 \underline{/48.2°} \text{ S}} = 10 \underline{/-48.2°} \text{ V}$$

用分流公式计算 *RLC* 元件上的电流相量为

$$\dot{I}_R = \frac{Y_R}{Y}\dot{I} = \frac{1 \text{ S}}{1.5 \underline{/48.2°} \text{ S}} \times 15 \underline{/0°} \text{ A} = 10 \underline{/-48.2°} \text{ A}$$

$$\dot{I}_L = \frac{Y_L}{Y}\dot{I} = \frac{-j1.38}{1.5\ \underline{/48.2°}\ S}\times 15\ \underline{/0°}\ A = 13.8\ \underline{/-138.2°}\ A$$

$$\dot{I}_L = \frac{Y_L}{Y}\dot{I} = \frac{j2.5}{1.5\ \underline{/48.2°}\ S}\times 15\ \underline{/0°}\ A = 25\ \underline{/41.8°}\ A$$

根据以上电压电流相量得到相应的瞬时值表达式为

$$u(t) = 10\sqrt{2}\sin(5t-48.2°)\ V$$

$$i_R(t) = 10\sqrt{2}\sin(5t-48.2°)\ A$$

$$i_L(t) = 13.8\sqrt{2}\sin(5t-138.2°)\ A$$

$$i_C(t) = 25\sqrt{2}\sin(5t+41.8°)\ A$$

各 RLC 并联元件的电流相量如图 4.15(c)所示。从相量图上清楚地看出,端口电压相位落后于电流相位 48.2°,表明该 RLC 并联二端网络的端口特性等效于一个电阻与电容的并联,该二端网络具有电容性。通过电容 C 的电流有效值为 $I_C = 25$ A,大于总电流有效值 $I = 15$ A,这表明在 RLC 并联电路中,支路电流有可能比总电流大。

4.4.3　正弦稳态电路功率分析

1. 瞬时功率

如图 4.16 所示,二端网络等效阻抗为 $Z = R+jX$,在电压和电流采用关联参考方向的条件下,根据式(4−18)可得等效阻抗吸收的瞬时功率为

$$p(t) = UI\left[\cos(\varphi_u-\varphi_i)-\cos(2\omega t+\varphi_u+\varphi_i)\right]$$

2. 平均功率

如前所述,在交流电路中,瞬时功率在一个周期内的平均值,即一个周期内发出或负载消耗的瞬时功率称为平均功率,平均功率又称为有功功率。等效阻抗的平均功率为

$$P = \frac{1}{T}\int_0^T p(t)\,\mathrm{d}t = \frac{1}{T}\int_0^T UI\left[\cos(\varphi_u-\varphi_i)-\cos(2\omega t+\varphi_u+\varphi_i)\right]\mathrm{d}t = UI\cos\varphi \qquad (4-39)$$

式中:$\varphi = \varphi_u-\varphi_i$ 为电压与电流的相位差;$\cos\varphi$ 为功率因数;φ 为功率因数角或负载阻抗角。等效阻抗的瞬时功率和平均功率的波形如图 4.17 所示。

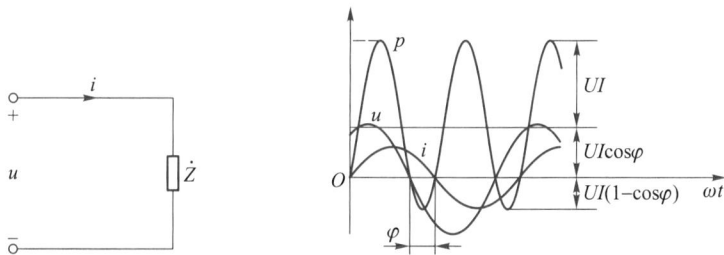

图 4.16　等效阻抗功率计算　　图 4.17　等效阻抗的瞬时功率和平均功率的波形

由式(4−39)可知,正弦稳态电路的平均功率不仅与电压电流有效值乘积 UI 有关,还与电压电流的相位差 $\varphi = \varphi_u-\varphi_i$ 有关。

下面讨论二端网络的几种特殊情况。

(1) 二端网络是一个电阻,或其等效阻抗为一个电阻。二端网络电压与电流相位相同,

即 $\varphi = \varphi_u - \varphi_i = 0$，$\cos \varphi = 1$，瞬时功率 $p(t) = UI[1 - \cos(2\omega t + 2\varphi_u)]$，平均功率 $P = UI$。此时的情况与上个知识点讨论的纯电阻电路的功率情况一致。

（2）二端网络是一个电感，或等效为一个感抗。二端网络电压与电流相位为正交关系，即 $\varphi = \varphi_u - \varphi_i = 90\,°$，$\cos \varphi = 0$，瞬时功率 $p_L(t) = UI \sin 2\omega t$，平均功率 $P = 0$。此时的情况与上个知识点讨论的纯电感电路功率情况一致。

（3）二端网络是一个电容，或等效为一个容抗。二端网络电压与电流相位为正交关系，即 $\varphi = \varphi_u - \varphi_i = -90\,°$，$\cos \varphi = 0$，瞬时功率为 $p_C(t) = -UI \sin 2\omega t$，平均功率 $P = 0$。此时的情况与上个知识点讨论的纯电容电路功率情况一致。

3. 无功功率

在正弦电路中电感和电容的平均功率为零，但实际上它们在电路中不断充电和放电，存在着能量交换，通常用无功功率 Q 来表征电感、电容这种能量交换的大小，有

$$Q = UI \sin \varphi \tag{4-40}$$

式中：$\varphi = \varphi_u - \varphi_i$ 为电压 U 与电流 I 的相位差；无功功率单位为乏（Var）。

4. 视在功率

定义正弦稳态电路端口电压有效值 U 和电流有效值 I 的乘积为该电路的视在功率，用 S 表示，有

$$S = UI \tag{4-41}$$

视在功率的单位是伏安（VA）。

根据式（4-39）、式（4-40）式（4-41），可以得出视在功率、有功功率和无功功率之间的关系为

$$S^2 = P^2 + Q^2 \tag{4-42}$$

有功功率 P、无功功率 Q 和视在功率 S 之间的关系可以用一个直角三角形来表示，如图 4.18 所示。

例 4.10　如图 4.13（a）所示 *RLC* 串联电路中 $u(t) = 20\sqrt{2}\sin 10t$ V，$R = 30\ \Omega$，$L = 8$ H，$C = 0.002\,5$ F。试求：（1）电阻 R 吸收的平均功率 P_R、电感 L 吸收的平均功率 P_L、电容 C 吸收的平均功率 P_C 和电路总的平均功率 P；（2）电路总的视在功率 S；（3）电路总的无功功率 Q。

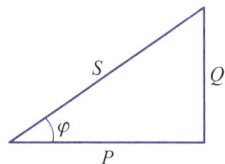

图 4.18　功率三角形

解：根据例 4.8 中的分析可知电源电压相量值 $\dot{U} = 20 \underline{/0°}$ V；

流过 *RLC* 串联电路的电流相量值 $\dot{I} = \dfrac{\dot{U}}{Z} = \dfrac{20 \underline{/0°}\ \text{V}}{50 \underline{/53°}\ \Omega} = 0.4 \angle -53°$ A；

电阻、电感和电容上的电压相量分别为

$$\dot{U}_R = \frac{30\ \Omega}{50 \underline{/53°}\ \Omega} \times 20 \underline{/0°}\ \text{V} = 12 \underline{/-53°}\ \text{V}$$

$$\dot{U}_L = \frac{\text{j}80\ \Omega}{50 \underline{/53°}\ \Omega} \times 20 \underline{/0°}\ \text{V} = 32 \underline{/37°}\ \text{V}$$

$$\dot{U}_C = \frac{-\text{j}40\ \Omega}{50 \underline{/53°}\ \Omega} \times 20 \underline{/0°}\ \text{V} = 16 \underline{/-143°}\ \text{V}$$

（1）电阻 R 吸收的平均功率　$P_R = U_R I = 12$ V $\times 0.4$ A $= 4.8$ W

电感 L 吸收的平均功率　　　　　　$P_L = 0$

电容 C 吸收的平均功率　　　　　　$P_C = 0$

总的平均功率　　$P = UI\cos\varphi = 20\text{ V} \times 0.4\text{ A} \times \cos(0° + 53°) = 4.8\text{ W}$

（2）电路总的视在功率　　$S = UI = 20\text{ V} \times 0.4\text{ A} = 8\text{ VA}$

（3）电路总的无功功率　　$Q = UI\sin\varphi = 20\text{ V} \times 0.4\text{ A} \times \sin(0° + 53°) = 6.4\text{ Var}$

5. 交流电路中的最大功率传输定理

如图 4.19 所示，工作于正弦稳态的二端含源网络向一个负载阻抗 $Z = R + jX$ 供电，如果该二端网络可用戴维南等效电路代替，其阻抗 $Z_0 = R_0 + jX_0$，那么该负载在什么情况下可以获得最大的功率呢？

流过负载 Z 的电流相量为

$$\dot{I} = \frac{\dot{U}_s}{Z_0 + Z} = \frac{\dot{U}_s}{R_0 + R + j(X_0 + X)}$$

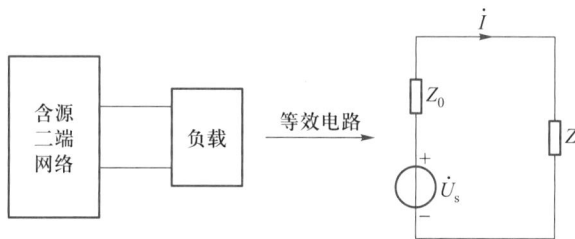

图 4.19　正弦稳态电路的等效原理图

负载上的平均功率

$$P = RI^2 = R\frac{U_s^2}{(R_0 + R)^2 + (X_0 + X)^2} \tag{4-43}$$

式中：当 $R = R_0$ 且 $X = -X_0$ 时，负载可以获得最大平均功率，平均功率为

$$P_{\max} = \frac{U_s^2}{4R_0} \tag{4-44}$$

即负载阻抗等于含源二端网络输出阻抗的共轭复数时，负载获得最大的平均功率，这种情况称为共轭匹配。在很多场合都需要将电路设计成共轭匹配，以使负载获得最大功率。

例 4.11　在图 4.20（a）所示电路中，$I_s = 2\angle 90°\text{ A}$，$X_{C1} = 20\text{ Ω}$，$X_{C2} = 10\text{ Ω}$，$R = 20\text{ Ω}$，求负载 Z_L 为多大时，它能获得最大功率，并求最大功率值。

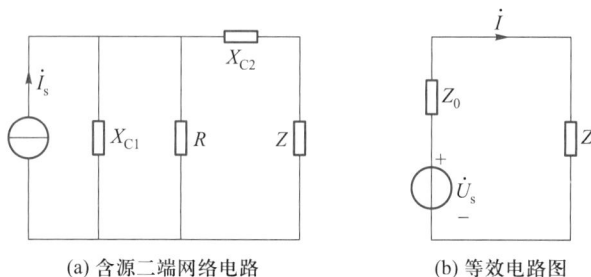

(a) 含源二端网络电路　　　　(b) 等效电路图

图 4.20　例 4.11 用图

$$Z_0 = X_{C2} + X_{C1} /\!/ R = -j10\ \Omega + (-j20\ \Omega /\!/ 20\ \Omega) = -j10\ \Omega + \frac{-j20\ \Omega \times 20\ \Omega}{-j20\ \Omega + 20\ \Omega} = (10 - j20)\ \Omega$$

$$\dot{U}_s = \dot{I}_s \cdot (X_{C1} /\!/ R) = \dot{I}_s \cdot \frac{X_{C1} \cdot R}{X_{C1} + R} = 2\ \underline{/90°}\ A \times \frac{-j20\ \Omega \cdot 20\ \Omega}{-j20\ \Omega + 20\ \Omega} = 20\sqrt{2}\ \underline{/45°}\ V$$

负载 Z 与 Z_0 共轭匹配时,即 $Z = (10 + j20)\ \Omega$ 时,负载能获得最大的功率 P_{max},根据表达式

$P_{max} = \dfrac{U_s^2}{4R_0}$ 可得

$$P_{max} = \frac{20\sqrt{2}\ V \times 20\sqrt{2}\ V}{4 \times 10\ \Omega} = 20\ W$$

知识点 **4.5**
交流电路中的谐振现象

　　含有电感元件和电容元件的交流电路中,当电路中感性阻抗和容性阻抗相等时,整个电路呈现纯电阻状态,电路总电压和总电流相位相同,这种现象称之为谐振。谐振是正弦稳态电路频率响应的一种特殊现象。当电路发生谐振时,电路中某些支路的电压有效值大于端口电压有效值,或者支路电流有效值大于端口电流有效值。谐振在生产、工作中有着广泛的应用,如高频加热电路、收音机、电视机接收电路等都需要利用谐振的特性;另一方面谐振又会在电路中某些元件上产生过高的电压或电流,以致损坏元器件,这些情形下需要避免谐振现象的产生。谐振可分为串联谐振和并联谐振。

4.5.1　串联谐振

　　图 4.21(a)所示为 RLC 串联谐振电路的电路模型,图 4.21(b)所示为 RLC 串联谐振电路的相量模型。

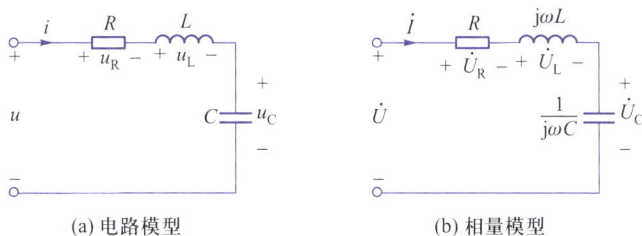

(a) 电路模型　　　　　　　　　　(b) 相量模型

图 4.21　RLC 串联谐振电路

　　RLC 串联谐振电路中的阻抗为

$$Z(j\omega) = \frac{U}{I} = R + j\left(\omega L - \frac{1}{\omega C}\right) = |Z(j\omega)|\ \underline{/\varphi(\omega)} \tag{4-45}$$

式中: $|Z(j\omega)| = \sqrt{R^2 + \left(\omega L - \dfrac{1}{\omega C}\right)^2}$, $\varphi(\omega) = \arctan\left(\dfrac{\omega L - \dfrac{1}{\omega C}}{R}\right)$

1. 谐振条件

当 $\omega L - \dfrac{1}{\omega C} = 0$ 时，角频率 $\omega = \dfrac{1}{\sqrt{LC}}$，相位角 $\varphi(\omega) = 0$，阻抗绝对值 $|Z(j\omega)| = R$，此时阻抗绝对值最小，电压 $u(t)$ 与电流 $i(t)$ 相位相同，电路发生谐振。因此 RLC 串联电路的谐振条件为

$$\omega = \omega_0 = \frac{1}{\sqrt{LC}} \qquad (4-46)$$

式中：$\omega_0 = \dfrac{1}{\sqrt{LC}}$ 称为 RLC 串联电路的固有谐振角频率。

如果用频率来描述谐振条件，当激励信号频率 f 与电路固有谐振频率 f_0 相同时，电路发生谐振，谐振频率为

$$f = f_0 = \frac{1}{2\pi\sqrt{LC}} \qquad (4-47)$$

RLC 串联电路在谐振时感抗和容抗在量值上相等，其值称为谐振电路的特性阻抗，用 ρ 表示，则

$$\rho = \omega_0 L = \frac{1}{\omega_0 C} = \sqrt{\frac{L}{C}} \qquad (4-48)$$

2. 谐振时的电压和电流

当 RLC 串联电路发生谐振时，电感、电容对应的阻抗刚好抵消，电路总阻抗 $Z(j\omega_0) = R$，电路阻抗呈现纯电阻，阻抗具有最小值。若在端口上外加电压源 $\dot{U}$，则电路谐振时的电流为

$$\dot{I}_0 = \frac{\dot{U}}{Z} = \frac{\dot{U}}{R}$$

谐振时 RLC 串联电路中的电流达到最大值。电阻、电感和电容上的电压分别为

$$\dot{U}_R = R\dot{I}_0 = \dot{U} \qquad (4-49)$$

$$\dot{U}_L = j\omega_0 L\dot{I}_0 = j\frac{\omega_0 L}{R}\dot{U} = jQ\dot{U} \qquad (4-50)$$

$$\dot{U}_C = \frac{1}{j\omega_0 C}\dot{I}_0 = -j\frac{1}{\omega_0 RC}\dot{U} = -jQ\dot{U} \qquad (4-51)$$

式中：$Q = \dfrac{\omega_0 L}{R} = \dfrac{1}{\omega_0 RC} = \dfrac{1}{R}\sqrt{\dfrac{L}{C}}$，称为 RLC 串联谐振电路的品质因数。

当 RLC 串联电路谐振时，电阻电压与电源电压相等，$\dot{U}_R = \dot{U}$；电感电压与电容电压之和为零，即 $\dot{U}_L + \dot{U}_C = 0$。串联谐振时电路参数相量关系如图 4.22 所示。电感电压或电容电压的幅值为电压源电压幅值的 Q 倍，即

$$U_L = U_C = QU = QU_R \qquad (4-52)$$

当 $Q \gg 1$ 时，$U_L = U_C \gg U_S = U_R$，所以串联电路的谐振又称为电压谐振。

3. 谐振电路的频率特性

RLC 串联谐振电路中电流有效值为

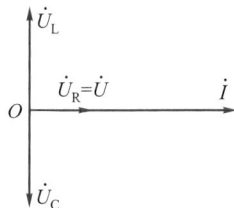

图 4.22　RLC 串联谐振
电路相量图

$$I=\frac{U}{|Z(j\omega)|}=\frac{U}{\sqrt{R^2+\left(\omega L-\dfrac{1}{\omega C}\right)^2}}=\frac{U/R}{\sqrt{1+\left(\dfrac{\omega_0\omega L}{\omega_0 R}-\dfrac{\omega_0}{\omega_0\omega RC}\right)^2}}$$

$$=\frac{1}{\sqrt{1+\left(Q\dfrac{\omega}{\omega_0}-Q\dfrac{\omega_0}{\omega}\right)^2}}I_0=\frac{1}{\sqrt{1+Q^2\left(\dfrac{\omega}{\omega_0}-\dfrac{\omega_0}{\omega}\right)^2}}I_0 \tag{4-53}$$

式中：$I_0=\dfrac{U}{R}$ 为电路发生谐振时的最大电流。

根据式（4-53）可得到如图 4.23（a）所示的电流幅频特性曲线。

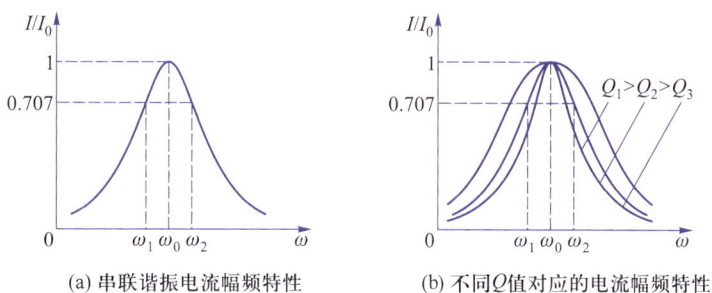

(a) 串联谐振电流幅频特性　　　　(b) 不同 Q 值对应的电流幅频特性

图 4.23　RLC 串联谐振电流幅频特性

根据图 4.23 RLC 串联谐振电流幅频特性曲线可得以下结论。

（1）当 $\omega=\omega_0=\dfrac{1}{\sqrt{LC}}$ 时，RLC 串联电路中的电流最大，此时发生串联谐振现象。

（2）Q 值越大，谐振曲线越尖锐，谐振点附近的电流值下降越快。

图 4.23 所示谐振曲线中，将 $I/I_0\geqslant\sqrt{2}/2$ 的频率范围定义为通频带，可计算得到通频带宽度

$$\Delta\omega=\omega_2-\omega_1=\frac{\omega_0}{Q} \tag{4-54}$$

用频率表示 RLC 串联电路通频带宽度为

$$\Delta f=\frac{f_0}{Q}=\frac{\omega_0}{2\pi Q}=\frac{1}{\sqrt{LC}}\cdot\frac{1}{2\pi\dfrac{1}{R}\sqrt{\dfrac{L}{C}}}=\frac{R}{2\pi L} \tag{4-55}$$

4. 谐振时的功率和能量分析

设图 4.24（a）所示电路中的端电压为 $u(t)=U_m\sin\omega_0 t$，电路发生谐振时 $u_L=-u_C$。其他电路参数瞬时值为

$$i(t)=I_m\sin\omega_0 t=\frac{U_m}{R}\sin\omega_0 t$$

$$u_L(t)=QU_m\sin(\omega_0 t+90°)$$

$$u_C(t)=QU_m\sin(\omega_0 t-90°)$$

电感吸收的功率为

$$p_L(t)=u_L i=QU_m I_m\sin\omega_0 t\sin(\omega_0 t+90°)=QUI\sin 2\omega_0 t$$

电容吸收的功率为

$$p_C(t) = u_C i = Q U_m I_m \sin(\omega_0 t - 90°) \sin \omega_0 t = -Q U I \sin 2\omega_0 t$$

由此可知,任何时刻电感和电容的瞬时功率之和为零。电感和电容与电压源和电阻之间没有能量交换,电感和电容之间进行能量交换,电压源发出的功率全部被电阻吸收,即 $p(t) = p_R(t)$。

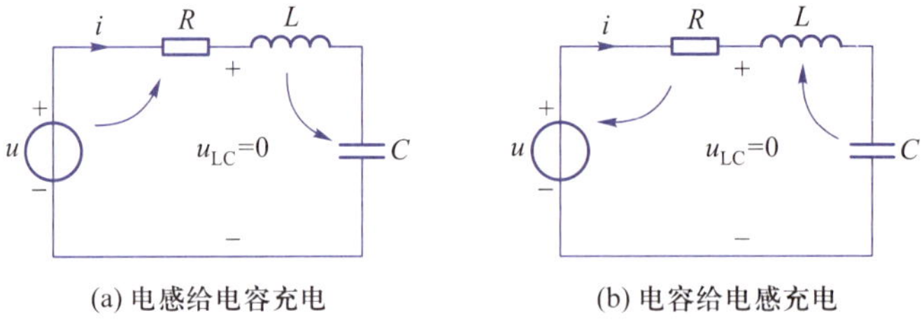

(a) 电感给电容充电　　　　　　　　(b) 电容给电感充电

图 4.24　串联电路谐振时的能量交换

电感和电容之间交换能量的过程如下。

(1) 如图 4.24(a) 所示,当 $p_L < 0$ 时,$p_C > 0$,电感中磁场能量 $W_L = 0.5 L i^2$ 减小,电感释放的能量全部被电容吸收,并转换为电场能量。

(2) 如图 4.24(b) 所示,当 $p_L > 0$ 时,$p_C < 0$,电容电压减小,电容中电场能量 $W_C = 0.5 C u^2$ 减小,电容释放的能量全部被电感吸收,并转换为磁场能量。

谐振时,能量在电感和电容间的往复交换,形成电压和电流的正弦振荡。其振荡角频率为 $2\omega_0$。电感和电容中的总能量保持常量,并等于电感中的最大磁场能量或等于电容中最大电场能量,即

$$W = W_L + W_C = C U_C^2 = L I_L^2 = L \left(\frac{U}{R}\right)^2 \tag{4-56}$$

例 4.12　在图 4.24(a) 所示的 RLC 串联电路中,已知 $R = 100\ \Omega$,$L = 159\ \text{mH}$,$C = 1\ 590\ \text{pF}$,$u = 20\sqrt{2} \sin(\omega t + \varphi_i)\ \text{mV}$。求:(1) 谐振频率 f_0 及该电路的品质因数 Q;(2) 谐振时电阻、电感、电容上的电压有效值;(3) 带通滤波器带宽。

解:根据式(4-48)可得 RLC 串联电路谐振频率为

$$f = f_0 = \frac{1}{2\pi\sqrt{LC}} = \frac{1}{2 \times 3.14 \times \sqrt{0.159\ \text{H} \times 1\ 590 \times 10^{-12}\ \text{F}}} \approx 10\ \text{kHz}$$

该电路的品质因数为

$$Q = \frac{\omega_0 L}{R} = \frac{2\pi \times 10\ 000 \times 0.159\ \text{H}}{100\ \Omega} \approx 100$$

电阻电压有效值为

$$U_R = U = 20\ \text{mV}$$

电感和电容上的电压有效值为

$$U_L = U_C = QU = 100 \times 20\ \text{mV} = 2\ \text{V}$$

该电路的通频带宽为

$$\Delta f = \frac{f_0}{Q} = \frac{10\ 000\ \text{Hz}}{100} = 100\ \text{Hz}$$

4.5.2　并联谐振

图 4.25(a)所示为 RLC 并联电路,其相量模型如图 4.25(b)所示。

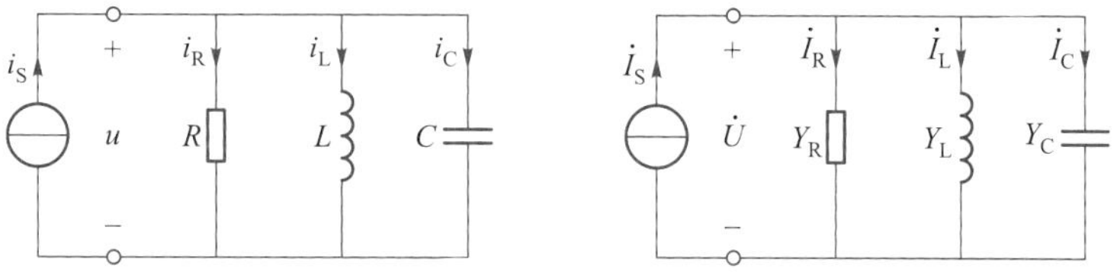

(a)电路模型　　　　　　　(b)相量模型

图 4.25　RLC 并联谐振电路

RLC 并联电路中,电路总导纳

$$Y(\mathrm{j}\omega) = \frac{I}{U} = Y_R + Y_L + Y_C = G + \mathrm{j}\left(\omega C - \frac{1}{\omega L}\right) = |Y(\mathrm{j}\omega)| \underline{/\varphi}(\omega) \tag{4-57}$$

式中:$|Y(\mathrm{j}\omega)| = \sqrt{G^2 + \mathrm{j}\left(\omega C - \frac{1}{\omega L}\right)^2}$;$\varphi(\omega) = \arctan\left(\dfrac{\omega C - \dfrac{1}{\omega L}}{G}\right)$。

1. 谐振条件

当 $\omega C - \dfrac{1}{\omega L} = 0$ 时,角频率 $\omega = \dfrac{1}{\sqrt{LC}}$,相位角 $\varphi(\omega) = 0$,并联电路中电感、电容相对应的导纳刚好抵消,总导纳 $Y(\mathrm{j}\omega) = G = \dfrac{1}{R}$,此时导纳最小,电压 $u(t)$ 和电流 $i(t)$ 同相,电路发生谐振。因此,RLC 并联电路谐振的条件是 $\omega = \omega_0 = \dfrac{1}{\sqrt{LC}}$,与 RLC 串联电路的谐振条件完全相同。

2. 谐振时的电压和电流

RLC 并联电路谐振时,总导纳 $Y(\mathrm{j}\omega_0) = G = \dfrac{1}{R}$,具有最小值。端口外加电流源 $\dot{I}_S$ 与端电压 $\dot{U}$ 之间的关系为 $\dot{I}_S = Y\dot{U}$。此时电阻、电感和电容中电流为

$$\dot{I}_R = G\dot{U} = \dot{I}_S \tag{4-58}$$

$$\dot{I}_L = Y_L\dot{U} = \frac{1}{\mathrm{j}\omega_0 L}\dot{U} = -\mathrm{j}\frac{R}{\omega_0 L}\dot{I}_S = -\mathrm{j}Q\dot{I}_S \tag{4-59}$$

$$\dot{I}_C = Y_C\dot{U} = \mathrm{j}\omega_0 C\dot{U} = \mathrm{j}\omega_0 RC\dot{I}_S = \mathrm{j}Q\dot{I}_S \tag{4-60}$$

式中:$Q = \dfrac{R}{\omega_0 L} = \omega_0 RC = R\sqrt{\dfrac{C}{L}}$ 称为 RLC 并联谐振电路的品质因数。该表达式与 RLC 串联谐振电路的品质因数刚好为倒数关系。

当 RLC 并联电路谐振时,电阻电流与电源电流相等,即 $\dot{I}_R = \dot{I}_S$。电感电流与电容电流之和为零,即 $\dot{I}_L + \dot{I}_S = 0$,并联谐振时电路中各相量之间的关系如图 4.26 所示。流过电感电流或电容电流的幅值为电流源电流幅值的 Q 倍,即

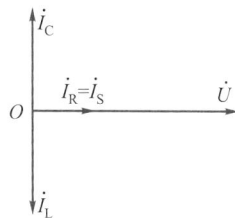

图 4.26　RLC 并联谐振电路参数相量图

$$I_{\mathrm{L}}=I_{\mathrm{C}}=QI_{\mathrm{S}}=QI_{\mathrm{R}} \tag{4-61}$$

当 $Q\gg1$ 时，$I_{\mathrm{L}}=I_{\mathrm{C}}\gg I_{\mathrm{S}}=I_{\mathrm{R}}$，因此并联谐振又称为电流谐振。

3. 谐振电路的频率特性

RLC 并联谐振电路中，在电流源的激励下，端口电压有效值

$$U=\frac{I_{\mathrm{s}}}{|Y(\mathrm{j}\omega)|}=\frac{I_{\mathrm{s}}}{\sqrt{G^2+\left(\omega C-\dfrac{1}{\omega L}\right)^2}}=\frac{RI_{\mathrm{s}}}{\sqrt{1+\left(\omega RC-\dfrac{R}{\omega L}\right)^2}}$$
$$=\frac{1}{\sqrt{1+\left(Q\dfrac{\omega}{\omega_0}-Q\dfrac{\omega_0}{\omega}\right)^2}}U_0=\frac{1}{\sqrt{1+Q^2\left(\dfrac{\omega}{\omega_0}-\dfrac{\omega_0}{\omega}\right)^2}}U_0 \tag{4-62}$$

式中：$U_0=RI_{\mathrm{s}}$ 为电路发生谐振时电路中的最大电压有效值。

根据式（4-63）可得类似如图 4.23 所示的电压幅频特性曲线图。根据电压幅频特性曲线可得以下结论。

（1）当 $\omega=\omega_0=\dfrac{1}{\sqrt{LC}}$ 时，RLC 并联电路中的端口电压值最大，此时发生并联谐振现象。

（2）Q 值越大，谐振曲线越尖锐，谐振点附近的电压值下降越快。

谐振曲线中，将 $U/U_0\geqslant\sqrt{2}/2$ 的频率范围定义为通频带，通频带宽度为

$$\Delta\omega=\omega_2-\omega_1=\frac{\omega_0}{Q} \tag{4-63}$$

用频率表示 RLC 并联电路通频带宽度为

$$\Delta f=\frac{f_0}{Q}=\frac{\omega_0}{2\pi Q}=\frac{1}{2\pi RC} \tag{4-64}$$

$$Q=\frac{R}{\omega_0 L}=R\omega_0 C=R\sqrt{\frac{C}{L}} \tag{4-65}$$

4. 谐振时的功率和能量分析

设图 4.27（a）中电流源电流 $i_{\mathrm{s}}(t)=I_{\mathrm{sm}}\sin(\omega_0 t)$，电路发生谐振时 $i_{\mathrm{L}}=-i_{\mathrm{C}}$，则其他电路参数瞬时值为

$$u(t)=U_{\mathrm{m}}\sin\omega_0 t=RI_{\mathrm{sm}}\sin\omega_0 t$$
$$i_{\mathrm{L}}(t)=QI_{\mathrm{sm}}\sin(\omega_0 t-90°)$$
$$i_{\mathrm{C}}(t)=QI_{\mathrm{sm}}\sin(\omega_0 t+90°)$$

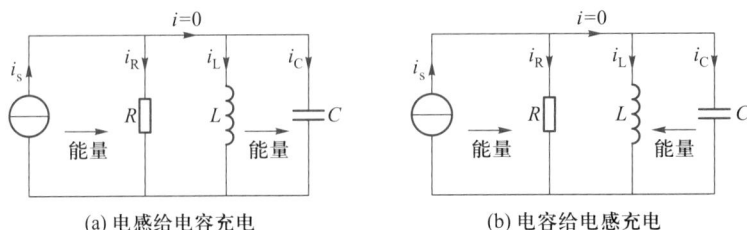

(a)电感给电容充电　(b)电容给电感充电

图 4.27　RLC 并联电路谐振时的能量交换

电感和电容吸收的瞬时功率分别为

$$p_{\mathrm{L}}(t) = ui_{\mathrm{L}} = QU_{\mathrm{m}}I_{\mathrm{sm}}\sin\omega_0 t\sin(\omega_0 t - 90°) = -QUI_{\mathrm{s}}\sin 2\omega_0 t \tag{4-66}$$

$$p_{\mathrm{C}}(t) = ui_{\mathrm{C}} = QU_{\mathrm{m}}I_{\mathrm{sm}}\sin\omega_0 t\sin(\omega_0 t + 90°) = QUI_{\mathrm{s}}\sin 2\omega_0 t \tag{4-67}$$

由于 $i = i_{\mathrm{L}} + i_{\mathrm{C}} = 0$（相当于虚开路），任何时刻电感和电容的瞬时功率之和为零，即 $p_{\mathrm{L}}(t) + p_{\mathrm{C}}(t) = 0$，因此电感、电容与电流源、电阻之间没有能量交换，电感、电容之间进行能量交换。电流源发出的功率全部被电阻吸收，即 $p_{\mathrm{s}} = p_{\mathrm{R}}$。

电感储存能量与电容储存能量周期性相互交换，形成了电压和电流的正弦振荡。其能量交换过程如下。

（1）如图 4.27（a）所示，当 $p_{\mathrm{L}} < 0$ 时，$p_{\mathrm{C}} > 0$ 时，电感中磁场能量 $W_{\mathrm{L}} = 0.5Li^2$ 减小，电感释放的能量全部被电容吸收，并转换为电场能量。

（2）如图 4.27（b）所示，当 $p_{\mathrm{L}} > 0$ 时，$p_{\mathrm{C}} < 0$，电容电压减小，电容中电场能量 $W_{\mathrm{C}} = 0.5Cu^2$ 减小，电容释放的能量全部被电感吸收，并转换为磁场能量。

由式（4-67）、式（4-68）可知，电感、电容能量转换的振荡角频率为 $2\omega_0$。谐振时电感和电容的总能量保持不变，即

$$W = W_{\mathrm{L}} + W_{\mathrm{C}} = LI_{\mathrm{L}}^2 = CU_{\mathrm{C}}^2 = C(RI_{\mathrm{s}})^2 \tag{4-68}$$

例 4.13　如图 4.28（a）所示为电阻 R、电感线圈 L 和电容器 C 并联组成的电路模型，已知 $R = 1\ \Omega$，$L = 0.2\ \mathrm{mH}$，$C = 0.02\ \mu\mathrm{F}$。试求电路发生谐振时的角频率 ω_0 和谐振时的阻抗 Z_0。

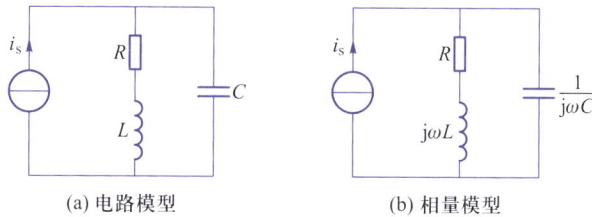

(a) 电路模型　　　　(b) 相量模型

图 4.28　例 4.13 用图

解： 根据电路参数计算得到如图 4.28（b）所示各元件的阻抗 RLC 电路的导纳为

$$Y(\mathrm{j}\omega) = \mathrm{j}\omega C + \frac{1}{R + \mathrm{j}\omega L} = \frac{R}{R^2 + (\omega L)^2} + \mathrm{j}\left[\omega C - \frac{\omega L}{R^2 + (\omega L)^2}\right]$$

令上式虚部为零，即

$$\omega C - \frac{\omega L}{R^2 + (\omega L)^2} = 0$$

解方程可得

$$\omega_0 = \frac{1}{\sqrt{LC}}\sqrt{1 - \frac{CR^2}{L}}$$

代入电路参数可得谐振时的角频率

$$\omega_0 \approx \frac{1}{\sqrt{LC}} = \frac{1}{\sqrt{2\times10^{-4}\times2\times10^{-8}}}\ \mathrm{rad/s} = 0.5\times10^6\ \mathrm{rad/s}$$

谐振时的导纳虚部为 0，所以阻抗

$$Z(\mathrm{j}\omega_0) = \frac{1}{Y(\mathrm{j}\omega_0)} = \frac{1}{\dfrac{R}{R^2 + (\omega L)^2} + \mathrm{j}\left[\omega C - \dfrac{\omega L}{R^2 + (\omega L)^2}\right]} = R + \frac{(\omega_0 L)^2}{R} \approx 10\ \mathrm{k\Omega}$$

该电路发生谐振时的角频率 $\omega_0 = 0.5 \times 10^6$ rad/s，谐振时对应端口阻抗等效为纯电阻，约为 10 kΩ。

项目训练

一、仿真训练

（一）正弦交流串联电路仿真分析

1. 仿真目的

（1）熟练使用电压表、电流表和示波器测量电路参数。

（2）掌握 RLC 串联电路中各元件电压与总电压之间的相位、数值关系。

（3）掌握正弦稳态电路中总电压与总电流之间的相位关系。

2. 仿真原理

电阻、电感和电容串联电路如图 4.29 所示，串联电路中总电流与各元件上的电流相等。

3. 仿真设备

安装 Multisim 仿真软件的计算机 1 台。

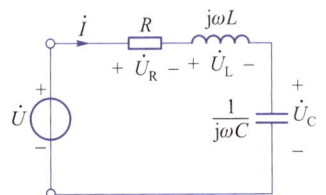

图 4.29　RLC 串联电路原理图

4. 仿真步骤

（1）根据图 4.29 所示 RLC 串联电路原理图，利用 Multisim 仿真软件组建电路仿真框图，如图 4.30 所示。

（2）设置电源电压有效值 $U = 20$ V，频率 $f = 50$ Hz，电阻值 $R = 30$ Ω，电感值 $L = 240$ mH，电容值 $C = 100$ μF。

（3）在总电路中接入交流电流表。将双踪示波器 XSC1 的 A 路接电阻 R 两端，B 路接电感 L 两端；将双踪示波器 XSC2 的 A 路接电感 L 两端，B 路接电容 C 两端，如图 4.30 所示。

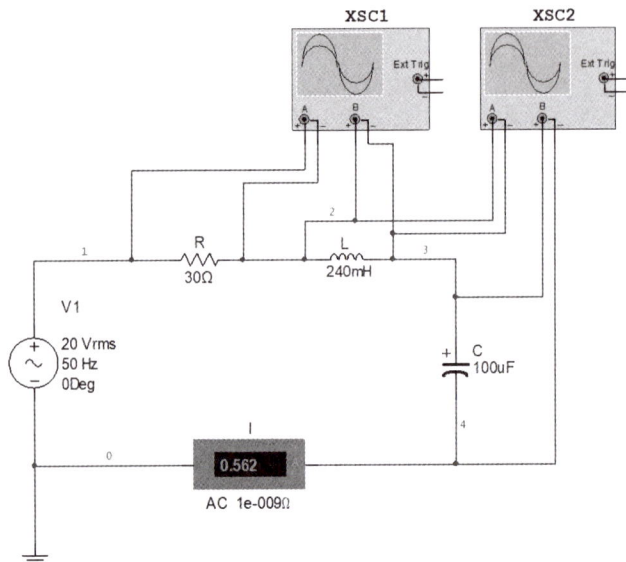

图 4.30　RLC 串联电路仿真框图

（4）开始仿真，将双踪示波器 XSC1 和 XSC2 的波形图记录在图 4.31 和图 4.32 所示的直角坐标内，并将其振幅转换为有效值，记录在表 4.2 中，电流表数值记录在表 4.2 中。

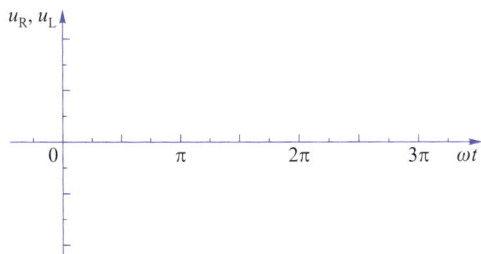

图 4.31　电阻、电感电压波形图　　　　图 4.32　电感、电容电压波形图

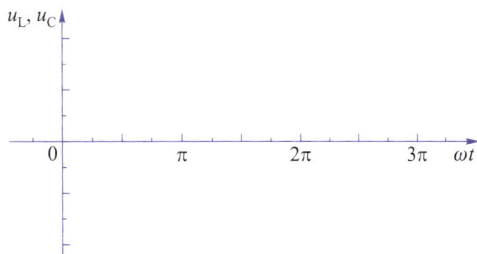

表 4.2　RLC 串联电路参数记录表

电流、电压	U_R/V	U_L/V	U_C/V	U/V	I/A
测量值					
计算值					

（5）根据图 4.29 所示的仿真原理图，计算出电路总阻抗、电阻、感抗和容抗，并将计算值记录在表 4.3 中；根据表 4.2 的测量值，计算出电路总阻抗、电阻、感抗和容抗，并将数据记录在表 4.3 中。

表 4.3　RLC 串联电路阻抗记录表

阻抗	R/Ω	X_L/Ω	X_C/Ω	Z/Ω
测量计算值				
计算值				

5. 思考题

（1）分析电阻、电感、电容电压之间的相位关系，总电压、总电流之间的相位关系，将以上相量绘制在同一张相量图内。

（2）若增加电感值，判断电路阻抗的变化情况，并分析总电压和总电流的变化趋势。

（3）若提高电源频率，判断电路中电阻、感抗和容抗变化情况，并分析电路总阻抗和电流的变化情况。

（二）正弦交流并联电路仿真分析

1. 仿真目的

（1）熟练使用 Multisim 仿真软件元器件库组建 RLC 并联电路。

（2）熟练使用电压表和电流表测量电路参数。

（3）掌握 RLC 并联电路中各元件电流和总电流之间的相位和数值关系。

（4）掌握正弦稳态电路中总电压和总电流之间的相位关系。

2. 仿真原理

RLC 并联电路原理图如图 4.33 所示，并联电路中各元

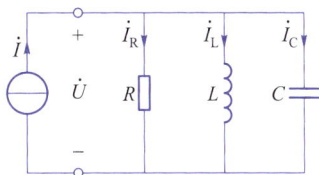

图 4.33　RLC 并联电路原理图

件上的电压相等。

3. 仿真设备

安装 Multisim 仿真软件的计算机 1 台。

4. 仿真步骤

（1）根据 *RLC* 并联电路原理图，利用 Multisim 仿真软件组建电路仿真框，如图 4.34 所示。

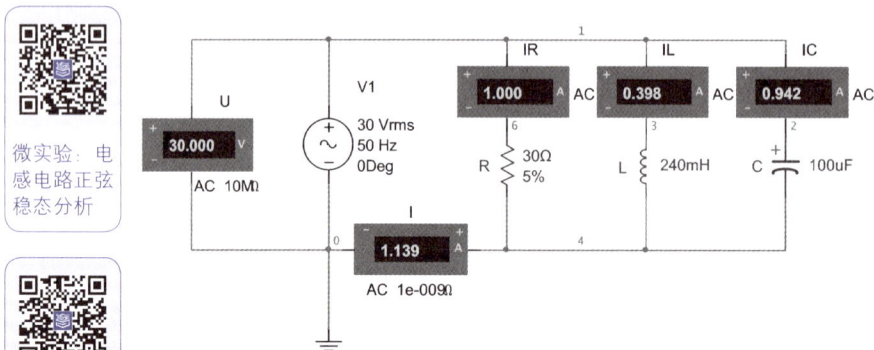

图 4.34 *RLC* 并联电路仿真框图

（2）设置电源电压有效值 $U = 30$ V，频率 $f = 50$ Hz、电阻值 $R = 30$ Ω，电感值 $L = 240$ mH，电容值 $C = 100$ μF。

（3）在总电路中接入交流电压表和电流表，在支路中接入交流电流表，如图 4.34 所示。

（4）开始仿真，将各电表的示数记录在表 4.4 中。

表 4.4 *RLC* 并联电路参数

电流、电压	I_R/A	I_L/A	I_C/A	I/A	U/V
测量值					
计算值					

（5）根据图 4.33 所示的仿真原理图，计算出电路总导纳、电阻导纳、电感导纳和电容导纳，结果填入表 4.5 中；根据表 4.4 的测量值，计算出电路总导纳、电阻导纳、电感导纳和电容导纳，将结果填入表 4.5 中。

表 4.5 *RLC* 并联电路导纳

导纳	Y_R/S	Y_L/S	Y_C/S	Y/S
测量计算值				
计算值				

5. 思考题

（1）分析电阻、电感、电容电流之间的相位关系，总电压、总电流之间的相位关系。将以上相量绘制在同一张相量图内。

（2）若增加电感值，判断电路总导纳的变化情况，并分析总电压和总电流的变化趋势。

（3）若提高电源频率，判断电路中电阻导纳、电感导纳和电容导纳的变化情况，并分析电路总导纳和电流的变化情况。

二、技能训练

（一）交流电路中电压和电流相量的测量

1. 训练目的

（1）掌握交流电路中电压、电流的测量方法。

（2）熟悉数字万用表的使用方法。

（3）熟悉交流电路中电阻和电容、电阻和电感之间的电压相量关系。

2. 训练原理

（1）正弦交流 RC 串联电路如图4.35虚线框所示，总阻抗

$$Z = R - jX_C = R - j\frac{1}{\omega C} = |Z| \underline{/\varphi}$$

电阻两端电压和电流相位相等，电压相位始终比电容电压相位超前90°。RC 串联电路参数相量图如图4.36所示，总电压与电阻、电容电压相量始终可以组成一个直角三角形，即使改变电容值 C 或者是改变电阻值 R，这种直角关系也是不变的，变化的只有相量角 φ。

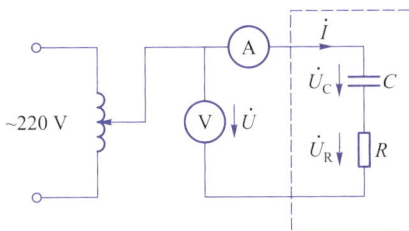

图4.35　RC 串联电路测试图　　　　图4.36　RC 串联电路参数相量图

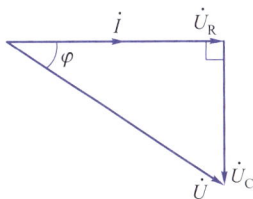

（2）正弦交流 RL 串联电路如图4.37虚线框所示，总阻抗

$$Z = R + jX_L = R + R_L + j\omega L = |Z| \underline{/\varphi}$$

电感元件两端电压为其内阻上的电压和电感上的电压之和，如图4.38（a）所示，且三相量之间始终呈现直角关系。RL 串联电路参数相量图如图4.38（b）所示，电阻两端电压和电流相位相等，且与电感内阻的电压分量相位相同。电阻电压相位始终比电感电压分量相位落后90°。电阻电压与电感内阻电压分量的和相量、电感电压分量相量及总电压相量始终可以组成一个直角三角形，即使改变电感 L 或者是改变电阻值 R，这种直角关系也是不变的，变化的只有相位角 φ。根据余弦定律，相位角满足关系

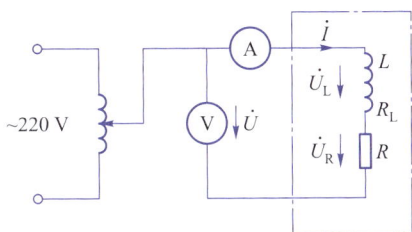

(a)　　　　　　　(b)

图4.37　RL 串联电路测试图　　　　图4.38　RL 串联电路参数相量图

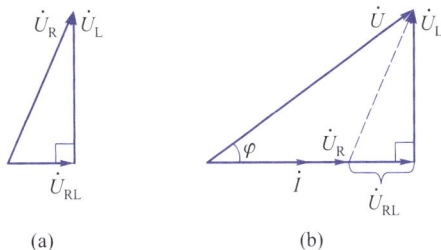

$$\cos\varphi=\frac{U^2+U_R^2-U_D^2}{2U\cdot U_R}$$

电感元件中的内阻分压为 $U_{RL}=U\cdot\cos\varphi-U_R$；电感元件中的电感分压为 $U_L=U\cdot\sin\varphi$。

3. 训练器材

0～220 V 交流调压器一台，单相交流电流表一块，单相交流电压表一块，数字万用表一块，电容箱一组，荧光灯元件一组，导线若干。

4. 训练内容与步骤

（1）将电阻 R（1 000 Ω）、可变电容 C（5 μF）等按图 4.35 所示电路进行连接，在总电路中串联接入电流表、并联电压表。检查无误后调节交流调压器，接入 100 V 交流电源。根据电流表 A 和电压表 V 记录总电流 I 和总电压 U；利用万用表交流电压挡测量电阻 R 两端的电压 U_R，测量电容 C 两端的电压 U_C。改变电阻值 R，重复测量前面的物理量，并将数据记录在表 4.6 中。测量完毕后计算各组数据对应的功率因数 $\cos\varphi$ 和相位角 φ，根据实验结果绘制 φ-R 关系图。

表 4.6　测量 RC 串联电路参数

R/Ω	0	100	200	500	1 000	5 000	∞
I/mA							
U/V							
U_R/V							
U_C/V							
$\cos\varphi$							
$\varphi/°$							

（2）按图 4.37 所示进行电路连接（只需将图 4.35 所示电路中的电容元件换成电感元件）。检查无误后调节交流调压器，接入 100 V 交流电源。根据电流表 A 和电压表 V 记录总电流 I 和总电压 U；利用万用表交流电压挡测量电阻 R 两端的电压 U_R，测量电感元件两端的电压 U_L。改变电阻值 R，重复测量前面的物理量，并将数据记录在表 4.7 中。测量完毕后计算各组数据对应的功率因数 $\cos\varphi$ 和相位角 φ，根据实验结果绘制 φ-R 关系图。

表 4.7　测量 RL 串联电路参数

R/Ω	0	100	200	500	1 000	5 000	∞
I/mA							
U/V							
U_R/V							
U_L/V							
$\cos\varphi$							
$\varphi/°$							
U_{RL}/V							
U_L/V							

5. 注意事项

（1）接通电源前必须检查电路连线,确保无电源短路现象。

（2）实验过程中可适当增加电阻 R 的采样点。

（3）训练过程中遵守实训室相关规定。

6. 思考题

（1）根据表 4.5 中的每一组电压数据,总电压相量 $\dot{U}$ 的大小、方向不变,绘制 $\dot{U}$、$\dot{U}_R$、$\dot{U}_C$ 向量三角形,并观察 U_R 的相量轨迹。

（2）根据表 4.6 中的每一组电压数据,总电压相量 $\dot{U}$ 的大小、方向不变,绘制 $\dot{U}$、$\dot{U}_R$、$\dot{U}_L$ 向量三角形,观察 U_R 的相量轨迹。

（二）荧光灯功率因数的提高

1. 训练目的

（1）熟悉荧光灯工作的电路,并且能正确连接电路。

（2）学会功率表的使用方法。

（3）掌握提高功率因数提高的方法。

2. 训练原理

很多用电设备都是感性负载,其中有代表性的是日常生活中使用的荧光灯。荧光灯的工作电路如图 4.39 中点画线框内所示,由整流器 L、荧光灯管 D 和启动器 S 组成,正常启动后,启动器 S 断路,其等效电路可以看作是电感 L 和灯管 D 的串联。由于整流器的电感量很大,因此整个电路的功率因数 $\cos\varphi$ 不高,约为 0.5 左右。由于负载功率因数 $\cos\varphi$ 过低,电路中的总电流 I 较大,一方面导致电源容量未得到充分利用,另一方面使得输电电路中的损耗增加。为提高功率因数 $\cos\varphi$,在负载荧光灯 D 和整流器 L 两端并联一个补偿电容 C,如图 4.39 中虚线框所示,以抵消负载电流 I_L 中的无功分量 I_{GL}。电路总功率 $P = UI\cos\varphi$,其中 U 为电路总电压,I 为电路总电流,功率因数 $\cos\varphi = P/(UI)$。

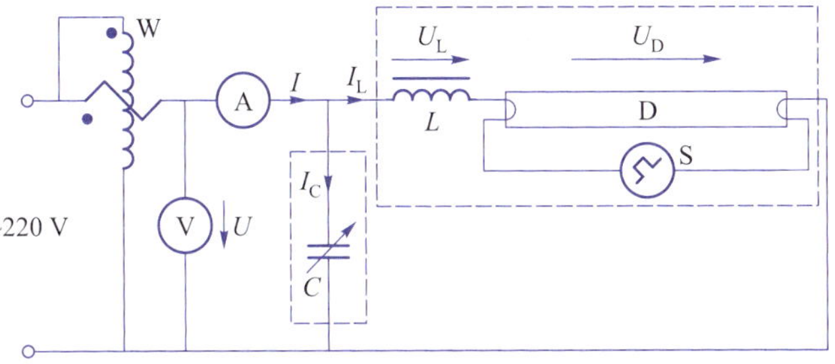

图 4.39 荧光灯功率因数测试电路图

如图 4.40 所示:① 当电容 $C=0$ 时,即未连接补偿电容时,$I_{C1}=0$,电流 I 最大;② 当电容 C 较小时,其容抗较大,I_C 较小,此时 $I_{C2}<I_{GL}$,补偿不够;③ 当电容 C 大小适当时,其容抗与电路中的感抗恰好完全抵消,此时 $I_{C3}=I_{GL}$,补偿正好,总电路呈纯电阻电路特性,总电流 I 最小;④ 当电容 C 较大时,容抗较小时,此时 $I_{C4}>I_{GL}$,补偿过量。

3. 训练器材

0 ~ 220 V 交流调压器一台,单相交流功率表一块,单相交流电流表 3 块,单相交流电压表一块,数字万用表一块,电容箱一组,荧光灯元件一组,导线若干。

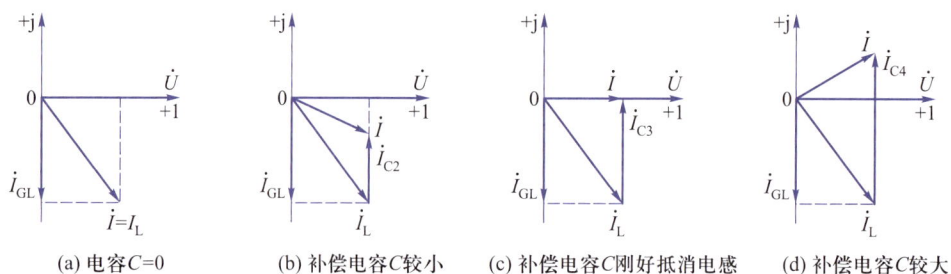

(a) 电容C=0　　　(b) 补偿电容C较小　　　(c) 补偿电容C刚好抵消电感　　　(d) 补偿电容C较大

图 4.40　电流参数变化示意图

4. 训练内容与步骤

将荧光灯、整流器和可变电容按图 4.39 所示电路进行连接,在各支路中串联接入电流表,在总电路中接入功率表,功率表的电流线圈与负载串联,电压线圈与负载并联,并将电压线圈和电流线圈的同名端接在一起后接上电源侧。检查无误后接入 220 V 交流电源。

按表 4.8 所示的电容值 C,改变电容箱的电容值,测量总电压 U、整流器 L 两端电压 U_L、荧光灯 D 两端电压 U_D、总电流 I、电容支路电流 I_C、荧光灯支路电流 I_L 和功率表示数 P,测量完毕后计算各组数据对应的功率因数 $\cos\varphi$,并将结果记录在表 4.8 中。

表 4.8　测量电路参数

$C/\mu F$	U/V	U_L/V	U_D/V	I/mA	I_C/mA	I_L/mA	P/W	$\cos\varphi$
0								
0.5								
1.0								
1.5								
2.0								
2.5								
3.0								
3.5								
4.0								
4.5								
5.0								
5.5								
6.0								

5. 注意事项

(1) 测量过程中注意交流功率表极性要连接正确。

(2) 实验过程中防止电源短路。

(3) 训练过程中遵守实训室相关规定。

6. 思考题

(1) 根据每一组数据的电压、电流值计算对应的有功功率、无功功率和视在功率。

(2) 试验证有功功率 P、无功功率 Q 和视在功率 S 之间的功率三角形关系,验证 $S^2 = P^2 + Q^2$。

📚 项目小结

1. 正弦交流电瞬时表达式和相量表达式

正弦电流瞬时表达式: $i = I_m \sin(\omega t + \varphi_i)$, 其中包含正弦交流电三要素振幅 I_m、角频率 ω 和初相位 φ_i。

正弦电流相量表达式: $\dot{I} = I e^{j\varphi_i} = I \angle \varphi_i$。

2. 电阻、电感和电容的电压与电流相量关系表达式和功率

电阻元件: $\dot{U} = R\dot{I}$, 电压与电流相量相位相等, 瞬时功率 $p(t) = UI(1 - \cos 2\omega t)$, 平均功率 $P_R = UI$。

电感元件: $\dot{U} = j\omega L \dot{I} = jX_L \dot{I}$, 电压比电流相量相位超前 $90°$, 瞬时功率 $p(t) = UI \sin 2\omega t$, 平均功率 $P_L = 0$。

电容元件: $\dot{U} = -j\dfrac{1}{\omega C}\dot{I} = -jX_C\dot{I}$, 电压比电流相量相位落后 $90°$, 瞬时功率 $p(t) = -UI\sin 2\omega t$, 平均功率 $P_C = 0$。

3. 串联电路特性分析

阻抗: $Z = \dfrac{\dot{U}}{\dot{I}} = Z_1 + Z_2 + Z_3 + \cdots + Z_n = \sum\limits_{k=1}^{n} Z_k$。

串联电路分压公式: $\dot{U}_k = Z_k \dot{I} = \dfrac{Z_k}{Z_1 + Z_2 + Z_3 + \cdots + Z_n}\dot{U} = \dfrac{Z_k}{Z}\dot{U}$。

RLC 串联电路电压相量: $\dot{U} = Z\dot{I} = \dot{U}_R + \dot{U}_L + \dot{U}_C$。

RLC 串联电路阻抗: $Z = R + j(X_L - X_C)$。当 $X_L > X_C$ 时, 电路呈感性, 当 $X_L < X_C$ 时, 电路呈容性, 当 $X_L = X_C$ 时, 电路呈阻性。

4. 并联电路特性分析

导纳: $Y = \dfrac{\dot{U}}{\dot{I}} = Y_1 + Y_2 + \cdots + Y_n = \sum\limits_{k=1}^{n} Y_k$。

并联电路分流公式: $\dot{I}_k = Y_k \dot{U} = \dfrac{Y_k}{Y_1 + Y_2 + \cdots + Y_n}\dot{I} = \dfrac{Y_k}{Y}\dot{I}$。

RLC 并联电路电流相量: $\dot{I} = Y\dot{U} = \dot{I}_R + \dot{I}_L + \dot{I}_C$。

5. 正弦稳态电路功率

瞬时功率: $p(t) = UI[\cos(\varphi_u - \varphi_i) - \cos(2\omega t + \varphi_u + \varphi_i)]$。

平均功率: $P = UI\cos\varphi$。

无功功率: $Q = UI\sin\varphi$。

视在功率: $S = UI$。

视在功率、平均功率和无功功率之间的关系: $S^2 = P^2 + Q^2$。

6. 串并联的谐振条件和特征

RLC 串、并联的谐振条件: 角频率 $\omega_0 = \dfrac{1}{\sqrt{LC}}$, 频率 $f_0 = \dfrac{1}{2\pi\sqrt{LC}}$。

RLC 串联的谐振特征：① 电路中感抗和容抗相互抵消，电路阻抗呈阻性，阻抗最小；② 电源电压不变时，电流有效值最大；③ 电容与电感之间的能量相互补偿，与电路之间无能量交换。

RLC 并联的谐振特征：① 电路中感抗和容抗相互抵消，电路阻抗呈阻性，导纳最小，阻抗最大；② 电源电流不变时，电压有效值最大；③ 电容与电感之间的能量相互补偿，与电路之间无能量交换。

习　题　4

4.1　填空题

（1）我国和大多数国家采用_____作为电力工业标准频率（简称工频），对应的周期是_____，角频率是_____。

（2）正弦电压的最大值和有效值的关系是_____。

（3）正弦交流电表达式中的三要素是指_____、_____和_____。

（4）若 $i_1 = 20\sin(314t + 50°)$ A，$i_2 = 70\sin(314t - 170°)$ A，则 i_1 的相位_____（超前或落后）i_2 _____度。

（5）正弦交流电路中，电阻上的电压和电流在相位上是_____关系；电感元件上的电压和电流相位上是_____关系，电压_____电流 90°；电容元件上的电压、电流相位上是_____关系，电压_____电流 90°。（同相、正交、超前、滞后）。

（6）正弦交流电路中，电阻的阻抗 Z_R = _____，与频率_____；电感的复阻抗 Z_L = _____，与频率_____；电容的复阻抗 Z_C = _____，与频率_____。

（7）正弦稳态电路中，感性负载的电压总是_____电流 φ 角度，容性负载的电压总是_____电流 φ 角度，φ 的取值范围在_____。

（8）正弦稳态电路中，电阻的平均功率为_____，电感消耗的平均功率为_____，电容消耗的平均功率为_____。

（9）在含有电感、电容、电阻的正弦交流电路中，调节_____和_____可使电路谐振，谐振频率为_____。此时总电压和总电流的相位关系为_____（同相或反相）。

（10）当 *RLC* 串联电路发生谐振时，电源电压为 U_s，则电阻电压等于_____，电感电压等于_____，电容电压等于_____。

4.2　已知正弦电压 $u = 20\sin(314t + \varphi_u)$ V，当 $t = 0$ 时，$u = 20$ V。

（1）试计算电压有效值、频率、周期和初相位；

（2）绘制正弦电压的波形图。

4.3　如图 4.41 所示为正弦交流电压 u 的波形图，试写出它的瞬时表达式。

4.4　已知正弦交流电的电流和电压瞬时表达式为 $u = 5\sqrt{2}\sin(100t + 30°)$ V，$i = 10\sin(100t - 60°)$ A，试写出各参数的有效值相量表达式，并绘制在同一张相量图中。

4.5　已知电压为 $u = 220\sqrt{2}\sin(\omega t - \pi/6)$ V，电流 $i = 100\sqrt{2}\sin(\omega t + \pi/6)$ A，电动势 $e = 110\sqrt{2}\sin(\omega t + \pi/3)$ V，试写出它们的相量表达式，并作出有效值相量图。

4.6　如图 4.42 所示电路，已知 $i_1 = 10\sqrt{2}\sin(100t + \pi/4)$ A，$i_2 = 10\sqrt{2}\cos(100t + \pi/4)$ A，试求电流源有效值和瞬时表达式 i_s。

4.7　如图 4.43 所示电路中，已知 $u_s = 100\sqrt{2}\sin 100t$ V，$R_1 = 1$ Ω，$R_2 = 2$ Ω，$L = 0.02$ H，$C = 0.01$ F，试求电阻 R_2 两端的电压有效值和瞬时值。

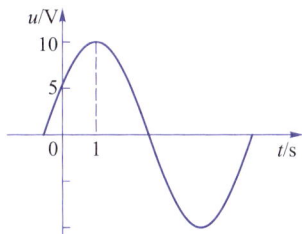

图 4.41　题 4.3

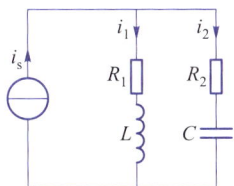

图 4.42　题 4.6

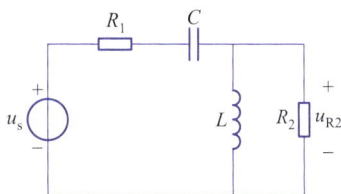

图 4.43　题 4.7

4.8　如图 4.44 所示电路中电源瞬时电压 $u(t) = 20\sin 2t$ V，电阻 $R = 2$ Ω，电感 $L = 2$ H，电容 $C = 0.25$ F。试用相量法计算电路参数 i、u_R、u_L、u_C。

4.9　已知图 4.45 所示电路的中电源电流为 $i_s(t) = 20\sqrt{2}\sin 2t$ A，电阻 $R = 1$ Ω，电感 $L = 2$ H，电容 $C = 0.5$ F，试用相量法计算电路中的 u、i_R、i_L 和 i_C。

4.10　如图 4.46 所示电路中，已知电阻 $R = 3$ Ω，电感 $L_1 = 0.6$ H，$L_2 = 0.2$ H，电容 $C = 0.1$ F，流过电感 L_2 的瞬时电流为 $i_{L2} = 5\sqrt{2}\sin 10t$ A，试用相量法求瞬时电流 i，电容 C 两端电压 u_C 和电源电压 u_s。

4.11　一个 100 Ω 的电阻元件接在 $u = 220\sqrt{2}\sin(314t + \pi)$ V 的正弦交流电源上。试求：

（1）通过电阻元件上的电流 i，其有效值为多少？

（2）电路消耗功率为多少？

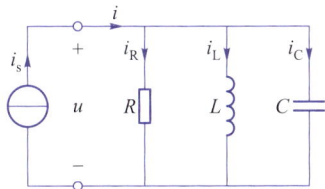

图 4.44　题 4.8

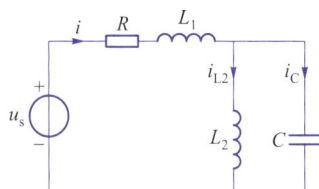

图 4.45　题 4.9

图 4.46　题 4.10

4.12　如图 4.47 所示 *RLC* 串联电路中，电阻为 40 Ω，电感为 50 mH，电容为 5 μF，接到电压为 220 V，频率为 500 Hz 的交流电源上，求电路的各个元件上的电压和电流。

4.13　如图 4.48 所示电路，$\dot{U} = 100 \angle 53.1°$ V，$R = 8$ Ω，$X_L = 6$ Ω，$X_C = 3$ Ω。试求：

（1）$\dot{I}_R$，$\dot{I}_L$，$\dot{I}_C$；

（2）电路有功功率 P。

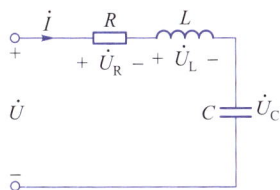

图 4.47　题 4.12

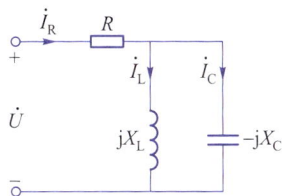

图 4.48　题 4.13

4.14　如图 4.49 中正弦交流电路中电流有效值相 $\dot{I} = 1 \angle 0°$ A，$R_1 = R_2 = 20$ Ω，电感 L 对应的感抗 $X_L = 20$ Ω，电容 C 对应的容抗 $X_C = 40$ Ω，试求电压 $\dot{U}$ 和电源发出的有功功率 P。

4.15　如图 4.50 所示的 *RLC* 串联电路中，电源瞬时电压 $u_s = 20\sqrt{2}\sin \omega t$ V，试求：（1）电路的谐振角频率；（2）品质因数；（3）谐振电流；（4）电感和电容两端的电压。

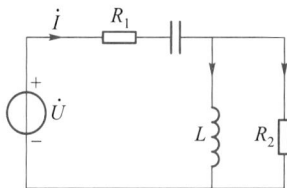

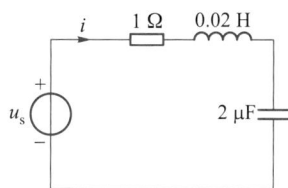

图 4.49　题 4.14　　　　　　　图 4.50　题 4.15

4.16　如图 4.51 所示电路中,电源瞬时电压 $u = 50\sqrt{2}\cos 100t$ V,调节电容 C 使电流 i 与电压 u 同相,此时电感两端电压有效值为 1 000 V,电流 $I = 2$ A。(1)求电路中的电阻 R、电感 L 和电容 C;(2)试判断电源角频率下调时,电路呈何种性质?

4.17　如图 4.52 所示电路工作在谐振状态,已知电流源电流瞬时表达式为 $i_s = 10\sqrt{2}\sin(\omega t + 30°)$ A,电阻为 10 Ω,电感为 1 H,电容为 0.25 F,试求:

(1)电路的谐振角频率;

(2)各支路电流的瞬时值。

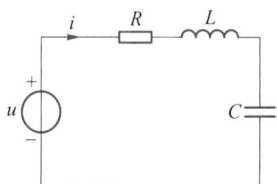

图 4.51　题 4.16　　　　　　　图 4.52　题 4.17

半导体二极管及其应用电路

⚙ 项目要求

项目主要知识点：

1. 半导体的基础知识，PN 结的形成及特点，二极管的结构、特性、参数及应用；
2. 特殊二极管的特性及应用；
3. 整流电路构成及工作原理，滤波电路的构成及工作原理；
4. 三端集成稳压器的分类、型号命名含义、管脚排列，线性稳压电源的构成及工作原理。

学习目标及素质、能力要求：

1. 掌握二极管的极性判别、性能测试以及二极管应用电路的测试与功能实现方法；
2. 掌握特殊二极管的应用方法；
3. 掌握简单线性稳压电源的设计方法及性能测试方法；
4. 养成遵守社会行为准则的习惯。

🔧 项目导入

智能手机、智能电视、智能家居、LED 照明、平板电脑、智能手表……越来越多的电子产品充斥着人们的生活。这些电子产品提高了生活质量，是科技进步的体现，是现代文明的象征。但是同学们知道吗，这些电子产品的功能都是通过半导体器件实现的。本项目将要学习半导体器件的一些基础知识和常用的基本半导体器件以及应用。

▶ 知识点 **5.1**
半导体器件基础

组成电子电路的主要元件，如二极管、晶体管、场效应晶体管和集成电路等都是由半导体材料制成的，学习半导体器件之前应先了解半导体基础知识。

自然界中的物质根据导电能力（电阻率），可以分为导体、绝缘体和半导体。半导体的电阻率为 $10^{-3} \sim 10^{9} \ \Omega \cdot cm$，导电能力介于导体和绝缘体之间，典型的半导体材料有硅（Si）、锗（Ge）和砷化镓（GaAs）等。

5.1.1 本征半导体

常用的半导体材料硅和锗都是四价元素，在原子最外层轨道上有四个电子，这四个电子分别与其他硅或锗原子的最外层电子形成共价键。共价键中的电子称为价电子,价电子为这些原子共有,并受共价键束缚,在空间形成排列有序的晶体。这种纯净的半导体称为本征半导体。

在室温或光照下,本征半导体中少数价电子获得了足够的能量,摆脱共价键束缚(电子受到激发)后成为自由电子,同时在共价键中留下一个空位,这个空位称为空穴,这种现象称为本征激发。如图 5.1 所示,原子失去价电子后带正电,自由电子带负电荷,空穴带正电荷。本征激发产生的自由电子和空穴是成对的,称为电子—空穴对。空穴吸引临近共价键中的价电子填补这个空穴,在相邻共价键中又出现新的空穴,新的空穴又吸引临近共价键中的价电子……如此下去,就如同电子和空穴同时在运动,但方向相反。自由电子和空穴在运动中相遇时会重新复合,使自由电子和空穴成对消失。温度一定时,本征半导体中自由电子和空穴的产生与复合会达到动态平衡,自由电子和空穴浓度相等。

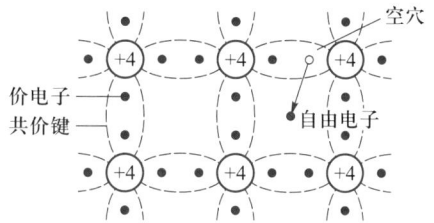

图 5.1　本征半导体原子结构和本征激发

自由电子和空穴移动形成电流,自由电子移动形成的电流称为电子电流,空穴移动形成的电流称为空穴电流,两种电流大小相等方向相反。能够自由移动的带电粒子称为载流子,半导体中存在自由电子和空穴两种载流子。半导体的导电能力与载流子浓度有关,载流子浓度除了与半导体材料有关外,还与温度、光照密切相关。常温下本征半导体受本征激发产生的自由电子和空穴浓度低,导电性差。当温度升高或光照增强时,载流子浓度按指数规律增加,导电能力会显著增强,利用半导体材料这一特性可制成半导体热敏元件、光敏元件等。

5.1.2　杂质半导体

为了提高本征半导体的导电能力,在本征半导体中有控制地掺入特定的杂质元素,这种掺杂后的半导体称为杂质半导体。根据掺入杂质的不同,杂质半导体分为 N 型半导体和 P 型半导体。

N 型半导体是在本征半导体中掺入五价元素,如磷、砷、锑等。因为杂质原子最外层有五个电子,与周围四个半导体原子形成共价键后,还多余一个电子。这个多余电子在室温下很容易脱离原子核束缚成为自由电子。这样,杂质半导体中自由电子的浓度就会显著增加,导电能力会显著增强。如图 5.2(a)所示,杂质原子由于失去一个电子变成了正离子,杂质原子也称为施主原子。室温下杂质半导体由于本征激发也会产生电子—空穴对,但由于自由电子数量多,本征激发产生的空穴被复合的机会大,浓度反而减小。在相同条件下,杂质半导体中自由电子浓度远大于本征半导体,而空穴浓度却远小于本征半导体。这种以电子导电为主的半导体称为 N 型半导体。N 型半导体中多数载流子(简称多子)为自由电子,少数载流子(简称少子)为空穴。

在本征半导体中掺入三价元素(如硼、铝、铟等)就形成了 P 型半导体。因为杂质原子的最外层只有三个电子,与周围四个半导体原子形成共价键后,因缺少一个价电子而形成一个空穴。这样,杂质半导体中的空穴浓度显著增加,导电能力显著增强。如图 5.2(b)所示,空穴容易被邻近共价键中的价电子填补,杂质原子由于吸收了一个电子变成负离子,杂质原子也称为受主原子。同样,在室温下杂质半导体由于本征激发也会产生电子—空穴对,但由于空穴数量多,本征激发产生的自由电子被复合的机会大,浓度反而减小。相同条件下,杂质半导体中的空穴浓度远大于本征半导体,而自由电子浓度却远小于本征半导体。这种以空穴导电为主的半导体称为 P 型半导体。P 型半导体中多子为空穴,少子为自由电子。

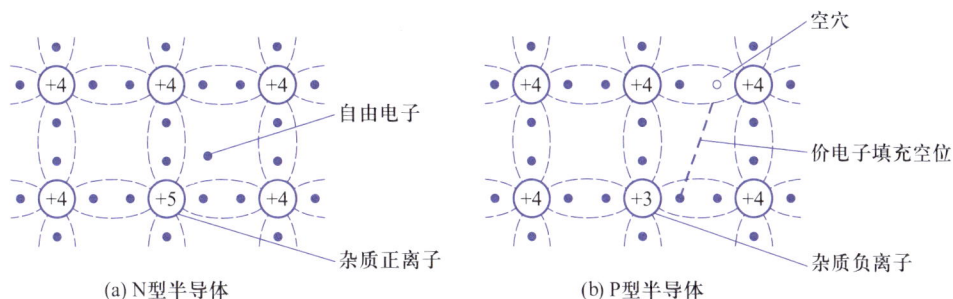

(a) N型半导体　　　　　　　(b) P型半导体

图 5.2　杂质半导体结构

5.1.3　PN 结

虽然 P 型或 N 型半导体具有一定的导电能力,但是还并不能直接制成半导体器件。通常采用特定的掺杂工艺,在同一块半导体基片的两边分别制成 P 型或 N 型半导体。由于 P 型半导体(P 区)和 N 型半导体(N 区)交界面两侧载流子存在浓度差,载流子会从高浓度区向低浓度区运动,这种运动称为扩散运动。扩散运动形成的电流称为扩散电流,如图 5.3(a)所示。P 区中的多子空穴向 N 区扩散,与 N 区中的自由电子复合而消失;N 区中的多子自由电子向 P 区扩散,与 P 区中的空穴复合而消失。这样,在交界面两侧就只剩下不能移动的杂质正负离子,形成由杂质离子构成的空间电荷区,这个空间电荷区就是 PN 结。正负电荷在交界面两侧形成一个内电场,方向由 N 区指向 P 区,如图 5.3(b)所示。内电场一方面阻碍多子(P 区的空穴和 N 区的自由电子)扩散运动,另一方面又推动少子(P 区的自由电子和 N 区的空穴)越过 PN 结,向对方运动。少子在电场作用下的运动称为漂移运动。漂移运动形成的电流称为漂移电流。在空间电荷区,由于自由电子和空穴复合,使其载流子的浓度变低,因此导电能力也会变差。

PN 结刚开始形成时,内电场较小,扩散运动大于漂移运动。随着扩散运动深入,空间电荷区会变宽,内电场会变强,扩散运动会逐渐减弱,漂移运动会逐渐增强,二者最终达到动态平衡,形成稳定的内电场,如图 5.3(c)所示。室温时,硅材料 PN 结内电场为 0.5 ~ 0.7 V,锗材料 PN 结内电场为 0.2 ~ 0.3 V。

动画：PN结的形成

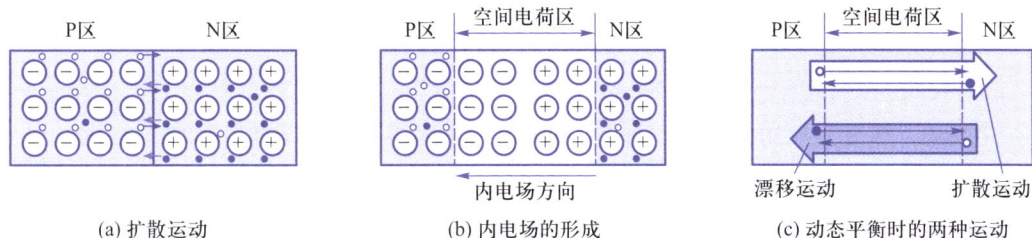

(a) 扩散运动　　　　　(b) 内电场的形成　　　　(c) 动态平衡时的两种运动

图 5.3　PN 结的形成

给 PN 结施加正向电压,即 P 区电位高于 N 区电位,称为 PN 结正向偏置,简称正偏,如

图 5.4(a)所示。PN 结正偏时,外电场与内电场方向相反,PN 结两侧多子在外电场作用下进入空间电荷区与部分离子中和,使空间电荷区离子数量减少,PN 结变窄,内电场削弱,更加有利于多子扩散运动。PN 结扩散运动和漂移运动动态平衡被打破,扩散运动大于漂移运动。PN 结的电流由多子的扩散电流决定,由于多子浓度大,所以扩散电流通过回路形成较大的正向电流,且由外加电压决定。PN 结呈现低阻态,PN 结导通。

给 PN 结施加反向电压,即 P 区电位低于 N 区电位,称为 PN 结反向偏置,简称反偏,如图 5.4(b)所示。PN 结反偏时,外电场与内电场方向相同,外电场把多子拉离 PN 结,使 PN 结变宽,内电场增强,进一步阻碍多子的扩散运动,但增强了少子的漂移运动,漂移运动大于扩散运动。PN 结电流由少子漂移电流决定,由于少子浓度低,漂移电流通过回路形成的反向电流很小,一般为微安级,PN 结呈现高阻态,PN 结截止。反向电流与载流子浓度有关,不随外加电压变化,称为反向饱和电流,用 I_S 表示。反向饱和电流受环境温度影响较大,温度越高,少子浓度越大,反向饱和电流越大。

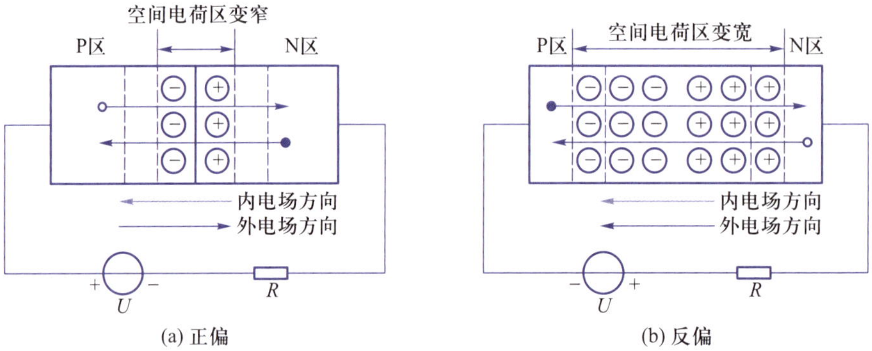

图 5.4 PN 结单向导电性

综上所述,PN 结正偏时导通,内阻很小,流过较大的正向电流;PN 结反偏时截止,内阻很大,反向饱和电流近似为零。因此说 PN 结具有单向导电性。

PN 结能存储电荷,当外加电压变化时,存储的电荷也会随之变化,表明 PN 结具有电容特性,称之为结电容。PN 结的结电容大小与结面积有关,结面积越大,结电容也越大。通常结电容只有几皮法到几十皮法。

知识点 5.2
半导体二极管

半导体二极管是应用广泛的一种半导体器件,是组成各种电子电路和集成电路的基本器件。

5.2.1 二极管结构特性

1. 二极管结构
PN 结加上电极引线和外壳封装就构成了半导体二极管(Diode),如图 5.5(a)所示。P

区引出的电极称为正极或阳极(Positive,P),一般用大写字母 A 表示;N 区引出的电极称为负极或阴极(Negative,N),一般用大写字母 K 表示。二极管的电路符号如图 5.5(b)所示。

半导体二极管按照结构可分为点接触型、面接触型和硅工艺平面型。点接触型如图 5.5(c)所示,PN 结面积较小,不能承受较大电流和反向电压,但高频特性好,适用于高频和小功率电路,如检波或脉冲电路。面接触型如图 5.5(d)所示,其 PN 结面积较大,能承受较大电流和反向电压,但工作频率较低,一般适用于整流电路。硅工艺平面型如图 5.5(e)所示,它主要用于集成电路。

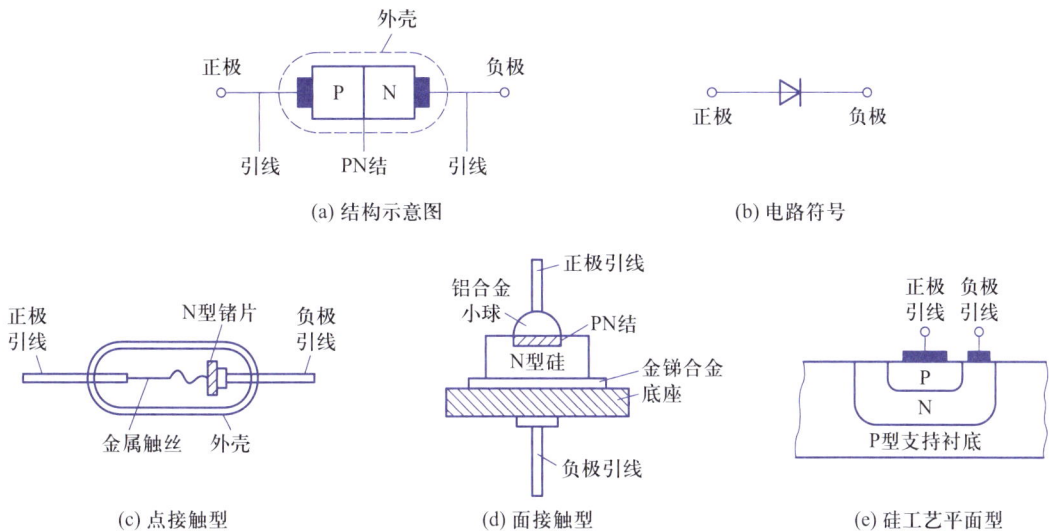

图 5.5 二极管的结构和符号

2. 二极管伏安特性

流过二极管的电流和二极管两端电压的关系称为二极管的伏安特性。二极管的伏安特性曲线如图 5.6 所示。

二极管主要结构就是 PN 结,因此二极管也具有单向导电性。当给二极管施加较小的正向电压时,只有很小的正向电流(称为正向漏电流)。只有当正向电压高于某一值,正向电流才快速增大,二极管导通,如图 5.6 中第一象限所示。这个使二极管导通的电压称为死区电压、开启电压或门槛电压,用 U_{th} 表示。

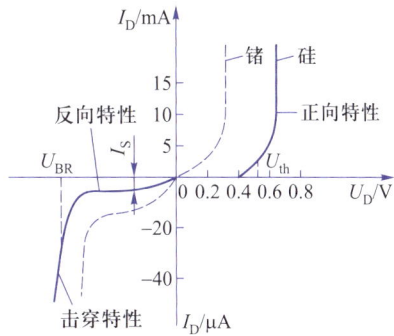

图 5.6 二极管伏安特性曲线

硅管的死区电压约为 0.5 V,锗管约为 0.1 V。二极管导通后,二极管两端电压不随正向电流变化,基本保持不变,这个电压称为导通电压、导通压降或管压降,用 U_F 表示。硅管 U_F 为 0.6~0.8 V,锗管为 0.1~0.3 V,实际应用中硅管取 0.7 V,锗管取 0.2 V。一般认为,二极管正向电压大于 U_F 时二极管导通,否则截止。

当给二极管施加较小的反向电压时,反向电流(称为反向漏电流)很小,且与反向电压无关,约等于反向饱和电流 I_s,二极管处于截止状态。一般小功率硅管 I_s 小于 0.1 μA,锗管为几十微安。当反向电压增加到某一值,反向电流急剧增大,二极管 PN 结被击穿,这个电压称为反向击穿电压,用 U_{BR} 表示,如图 5.6 中第三象限所示。二极管正常使用时,反向电压不允许超过反向击穿电压,否则会造成二极管损坏。

3. 二极管主要参数

为了正确使用二极管,需要了解二极管的主要参数。二极管主要有以下参数。

(1)最大整流电流 I_F。最大整流电流 I_F 指二极管长期工作时允许通过的最大正向平均电流。若超过此值,二极管可能会烧坏。

(2)最大反向工作电压 U_{RM}。最大反向工作电压 U_{RM} 是指允许施加在二极管两端的最大反向工作电压,一般取反向击穿电压 U_{BR} 的一半。

(3)最大反向电流 I_{RM}。最大反向电流 I_{RM} 是指给二极管施加最大反向工作电压时的反向电流。反向电流越小,二极管的单向导电性也越好。

(4)最高工作频率 f_M。最高工作频率 f_M 是保证二极管具有单向导电特性的最高工作频率。工作频率超过 f_M 后,二极管的单向导电性会变差,甚至失去单向导电性。PN 结电容越大,f_M 越低。这说明点接触型二极管比面接触型二极管具有更好的高频特性。

5.2.2 二极管电路模型及分析方法

在二极管电路分析中,通常根据二极管在电路中的实际工作状态,在误差允许的条件下,把非线性的二极管转化为线性电路模型来求解。这里仅介绍二极管两种常用的电路模型。

1. 理想模型

当二极管的正向压降远小于外电路电压时,二极管的正向压降可以忽略,这样就可以用图 5.7(a)中与坐标轴重合的折线近似代替二极管的伏安特性,对应的二极管模型称为理想模型,二极管称为理想二极管。理想二极管相当于一个理想开关,只要二极管外加正向电压稍大于零就导通,内阻为零,导通压降为零,相当于开关闭合;当给二极管施加反向电压就截止,内阻无穷大,反向漏电流为零,相当于开关断开。二极管理想模型如图 5.7(b)所示。

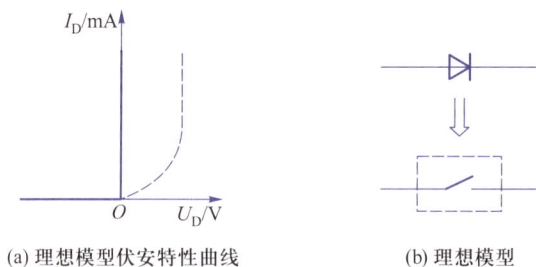

(a)理想模型伏安特性曲线　　　　　　(b)理想模型

图 5.7　二极管理想模型伏安特性曲线及理想模型

2. 恒压降模型

当外电压较小时,二极管的正向压降和外电压相比不能忽略,可用图 5.8(a)所示的伏安特性曲线代替实际二极管的伏安特性曲线,该曲线反向特性与理想二极管相同,但是正向电压只有大于死区电压 U_{th} 时二极管才能导通,导通电压 U_F 为恒值(硅管为 0.7 V,锗管为 0.2 V),且不随电流变化,称为恒压降模型。二极管恒压降模型由一个理想二极管和一个大小等于二极管导通电压 U_F 的电压源构成,如图 5.8(b)所示,相当于一理想电子开关和恒压源的串联。

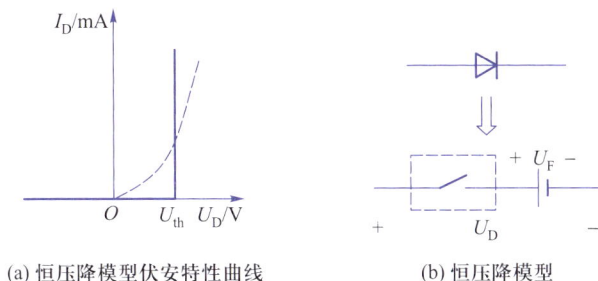

(a) 恒压降模型伏安特性曲线　　　　　(b) 恒压降模型

图 5.8　二极管恒压降模型伏安特性曲线及恒压降模型

3. 二极管电路分析方法

二极管电路分析时,首先要判断电路中二极管的工作状态,即二极管是导通还是截止。方法是先将电路中二极管移走,使原电路开路,计算二极管原位置处的两端电压,如果大于死区电压,则二极管必然是导通的,否则截止。再把二极管放回原位置,把二极管用理想模型或恒压降模型来替代,计算其他量。

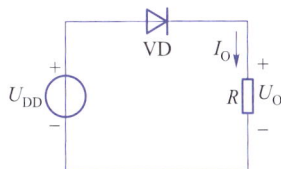

图 5.9　例 5.1 用图

例 **5.1**　硅二极管电路如图 5.9 所示,已知 $U_{DD} = 5$ V,$R = 5$ kΩ,分别计算二极管理想模型和恒压降模型时 I_O 和 U_O 的值。

解:根据图 5.9 所示电路可知,二极管正偏导通,导通压降 U_F 为 0.7 V。

二极管理想模型时

$$U_O = U_{DD} = 5 \text{ V}$$

$$I_O = \frac{U_O}{R} = \frac{5 \text{ V}}{5 \text{ k}\Omega} = 1 \text{ mA}$$

二极管恒压降模型时

$$U_O = U_{DD} - U_F = 5 \text{ V} - 0.7 \text{ V} = 4.3 \text{ V}$$

$$I_O = \frac{U_O}{R} = \frac{4.3 \text{ V}}{5 \text{ k}\Omega} = 0.86 \text{ mA}$$

例 **5.2**　硅二极管电路如图 5.10 所示,判断各二极管是导通还是截止,并求 U_O 的值。

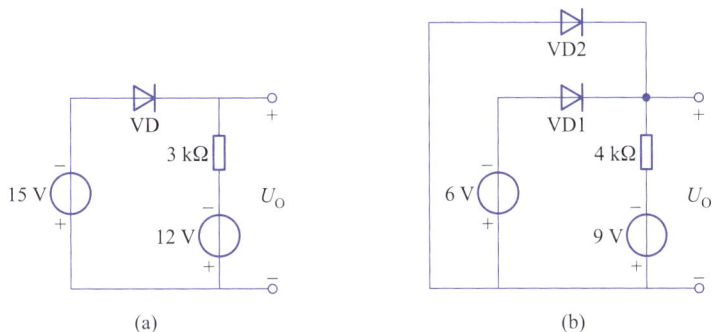

(a)　　　　　　　　　　　　　　(b)

图 5.10　例 5.2 用图

解: 在图 5.10(a)中,先移走二极管 VD,可知 VD 原位置阳极处电位为 -15 V,阴极处电位为 -12 V,VD 阳极电位低于阴极电位,因此 VD 反偏截止,$U_0 = -12$ V。

在图 5.10(b)中,先移走二极管 VD1 和 VD2,可以得到 VD1 原位置处两端的电压为

$$-6\ V-(-9\ V) = 3\ V$$

VD2 原位置处两端电压为

$$0\ V-(-9\ V) = 9\ V$$

表面看来 VD1 和 VD2 都正偏导通,但实际上二极管导通后会导致电路中各点电位重新分配。由于 VD2 两端电压比 VD1 高,因此 VD2 首先正偏导通,使得 $U_0 = -0.7$ V。则 VD1 两端电压为

$$-6\ V-(-0.7\ V) = -5.3\ V$$

由此可判定 VD1 反偏截止。

知识点 **5.3**
二极管应用

二极管是一种比较常用的电子器件,在整流、检波、限幅等电路中广泛应用。

5.3.1 整流

利用二极管的单向导电性,可以把交流电能转变成直流电能,这种变换称为整流。整流是电能变换的一种。实现整流的电路称为整流电路。整流电路是直流稳压电源的主要组成部分。根据交流电源相数,整流电路分为单相整流电路和三相整流电路。为电子电路供电的直流电源功率一般比较小,通常采用单相交流电供电,因此这里仅介绍单相整流电路。根据整流电路结构,整流电路又可以分为半波整流电路、全波整流电路和桥式整流电路。

为简化分析,本书假定整流电路工作在理想状态,线路损耗为零,二极管为理想二极管,导通压降为零,反向漏电流为零,负载为纯电阻。

1. 半波整流电路

单相半波整流电路如图 5.11(a)所示。图中,u_1 为电源电压,T 为电源变压器,u_2 为变压器二次电压,VD 为整流二极管,R_L 为负载电阻。

设变压器二次电压为 $u_2 = \sqrt{2}U_2\sin\omega t$。在 u_2 正半周,变压器二次电压 u_2 极性上正下负,整流二极管 VD 正偏导通,电流经 VD 流向负载 R_L,R_L 的电压极性上正下负(设为参考正方向)。忽略二极管的导通压降,二极管两端电压 u_D 为零,$u_0 = u_2$,负载电流 $i_0 = u_0/R_L$;在 u_2 负半周,变压器二次电压 u_2 极性上负下正,VD 反偏截止,电流近似为零(忽略漏电流),R_L 的电压为零,变压器二次电压全部加在二极管两端,$u_D = u_2$。变压器二次电压、输出电压、输出电流、二极管两端电压的波形如图 5.11(b)所示。由于只有在电源正半周,整流电路才有输出电压,因此称为半波整流电路。

根据输出电压波形,可求得半波整流电路输出电压平均值 U_0 为

$$U_0 = \frac{1}{2\pi}\int_0^\pi u_0 \mathrm{d}\omega t = \frac{1}{2\pi}\int_0^\pi \sqrt{2}\,U_2 \sin\omega t\mathrm{d}\omega t = \frac{\sqrt{2}}{\pi}U_2 \approx 0.45U_2 \qquad (5-1)$$

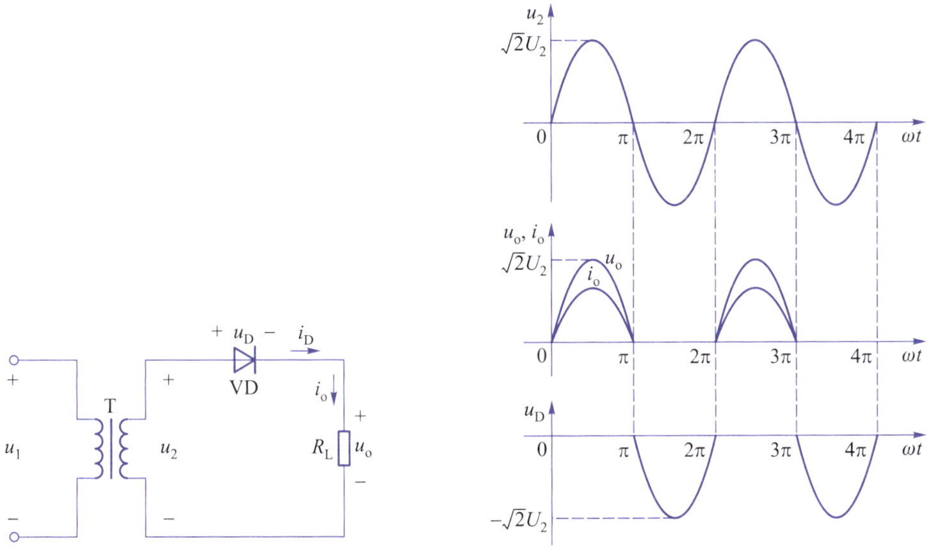

(a) 电路图　　　　　　　　　　　　(b) 波形

图 5.11　单相半波整流电路及波形

输出电流平均值等于整流二极管电流平均值,为

$$I_0 = I_D = \frac{U_0}{R_L} = 0.45\frac{U_2}{R_L} \qquad (5-2)$$

二极管承受的最大反向电压 U_{RM} 为变压器二次电压峰值,即

$$U_{RM} = \sqrt{2}\,U_2 \qquad (5-3)$$

半波整流电路结构简单,元器件少,但是输出电压脉动大,电源变压器二次侧流过直流电流,铁芯易直流磁化,因此半波整流电路只适用于小容量、整流要求不高的场合。

例 5.3　在单相半波整流电路中,已知负载电阻 R_L 为 750 Ω,变压器二次电压有效值 U_2 为 20 V,求输出电压 U_0、输出电流 I_0,并选用二极管。

解:单相半波整流电路输出电压 U_0 为

$$U_0 = 0.45U_2 = 0.45\times20\text{ V} = 9\text{ V}$$

输出电流 I_0 为

$$I_0 = \frac{U_0}{R_L} = \frac{9\text{ V}}{750\text{ Ω}} = 12\text{ mA}$$

二极管平均电流 I_D 为

$$I_D = I_0 = 12\text{ mA}$$

二极管承受的最大反向电压 U_{RM} 为

$$U_{RM} = \sqrt{2}\,U_2 = \sqrt{2}\times20\text{ V} = 28.28\text{ V}$$

为了使用安全,二极管的正向工作电压要比 U_{RM} 大一倍左右。查阅二极管手册,二极管可选用 2AP4,其最大整流电流为 16 mA,最高反向工作电压为 50 V。

2. 全波整流电路

单相全波整流电路如图 5.12(a)所示,电路使用两个整流二极管 VD1 和 VD2,电源变压器 T 二次绕组带中心抽头,变压器同名端标识如图 5.12(a)所示。

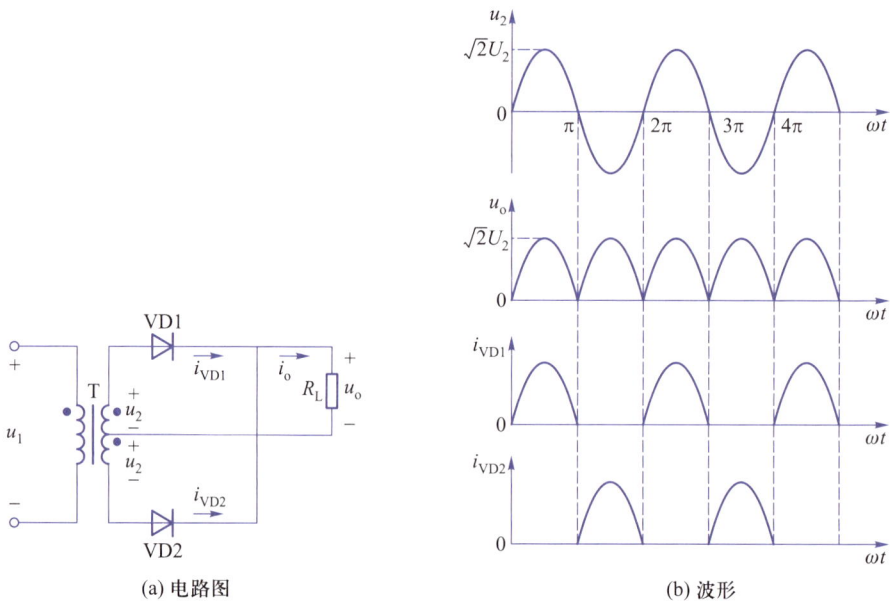

图 5.12 单相全波整流电路及波形

在 u_2 正半周,变压器同名端电压极性为正,VD1 正偏导通,VD2 反偏截止,电流经变压器二次绕组上半部分→VD1→负载电阻 R_L 形成回路,R_L 的电压极性上正下负(设为正)。忽略二极管导通压降,$u_o = u_2$;在 u_2 负半周,同名端电压极性为负,VD2 正偏导通,VD1 反偏截止,电流经变压器二次绕组下半部分→VD2→负载电阻 R_L 形成回路,R_L 的电压极性依然为正,$u_o = u_2$。变压器二次电压、输出电压、二极管 VD1 和 VD2 电流波形如图 5.12(b)所示。根据分析可知,全波整流电路相当于两个半波整流电路,两个二极管 VD1 和 VD2 交替导通,不论电源正半周还是负半周都有电压输出,因此称之为全波整流电路。

全波整流电路输出电压平均值 U_o 为

$$U_o = \frac{1}{\pi}\int_0^\pi u_o \mathrm{d}\omega t = \frac{1}{\pi}\int_0^\pi \sqrt{2}\,U_2 \sin \omega t \mathrm{d}\omega t = \frac{2\sqrt{2}}{\pi}U_2 \approx 0.9\,U_2 \tag{5-4}$$

由式(5-4)可知,全波整流电路输出电压的平均值是半波整流电路输出电压平均值的 2 倍。

输出电流平均值 I_o 为

$$I_o = \frac{U_o}{R_L} = 0.9\frac{U_2}{R_L} \tag{5-5}$$

在全波整流电路中,每个二极管仅导通半个电源周期,每个二极管电流平均值为输出电流平均值的一半,即

$$I_{VD1} = I_{VD2} = \frac{1}{2}I_o = \frac{1}{2}\frac{U_o}{R_L} = 0.45\frac{U_2}{R_L} \tag{5-6}$$

由于一个二极管截止时,另一个二极管导通,截止的二极管要承受变压器二次侧的全部

电压,因此二极管承受的最大反向电压 U_{RM} 为

$$U_{RM} = 2\sqrt{2}\,U_2 \qquad\qquad (5-7)$$

全波整流电路输出电压脉动较小,电源利用率高,但是变压器二次侧需要中心抽头,制造成本高,整流二极管承受的反向电压高,因此仅在一些特殊场合应用。

3. 桥式整流电路

单相桥式整流电路如图 5.13 所示,图示是两种常用画法。电路用了四个整流二极管,每两个二极管组成一个桥臂,变压器二次绕组接在两个桥臂中间,形如 H 桥,因此称为桥式整流电路。

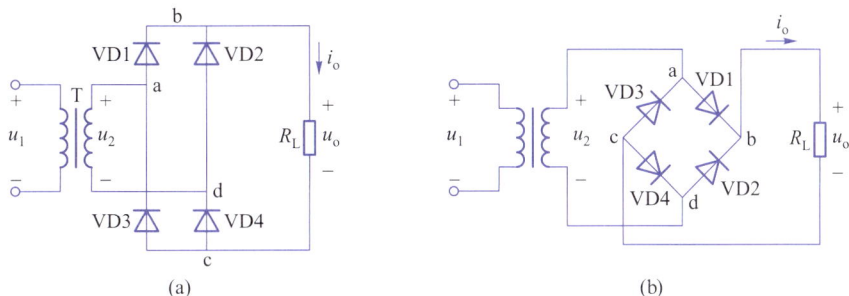

图 5.13 单相桥式整流电路

在 u_2 的正半周,变压器二次电压 u_2 极性上正下负,a 点电位高于 d 点电位,VD1、VD4 正偏导通,VD2、VD3 反偏截止,电流经 a→VD1→b→R_L→c→VD4→d 形成回路,R_L 电压极性上正下负(设为正),忽略两个二极管导通压降,$u_o = u_2$;在 u_2 负半周,变压器二次电压 u_2 极性上负下正,d 点电位高于 a 点电位,VD2、VD3 正偏导通,VD1、VD4 反偏截止,电流经 d→VD2→b→R_L→c→VD3→a 形成回路,R_L 电压极性依然为正,$u_o = u_2$。在 u_2 的全部周期里,VD1、VD4 为一组,VD2、VD3 为一组,两组二极管交替通断,不论哪组导通,输出电压都为正。单相桥式整流电路各电压、电流的波形如图 5.14 所示。

根据波形可知,桥式整流电路输出电压平均值等于全波整流电路输出电压平均值,即

$$U_o = \frac{2\sqrt{2}}{\pi}U_2 \approx 0.9U_2 \qquad (5-8)$$

输出电流平均值为

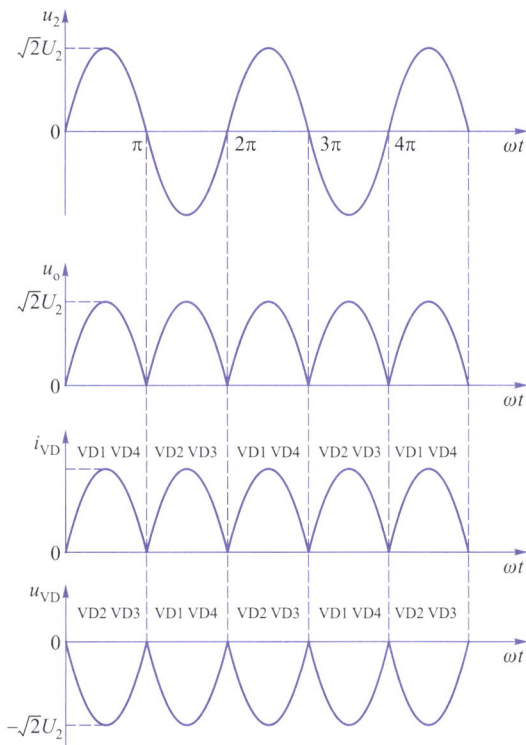

图 5.14 单相桥式整流电路各电压、电流的波形

$$I_\mathrm{O} = \frac{U_\mathrm{O}}{R_\mathrm{L}} = 0.9 \frac{U_2}{R_\mathrm{L}} \tag{5-9}$$

同全波整流电路一样,桥式整流电路中每个二极管仅导通半个电源周期,每个二极管电流的平均值为输出电流平均值的一半,即

$$I_\mathrm{VD} = \frac{1}{2} I_\mathrm{O} = \frac{1}{2} \frac{U_\mathrm{O}}{R_\mathrm{L}} = 0.45 \frac{U_2}{R_\mathrm{L}} \tag{5-10}$$

二极管承受的最大反向电压 U_RM 为变压器二次电压峰值,即

$$U_\mathrm{RM} = \sqrt{2}\, U_2 \tag{5-11}$$

桥式整流电路输出电压脉动较小,电源利用率高,电源变压器流过的是交流电流,变压器不存在直流磁化问题,二极管承受的反向电压低,实际应用较多。

例 5.4 在单相桥式整流电路中,变压器二次电压 U_2 为 20 V,负载电阻 R_L 为 20 Ω,(1)求正常工作时输出电压 U_O;(2)求每个二极管的正向平均电流 I_VD 及最大反向电压 U_RM;(3)分析二极管 VD1 在极性接反、内部短路、虚焊(断路)情况下电路分别会出现什么现象。

解:(1)单相桥式整流电路输出电压 U_O 为

$$U_\mathrm{O} = 0.9 U_2 = 0.9 \times 20 \text{ V} = 18 \text{ V}$$

(2)二极管平均电流 I_VD 为

$$I_\mathrm{VD} = 0.45 \frac{U_2}{R_\mathrm{L}} = 0.45 \times \frac{20 \text{ V}}{20 \text{ Ω}} = 0.45 \text{ A}$$

二极管的最大反向电压 U_RM 为

$$U_\mathrm{RM} = \sqrt{2}\, U_2 = \sqrt{2} \times 20 \text{ V} = 28.28 \text{ V}$$

(3)二极管 VD1 极性接反会使两个二极管 VD1 和 VD2 直接与变压器二次绕组并联,使二极管或变压器烧坏;VD1 内部短路时,在 u_2 的负半周,VD2 导通且经短路的 VD1 直接并接在变压器二次绕组两端,导致 VD2 或变压器烧坏;VD1 虚焊(断路)时,电路变为单相半波整流电路,输出电压平均值减小。

5.3.2 检波

检波(Detection)是指从已调信号(已调波)中提取原始信号(调制波)的过程,广泛应用于半导体收音机、电视机及通信等设备中。广义的检波通常称为解调,是调制的逆过程。调制是把需要调制的信号(调制波)加到载波中得到已调信号(可以是调幅也可以是调频);解调是从已调信号中取出调制信号。利用二极管的单向导电性和检波负载 $R_\mathrm{L}C$ 的充放电可以实现简单的包络检波或幅度检波,如图 5.15(a)所示。图 5.15(a)中 u_i 为调幅波,u_o 为调制波,二极管 VD 作为检波元件,电容 C 和负载电阻 R_L 为检波二极管的负载,起低通滤波的作用。本电路的输入信号要求大于 0.5 V,属于大信号检波电路。

图 5.15(a)所示电路的工作过程:在调幅波 u_i 正半周,二极管 VD 正偏导通,u_i 通过 VD 给电容 C 充电,电容 C 上的电压很快达到峰值;当 $u_\mathrm{i} < u_\mathrm{o}$ 时,VD 反偏截止,电容 C 通过 R_L 放电;下一周期当 u_i 再次大于 u_o 时,VD 又正偏导通,u_i 再次通过 VD 给电容 C 充电。如此反复,就得到反映调幅波包络的调制波,如图 5.15(b)所示。

(a) 电路图   (b) 波形

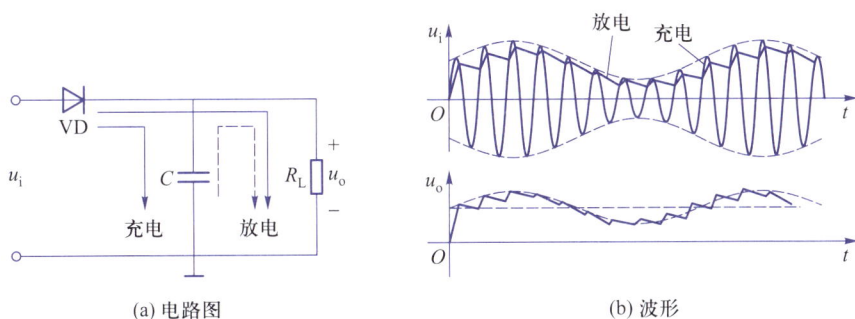

图 5.15　二极管检波电路及其波形

5.3.3　限幅

在电子电路中,常常需要将输入信号在预置的电平范围内有选择地传输部分信号,这就是限幅。利用二极管的单向导电性可以实现限幅功能。限幅电路按功能可分为上限幅电路、下限幅电路和双向限幅电路三种。上限幅电路是当输入信号幅值低于上限电压时,输出信号随输入电压变化,当输入信号幅值达到或超过上限电压时,输出信号幅值将不再随输入电压变化,输出信号幅值限制在某个上限值。下限幅电路是在输入信号幅值低于下限电压时发生限幅,输出信号幅值限制在某个下限值。双向限幅电路是上、下限两个幅值范围内均发生限幅。限幅电路广泛应用于各种电子设备中,常用作波形变换、波形整形、过电压保护及抗干扰等。

二极管上限幅电路如图 5.16(a)所示,根据二极管导通原理,当 $u_i > U_{REF}$ 时二极管正偏导通,忽略二极管导通压降,$u_o = U_{REF}$,考虑二极管导通压降 U_F,$u_o = U_{REF} + U_F$;当 $u_i < U_{REF}$ 时二极管反偏截止,$u_o = u_i$。波形如图 5.16(b)所示。

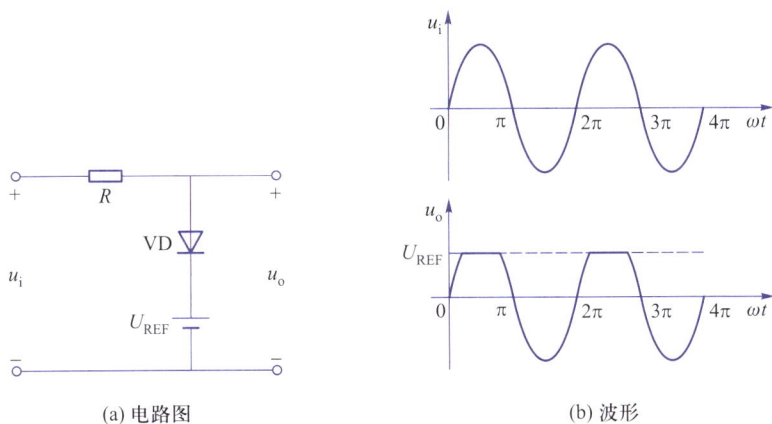

仿真动画:
二极管上限
幅电路

(a) 电路图   (b) 波形

图 5.16　二极管上限幅电路及其波形

如果图 5.16(a)所示上限幅电路中的二极管和 U_{REF} 反接,就可以得到下限幅电路。

二极管双向限幅电路如图 5.17(a)所示,相当于上限幅和下限幅两个电路合成。当 $u_i > U_{REF1}$ 时,VD1 正偏导通,VD2 反偏截止,不考虑二极管导通压降 U_F,$u_o = U_{REF1}$;当 $u_i < U_{REF2}$ 时,VD2 正偏导通,VD1 反偏截止,$u_o = U_{REF2}$;当 $U_{REF2} < u_i < U_{REF1}$ 时,VD1、VD2 都反偏截止,$u_o = u_i$。

波形如图 5.17(b)所示。

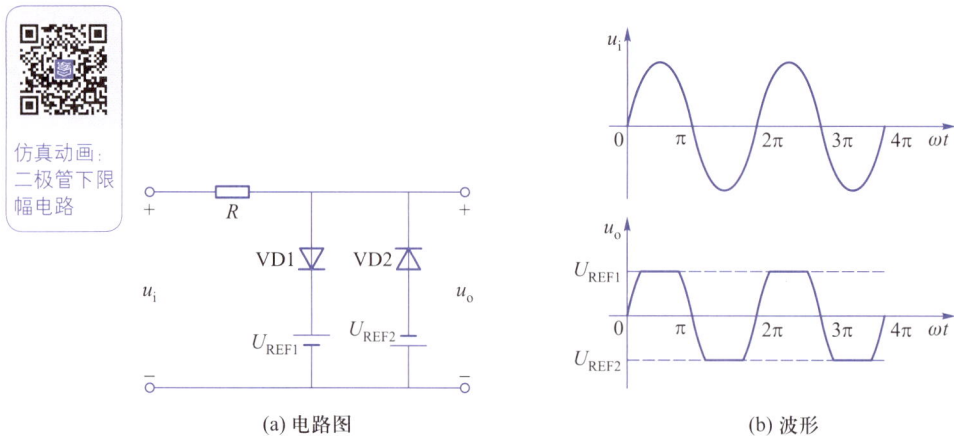

仿真动画:
二极管下限
幅电路

(a) 电路图　　　　　　　　　　　　　(b) 波形

图 5.17　二极管双向限幅电路及其波形

5.3.4　开关作用

二极管具有开关特性,承受正向电压时导通,电阻很小,相当于闭合的开关;承受反向电压时截止,电阻很大,相当于断开的开关。所以二极管也称为单向导电开关。利用二极管的开关特性,可以把二极管用作电子开关,广泛应用于计算机、电视机等电器设备、通信设备、仪器仪表及各种逻辑电路中。

图 5.18 所示是一种二极管开关电路,两个二极管阳极都接电源 V_{CC},阴极分别接两个输入信号 u_{I1} 和 u_{I2}。根据二极管开关特性,u_{I1} 和 u_{I2} 只要有一个输入信号为低电平,与之相连的二极管就会导通,输出 U_o 就为低电平。只有当 u_{I1} 和 u_{I2} 都为高电平时,两个二极管才截止,输出 U_o 才为高电平 V_{CC}。

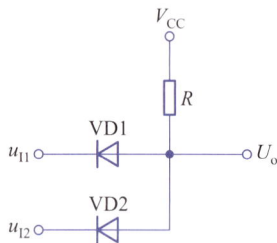

图 5.18　二极管开关电路

知识点 5.4
特殊二极管及其应用

二极管种类有很多,除前面介绍的普通二极管外,常用的还有稳压二极管、发光二极管和光电二极管等,它们的特性不同,应用也不同。

5.4.1　稳压二极管及其应用

1. 稳压二极管的基本特性

稳压二极管(Zener diode)也称为齐纳二极管,简称稳压管,是一种具有稳压作用的半导体器件。稳压二极管是由硅材料制成的面接触型二极管,正向特性曲线与普通二极管相似,但反向击穿特性曲线很陡,电流在一定范围内变化时,端电压几乎不变,因此具有稳压特性。

稳压二极管的电路符号和伏安特性曲线如图5.19所示。稳压二极管使用时需要注意两点：一是工作在反向击穿状态；二是为保证其稳压效果，需限制其反向电流在合适范围内，如图5.19(b)所示，在 I_{Zmin} 和 I_{Zmax} 之间，使用时需要串联合适的限流电阻。稳压二极管主要参数如下。

（1）稳定电压 U_Z。稳定电压 U_Z 指在规定的反向工作电流 I_Z 下稳压二极管两端的反向工作电压。

（2）稳定电流 I_Z。稳定电流 I_Z 是稳定电压 U_Z 所对应的电流值。I_Z 是稳压二极管工作时的参考电流，当电流低于 I_Z 时，稳压效果会变差。

（3）最大耗散功率 P_{ZM}。最大耗散功率 P_{ZM} 是保证稳压二极管工作时不被热击穿而规定的最大功率，它等于最大稳定电流与稳定电压的乘积，即 $P_{ZM} = I_{Zmax} U_Z$。

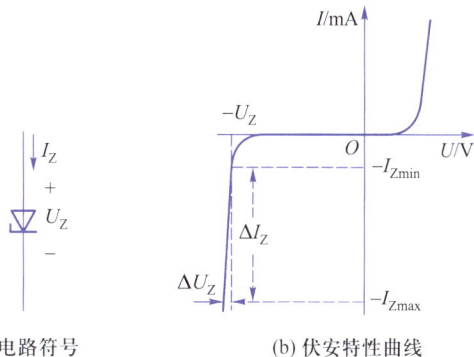

(a) 电路符号　(b) 伏安特性曲线

图 5.19　稳压二极管的电路符号和伏安特性曲线

2. 稳压二极管的应用

（1）稳压。利用稳压二极管的稳压特性可以构成简易稳压电路。图 5.20 所示是稳压二极管并联型稳压电路。图中，VD_Z 是稳压二极管，R 是限流电阻，U_I 是输入电压，U_O 是输出电压，R_L 是负载电阻。稳压二极管起到了输出电压调制作用，称为调整管。调整管与负载并联，称为并联型稳压电路。根据图 5.20 可知

$$\begin{cases} U_I = U_R + U_O \\ I_R = I_Z + I_O \end{cases} \tag{5-12}$$

图 5.20 所示稳压电路的稳压原理是：当 R_L 变化或 U_I 波动使 U_O 增大时，稳压二极管两端反向电压也增大，稳压二极管电流 I_Z 显著增大，限流电阻电流 I_R 也随之显著增大，限流电阻电压 U_R 增大，使 U_O 减小；反之，当 U_O 减小时，稳压二极管两端反向电压也减小，稳压二极管电流 I_Z 显著减小，I_R 也随之显著减小，U_R 减小，使 U_O 增大。根据分析可知，不论 U_O 由于某种原因增大或减小，经过上述调整最终都会维持 U_O 基本不变，达到稳压目的。

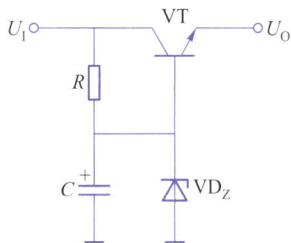

图 5.21 所示是稳压二极管串联型稳压电路。图中，VT 是晶体管，作为调整管。C 是 VT 基极滤波电容，R 是 VT 偏置电阻。因为调整管与负载串联，称为串联型稳压电路。该电路稳压原理是：VD_Z 导通后，VT 基极电压被稳定在稳压二极管的稳定电压 U_Z 上，根据晶体管导通后基极—发射极间电压基本不变的特性，VT 发射极直流输出电压也是稳定的，从而使输出电压稳定不变。

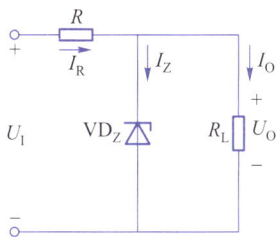

图 5.20　稳压二极管并联型稳压电路　　图 5.21　稳压二极管串联型稳压电路

图 5.20 和图 5.21 所示的两种稳压电路结构简单,稳压效果并不理想,一般应用在稳压要求不高的场合或二次稳压电路中。

例 5.5　在稳压二极管并联型稳压电路中,已知输入直流电压为 9 V,变化范围为 $\pm 10\%$,要求输出电压为 5 V,负载电流允许范围为 0 ~ 10 mA,设计稳压电路,确定稳压管型号、限流电阻阻值及功率。

解:稳压二极管并联型稳压电路如图 5.20 所示。

由于 $U_O = 5$ V, $U_Z = U_O$,因此选择 $U_Z = 5$ V。由于 I_O 变化范围为 0 ~ 10 mA,因此稳压二极管的稳压电流变化范围应大于 I_O 变化范围,要求 $I_{ZM} - I_Z \geqslant I_{Omax}$ 。根据分析,查手册可选用 2CW53 稳压二极管,其参数为 $U_Z = (4 \sim 5.8)$ V, $I_Z = 10$ mA, $I_{ZM} = 41$ mA。

为了实现稳压,限流电阻 R 应满足

$$R_{min} = \frac{U_{Imax} - U_Z}{I_{ZM} + I_{Omin}} = \frac{9 \text{ V} \times (1 + 10\%) - 5 \text{ V}}{41 \times 10^{-3} \text{ A}} = 120 \ \Omega$$

$$R_{maxn} = \frac{U_{Imin} - U_Z}{I_Z + I_{Omax}} = \frac{9 \text{ V} \times (1 - 10\%) - 5 \text{ V}}{(10 + 10) \times 10^{-3} \text{ A}} = 155 \ \Omega$$

可选择 $R = 130 \ \Omega$,该电阻的最大耗散功率为

$$P_{maxn} = \frac{(U_{Imax} - U_Z)^2}{R} = \frac{[9 \text{ V} \times (1 + 10\%) - 5 \text{ V}]^2}{130 \ \Omega} = 0.185 \text{ W}$$

因此,可选用 130 Ω, $\frac{1}{2}$ W 电阻。

(2) 限幅。稳压二极管的另一主要作用是限幅。图 5.22 所示是稳压二极管限幅电路。图中, u_i 是输入信号, u_{i1} 为限幅后输出信号,VD_Z 是稳压二极管,R 是限流电阻。

当输入信号 u_i 幅值低于 VD_Z 稳压值时,VD_Z 截止, $u_{i1} = u_i$;当 u_i 幅值超过 VD_Z 稳压值时,VD_Z 反向击穿,u_{i1} 等于 VD_Z 稳压值。u_{i1} 的最大值即为 VD_Z 的稳压值,从而对输入信号的幅值起到了限制作用。

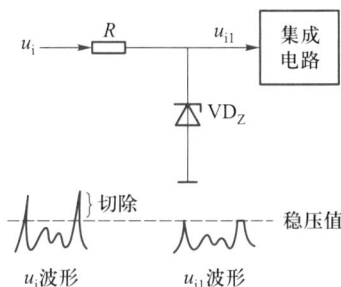

图 5.22　稳压二极管限幅电路

(3) 过电压保护。除稳压、限幅作用外,稳压二极管还可以用来实现过电压保护。图 5.23 所示是两种稳压二极管过电压保护电路。

图 5.23(a)中,VD_Z 是稳压二极管,晶体管 VT 作为控制管,U 是被控电压,电阻 R_1 和 R_2 构成被控电压的分压电路。该电路工作原理是:分压后的电压通过稳压二极管 VD_Z 加到 VT

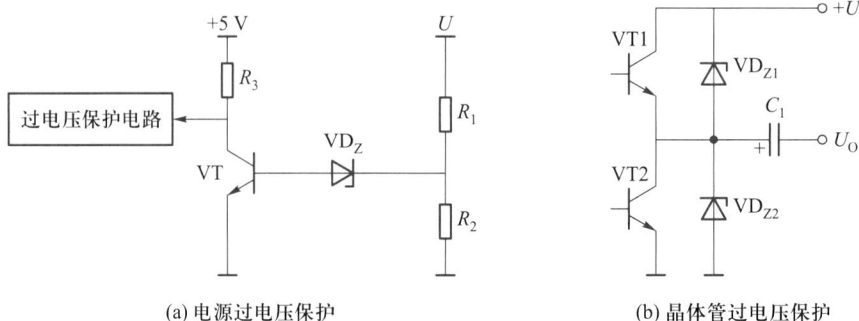

(a) 电源过电压保护　　　　　　　(b) 晶体管过电压保护

图 5.23　稳压二极管过电压保护电路

基极,当 U 小于设定值时,R_1 和 R_2 分压后的电压不足以使稳压二极管反向击穿,VD$_Z$ 截止,VT 基极电压为零,VT 截止,集电极为高电平,过电压保护电路不动作,电路正常工作;当 U 大于设定值时,R_1 和 R_2 分压后的电压使 VD$_Z$ 导通,VT 饱和导通,其集电极为低电平,过电压保护电路工作。

图 5.23(b)所示是晶体管过电压保护电路。当直流电压 U 正常时,稳压二极管 VD$_{Z1}$ 和 VD$_{Z2}$ 截止。若直流电压 U 异常升高,稳压二极管 VD$_{Z1}$ 和 VD$_{Z2}$ 便会击穿,使 VT1 和 VT2 集电极与发射极之间直流电压钳位在稳压二极管的稳压值,从而对两个晶体管起到过电压保护的作用。

5.4.2　发光二极管及其应用

发光二极管(Light Emiting Diode,LED)是一种能够把电信号转变成光信号的半导体器件,其电路符号如图 5.24(a)所示,结构示意图如图 5.24(b)所示。发光二极管用含镓(Ga)、砷(As)、磷(P)等元素的化合物制成,不同材料可发出红、黄、绿、蓝等不同颜色的光,如砷化镓二极管发红光,碳化硅二极管发黄光等。其发光机理是:当发光二极管加上正向电压后,从 P 区扩散到 N 区的空穴和由 N 区扩散到 P 区的电子,在 PN 结附近分别与 N 区的电子和 P 区的空穴复合,复合时会把多余的能量以光的形式释放出来,属于自发辐射发光。

使用发光二极管时需要注意其正负极性,接错极性便容易烧坏发光二极管。阴阳两个电极辨别方法是:透过发光二极管环氧树脂封装向里看,电极面积大的是阴极,面积小的是阳极;从外部底板来看,有切口的一侧是阴极,另一侧是阳极。

发光二极管导通电压一般为 1.6 ~ 1.7 V,发光亮度随正向电流增大而增强,常用工作电流为 3 ~ 20 mA,典型为 10 mA。为保证工作电流,发光二极管使用时需串联合适的限流电阻,电阻太小发光二极管会过电流而烧坏,电阻太大发光二极管亮度不够。限流电阻阻值为

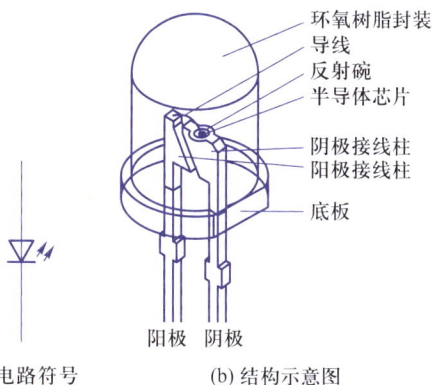

环氧树脂封装
导线
反射碗
半导体芯片

阴极接线柱
阳极接线柱

底板

阳极　阴极

(a)电路符号　　　(b)结构示意图

图 5.24　发光二极管的电路符号及结构示意图

$$R = \frac{U - U_L}{10\ \text{mA}} \tag{5-13}$$

式中:U 为电源电压;U_L 为发光二极管导通电压;R 为限流电阻阻值,kΩ。

发光二极管广泛应用于电源或信号指示、光电检测、广告牌或数码屏显示等,其中的白光高亮LED 更是在照明场合替代了传统光源。

发光二极管典型应用电路如图 5.25 所示。图 5.25(a)中,发光二极管作为电源指示,当开关 S 闭合时,发光二极管点亮。图 5.25(b)中,发光二极管作为数字电路输出指示,当数字电路

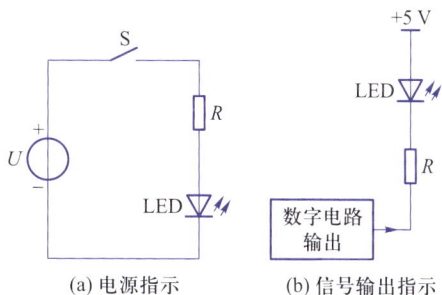

(a)电源指示　　(b)信号输出指示

图 5.25　发光二极管典型应用电路

输出高电平(+5 V)时,发光二极管不亮;当数字电路输出低电平(0 V)时,发光二极管点亮。

5.4.3　光电二极管及其应用

　　光电二极管(Photo-Diode,PD)又称光敏二极管,是一种将光信号转换成电信号的半导体器件。其结构与普通二极管类似,不同的是光电二极管 PN 结的结面积较大,并且外壳上方有一个透明的窗口,以便吸收更多光线。光电二极管的电路符号如图 5.26 所示。

　　光电二极管工作在反向偏置状态,没有光照时,伏安特性和普通二极管相同,只能流过微弱的反向电流,一般为几微安,称为暗电流。有光照射时,光电二极管反向电流迅速增大到几十微安,称为光电流。光照越强,光电流越大。光电二极管电流随光强变化而变化,这样就可以把光信号转换成电信号。光电二极管在灯光控制、红外遥控、光探测、光纤通信和光电耦合等方面得到了广泛应用。

　　图 5.27 所示是光电二极管光控照明电路。图中,QF 为电源开关,FU 为短路保护熔断器,T 为电源变压器,KM 为控制接触器,HL 为照明灯。电路工作原理是:合上电源开关 QF,交流 220 V 电源经变压器降压、整流、滤波后给控制电路供电。当白天光照较强时,光电二极管 VD 反向电流较大,呈现低阻态,晶体管 VT1、VT2 截止,接触器 KM 线圈不得电,主触点断开电源,照明灯 HL 不亮。当夜晚光照较弱时,VD 电流很小,呈现高阻态,晶体管 VT1、VT2 导通,继电器 KM 线圈得电,主触点闭合接通电源,照明灯 HL 点亮。

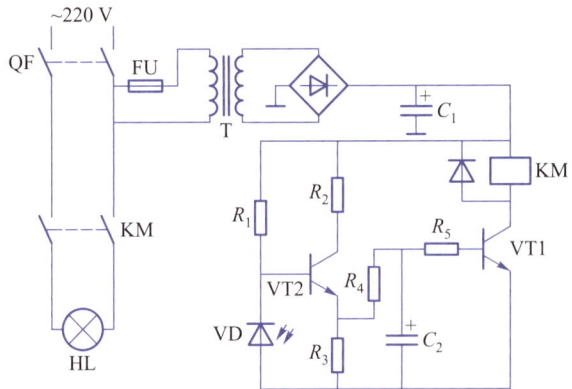

图 5.26　光电二极管的电路符号　　　　图 5.27　光电二极管光控照明电路

5.4.4　激光二极管及其应用

　　激光二极管(Laser Diode,LD)是一种能够发射激光的半导体器件。激光二极管在发光二极管的 PN 结间施加一层具有光活性的半导体,其端面经过抛光后具有部分反射功能,形成光谐振腔。在正向偏置的情况下,内部发光二极管自发辐射产生的光子在腔内多次反射,振荡放大,进一步激励已激发的载流子复合而发出新光子,从而产生激光。其电路符号如图 5.28 所示,它可以看作是发光二极管和光电二极管组合而成的。激光二极管和发光二极管一样都能够发光,但二者的物理结构和发光机理不同。发光二极管没有光谐振腔,是自发辐射发光,发出的是荧光。激光二极管是受激辐射发光,故名激光。发光二极管发射光子的方向、相位是随机的,而激光二极管发射光子是同方向、同相位且光学特性高度一致,因此激光二极管的单色性好,亮度高,方向性好。激光二极管在军事、医学、工业等众多领域都得到了广泛应用,激光制导、激光雷达、激光手术、激光焊接、激光切割、光纤通信、激光测距,以及无所不在的二维码扫描,各类应用正在不断被开发和普及。

注意:激光二极管对静电具有较高的敏感性,在取放时,应采取适当的防静电措施。

激光二极管输出的光功率与输入电流呈线性关系,可以根据输入电流调制其输出光的强弱。实际应用中,通常使用自动功率控制(Auto Power Control,APC)电路来驱动激光二极管,利用其内置的可以接收激光的光电二极管反馈和控制 LD 的输出,使 LD 的输出达到所需的光功率。图 5.29 所示是激光二极管 APC 简易驱动电路。

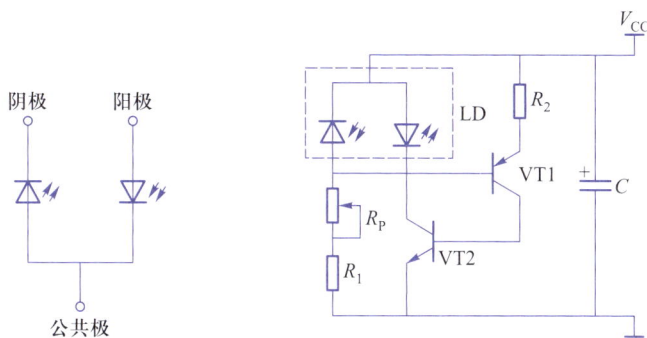

图 5.28　激光二极管的电路符号　　图 5.29　激光二极管简易驱动电路

5.4.5　变容二极管及其应用

变容二极管(Varactor Diodes,VD)又称为可变电抗二极管,是利用二极管 PN 结结电容随外加电压变化这一特性制成的非线性电容元件,其电路符号如图 5.27(a)所示。变容二极管可以看作一个小容量的可变电容器,电容量的大小与反向电压大小有关,反向电压越高,电容量越小。结电容和反向电压的关系曲线如图 5.30(b)所示。变容二极管的电容量一般较小,其最大值为几十皮法到几百皮法,最大值与最小值之比约为 5∶1。变容二极管也工作在反向偏置状态。

变容二极管可以制成各种电子调谐器,广泛应用在彩色电视机、调频收音机和各种通信设备中。此外,它在调频、扫描振荡、频率自动微调及相位控制等方面也应用较多。

图 5.31 所示为变容二极管调谐电路。调整电位器 R_P 值,控制加在变容二极管 VD 上的反向电压,便可以改变 LC 谐振频率,达到调谐的目的。

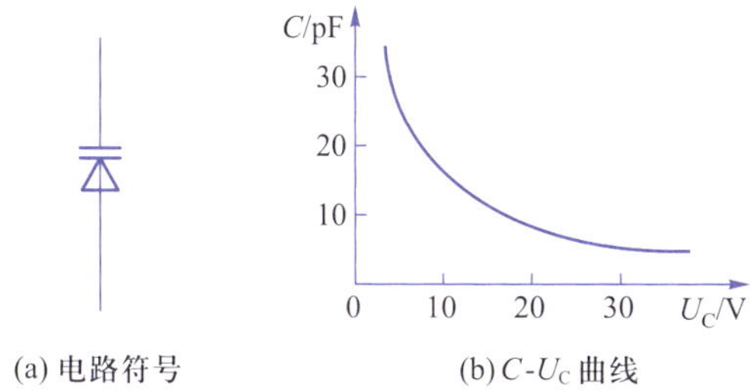

(a) 电路符号　　　　(b)C-U_C 曲线

图 5.30　变容二极管的电路符号及 C-U_C 曲线 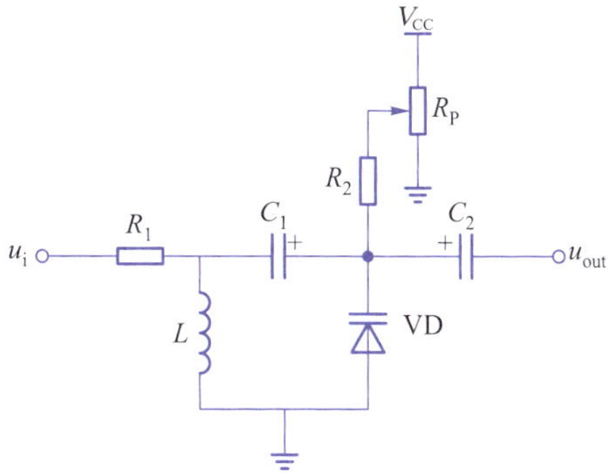　　　图 5.31　变容二极管调谐电路

知识点 **5.5**

直流稳压电源

各种电子电路都需要直流电源供电,并且对直流电源的稳定性有一定的要求。直流稳压电源就可以满足直流电压的稳定性要求。

5.5.1 直流稳压电源概述

直流稳压电源分为线性稳压电源和开关稳压电源。线性稳压电源由电源变压器、整流电路、滤波电路和稳压电路组成,其原理框图如图5.32所示。其中,电源变压器将电网输入的交流电变换成幅值符合整流需要的交流电,一般为降压变压器;整流电路将降压后的交流电变换成脉动的直流电;滤波电路把脉动的直流电变成平滑的直流电;稳压电路的作用是当输入交流电压波动或负载等变化时,维持输出电压稳定。稳压电路是线性稳压电源的核心,包括分立元件稳压电路和集成稳压电路。

图 5.32 线性稳压电源原理框图

线性稳压电源的电源变压器是工频变压器,其工作频率低,体积大。整流电路的作用是把降压后的交流电进行整流,对整流元件耐压要求较低。稳压电路中起电压调整功能的调整管工作在线性放大区,功率损耗大,发热量较大,需要较大散热器。但是线性稳压电源也具有纹波小、动态响应宽等优良特性。纹波是指直流电中包含的交流成分。

开关稳压电源简称开关电源(Switching Power Supply),是目前主要应用的一类电源,在很多应用场合已取代了线性稳压电源。开关稳压电源原理框图如图5.33所示。输入交流电首先经抗电磁干扰(Electro Magnetic Interference,EMI)滤波器后直接整流滤波,再将整流滤波后的直流电经变换电路变换成高频方波或准方波,再经过高频变压器隔离变压、整流滤波后得到直流电。输出直流电压再经过取样、比较、放大及控制驱动电路,调节直流变换电路开关管的占空比,保证输出电压稳定。

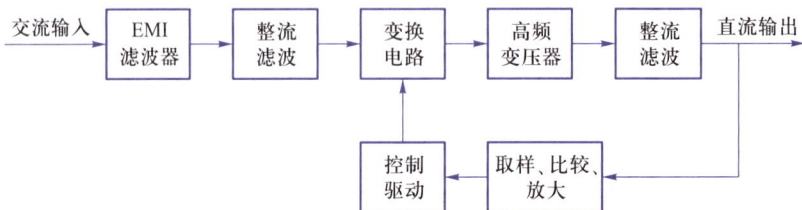

图 5.33 开关稳压电源原理框图

开关稳压电源电压调整管工作在开关状态,功率损耗小,发热量小,有时甚至不需要安装散热片。变压器工作在高频状态,体积小,重量轻。但是开关稳压电源把输入的交流电直接高压整流,对整流元件耐压要求较高。稳压电路较为复杂,设计调试较为困难,输出电压含有较大的纹波,需采取可靠的滤波措施,并且开关稳压电源工作在高频状态,对其他电子电路会产生较大的电磁干扰,因此在开关稳压电源的输入输出侧都需要设计可靠的 EMI 电路。

线性稳压电源在某些电路中,特别是在一些需要二次稳压的电子电路中应用较多,本教材仅介绍线性稳压电源。

5.5.2　滤波电路

整流电路把交流电变换成直流电,脉动较大。为了得到平滑的直流电,整流电路后面要加滤波电路。滤波是利用电容或电感的能量存储功能来实现的。常用的滤波电路有电容滤波电路、电感滤波电路、LC 滤波电路和 π 型滤波电路。

1. 电容滤波电路

电容滤波电路如图 5.34(a)所示。图中 VD1 ~ VD4 是整流二极管,C 是滤波电容,R_L 是负载。设电容初始电压为零并且在 $t = 0$ 时刻接通电路。在 u_2 正半周,u_2 电压极性上正下负,二极管 VD1、VD4 正偏导通,VD2、VD3 反偏截止,u_2 经 VD1、VD4 给电容 C 充电,充电时间常数很小,u_C 按指数规律增大。u_2 同时给负载 R_L 供电,$u_o = u_C$。当 u_2 达到最大值,即图 5.34(b)中的 a 点时,u_C 也达到最大值。此后,u_2 开始减小,$u_C > u_2$,VD1、VD4 反偏截止,电容 C 通过负载 R_L 放电,放电时间常数 $\tau = R_L C$(一般较大),u_C 按指数规律下降。当 u_C 下降到图 5.34(b)中的 b 点时,$|u_2| > u_C$,二极管 VD2、VD3 正偏导通,u_2 经 VD2、VD3 再次给电容 C 充电,u_C 增大。此后,重复上述充电、放电过程,得到图 5.34(b)所示的输出电压波形,输出电压近似为锯齿波。

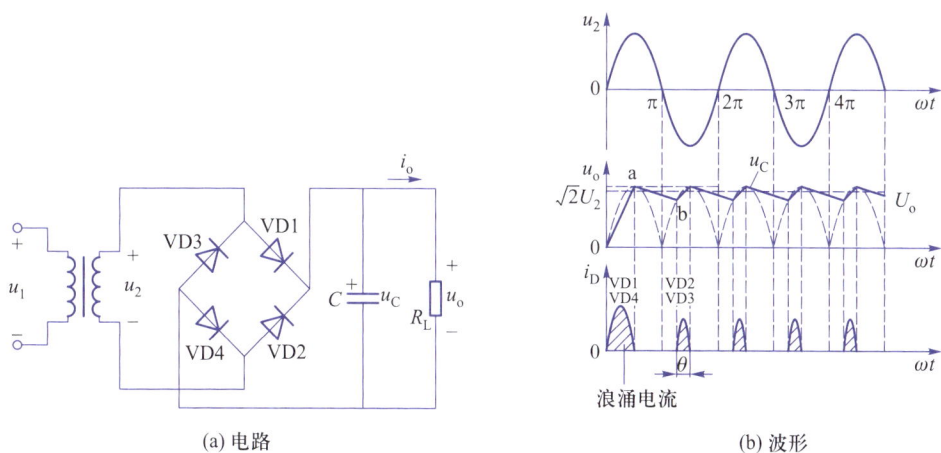

图 5.34　电容滤波电路及其波形

由输出电压波形可知,整流电路接入滤波电容后,输出电压波形变得平滑,纹波显著减少,输出电压平均值也增大了。输出电压平均值与滤波电容 C 和负载电阻 R_L 的大小有关,C 越大,R_L 越大,τ 越大,放电越慢,曲线越平滑,脉动越小,输出电压平均值越大。

为了获得较好的滤波效果,一般取

$$R_{\mathrm{L}}C \geqslant (3 \sim 5)\frac{T}{2} \tag{5-14}$$

式中:T 为输入交流电的周期。滤波电容 C 的耐压值通常为$(1.5 \sim 2)\sqrt{2}\,U_2$。

电容滤波半波整流电路输出电压平均值 U_0 为

$$U_0 = U_2 \tag{5-15}$$

电容滤波全波和桥式整流电路输出电压平均值 U_0 为

$$U_0 = 1.2U_2 \tag{5-16}$$

当负载开路时,输出电压平均值 U_0 为

$$U_0 = \sqrt{2}\,U_2 \tag{5-17}$$

整流电路加入滤波电容后,当 $|u_2| < |u_{\mathrm{C}}|$ 时所有二极管均截止,只有当 $|u_2| > |u_{\mathrm{C}}|$ 时二极管才导通,因此二极管的导通时间将会变短,二极管在一个周期内导通的电角度(称为导通角,用 θ 表示)变小。由于电容充电的瞬间将会产生较大的浪涌电流,如图5.34(b)所示,容易损坏二极管,因此在选择二极管时,必须留有足够的余量,一般可按$(2 \sim 3)I_0$ 的标准选择二极管。

电容滤波电路简单,但是负载电流不能过大,否则会影响滤波效果,这种电路适用于负载变化不大,电流较小的场合。

2. 电感滤波电路

电感滤波电路如图5.35(a)所示。图中 L 为滤波电感。整流后脉动直流电中的直流分量,由于电感近似短路而全部加到负载 R_{L} 两端,交流分量由于 L 的感抗远大于负载电阻而大部分降在电感上,从而达到滤波目的。电感滤波电路输出电压波形如图5.35(b)中的实线所示。

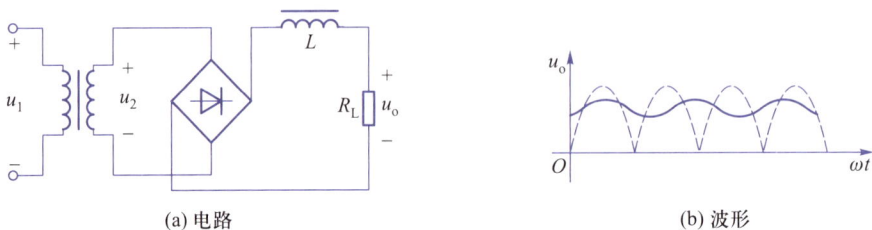

(a) 电路　　　　　　　　(b) 波形

图 5.35　电感滤波电路及其波形

电感滤波桥式整流电路输出电压平均值 U_0 为

$$U_0 = 0.9U_2 \tag{5-18}$$

电感滤波电路的电感量越大,负载电阻越小,滤波效果越好,这种电路适用于负载电流较大,且变化较大的场合。但是滤波电感体积大,成本较高。

3. LC 滤波电路

单一的电容或电感滤波电路虽然简单,但滤波效果一般,为了获得更好的滤波效果,可以把这两种滤波电路结合起来,构成如图5.36所示的 LC 滤波电路。

LC 滤波电路外特性比较好,输出电压受负载影响小,电感限制了电流的脉动峰值,减小了对整流二极管的冲

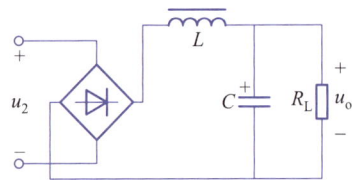

图 5.36　LC 滤波电路

击,因此适用于输出电流较大、电压脉动要求较小的场合。

LC 滤波电路的输出电压平均值和电感滤波电路一样,$U_o = 0.9U_2$。

4. π型滤波电路

为了进一步减少输出电压的脉动,可在 LC 滤波电路的输入端再加一只滤波电容,就构成了图 5.37 所示 π 型 LC 滤波电路。这种滤波电路输出电流更加平滑,输出电压平均值为 $U_o = 1.2U_2$。

若负载电阻较大,负载电流较小,也可以用电阻代替电感构成 π 型 RC 滤波电路,如图 5.38 所示。这种滤波电路相对于 π 型 LC 滤波电路而言体积小,重量轻,成本小,在负载电流较小的场合更加适合。

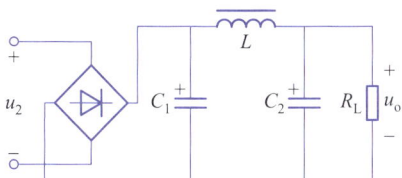　　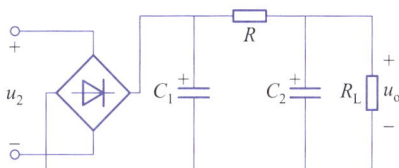

图 5.37　π 型 LC 滤波电路　　　　　图 5.38　π 型 RC 滤波电路

例 5.6　在单相桥式电容滤波整流电路中,电源频率 $f = 50$ Hz,负载电阻 $R_L = 40\ \Omega$,要求直流输出电压 $U_o = 20$ V,选择整流二极管及滤波电容。

解:(1)选择整流二极管。根据

$$U_2 = \frac{U_o}{1.2} = \frac{20\ \text{V}}{1.2} = 17\ \text{V}$$

$$I_D = \frac{1}{2}I_o = \frac{1}{2}\frac{U_o}{R_L} = \frac{1}{2} \times \frac{20\ \text{V}}{40\ \Omega} = 0.25\ \text{A}$$

$$U_{RM} = \sqrt{2}\,U_2 = 24\ \text{V}$$

选择的整流二极管应满足 $I_F \geqslant (2 \sim 3)I_D$,$U_{RM} \geqslant \sqrt{2}\,U_2$,查手册可选 2CZ55C($I_F = 1$ A,$U_{RM} = 100$ V)二极管或 1 A、100 V 的整流桥。

(2)选择滤波电容。由于

$$T = \frac{1}{f} = \frac{1}{50\ \text{Hz}} = 0.02\ \text{s}$$

取 $R_L C = 4 \times \dfrac{T}{2} = 0.04$ s,则有

$$C = \frac{0.04\ \text{s}}{40\ \Omega} = 1\ 000\ \mu\text{F}$$

因此可选用 1 000 μF,耐压 50 V 的电解电容。

5.5.3　串联型稳压电路

前面介绍的稳压二极管稳压电路虽然简单,但是稳压效果并不理想,实际常用的分立元件稳压电路是串联型稳压电路。串联型稳压电路原理框图如图 5.39(a)所示,它由调整管、采样电路、基准电压和比较放大电路组成。采样电路由电阻分压电路构成,将输出电压 U_o 的一部分作为取样电压 U_F,送到比较放大电路;基准电压由稳压二极管和电阻串联电路构

成,为稳压电路提供基准电压 U_Z,作为调整、比较的基准;比较放大电路由集成运放放大器(简称集成运放)构成,集成运放将取样电压 U_F 与基准电压 U_Z 的差值放大后控制调整管;调整管由工作在线性放大区的晶体管(也称为功率管)构成,晶体管基极电压受比较放大电路的输出控制,通过控制基极电压来调整集电极电流和集–射电压,从而自动调整输出电压,使输出电压稳定。

图 5.39(b)所示为串联型稳压电路原理图。图中,集成运放 A 作为电压比较器,晶体管 VT 作为调整管,电阻 R 和稳压二极管 VD_Z 构成基准电压源,电阻 R_1、R_2、R_P 构成采样电路。当输出电压 U_O 增大时,反馈电压 U_F 也增大,U_F 与 U_Z 的差值减小,集成运放 A 的输出减小,调整管 VT 的基极电压 U_B 减小,集电极电流 I_C 减小,管压降 U_{CE} 增大,输出电压 U_O 减小,U_O 的增大得到抑制。同理,当输出电压 U_O 减小时,反馈电压 U_F 减小,U_F 与 U_Z 的差值增大,集成运放 A 的输出增大,调整管 VT 的基极电压 U_B 增大,集电极电流 I_C 增大,管压降 U_{CE} 减小,输出电压 U_O 增大。

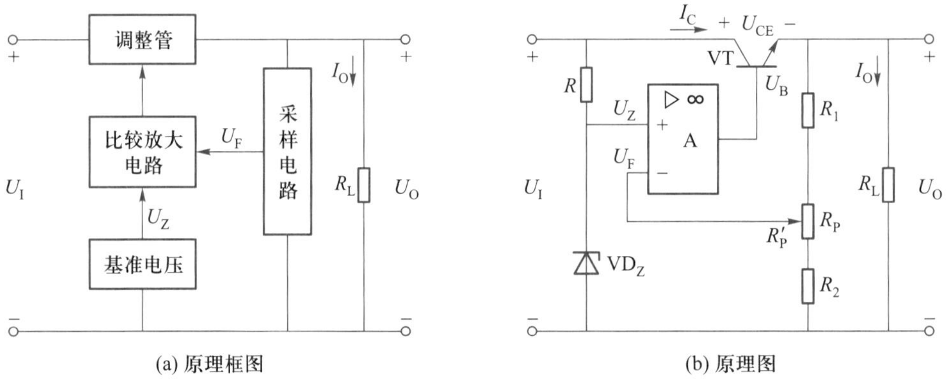

(a) 原理框图　　　　　　　　　(b) 原理图

图 5.39　串联型稳压电路

根据图 5.39(b)可得

$$U_F = \frac{R_2 + R'_P}{R_1 + R_2 + R_P} U_O \tag{5-19}$$

根据电压比较器特点 $U_Z \approx U_F$,则稳压电路输出电压 U_O 为

$$U_O = \frac{R_1 + R_2 + R_P}{R_2 + R'_P} U_Z \tag{5-20}$$

输出电压最小值为

$$U_{Omin} = \frac{R_1 + R_2 + R_P}{R_2 + R_P} U_Z \tag{5-21}$$

输出电压最大值为

$$U_{Omax} = \frac{R_1 + R_2 + R_P}{R_2} U_Z \tag{5-22}$$

调节电位器 R_P,可以调节输出电压 U_O 的大小。

串联型稳压电路稳压精度高,输出电压可调;缺点是分立元件较多,电路调试较为困难。

5.5.4　三端固定输出集成稳压器及其应用

集成稳压电源把串联型稳压电路的各部分电路和启动、过电流保护、过热保护等电路集成在一个芯片上,体积小,外围元件少,性能稳定可靠,使用调整方便,应用较多。常用集成稳压器有输入、输出和接地(或调整端)三个端子,因此也称为三端集成稳压器。三端集成稳压器分为固定输出和可调输出两类。

1. 三端固定输出集成稳压器

三端固定输出集成稳压器有78和79两个系列,78系列输出正电压,79系列输出负电压。型号中的后两位数字表示三端集成稳压器的额定电压(即稳压值),有5 V、6 V、9 V、12 V、15 V、18 V和24 V几种。型号中的字母表示额定电流,L表示0.1 A,M表示0.5 A,无字母表示1.5 A,H表示2 A,T表示5 A。例如,CW7805表示输出电压为+5 V,额定电流为1.5 A。额定电流1.5 A及以下为塑料封装,1.5 A以上为金属封装。三端固定输出集成稳压器的封装如图5.40所示,注意塑封和金属封装、78和79系列引脚功能不同。使用时,三端稳压器接在整流滤波电路之后,输入、输出应有2～3 V的电压差。

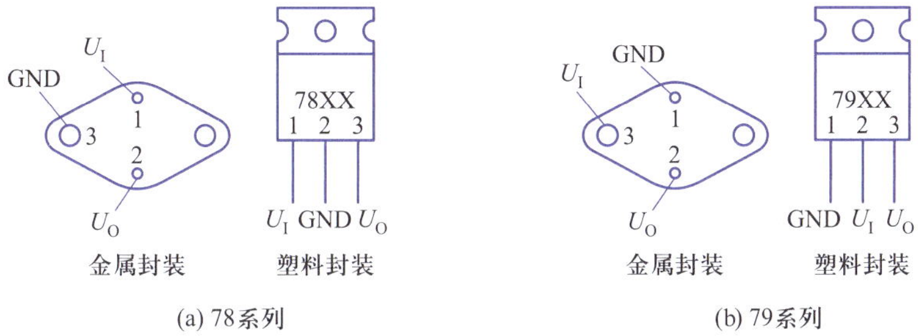

图 5.40　三端固定输出集成稳压器封装

2. 基本应用电路

78系列三端集成稳压器的基本应用电路如图5.41所示。稳压芯片为CW7812,输出电压12 V,最大输出电流为1.5 A。输入端电容C_1用于消除输入引脚的电感效应,防止自激振荡,抑制电源高频脉冲干扰,一般取0.1～1 μF。实际使用时,输入端还可以并联一个1 000 μF左右的电解电容,以抑制电源的低频脉冲干扰。输出端电容C_2、C_3用于改善负载的瞬态响应,使得负载变化时不致引起U_O产生较大波动。三端集成稳压器输入、输出端之

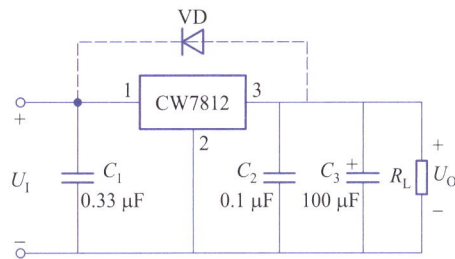

图 5.41　78系列三端集成稳压器基本应用电路

间反向并联一个二极管VD,用来防止输入短路时C_3通过稳压器放电而损坏稳压器。

3. 提高输出电压的稳压电路

如果需要提高稳压电路的输出电压,可以采用图5.42所示的电路。

在图5.42(a)中,VD_Z为稳压二极管,稳压值为U_Z。R为限流电阻,R两端电压即为集成稳压器额定电压U_{XX}。输出电压U_O为

$$U_O = U_{XX} + U_Z \tag{5-23}$$

在图5.42(b)中,R_1和R_2为外接电阻,R_1两端电压即为集成稳压器额定电压U_{XX}。输出电压U_O为

$$U_O = U_{XX} + I_2 R_2 = U_{XX} + (I_1 + I_Q) R_2 = U_{XX} + \left(\frac{U_{XX}}{R_1} + I_Q\right) R_2 = \left(1 + \frac{R_2}{R_1}\right) U_{XX} + I_Q R_2 \qquad (5-24)$$

式中：I_Q 为集成稳压器的静态工作电流，一般为 $5 \sim 8\ \text{mA}$。若忽略 I_Q，则有

$$U_O = \left(1 + \frac{R_2}{R_1}\right) U_{XX} \qquad (5-25)$$

可见，输出电压 U_O 由 R_2 和 R_1 的比值决定。

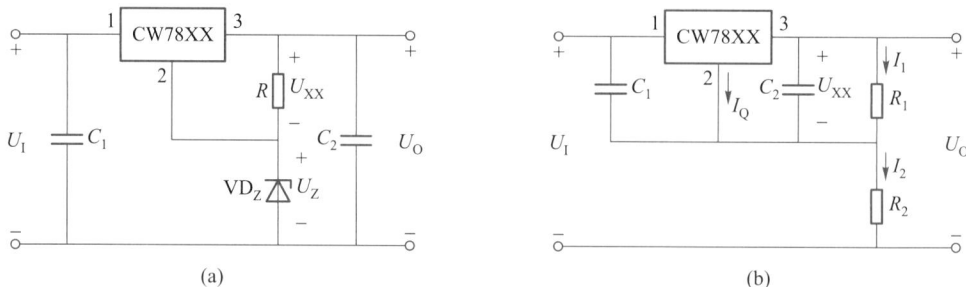

图 5.42 提高输出电压的稳压电路

4. 提高输出电流的稳压电路

如果需要提高输出电流，可以采用图 5.43 所示的电路。

根据图 5.43 可知

$$\begin{cases} I_O = I_{XX} + I_C \\ I_C = \beta I_B \\ I_{XX} = I_1 - I_Q \approx I_1 \\ I_1 = I_B + I_R \\ I_R = \dfrac{U_{BE}}{R} \end{cases} \qquad (5-26)$$

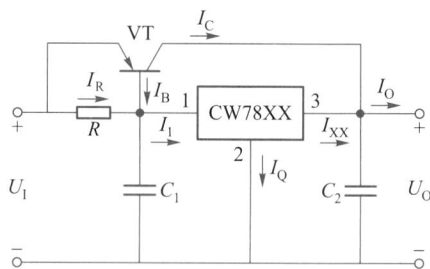

图 5.43 提高输出电流的稳压电路

式中：I_{XX} 为集成稳压器最大输出电流；I_1 为集成稳压器输入电流；I_Q 为集成稳压器的静态工作电流；I_C 为功率管 VT 的集电极电流；I_B 为 VT 的基极电流；β 为 VT 的电流放大系数；U_{BE} 为 VT 的基—射电压，一般硅管为 $0.7\ \text{V}$，锗管为 $0.3\ \text{V}$。

根据式(5-26)，可求得

$$I_O = (1+\beta) I_{XX} - \frac{\beta U_{BE}}{R} \qquad (5-27)$$

5. 恒流源电路

集成稳压器输出端串入合适的电阻，就可以构成恒流源电路，如图 5.44 所示。可求得输出电流 I_O 为

$$I_O = \frac{U_{XX}}{R} + I_Q \qquad (5-28)$$

当 $U_{XX}/R \gg I_Q$ 时

$$I_O = \frac{U_{XX}}{R} \qquad (5-29)$$

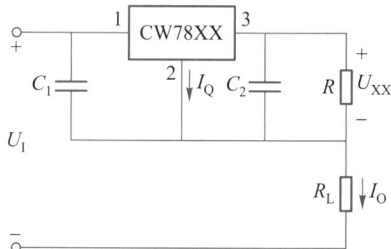

图 5.44 恒流源电路

由式(5-29)可知,输出电流 I_0 仅与集成稳压器额定电压 U_{XX} 和电阻 R 有关,具有恒流作用。

6. 输出正、负电压的稳压电路

78 系列和 79 系列三端集成稳压器可以组成正、负对称输出的稳压电路,如图 5.45 所示。电源变压器二次绕组中间有抽头,以提供正、负两组对称电源。使用时要特别注意,变压器二次绕组中间抽头需要与三端集成稳压器共地。

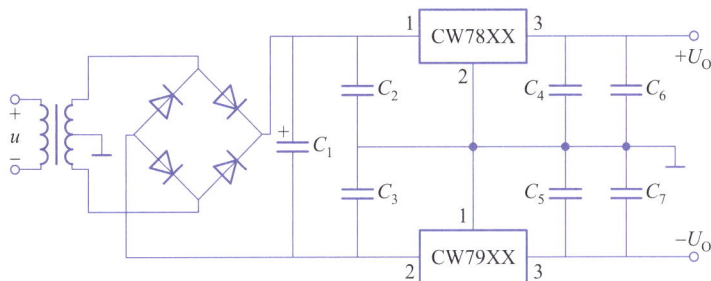

图 5.45　输出正、负电压的稳压电路

5.5.5　三端可调输出集成稳压器及其应用

1. 三端可调输出集成稳压器

三端可调输出集成稳压器的输出电压可调,可调范围为 1.2 ~ 37 V。只需加上少量的外围元件就可方便地组成精密可调稳压电路,应用更加灵活。典型三端可调输出集成稳压器有正电压输出 CW117、CW217、CW317 系列,负电压输出 CW137、CW237、CW337 系列。同一系列内部电路和工作原理相同,只是工作温度不同,如 CW117、CW217、CW317 的工作温度分别为−55 ~ 150 ℃、−25 ~ 150 ℃、0 ~ 150 ℃。数字后面的字母表示最大输出电流,L 表示最大输出 0.1 A,M 表示最大输出 0.5 A,无字母表示最大输出 1.5 A。

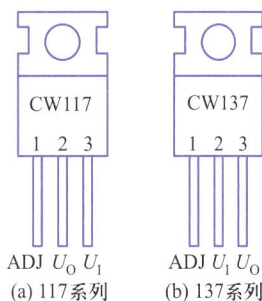

图 5.46　三端可调输出集成稳压器封装

三端可调输出集成稳压器封装图如图 5.46 所示。三个引脚分别为输入端、输出端和调整端,输出端和调整端间的基准电压 $U_{REF} = 1.25$ V,调整端电流 $I_{REF} = 50$ μA,调整端电压和电流不受供电电压影响,非常稳定。如果将调整端直接接地,输出电压就等于基准电压1.25 V。

2. 基本应用电路

三端可调输出集成稳压器的基本应用电路如图 5.47 所示。图中,C_1 用于消除输入引脚引起的自激振荡,C_2 用于减小输出纹波,C_3 用于抑制负载阻尼振荡,VD1 用于防止输入短路时 C_3 通过稳压器放电而损坏,VD2 用于防止输出短路时 C_2 通过调整端放电而损坏器件。R_1 和 R_P 构成采样电路,一般 R_1 取值为几百欧,R_P 取值为几千欧。

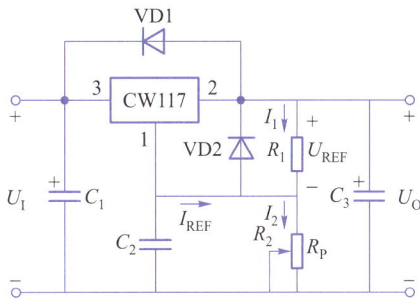

图 5.47　三端可调输出集成稳压器的基本应用电路

根据图 5.47 可求得输出电压 U_0 为

$$U_{\text{O}} = U_{\text{REF}} + I_2 R_2 = U_{\text{REF}} + \left(I_1 + I_{\text{REF}} \right) R_2 = U_{\text{REF}} + \left(\frac{U_{\text{REF}}}{R_1} + I_{\text{REF}} \right) R_2 = \frac{R_1 + R_2}{R_1} U_{\text{REF}} + I_{\text{REF}} R_2 \quad (5\text{-}30)$$

由于 I_{REF} 很小,可以忽略,又因为 $U_{\text{REF}} = 1.25\ \text{V}$,因此

$$U_{\text{O}} = 1.25\ \text{V} \times \left(1 + \frac{R_2}{R_1} \right) \quad (5\text{-}31)$$

由此可知,调节电位器 R_{P} 就可以调节输出电压。

3. 输出正、负电压可调的稳压电路

正、负输出三端可调集成稳压器也可以组成正、负对称输出电压可调的稳压电路,如图 5.48 所示。同正、负对称输出电压固定的稳压电路一样,电源变压器二次绕组中间有抽头,使用时变压器二次绕组中间抽头需要与三端集成稳压器调整端短接。

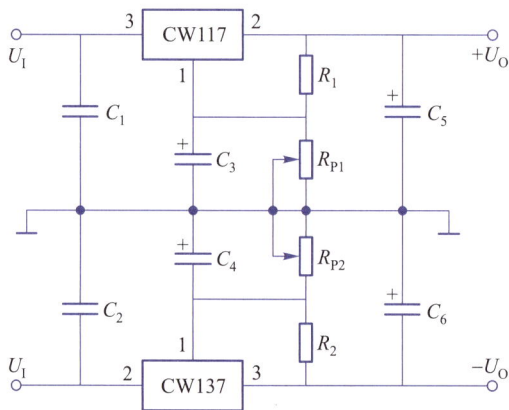

图 5.48　输出正、负电压可调的稳压电路

⚙ 项目训练

一、仿真训练

(一)二极管限幅电路仿真分析

1. 仿真目的

(1)学习使用 Multisim 仿真软件。

(2)加深对二极管的理解。

(3)通过仿真掌握二极管的限幅工作特性。

2. 仿真原理

利用二极管的单向导电和正向导通后正向导通压降基本恒定的特性,可将输出信号电压幅值限制在一定范围内。在电子线路中,常用限幅电路对各种信号进行处理,以使输入信号在预置的电压范围内有选择地传输一部分。二极管限幅电路也可用作保护电路,防止器件过电压而损坏。

3. 仿真设备

安装 Multisim 仿真软件的计算机 1 台。

4. 仿真步骤

（1）二极管上限幅电路仿真。二极管上限幅仿真电路如图 5.49（a）所示。在 Multisim 仿真软件中创建图 5.49（a）所示电路的仿真框图。在仿真软件元件库中选用元器件,电阻、二极管在基本元件库（Basic）,二极管选用 IN916,电阻选用 5.1 kΩ。直流电压源、交流电源、接地符号在电源库（Power Source Components）。连接好后设置电源,直流电源 V2 为 5 V,交流电源为 $u_i = 10\sqrt{2}\sin \omega t$ V,交流电源幅值大于恒定电压（$V_2 + 0.65$ V ≈ 5.65 V,设二极管 D1 的正向导通压降为 0.65 V）。从测量器件库（Measurement Components）中取出示波器（Oscil-loscope-XSC）连接在电路中,示波器 A 通道接输入电源 u_i,B 通道接输出 u_{o1}。需要注意的是软件仿真时必须设置接地点。创建好的仿真框图如图 5.49（b）所示。

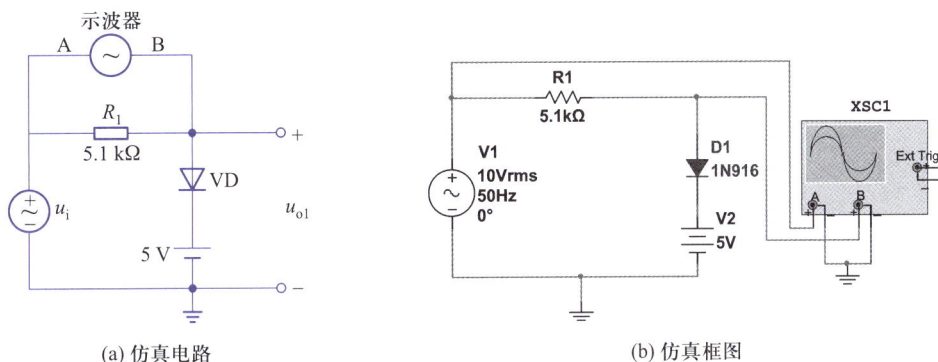

(a) 仿真电路

(b) 仿真框图

图 5.49　二极管上限幅仿真电路及仿真框图

单击仿真软件"运行/停止"开关（Simulation Switch）,启动仿真,得到如图 5.50 所示的仿真波形。把仿真波形 u_{o1} 记录在表 5.1 中。

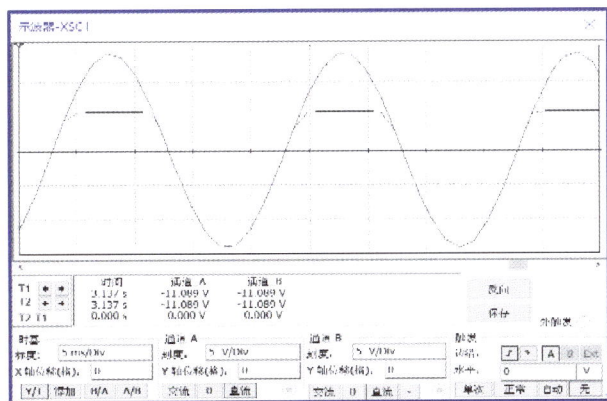

图 5.50　二极管上限幅电路仿真波形

表 5.1　二极管上下限幅电路仿真波形

输入波形 u_i	
输出波形 u_{o1}	
输出波形 u_{o2}	

（2）二极管下限幅电路仿真。改变图 5.49（a）中的二极管和电源极性，得到二极管下限幅电路。依照上面方法创建如图 5.51 所示二极管下限幅电路仿真框图，启动仿真，得到图 5.52 所示的仿真波形。把仿真波形 u_{o2} 记录在表 5.1 中。

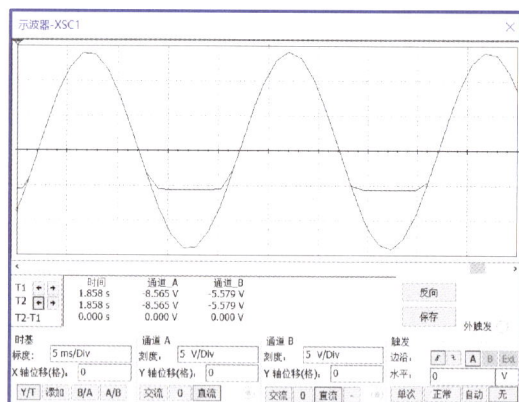

图 5.51 二极管下限幅电路仿真框图

图 5.52 二极管下限幅电路仿真波形

5. 思考题

比较输出波形 u_{o1} 和 u_{o2} 有何区别？如果将两个电路合并，可否起到双向限幅作用？

（二）单相半波整流电路仿真分析

1. 仿真目的

（1）进一步学习使用 Multisim 仿真软件。

（2）学习二极管在整流电路中的应用。

2. 仿真原理

利用二极管单向导电性，可以把交流电整流成脉动的直流电。常用的整流电路有半波整流电路和桥式整流电路，本次训练以半波整流电路入手来进行仿真分析，有兴趣的读者可自行完成其他整流电路的仿真分析。

3. 仿真设备

安装 Multisim 仿真软件的计算机 1 台。

4. 仿真步骤

（1）二极管半波整流仿真电路如图 5.53（a）所示。在 Multisim 仿真软件中创建图 5.53（a）所示电路的仿真框图。在软件元件库中选用元器件。电阻、二极管在基本元件库（Basic），二极管选用 IN916。交流电源、接地符号在电源库（Power Source Components）。连接好后设置参数，输入交流电压 $u_i = 10\sqrt{2}\sin\omega t$ V，负载 $R_L = 1$ kΩ。从测量器件库（Measurement Components）中取出示波器（Oscilloscope-XSC）连接在电路中，示波器 A 通道接输入电源 u_i，B 通道接输出 u_o。需要注意的是必须设置接地点。创建好的仿真框图如图 5.53（b）所示。

（2）单击仿真软件"运行/停止"开关（Simulation Switch），启动仿真，得到如图 5.54（a）所示的仿真波形。把仿真波形 u_o 记录在表 5.2 中。

（3）改变测试点，示波器 A 通道不变，B 通道接二极管 D1 两端，启动仿真，得到如图 5.54（b）所示的二极管电压仿真波形。把仿真波形 u_D 记录在表 5.2 中。

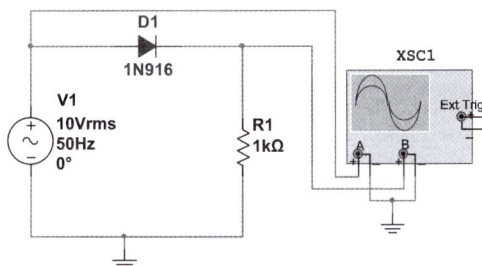

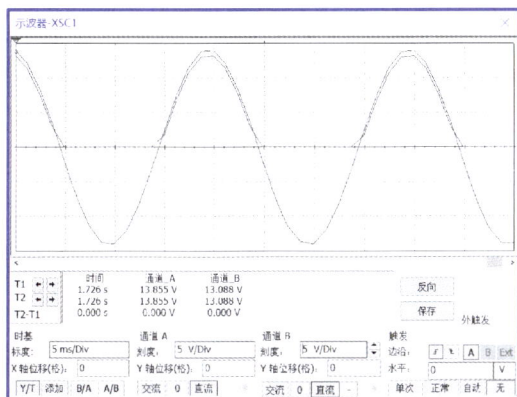

图 5.53　单相整流仿真电路及仿真框图

（a）仿真电路　　　　　　　　　　　　（b）仿真框图

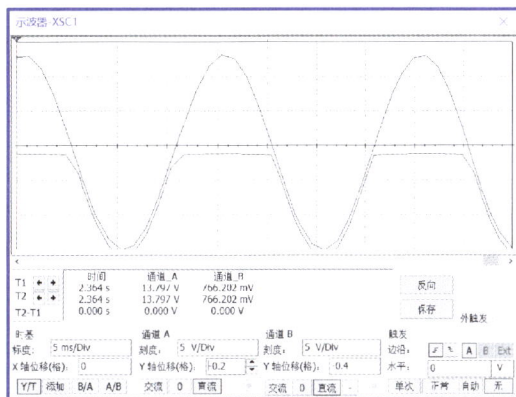

（a）输出电压 u_o 波形　　　　　　　　　　　（b）二极管电压 u_D 波形

图 5.54　单相整流电路仿真波形

表 5.2　单相整流电路仿真波形

输入波形 u_i	
输出波形 u_o	
二极管波形 u_D	

5. 思考题

（1）计算图 5.53（a）所示电路输出电压有效值，与测量值比较，分析产生误差原因。

（2）示波器接地端有时可以省略不接，此电路是否必须接？不接地会出现什么现象？

二、技能训练

（一）二极管认知与测试

1. 训练目的

（1）复习数字万用表的基本操作技能。

（2）会识别二极管类型，会判断二极管正负极和比较二极管的质量优劣。

（3）会测试稳压二极管。

2. 训练原理

二极管由一个 PN 结构成,硅二极管正向导通电压约为 0.7 V,锗二极管正向导通电压约为 0.2 V。当外加正向电压时,二极管导通呈低阻态,当外加反向电压,二极管截止呈高阻态,这就是二极管的单向导电性。可以使用万用表欧姆挡鉴别二极管的极性和判别其质量的好坏。

3. 训练器材

模拟实验箱(带有稳压管),数字万用表 1 只,1N4001 二极管 1 只,2AP9 二极管 1 只。

4. 训练内容与步骤

(1) 识别各类二极管。学生通过网络输入关键词"二极管",搜索并识别各类二极管。列表举例,讨论交流。

(2) 二极管的质量和极性判别。本实训采用数字万用表欧姆挡判别二极管质量。将表笔正反两次接二极管管脚,测出其电阻值,分别为正向电阻和反向电阻。正常情况下,性能质量较好的二极管,正反向电阻值差异很大,反向电阻远远大于正向电阻。如果两次测量阻值相差很大,则可以认为此二极管是好的。如果两次测得的电阻值均很小且趋近于 0,说明二极管内部 PN 结已击穿;如果两次测得的电阻均很大且趋近于无穷大,说明二极管内部已经断路;如果正、反向所测试的电阻值相差不大,则可以认为二极管性能已变坏或已经失效,这就是判断二极管质量的简易方法。

用数字万用表二极管测量挡测试二极管,如果本挡显示值为二极管正向压降电压值,表明二极管正接;显示为"1"时,表示二极管反接。

二极管一般有两个管脚,标有色标(白色或黑色)的一端通常为负极,管脚较长的一端为正极。发光二极管管脚较长的一端或金属片小的一端为正极。学会根据二极管管脚外观判断正负极,对电路安装和检修很有用处。

(3) 稳压二极管性能测试。稳压二极管性能测试电路如图 5.55 所示,按表 5.3 所示改变输入电压,测试电路并把结果记录在表 5.3 中。

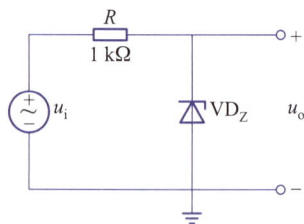

图 5.55　稳压二极管性能测试电路

表 5.3　稳压二极管测试

U_i/V	9	10	11	12	13	14
U_o/V						
I_z/mA						

5. 注意事项

(1) 测量过程中注意万用表挡位。

(2) 训练过程中遵守实训室相关规定。

6. 思考题

如果图 5.55 中加入负载电阻,当负载电阻变化时,输出电压会怎样变化?

(二) 固定输出稳压电源设计与装配

1. 训练目的

(1) 掌握集成直流稳压电源工作原理,会设计、组装与测试直流稳压电源。

（2）认识滤波器作用，了解变压器参数的选择方法。

（3）了解三端固定集成直流稳压电源的性能及测试方法。

2. 训练原理

电源电路是向电子设备供电的电路。电子设备往往需要多种不同直流工作电压，范围从几伏到几十伏。这些直流电源一般是从市电经整流稳压后得到的。

直流稳压电源由电源变压器、整流电路、滤波电路及稳压电路组成，其组成框图及波形如图5.56所示。滤波后的直流电压不稳定，容易受到电网电压波动或负载大小变动的影响，因此需要进一步稳压，向电子设备提供稳定的直流工作电压。

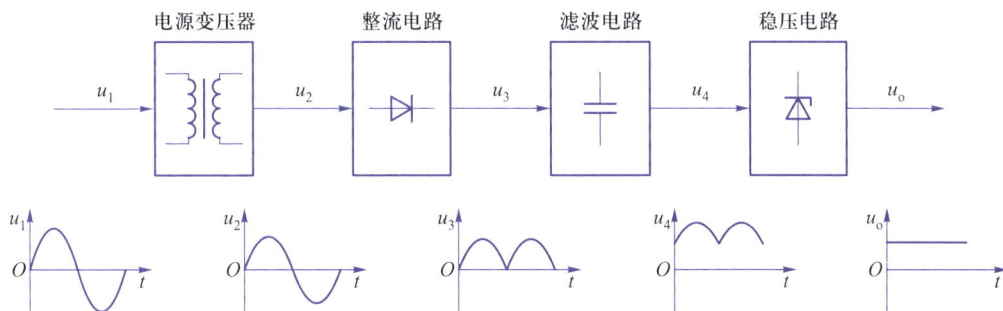

图 5.56　直流稳压电源的组成框图及变换波形

固定输出直流稳压电源电路原理图如图5.57所示。用三端集成直流稳压电源 LM7805 实现稳压。220 V 交流电变压器降压，输出 8 V 交流电压，经二极管 VD1～VD4 整流后，得到脉动的直流电，再经滤波后变成平滑的直流电，将此直流电压送给三端稳压器 LM7805 的输入端，就得到稳定的直流电压。

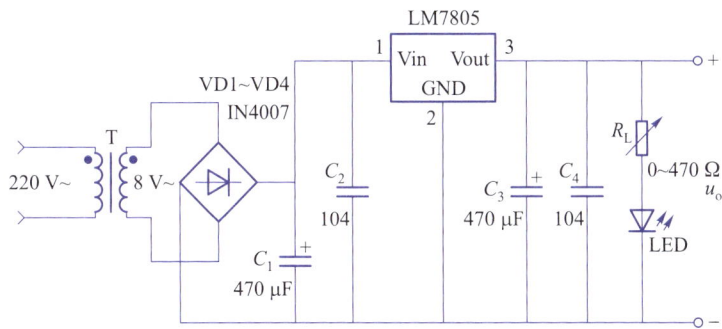

图 5.57　固定输出直流稳压电源电路原理图

3. 训练器材

变压器（8 V/10 W）1 个，示波器 1 台，交流电压表 1 个，万用表 1 个，电解电容（470 μF/15 V）2 个，瓷片电容（104）2 个，发光二极管 1 个，万能印制板（100 mm×90 mm）1 个，二极管（IN4007）4 个，LM7805 芯片 1 片，滑动变阻器（470 Ω）1 个。

4. 训练内容与步骤

（1）组装电路。按图5.57连接训练电路，注意三端集成稳压电源 LM7805 要紧贴底板安装，利用底板铜箔散热。如果散热效果不好，也可以加上小型散热片进行散热。

（2）整流电路安装与测试。将 4 只整流二极管焊接后,用示波器分别观测变压器二次电压和经二极管整流后的电压波形,将观测到的波形绘制在表 5.4 中,测量数据填入表 5.5 中。

表 5.4　整流前后电压波形

变压器二次电压波形	
整流后的电压波形	

表 5.5　整流后电压观察值与测量值

示波器观测变压器二次电压波形的峰峰值/V	示波器观测整流后电压波形峰峰值/V	万用表测量变压器二次电压/V	万用表测量整流后的电压/V

（3）滤波电容安装与测试。焊接滤波电容 C_1 和 C_2,用示波器观察滤波后的电压波形,记录在表 5.6 中,将测量值填入表 5.7 中。

（4）稳压电路安装与测试。焊接三端集成直流稳压电源 LM7805 及滤波电容 C_3 和 C_4,用示波器观察输出端电压波形,记录在表 5.6 中,将测量值填入表 5.7 中。

表 5.6　电容滤波电压和稳压输出电压波形

电容滤波电压波形	
稳压输出端电压波形	

表 5.7　各物理量观察值与测量值

示波器观测电容滤波后电压波形峰峰值/V	示波器观测稳压后电压波形峰峰值/V	万用表测量滤波后的电压/V	万用表测量稳压后的输出电压/V

（5）电路调试。在三端集成直流稳压电源输出端接一个滑动变阻器,调节滑动变阻器,按照表 5.8 分别测量滑动变阻器在不同电流时对应的输出电压,将稳压电源的"直流输出负载特性"参数填入表 5.8 中。

表 5.8　直流输出负载特性参数

输出电流/A	0	0.1	0.3	0.5	0.7
输出电压/V					

（6）整理测量数据,将实训过程中的问题记录下来,分析故障原因,及时排除故障。

5. **注意事项**

（1）组装电路时注意二极管、电解电容的极性。

（2）实训过程中注意用电安全。

（3）训练过程中遵守实训室相关规定。

6. **思考题**

（1）在直流稳压电源中,如果不接电容 C_1 和 C_2,负载电压有无变化? 变化了多少? 如果电容短路,后果又如何?

（2）在直流稳压电源中,如果某个二极管发生开路、短路或反接,将会出现什么问题?

项目小结

1. 纯净的半导体称为本征半导体,本征半导体导电性差。当温度升高或光照增强时,导电能力增强。掺杂其他微量元素的半导体称为杂质半导体,杂质半导体导电能力显著增强。掺入五价元素的杂质半导体称为 N 型半导体,N 型半导体中自由电子为多子,空穴为少子,杂质原子为正离子。掺入三价元素的杂质半导体称为 P 型半导体,P 型半导体中空穴为多子,自由电子为少子,杂质原子为负离子。

2. 把 P 型半导体和 N 型半导体做在一起就构成 PN 结,PN 结是半导体器件的基础。PN 结未加电场时,多子扩散运动等于少子漂移运动,内电场稳定,硅材料内电场为 $0.5 \sim 0.7 \, \text{V}$,锗材料内电场为 $0.2 \sim 0.3 \, \text{V}$。PN 结具有单向导电性,PN 结正偏,扩散运动大于漂移运动,PN 结变薄,呈现低阻态,PN 结导通;PN 结反偏,漂移运动大于扩散运动,PN 结变厚,呈现高阻态,PN 结截止。

3. PN 结加上电极引线和外壳封装就构成了二极管。二极管有两个电极,分别是阳极 P 和阴极 N。二极管正偏导通反偏截止,使二极管导通的正向电压称为导通电压,硅管的导通电压约为 $0.5 \, \text{V}$,锗管约为 $0.1 \, \text{V}$。二极管导通后的电压称为导通压降,硅管约为 $0.7 \, \text{V}$,锗管约为 $0.2 \, \text{V}$。当二极管反向电压超过反向击穿电压后,二极管会被击穿。利用二极管的单向导电性,可以构成整流、检波、限幅等电路。

4. 特殊二极管有稳压二极管、发光二极管、光电二极管、激光二极管和变容二极管等。特殊二极管结构不同,特性不同,应用也不同。稳压二极管反向击穿特性曲线很陡,在一定电流范围内端电压不变,具有稳压效果,可以作为基准电压或构成稳压电路、电压保护电路等。发光二极管可以把电信号转换成光信号,可以作为电源指示、信号指示而广泛应用。光电二极管能够把光信号转换成电信号,在光控、红外遥控、光探测、光纤通信和光电耦合等方面得到了广泛应用。激光二极管能够产生激光,激光具有单色性好、亮度高、方向性好等特点,激光二极管在军事、医学、工业等众多领域应用越来越多。变容二极管结电容随外加偏压变化,可以作为可变电容器使用,在调频、扫描振荡、频率自动微调及相位控制等方面应用较多。在使用时稳压二极管、光电二极管和变容二极管必须反向偏置,发光二极管和激光二极管必须正向偏置,发光二极管还必须串接限流电阻。

5. 直流稳压电源分为线性稳压电源和开关稳压电源。线性稳压电源由电源变压器、整流电路、滤波电路和稳压电路组成。

6. 整流电路把交流电转变成直流电,整流电路包括三相整流电路和单相整流电路,直流稳压电源中的整流电路通常为单相整流电路。单相整流电路又分为半波整流电路、全波整流电路和桥式整流电路。半波整流电路用一个整流二极管,只有在电源正半周有输出电压,电路简单,但输出电压脉动大,电源变压器容易直流磁化,只适用于小容量、要求不高的场合。全波整流电路用了两个整流二极管,不论电源正半周还是负半周都有输出电压,电源利用率高,输出电压脉动小,但变压器二次绕组需要中心抽头,制造成本高,整流二极管承受的反向电压高,仅在一些特殊场合应用。桥式整流电路用了四个整流二极管,不论电源是正半周还是负半周都有输出电压,电源利用率高,输出电压脉动小,具有与全波整流电路相似的优点,并且变压器不需要中心抽头,二极管承受的反向电压低,因此实际应用较多。

7. 滤波电路包括电容滤波电路和电感滤波电路。电容滤波电路简单,输出电压平均值高,适用于小电流负载。电感滤波电路的滤波效果和电容滤波相当,但是滤波电感体积大,成本高,只适用于低压、大电流场合。为进一步提高滤波效果,可以采用 LC 滤波电路、π型 LC 滤波电路或 π 型 RC 滤波电路

8. 稳压电路种类很多,有分立元件稳压电路和集成稳压电路。分立元件稳压电路应用最多的是串联型稳压电路。串联型稳压电路多用晶体管作为调整管再加上采样电路、基准电压和比较放大电路构成,可以是固定输出也可以是可调输出,方便灵活,但是所用分立元件较多,电路调试困难,现在已很少应用。

9. 把串联型稳压电路的各部分电路和启动电路、过电流保护电路、过热保护电路等集成在一个芯片上,就构成了集成稳压器。集成稳压器体积小、外围元件少、性能稳定可靠、使用调整方便,应用较多。集成稳压器包括固定输出和可调输出两类。常用的固定输出集成稳压器包括正电压输出的 78 系列和负电压输出的 79 系列。固定输出集成稳压器的输出电压由型号后两位决定。常用的可调输出集成稳压器包括正电压输出的 117 系列和负电压输出的 137 系列。可调输出集成稳压器输出端和调整端电压为 1.25 V。固定输出和可调输出集成稳压器外加少量外围元件可构成各种稳压电路。正电压输出与负电压输出的引脚功能不同,使用时需要注意。

习 题 5

5.1　填空题

(1) 载流子从高浓度向低浓度运动称为_____运动,载流子在电场作用下的定向移动称为_____运动。

(2) P 型半导体的多子为_____,N 型半导体的多子为_____,PN 结具有_____特性。

(3) PN 正向偏置时_____,PN 结的内电场_____,其正向导通电流由多数载流子的运动形成。

(4) 温度升高时,二极管的反向电流将_____,正向导通压降将_____。

(5) 小功率稳压电源一般由_____、_____、_____和_____几部分构成。

(6) 串联反馈式稳压电路由_____、_____、_____和_____几部分构成。

5.2　单项选择题

(1) 半导体中的空穴是(　　)。

　　A. 半导体晶格的缺陷　　　　　　　　B. 电子脱离共价键后留下的空位

　　C. 带正电的离子　　　　　　　　　　D. 带负电的离子

(2) 半导体二极管加正向电压时,有(　　)的特点。

　　A. 电流大电阻小　　B. 电流大电阻大　　C. 电流小电阻小　　D. 电流小电阻大

(3) 半导体稳压二极管正常稳压时,应当工作于(　　)。

　　A. 反向偏置击穿状态　　　　　　　　B. 反向偏置未击穿状态

　　C. 正向偏置导通状态　　　　　　　　D. 正向偏置未导通状态

(4) 在桥式整流电路中,若变压器二次电压为 $u_2 = 10\sqrt{2}\sin \omega t$ V,则每个整流管所承受的最大反向电压为(　　)。

　　A. 20 V　　　　　B. $20\sqrt{2}$ V　　　　　C. $10\sqrt{2}$ V　　　　　D. $\sqrt{2}$ V

（5）在单相桥式整流电容滤波电路中，设 U_2 为其输入电压，输出电压的平均值约为（　　）。

    A. $0.45U_2$　　　　　　B. $1.2U_2$　　　　　　C. $0.9U_2$　　　　　　D. $1.4U_2$

（6）串联型稳压电路中的调整管正常工作时处于（　　）状态。

    A. 放大　　　　　　B. 饱和　　　　　　C. 截止　　　　　　D. 开关

（7）若桥式整流电路变压器二次电压的有效值为 15 V，经电容滤波后，其输出电压的平均值应为（　　）V。

    A. 6.75　　　　　　B. 9　　　　　　C. 13.5　　　　　　D. 18

5.3　图 5.58 中的二极管为理想器件，VD1 工作在什么状态？ VD2 工作在什么状态？ U_A 为多少伏？

5.4　电路如图 5.59 所示，设二极管为理想状态，试画出输入电压 $u_i = 10\sin \omega t$ V 时，输出电压 u_o 的波形。

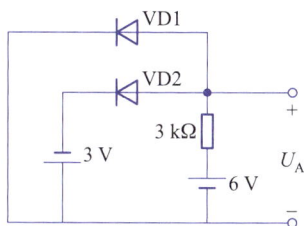

图 5.58　题 5.3

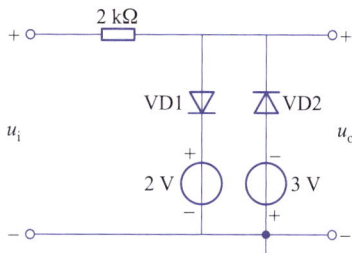

图 5.59　题 5.4

5.5　二极管电路如图 5.60(a) 所示，设二极管为理想器件。试求电路的传输特性（$u_i - u_o$ 特性），画出 $u_i - u_o$ 波形；假定输入电压如图 5.60(b) 所示，试画出相应的 u_o 波形。

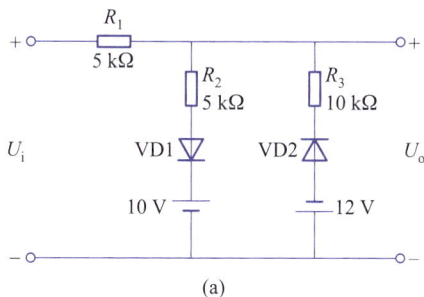

(a)

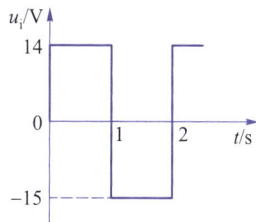

(b)

图 5.60　题 5.5

5.6　已知稳压管的稳定电压 $U_Z = 6$ V，稳定电流的最小值 $I_{Zmin} = 5$ mA，最大功耗 $P_{ZM} = 150$ mW。求图 5.61 所示电路中电阻 R 的取值范围。

5.7　单相桥式整流电容滤波电路如图 5.62 所示，已知 u_2 的有效值 $u_2 = 20$ V，C 足够大，试求输出电压平均值 u_o：（1）正常工作时的 u_o；（2）C 开路时的 u_o；（3）R_L 开路时的 u_o；（4）C 开路且有一个二极管断开时的 u_o。

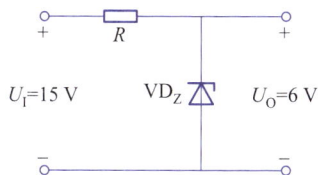

图 5.61　题 5.6

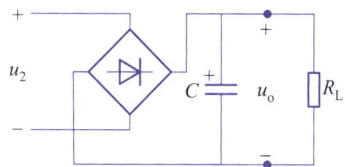

图 5.62　题 5.7

5.8　一个输出电压为 +6 V、输出电流为 0.12 A 的稳压电源电路如图 5.63 所示。如果已选定变压器二次电压有效值为 10 V，试指出整流二极管的正向平均电流和反向峰值电压为多大，滤波电容器的容量大致在什么范围内选择，其耐压值至少不应低于多少，稳压管的稳压值应选多大。

5.9 串联型稳压电路如图 5.64 所示。问:(1) 电路由哪几个部分组成?(2) U_O 的可调范围为多大?
(3) 若调整管饱和压降 $U_{CES} = 2.5$ V,则 U_{Imin} 值应为多大?

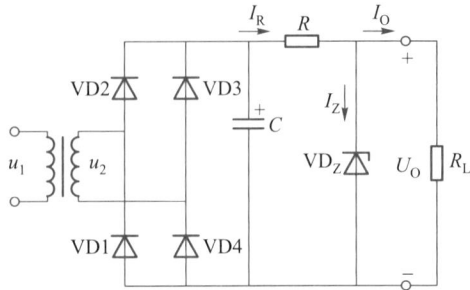

图 5.63 题 5.8

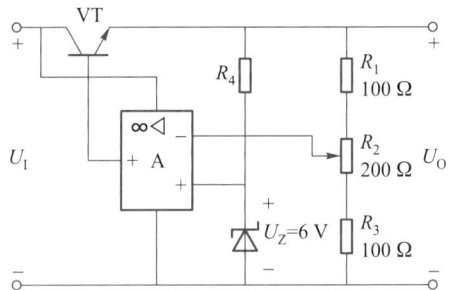

图 5.64 题 5.9

5.10 图 5.65 所示为由三端集成稳压电源 W7805 构成的直流稳压电路。已知 $I_Q = 9$ mA,求:(1) 电路的输出电压 U_O;(2) 输入电压 U_I 至少应为多大?

5.11 电路如图 5.66 所示,求输出电压 U_O 的范围。

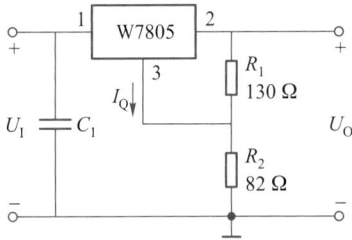

图 5.65 题 5.10

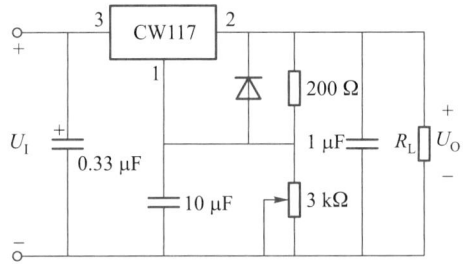

图 5.66 题 5.11

半导体三极管及放大电路

项目要求

项目主要知识点：

1. 晶体管的结构、工作原理、特性、主要参数；
2. 放大电路的组成、工作原理、主要性能指标、分析方法、性能特点及应用；
3. 功率放大电路的组成、工作原理、主要性能指标、分析方法、性能特点及应用；
4. 多级放大电路的组成、耦合方式、特性分析。

学习目标及素质、能力要求：

1. 会进行晶体管管脚判别、性能测试、应用电路测试与功能实现；
2. 会进行放大电路静态工作点及主要性能指标估算；
3. 学会静态工作点设置对放大电路性能的影响及静态工作点调整方法；
4. 会进行基本放大电路输入输出波形测试，并根据测试数据计算放大倍数；
5. 会进行功率放大电路的类型识别及功率、效率计算；
6. 发挥团队力量，实现事半功倍。

项目导入

在教室里上课，坐在后排的同学也能听到老师的声音，因为麦克风或扩音器能将老师的声音放大。扩音器是如何工作的？收音机和电视机都要把接收到的电台信号进行放大，才能带动扬声器发出声音，那么，收音机和电视机是如何将接收到的电台信号放大的？学完本项目内容之后，这些问题将迎刃而解。

知识点 **6.1**

晶体管

半导体三极管（Triode）具有放大信号功能，是组成各种放大电路的重要元件。根据导电原理不同，半导体三极管分为双极型三极管（晶体管）和单极型三极管（场效应晶体管）两种类型。

晶体管（Bipolar Junction Transistor，BJT）是一种电流控制型器件，由输入电流控制输出电流，工作时电子和空穴两种载流子同时参与导电，因此又称为双极型三极管。

6.1.1　晶体管的结构及类型

晶体管的种类有很多,按材料不同可分为硅管和锗管;按工作频率不同可分为低频管、中频管和高频管;按结构不同可分为 NPN 管和 PNP 管。

图 6.1(a)所示是 NPN 晶体管结构示意图,有三层半导体结构,两个 PN 结。上、下两层 N 型半导体分别称为集电区和发射区,中间 P 型半导体称为基区。每层引出一个电极,分别称为集电极(Collector,C)、基极(Base,B)和发射极(Emitter,E)。集电区和基区之间的 PN 结称为集电结,基区和发射区之间的 PN 结称为发射结。图 6.1(b)所示是 NPN 晶体管的管芯结构剖面图,发射区掺杂浓度最高,基区很薄,掺杂浓度最低,集电区面积大,这种结构和制造工艺是保证晶体管具有放大功能的内部条件。NPN 晶体管的电路符号如图 6.1(c)所示,发射极箭头方向表示发射极的电流方向。

(a) 结构示意图　　　　(b) 管芯结构剖面图　　　　(c) 电路符号

图 6.1　NPN 晶体管的结构及电路符号

PNP 晶体管结构和 NPN 晶体管类似,由两层 P 型半导体和一层 N 型半导体构成,如图 6.2(a)所示,电路符号如图 6.2(b)所示。发射极箭头方向与 NPN 晶体管相反,表明 PNP 晶体管发射极电流方向是流入的。

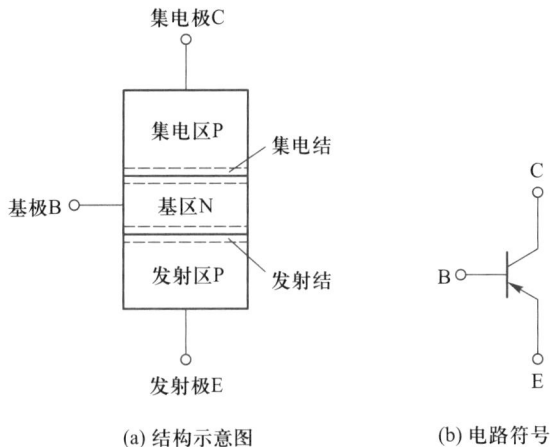

(a) 结构示意图　　　　　　(b) 电路符号

图 6.2　PNP 晶体管的结构及电路符号

6.1.2　晶体管的电流放大原理

晶体管实现电流放大功能的外部条件是集电结反向偏置,发射结正向偏置。对于 NPN 管,各电极电位关系是 $V_C > V_B > V_E$;对于 PNP 管,各电极电位关系是 $V_E > V_B > V_C$。图 6.3 所示是 NPN 晶体管工作时载流子运动方向和各极电流方向示意图。图中,V_{BB} 为基极电源,为发射结提供正偏电压;V_{CC} 为集电极电源,为集电结提供反偏电压;R_B 为基极限流电阻;R_C 为集电极限流电阻。基极和发射极所在回路称为输入回路,集电极和发射极所在回路称为输出回路,发射极是两个回路的公共端,因此这个电路也称为共发射极(共射)放大电路。

在图 6.3 中,由于发射结施加了正向电压,而发射区杂质浓度高,发射区大量的多子(电子)很容易越过发射结向基区扩散,并不断由电源得到补充,形成电子电流。与此同时,基区多子(空穴)也向发射区扩散形成空穴电流,但由于基区空穴浓度远低于发射区电子浓度,空穴电流与电子电流相比很小,可以忽略,因此可以认为,发射区向基区发射电子形成了发射极电流 I_E。发射区电子扩散到基区后,少量电子与基区空穴复合,形成基极电流 I_B。由于基区杂质浓度低,因此基极电流 I_B 很小。发射区扩散的

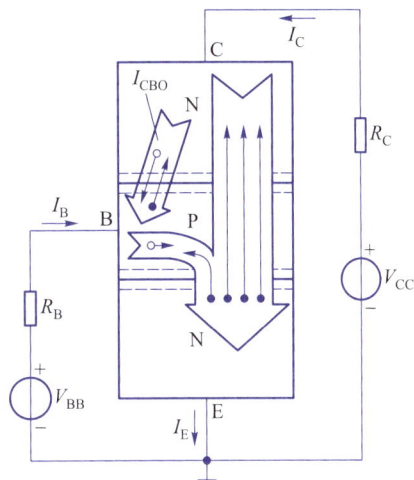

图 6.3　NPN 晶体管载流子运动方向和各极电流方向

大多数电子能够继续扩散到基区的集电结边缘,由于集电结反偏并且结面积较大,外电场 V_{CC} 阻止了集电区的多子(电子)向基区扩散,但是从发射区扩散到集电结边缘的电子在 V_{CC} 作用下,几乎全部漂移(因为扩散到集电结边缘的电子对于基区来说是少数载流子,少数载流子越过集电结向集电区运动属于漂移运动)通过集电结形成集电极电流 I_C。集电区的少子(空穴)和基区的少子(电子)在 V_{CC} 作用下也越过集电结向对方扩散形成集电结反向饱和电流 I_{CBO},由于 I_{CBO} 是少子运动形成的,因此很小,并且受温度影响变化很大。

根据前面分析可知,晶体管在外加电压作用下,发射区向基区注入的电子大部分到达集电区形成集电极电流 I_C,只有小部分电子在基区与空穴复合形成了基极电流 I_B,$I_C \gg I_B$,并且满足

$$I_E = I_B + I_C \qquad (6-1)$$

当基极电流 I_B 发生变化时,从发射区扩散到集电结的电子数量也发生变化,从而使集电极电流 I_C 发生变化,由于 $I_C \gg I_B$,I_B 变化很小而 I_C 变化很大,这就相当于基极电流 I_B 较小的变化引起了集电极电流 I_C 较大的变化,这就是晶体管的电流放大作用。把这种变化关系用 $\overline{\beta}$ 表示,称为共射直流电流放大系数,忽略集电结反向饱和电流 I_{CBO},则

$$\overline{\beta} \approx \frac{I_C}{I_B} \qquad (6-2)$$

式中:共射直流电流放大系数 $\overline{\beta}$ 与晶体管制造工艺有关,一旦晶体管制成,其值便近似为常数。

如果考虑集电结反向饱和电流 I_{CBO},则

$$\overline{\beta} = \frac{I_{\text{C}} - I_{\text{CBO}}}{I_{\text{B}} + I_{\text{CBO}}} \tag{6-3}$$

$$I_{\text{C}} = \overline{\beta} I_{\text{B}} + (1+\overline{\beta}) I_{\text{CBO}} = \overline{\beta} I_{\text{B}} + I_{\text{CEO}} \tag{6-4}$$

式中：I_{CEO} 为穿透电流。

$$I_{\text{CEO}} = (1+\overline{\beta}) I_{\text{CBO}} \tag{6-5}$$

6.1.3　晶体管的输入输出特性

晶体管的输入输出特性反映了晶体管各极电压、电流之间的控制关系及工作特性，是分析晶体管工作状态的重要依据。

1. 输入特性

晶体管的输入特性是指当晶体管集电极—发射极电压（简称集—射电压）u_{CE} 一定时，基极电流 i_{B} 随基极—发射极电压（简称基—射电压）u_{BE} 的变化关系，即

$$i_{\text{B}} = f(u_{\text{BE}}) \big|_{u_{\text{CE}} = \text{常数}}$$

由于晶体管基极和发射极之间存在一个 PN 结（发射结），因此晶体管输入特性与二极管正向特性类似。在 u_{CE} 一定的条件下，逐渐增加 u_{BE}，当 u_{BE} 小于发射结死区电压时，基极电流 i_{B} 很小，近似为零；当 u_{BE} 超过发射结死区电压时，基极电流 i_{B} 快速上升，发射结导通，如图 6.4 所示。硅管死区电压约为 0.5 V，锗管约为 0.1 V，导通后硅管导通电压为 0.6 ~ 0.8 V，锗管为 0.2 ~ 0.3 V。集—射电压 u_{CE} 对输入特性有影响，增大 u_{CE}，输入特性曲线向右偏移。当 $u_{\text{CE}} > 1$ V 后，由于电流分配关系已经确定，因此曲线右移量开始变得很小，几乎与 $u_{\text{CE}} = 1$ V 时重合。

2. 输出特性

晶体管的输出特性是指当晶体管基极电流 i_{B} 一定时，集电极电流 i_{C} 随集—射电压 u_{CE} 的变化关系，即

$$i_{\text{C}} = f(u_{\text{CE}}) \big|_{i_{\text{B}} = \text{常数}}$$

晶体管输出特性与基极电流 i_{B} 有关，不同 i_{B} 对应不同的输出特性曲线，是一组曲线族，如图 6.5 所示，它们可以分为三个区域。

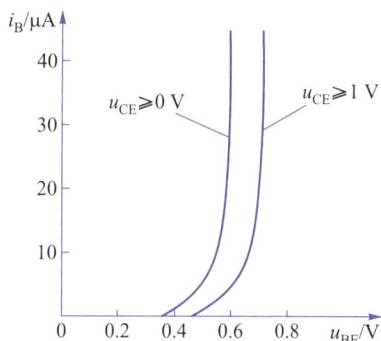

图 6.4　晶体管的输入特性曲线　　图 6.5　晶体管的输出特性曲线

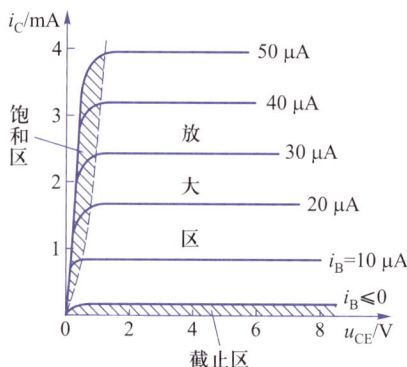

（1）截止区。晶体管输出特性曲线 $i_{\text{B}} \leq 0$ 的区域称为截止区。在此区域，晶体管集电结反向偏置，发射结零偏置或反向偏置，$u_{\text{BE}} < U_{\text{BE(ON)}}$，$i_{\text{B}} \approx 0$，$i_{\text{C}} = i_{\text{CEO}} \approx 0$，晶体管处于截止状态。

（2）放大区。当晶体管基极电流 $i_B>0$ 时，晶体管输出特性曲线几乎与横轴平行，在 $i_B =$ C（常数）的情况下，增大集—射电压 u_{CE}，集电极电流 i_C 几乎不变，而是随基极电流 i_B 变化，即 $i_C \approx \bar{\beta} i_B$，这部分区域称为放大区。在此区域，晶体管集电结反偏，发射结正偏，$u_{BE} \geqslant U_{BE(ON)}$，$U_{BE(ON)}$ 为晶体管基—射导通电压。晶体管三个电极电位关系是：NPN 管中 $V_C>V_B>V_E$，PNP 管中 $V_E>V_B>V_C$，晶体管处于放大状态。

（3）饱和区。晶体管输出特性曲线起始段，集电极电流 i_C 不随基极电流 i_B 变化，而是随集—射电压 u_{CE} 线性变化，这部分区域称为饱和区。在此区域，晶体管发射结和集电结均正偏，$u_{BE} \geqslant U_{BE(ON)}$，$u_{CE} \leqslant u_{BE}$（PNP 管 $u_{CE} \geqslant u_{BE}$），晶体管处于饱和导通状态，无放大作用。临界饱和导通时，$u_{CE} = u_{BE}$。深度饱和导通时，集电极、发射极之间压降称为饱和压降，用 $u_{CE(sat)}$ 表示，硅管的饱和压降约为 0.3 V，锗管的饱和压降约为 0.1 V。

综合前面分析，可得出以下结论。

（1）晶体管基—射电压 u_{BE} 在 0.6 ~ 0.8 V 为硅管，在 0.2 ~ 0.3 V 为锗管。

（2）不论 NPN 管还是 PNP 管，均满足 $I_E = I_B + I_C$，电流从发射极流出为 NPN 管，从发射极流入为 PNP 管。

（3）不论 NPN 管还是 PNP 管，发射结和集电结均反偏，即 $u_{BE}<U_{BE(ON)}$ 时，晶体管处于截止状态；发射结正偏集电结反偏，即 $u_{BE} \geqslant U_{BE(ON)}$，且 $u_{CE} \geqslant u_{BE}$（NPN 管）或 $u_{CE} \leqslant u_{BE}$（PNP 管）时，晶体管处于放大状态；发射结和集电结均正偏，即 $u_{BE} \geqslant U_{BE(ON)}$，且 $u_{CE} \leqslant u_{BE}$（NPN 管）或 $u_{CE} \geqslant u_{BE}$（PNP 管）时，晶体管处于饱和导通状态。

（4）晶体管工作在放大区时具有电流放大作用，可以构成各种放大电路；工作在截止区和饱和区时，相当于开关的断开和闭合，可用于开关电路和数字电路。

3. 温度对晶体管输入输出特性的影响

温度对晶体管特性影响较大。随着温度升高，晶体管导通电压减小，基极电流 i_B 增大，输入特性曲线向左偏移。直流电流放大系数 $\bar{\beta}$、集电结反向饱和电流 I_{CEO} 增大，温度每升高 1 ℃，$\bar{\beta}$ 增加 0.5% ~ 1%。集电极电流 i_C 增大，输出特性曲线向上偏移。

6.1.4 晶体管的主要参数

为了正确使用晶体管，需要了解晶体管的主要参数。晶体管的参数有很多，这里仅介绍一些常用参数。

1. 共射电流放大系数

（1）共射直流电流放大系数 $\bar{\beta}$。共射直流电流放大系数也称为静态电流放大系数，是晶体管集电极直流电流 I_C 与基极直流电流 I_B 之比，用 $\bar{\beta}$ 表示，即

$$\bar{\beta} = I_C/I_B$$

$\bar{\beta}$ 也可以用 h_{FE} 表示。$\bar{\beta}$ 反映了晶体管基极电流对集电极电流的控制能力，是表征晶体管放大能力的一个重要参数。

（2）共射交流电流放大系数 β。共射交流电流放大系数也称为动态电流放大系数，是晶体管集电极电流变化量 Δi_C 与基极电流变化量 Δi_B 之比，即

$$\beta = \Delta i_C/\Delta i_B \tag{6-6}$$

β 也可以用 h_{fe} 表示。

虽然 β 和 $\overline{\beta}$ 含义不同,但由于二者数值基本相等,因此在实际应用中常常取用同一数值。

2. 极间反向电流

(1) 反向饱和电流 I_{CBO}。反向饱和电流 I_{CBO} 是晶体管发射结开路集电结反偏时,集电极—基极之间的反向饱和电流。室温下,小功率硅管的反向饱和电流约为 $0.1~\mu A$,锗管为几微安到几十微安。

(2) 穿透电流 I_{CEO}。穿透电流 I_{CEO} 是晶体管基极开路集电结反偏时,从集电区穿过基区流向发射区的电流,且有 $I_{CEO} = (1 + \beta)I_{CBO}$。

I_{CEO} 和 I_{CBO} 都受温度影响,随温度上升而增大,反映了晶体管的温度稳定性,是衡量晶体管质量好坏的重要参数之一,其值越小越好。硅管的热稳定性要优于锗管,因此硅晶体管的应用更多一些。

3. 极限参数

(1) 集电极最大允许电流 I_{CM}。当集电极电流 i_C 过大时,晶体管电流放大系数 β 会下降,当 β 下降到正常值的 2/3 时,对应的集电极电流称为集电极最大允许电流,用 I_{CM} 表示。

(2) 反向击穿电压 $U_{(BR)EBO}$、$U_{(BR)CBO}$、$U_{(BR)CEO}$。$U_{(BR)EBO}$ 是晶体管集电极开路时,发射极—基极之间允许施加的最高反向电压,一般为 5 V 左右。$U_{(BR)CBO}$ 是发射极开路时,集电极—基极之间允许施加的最高反向电压,一般在几十伏以上。$U_{(BR)CEO}$ 是基极开路时,发射极—集电极之间允许施加的最高反向电压,通常比 $U_{(BR)CBO}$ 小一些。三者大小关系为 $U_{(BR)CBO} > U_{(BR)CEO} > U_{(BR)EBO}$。

(3) 集电极最大允许耗散功率 P_{CM}。晶体管集电极电流流经集电结时会使结温升高,引起晶体管的参数变化。晶体管在最高结温时,集电极最大允许的功率损耗称为集电极最大允许耗散功率,用 P_{CM} 表示。

集电极最大允许电流 I_{CM}、反向击穿电压 $U_{(BR)CEO}$ 和集电极最大允许耗散功率 P_{CM} 是晶体管的三个极限参数。在晶体管输出特性曲线上,这三个极限参数所围成的区域称为安全工作区(Safe Operating Area,SOA),为保证安全可靠地工作,晶体管必须工作在安全工作区。

例 6.1 已知晶体管工作在放大状态,各电极直流电位分别为 $V_X = 5.7~V$、$V_Y = 12~V$、$V_Z = 5~V$。试确定晶体管类型(NPN 管或 PNP 管、硅管或锗管),并说明 X、Y、Z 代表的电极。

解: 因为晶体管工作在放大状态,对于 NPN 管有 $V_C > V_B > V_E$,对于 PNP 管有 $V_E > V_B > V_C$,题中 $V_Y > V_X > V_Z$,因此可以判断 X 为基极 B。又因为 $u_{BE} \geqslant U_{BE(ON)}$,硅管 $U_{BE(ON)}$ 为 $0.6 \sim 0.8~V$,锗管为 $0.2 \sim 0.3~V$。根据题目,$U_{XZ} = V_X - V_Z = 0.7~V$,所以判断是硅管,且 Z 为发射极 E,则 Y 为集电极 C。又因为本题 $V_Y > V_X > V_Z$,即 $V_C > V_B > V_E$,所以判断是 NPN 管。

综合以上分析,可以判断该晶体管是 NPN 硅管。

例 6.2 已知晶体管电流放大系数为 100,现测得放大电路中晶体管 X 电极电流方向为流入晶体管,大小为 1 mA,Y 电极电流方向为流入晶体管,大小为 10 μA。求另一电极 Z 的电流,指出电流方向,说明 X、Y、Z 代表的电极,并确定是 NPN 管还是 PNP 管。

解: 因为 $\beta = 100$,且 $i_C = \overline{\beta} i_B$,所以 X 为集电极 C,Y 为基极 B,则 Z 为发射极 E。又因为 $I_E = I_B + I_C$,所以电极 Z 的电流为 1.01 mA。再根据基尔霍夫电流定律,电流从基极和集电极流入,必定从发射极流出,所以可知该晶体管是 NPN 管。

例 6.3 测得 VT1、VT2、VT3 三个 NPN 硅管各电极直流电位分别为 $V_B = 0.7~V$、$V_E = 0~V$、

$V_C = 5$ V；$V_B = 1$ V、$V_E = 0.3$ V、$V_C = 0.7$ V；$V_B = 0$ V、$V_E = 0$ V、$V_C = 10$ V。试确定三个晶体管的工作状态。

解: 因为 NPN 管在截止状态时 $u_{BE} < U_{BE(ON)}$；在放大状态时 $u_{BE} \geq U_{BE(ON)}$，$u_{CE} \geq u_{BE}$；在饱和导通状态时 $u_{BE} \geq U_{BE(ON)}$，$u_{CE} \leq u_{BE}$。

对于 VT1，$U_{BE} = 0.7$ V $= U_{BE(ON)}$，$U_{CE} = 5$ V，$U_{CE} > U_{BE}$，可以确定晶体管工作在放大状态。

对于 VT2，$U_{BE} = 0.7$ V $= U_{BE(ON)}$，$U_{CE} = 0.4$ V，$U_{CE} < U_{BE}$，可以确定晶体管工作在饱和导通状态。

对于 VT3，$U_{BE} = 0$ V $< U_{BE(ON)}$，可以确定晶体管工作在截止状态。

知识点 **6.2**

基本放大电路

各种电子装置中，经常需要把小信号放大，实现这种功能的电路称为放大电路。利用晶体管的电流放大作用，可以构成各种放大电路。

6.2.1　放大电路概述

1. 放大电路的组成

图 6.6 所示为 NPN 晶体管基本共射放大电路。图中 u_s 是输入交流小信号，R_s 是信号源内阻，u_i 是去除信号源内阻 R_s 压降后的净输入信号，R_L 是负载电阻，u_o 是输出信号。VT 是 NPN 晶体管，工作在线性放大区，是放大电路的核心元件，利用基极电流对集电极电流的控制作用，把基极输入的微弱小信号成比例放大成较大的输出信号。V_{CC} 是直流电源，它有两个作用：一是放大电路的供电电源；二是为信号放大提供能量。R_B 是基极偏置电阻，为晶体管提供合适的偏置电压，使晶体管工作在线性放大区，R_B 一般为几百千欧到几十千欧。R_C 是集电极电阻，R_C 把集电极电流变化转换为电压变化，以实现电压放大，R_C 一般为几千欧到几十千欧。C_1 和 C_2 分别是输入、输出

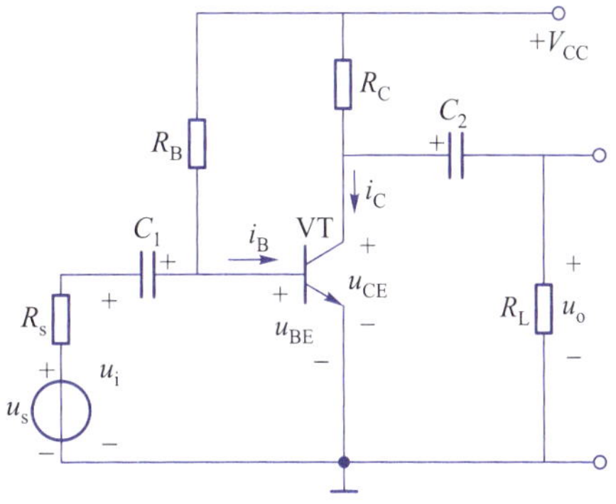

图 6.6　基本共射放大电路

耦合电容。电容对交流信号的阻抗很小，对直流信号的阻抗很大，放大电路利用电容的这一特性耦合（传输）交流信号，隔离直流信号，即实现通交隔直。C_1 把输入小信号滤除直流成分后传输到放大电路放大，C_2 把放大后的信号滤除直流成分后传输给负载。

2. 放大电路的放大原理

晶体管放大电路中各电压、电流信号既包含直流成分又包含交流成分。为了能直观表示各电量，规定直流分量用大写字母和大写下标表示，如 I_B；交流分量用小写字母和小写下标表示，如 i_b；交、直流合成分量用小写字母和大写下标表示，如 i_B，$i_B = I_B + i_b$；交流有效值用大写字母和小写下标表示，如 I_b。

动画：放大电路的放大原理

以图 6.6 所示的基本共射放大电路为例,分析放大电路的放大原理。设净输入信号 $u_i = U_{im}\sin \omega t$,基极—发射极之间瞬时电压为

$$u_{BE} = U_{BEQ} + u_i = U_{BEQ} + U_{im}\sin \omega t \qquad (6-7)$$

式中:U_{BEQ} 为晶体管基极—发射极直流电压;下标 Q 表示静态(直流)工作点(Quiescent),以下相同。基极和集电极电流瞬时值分别为

$$i_B = I_{BQ} + i_b = I_{BQ} + I_{bm}\sin \omega t \qquad (6-8)$$

$$i_C = \beta i_B = I_{CQ} + i_c = I_{CQ} + I_{cm}\sin \omega t \qquad (6-9)$$

式(6-8)和式(6-9)中:i_b、i_c 是由输入信号 u_i 产生的基极交流电流和集电极交流电流。集电极电流 i_c 的变化经集电极电阻 R_C 转变为电压变化,则晶体管集电极—发射极之间瞬时电压为

$$u_{CE} = V_{CC} - i_C R_C = V_{CC} - (I_{CQ} + i_c) R_C = U_{CEQ} - i_c R_C = U_{CEQ} + u_{ce}$$
$$(6-10)$$

集电极—发射极电压 u_{CE} 经电容 C_2 滤除直流分量 U_{CEQ} 后,得到放大后的交流信号 u_o,u_o 为

$$u_o = u_{ce} = -i_c R_C = -I_{cm} R_C \sin \omega t = U_{om}\sin (\omega t - 180°)$$
$$(6-11)$$

各电量波形如图 6.7 所示。可见,u_o 与 u_i 相比频率不变,幅值变大,实现了信号放大,但 u_o 与 u_i 相位相反,这是共射放大电路的一个特点。

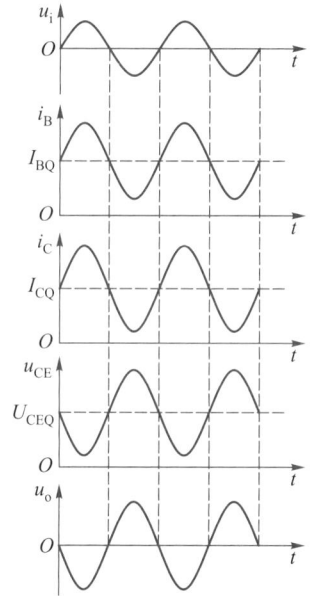

图 6.7　晶体管放大电路各点波形

3. 放大电路的组态结构

晶体管放大电路根据连接方式的不同,可以分为共射、共集、共基三种组态结构,如图 6.8 所示。

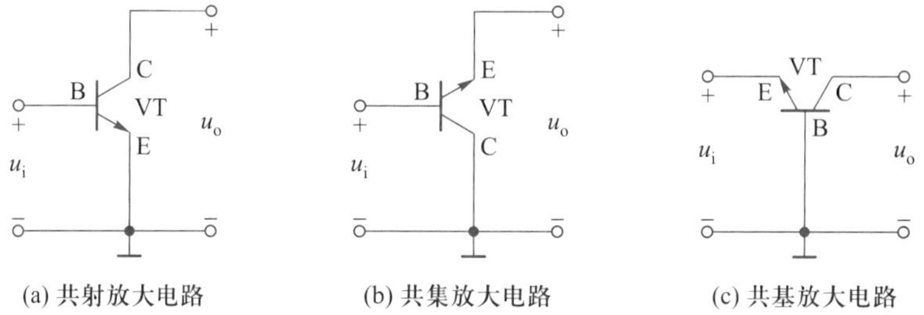

(a) 共射放大电路　　　　(b) 共集放大电路　　　　(c) 共基放大电路

图 6.8　放大电路的三种结构

图 6.8(a)所示的电路中输入信号从基极引入,输出信号从集电极引出,发射极是输入、输出电路的公共端,称为共射放大电路;图 6.8(b)所示的电路中输入信号从基极引入,输出信号从发射极引出,集电极是输入、输出电路的公共端,称为共集放大电路;图 6.8(c)所示的电路中输入信号从发射极引入,输出信号从集电极引出,基极是输入、输出电路的公共端,称为共基放大电路。判别放大电路属于哪种组态的简易方法,就是看输入信号从哪个电极引入,输出信号从哪个电极引出,剩下的电极就是公共端(即共极)。放大电路组态结构不同,特性、功能及应用也不同。

4. 放大电路的主要性能指标

放大电路的主要性能指标有放大倍数、输入电阻、输出电阻等,下面以图6.9所示的放大电路二端口网络模型来说明。

（1）放大倍数。放大倍数是衡量放大电路放大能力的指标,有电压放大倍数、电流放大倍数和功率放大倍数等。

① 电压放大倍数指放大电路输出电压 u_o 与输入电压 u_i 之比,用 A_u 表示,有

$$A_u = u_o/u_i \tag{6-12}$$

② 电流放大倍数指放大电路输出电流 i_o 与输入电流 i_i 之比,用 A_i 表示,有

$$A_i = i_o/i_i \tag{6-13}$$

③ 功率放大倍数指放大电路输出功率 P_o 与输入功率 P_i 之比,用 A_p 表示,有

$$A_p = P_o/P_i \tag{6-14}$$

在实际应用中,放大倍数常常用分贝(dB)表示,称为增益,上述放大倍数可表示为

$$\left.\begin{array}{l} 电压增益\ A_u(dB) = 20\lg|A_u| \\ 电流增益\ A_i(dB) = 20\lg|A_i| \\ 功率增益\ A_p(dB) = 20\lg A_p \end{array}\right\} \tag{6-15}$$

（2）输入电阻。放大电路输入电阻是从放大电路输入端向放大电路看进去的等效电阻,如图6.9所示,输入电阻等于放大电路输入电压 u_i 与输入电流 i_i 之比,用 R_i 表示

$$R_i = u_i/i_i \tag{6-16}$$

输入电压 u_i 为

$$u_i = \frac{R_i}{R_s + R_i} u_s \tag{6-17}$$

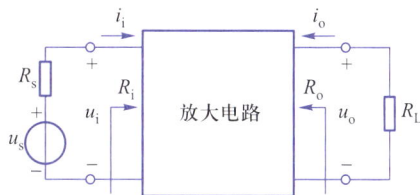

图6.9　放大电路二端口网络模型

由此可见, R_i 越大, u_i 也越大,放大电路从信号源吸收的信号越强。 R_i 表征了放大电路对输入电压的衰减程度,对于电压放大电路来说, R_i 越大越好。当 $R_i \gg R_s$ 时, $u_i \approx u_s$,称为恒压输入。反之,若要恒流输入,则必须 $R_i \ll R_s$;若要获得最大功率输入,则需要 $R_i = R_s$,即阻抗匹配。

（3）输出电阻。放大电路输出电阻是把放大电路信号源短路($u_s = 0$),保留信号源内阻 R_s ,从输出侧(不包含负载 R_L)向放大电路看进去的等效电阻,如图6.9所示。输出电阻等于放大电路输出电压 u_o 与输出电流 i_o 之比,用 R_o 表示

$$R_o = u_o/i_o \tag{6-18}$$

R_o 对于负载来说相当于信号源内阻, R_o 越小,负载得到的信号越多。 R_o 反映了放大电路的带载能力, R_o 越小,放大电路的带载能力越强。

5. 放大电路的分析方法

放大电路工作时既有直流信号又有交流信号,为方便分析,常常分为静态分析(直流分析)和动态分析(交流分析)两种情况。静态是指去掉放大电路交流输入信号,只有直流电源作用时的工作状态;动态是指将直流电源对地短路,只有交流信号作用时的工作状态。静态分析是利用放大电路的直流通路,确定静态工作点参数 I_{BQ} 、 I_{CQ} 、 U_{BEQ} 和 U_{CEQ} ,确保晶体管工作在线性放大区,信号放大不失真。放大电路直流通路的获取方法是把交流输入信号短路,电容开路,电感短路。动态分析是利用放大电路的交流通路,求取放大电路的性能指标,

如输入电阻 R_i、输出电阻 R_o 和电压放大倍数 A_u。晶体管放大电路交流通路获取方法是将直流电源对地短路、电容短路。

6.2.2　共射放大电路

共射放大电路具有较大的电压放大倍数和电流放大倍数,输入和输出电阻适中,是应用较多的一种放大电路,一般用在性能指标要求不高的场合或作为多级放大电路的中间放大级使用。

1. 基本共射放大电路

（1）静态分析。晶体管基本共射放大电路如图 6.6 所示,其直流通路如图 6.10 所示。根据图 6.10 输入电路可知 $V_{CC}=I_{BQ}R_B+U_{BEQ}$,晶体管基极直流电流

$$I_{BQ}=\frac{V_{CC}-U_{BEQ}}{R_B} \tag{6-19}$$

式中:U_{BEQ} 为晶体管的基—射导通电压,硅管为 0.6～0.8 V,锗管为 0.2～0.3 V。在 V_{CC} 一定的情况下,因为 I_{BQ} 仅与集电极电阻 R_B 有关,当 R_B 一定时,I_{BQ} 也一定,因此,上述基本放大电路也称为固定偏置放大电路。

根据晶体管集电极电流和基极电流关系,集电极直流电流

$$I_{CQ}=\beta I_{BQ} \tag{6-20}$$

根据图 6.10 所示的输出电路,晶体管集—射电压

$$U_{CEQ}=V_{CC}-I_{CQ}R_C \tag{6-21}$$

通过设置合适的静态工作点参数 I_{BQ}、I_{CQ} 和 U_{CEQ},即可使晶体管工作在线性放大区。

（2）动态分析。晶体管基本共射放大电路交流通路如图 6.11 所示。因为交流通路包含晶体管非线性元件,给放大电路分析和计算带来了困难。考虑到晶体管放大电路的输入信号都是小信号,其工作点在输入输出特性曲线的较小范围内变化,可以看作线性变化,晶体管可以用一个由输入电阻和受控电流源组成的微变等效电路(小信号模型)代替,如图 6.12 所示。

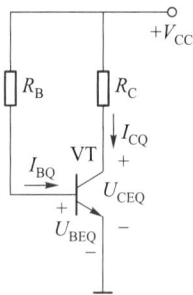

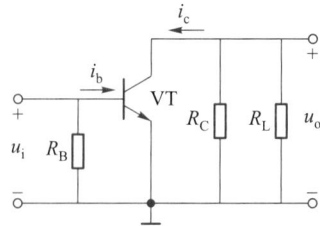

图 6.10　基本共射放大电路直流通路　　图 6.11　基本共射放大电路交流通路

在图 6.12 中,r_{be} 是晶体管输入电阻,其值为

$$r_{be}=r_{bb'}+(1+\beta)\frac{U_T}{I_{EQ}} \tag{6-22}$$

式中:$r_{bb'}$ 为晶体管的基区体电阻,近似取值 300 Ω;U_T 为温度电压当量,常温下取值 26 mV;I_{EQ} 为晶体管静态时发射极电流,mA。这样,式(6-22)可以表示为

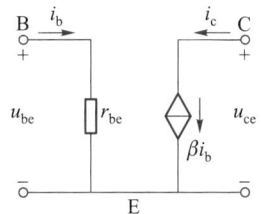

图 6.12　晶体管微变等效电路

$$r_{be} = 300\ \Omega + (1+\beta)\frac{26\ \mathrm{mV}}{I_{EQ}(\mathrm{mA})} \tag{6-23}$$

一般小功率晶体管的输入电阻 r_{be} 约为几千欧。

把图 6.11 所示交流通路中的晶体管用小信号模型代替,得到图 6.13 所示的基本共射放大电路交流小信号等效电路。根据图 6.13 所示电路可知

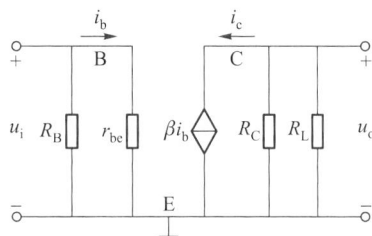

$$u_i = i_b r_{be}$$

$$u_o = -i_C(R_C \ /\!/\ R_L) = -\beta i_b(R_C \ /\!/\ R_L)$$

则电压放大倍数为

图 6.13　基本共射放大电路
交流小信号等效电路

$$A_u = \frac{u_o}{u_i} = -\beta\frac{R_C \ /\!/\ R_L}{r_{be}} = -\beta\frac{R'_L}{r_{be}} \tag{6-24}$$

式中:负号表示 u_o 与 u_i 相位相反;$R'_L = R_C \ /\!/\ R_L$,若放大电路开路(未接 R_L),则

$$A_u = -\beta\frac{R_C}{r_{be}} \tag{6-25}$$

因为 r_{be} 一般为几千欧,R_C 一般为几千欧到几十千欧,因此共射放大电路电压放大倍数 A_u 较大,通常为几十到几百。

放大电路的输入电阻是从放大电路输入端向放大电路看进去的等效电阻,根据图 6.13 所示电路可得

$$R_i = R_B \ /\!/\ r_{be} \approx r_{be} \tag{6-26}$$

可见共射放大电路输入电阻 R_i 较小,一般为几百欧至几千欧。

放大电路输出电阻是把放大电路信号源短路后,从输出侧(不包含负载 R_L)向放大电路看进去的等效电阻。根据图 6.13 所示,信号源短路 $u_s = 0$,$i_b = 0$,$i_c = 0$,从输出侧向放大电路看进去的等效电阻就是 R_C,因此输出电阻 R_o 为

$$R_o = R_C \tag{6-27}$$

R_C 一般为几千欧到几十千欧,可知共射放大电路的输出电阻较大,带载能力较弱。

2. 静态工作点的设置与失真

(1)非线性失真。对于放大电路,除要求具有一定的放大倍数外,还必须保证输出信号不失真。所谓失真,是指输出信号波形相对于输入信号波形有偏差。放大电路引起失真的原因有很多,其中最主要的原因是静态工作点设置不合理,而输入信号幅值又较大,使放大电路的工作范围超出了晶体管特性曲线上的线性范围,这种失真通常称为非线性失真。

如图 6.14 所示,静态工作点 Q_1 的位置偏高,而输入信号 u_i 的幅值又比较大,在 u_i 正半周的部分时间里,工作点进入了饱和区,放大电路不再对输入信号进行放大,使输入信号 u_i 波形的正半周出现了平顶,产生失真。这种由于静态工作点设置太高,使晶体管进入饱和区而引起的失真称为饱和失真。对于 NPN 晶体管,输出波形 u_o 表现为底部失真;对于 PNP 晶体管,输出波形 u_o 表现为顶部失真。若要消除饱和失真,就要把特性曲线上 Q 点向下移动,可通过增大基极电阻 R_B 来实现。

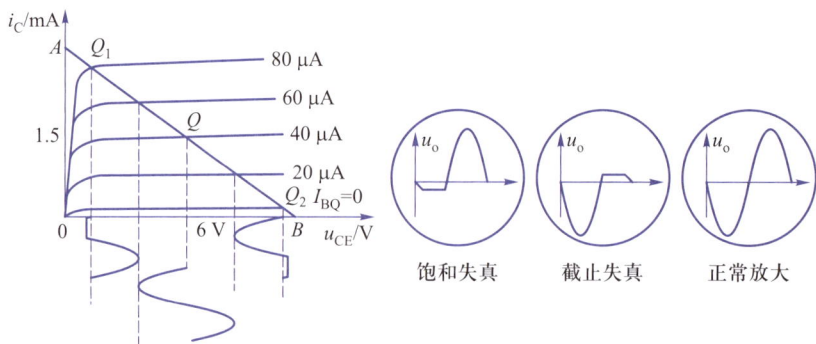

图 6.14　NPN 晶体管放大电路的非线性失真

图 6.14 中静态工作点 Q_2 的位置偏低,而输入信号 u_i 的幅值又比较大,在 u_i 负半周的部分时间里,工作点进入了截止区,放大电路停止工作,使输入信号 u_i 波形的负半周出现了平顶,产生失真。这种由于静态工作点设置太低,使晶体管进入截止区而引起的失真称为截止失真。对于 NPN 晶体管,输出波形 u_o 表现为顶部失真;对于 PNP 晶体管,输出波形 u_o 表现为底部失真。若要消除截止失真,就要把特性曲线上的 Q 点向上移动,可通过减小基极电阻 R_B 来实现。

（2）温度对静态工作点的影响。如前面所述,温度对晶体管特性影响较大。随着温度升高,基极电流 i_B、电流放大系数 $\overline{\beta}$、集电结反向饱和电流 I_{CEO} 都会增大,从而使集电极电流 i_C 增大,集电极损耗增大,晶体管会过热损坏。另外,集电极电流 i_C 增大,又会使晶体管输出特性曲线向上偏移,从而导致静态工作点向上漂移,使放大电路输出产生饱和失真。这种由于温度变化引起静态工作点的漂移,称为温度漂移,简称温漂。为了抑制温漂,放大电路必须采用一定的静态工作点稳定措施。

3. 分压偏置共射放大电路

常用的静态工作点稳定电路是分压偏置共射放大电路,如图 6.15 所示。与基本偏置放大电路相比,该电路增加了基极偏置电阻 R_{B2}、发射极电阻 R_E 和发射极旁路电容 C_E。R_{B2} 的作用是和 R_{B1} 构成分压偏置电路,提供基极偏置电压,稳定基极电位。R_E 的作用是引入直流负反馈,稳定静态工作点。C_E 的作用是在交流通路中短路 R_E,消除 R_E 对放大电路电压放大倍数的不利影响。

（1）静态分析。分压偏置共射放大电路的直流通路如图 6.16 所示。由输入回路可知

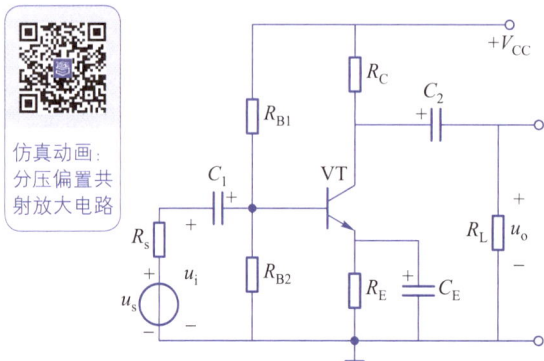

仿真动画:
分压偏置共射放大电路

图 6.15　分压偏置共射放大电路　　　图 6.16　分压偏置共射放大电路的直流通路

$I_1 = I_2 + I_{BQ}$,选择合适的 R_{B1} 和 R_{B2},使 $I_2 \gg I_{BQ}$,则 $I_1 \approx I_2$,基极电位为

$$V_{BQ} \approx \frac{R_{B2}}{R_{B1} + R_{B2}} V_{CC} \qquad (6-28)$$

由输出回路可知,发射极直流电流为

$$I_{EQ} = \frac{V_{EQ}}{R_E} = \frac{V_{BQ} - U_{BEQ}}{R_E} \qquad (6-29)$$

又因为集电极直流电流为

$$I_{CQ} \approx I_{EQ} \qquad (6-30)$$

则基极直流电流为

$$I_{BQ} = \frac{I_{CQ}}{\beta} \qquad (6-31)$$

集电极—发射极之间的直流电压降为

$$U_{CEQ} = V_{CC} - I_{CQ}R_C - I_{EQ}R_E \approx V_{CC} - I_{CQ}(R_C + R_E) \qquad (6-32)$$

若设计电路时满足

$$\left.\begin{array}{l} I_2 \gg (5 \sim 10) I_{BQ} \\ V_{BQ} \gg (5 \sim 10) U_{BEQ} \end{array}\right\} \qquad (6-33)$$

则分压偏置共射放大电路就可以很好地稳定静态工作点。主要原因如下。

① 利用 R_{B1} 和 R_{B2} 的分压作用固定基极电位 V_{BQ}。由式(6-28)可以看出,V_{BQ} 仅由 R_{B1} 和 R_{B2} 的分压决定,与晶体管参数无关,不随温度变化。

② 引入了直流负反馈。利用反馈电阻 R_E 获得反映 I_{CQ} 变化的信号 V_{EQ},再把 V_{EQ} 反馈到输入回路,调节 U_{BEQ} 和 I_{BQ} 向相反方向变化,使 I_{CQ} 基本不变,以达到稳定静态工作点的目的。其控制过程如下:

$$T \uparrow \to I_{CQ} \uparrow \to I_{EQ} \uparrow \to V_{EQ} \uparrow \to V_{BQ} 不变 \to U_{BEQ}(U_{BEQ} = V_{BQ} - V_{EQ}) \downarrow \to I_{BQ} \downarrow \to I_{CQ} \downarrow$$

发射极电阻 R_E 对稳定静态工作点非常重要,其值越大,稳定效果越好,一般从几百欧到几千欧。

(2)动态分析。分压偏置共射放大电路交流通路及小信号等效电路如图 6.17 所示。根据图 6.17(b)所示电路可知

$$u_i = i_b r_{be}$$
$$u_o = -i_C(R_C /\!/ R_L) = -\beta i_b(R_C /\!/ R_L) = -\beta i_b R_L'$$

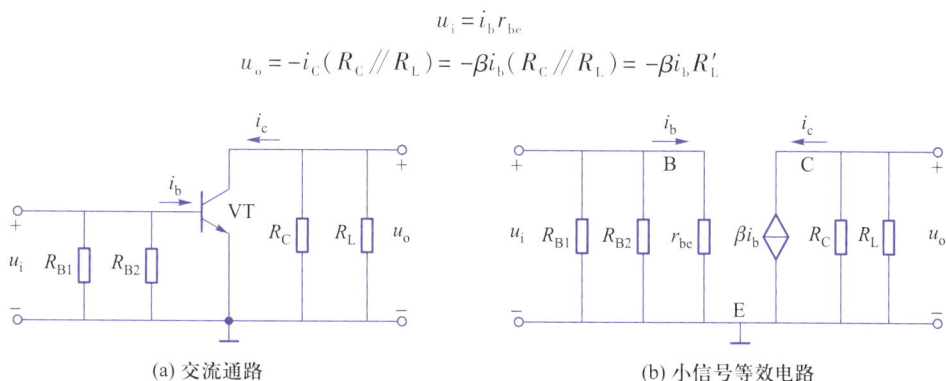

(a) 交流通路　　　　　　　　　　　　(b) 小信号等效电路

图 6.17 分压偏置共射放大电路交流通路及小信号等效电路

电压放大倍数 A_u 为

$$A_u = \frac{u_o}{u_i} = -\beta \frac{R_L'}{r_{be}} \qquad (6-34)$$

可见,该电路电压放大倍数与基本共射放大电路相同。

输入电阻 R_i 为

$$R_i = R_{B1} /\!/ R_{B2} /\!/ r_{be} \qquad (6-35)$$

输出电阻 R_o 为

$$R_o = R_C \qquad (6-36)$$

根据动态分析可知,分压偏置共射放大电路的动态特性基本不变,但具有更好的静态工作点稳定性,因此实际应用较多。

例 6.4　放大电路如图 6.15 所示,已知 $V_{CC} = 12$ V、$R_{B1} = 120$ kΩ、$R_{B2} = 39$ kΩ、$R_C = 3.9$ kΩ、$R_E = 2.1$ kΩ、$R_L = 3.9$ kΩ、$r_{bb'} = 200$ Ω,电流放大系数 $\beta = 50$,电路中电容容量足够大:(1)求静态值 I_{BQ}、I_{CQ} 和 U_{CEQ}(设 $U_{BEQ} = 0.6$ V);(2)画出放大电路的微变等效电路;(3)求电压放大倍数 A_u、输入电阻 R_i、输出电阻 R_o;(4)去掉旁路电容 C_E,求电压放大倍数 A_u、输入电阻 R_i。

解:(1)

$$V_{BQ} = \frac{R_{B2}}{R_{B1}+R_{B2}} \times V_{CC} = \frac{39 \text{ kΩ}}{120 \text{ kΩ}+39 \text{ kΩ}} \times 12 \text{ V} = 2.9 \text{ V}$$

$$V_{EQ} = V_{BQ} - U_{BEQ} = 2.9 \text{ V} - 0.6 \text{ V} = 2.3 \text{ V}$$

$$I_{CQ} \approx I_{EQ} = \frac{V_{EQ}}{R_E} = \frac{2.3 \text{ V}}{2.1 \text{ kΩ}} = 1.10 \text{ mA}$$

$$I_{BQ} = \frac{I_{EQ}}{\beta} = \frac{1.10 \text{ mA}}{50} = 0.02 \text{ mA}$$

$$U_{CEQ} = V_{CC} - (R_C + R_E) \times I_{CQ} = 5.40 \text{ V}$$

(2)微变等效电路图 6.17(b)所示。

(3)

$$r_{be} = 200 \text{ Ω} + (50+1) \times \frac{26 \text{ mV}}{1.10 \text{ mA}} = 1.4 \text{ kΩ}$$

$$A_u = -\frac{\beta(R_C /\!/ R_L)}{r_{be}} = -\frac{50 \times (3.9 \text{ kΩ} /\!/ 3.9 \text{ kΩ})}{1.4 \text{ kΩ}} \approx -70$$

$$R_i = R_{B1} /\!/ R_{B2} /\!/ r_{be} = 120 \text{ kΩ} /\!/ 39 \text{ kΩ} /\!/ 1.4 \text{ kΩ} \approx 1.3 \text{ kΩ}$$

$$R_o = R_C = 3.9 \text{ kΩ}$$

(4)没有旁路电容 C_E,交流通路发射极电阻 R_E 应该保留,电压放大倍数 A_u 为

$$A_u = -\frac{\beta(R_C /\!/ R_L)}{r_{be}+(1+\beta)R_E} = \frac{50 \times (3.9 \text{ kΩ} /\!/ 3.9 \text{ kΩ})}{1.4 \text{ kΩ}+(1+50) \times 2.1 \text{ kΩ}} \approx -0.9$$

$$R_i = R_{B1} /\!/ R_{B2} /\!/ [r_{be}+(1+\beta)R_E] = 120 \text{ kΩ} /\!/ 39 \text{ kΩ} /\!/ [1.4 \text{ kΩ}+(1+50) \times 2.1 \text{ kΩ}] \approx 23.15 \text{ kΩ}$$

根据本例可知,有旁路电容时放大电路电压放大倍数 A_u 要比没有旁路电容时大很多,这就是旁路电容的作用。

6.2.3　共集和共基放大电路

1. 共集放大电路

共集放大电路如图 6.18 所示。R_B 是基极偏置电阻，R_E 是发射极电阻，R_E 把输出电流转换为输出电压，C_1 和 C_2 分别为输入、输出耦合电容。

（1）静态分析。共集放大电路直流通路如图 6.19 所示。根据输入回路可知

$$V_{CC} = I_{BQ}R_B + U_{BEQ} + V_{EQ} = I_{BQ}R_B + U_{BEQ} + I_{EQ}R_E$$

又因为

$$I_{EQ} = (1+\beta)I_{BQ}$$

则基极直流电流为

$$I_{BQ} = \frac{V_{CC} - U_{BEQ}}{R_B + (1+\beta)R_E} \tag{6-37}$$

集电极和发射极直流电流为

$$I_{CQ} = \beta I_{BQ} \approx I_{EQ} \tag{6-38}$$

集电极—发射极之间直流管压降为

$$U_{CEQ} = V_{CC} - I_{EQ}R_E \tag{6-39}$$

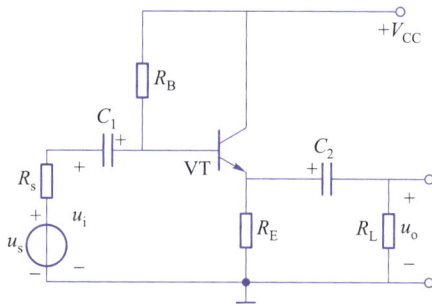

图 6.18　共集放大电路　　　图 6.19　共集放大电路直流通路

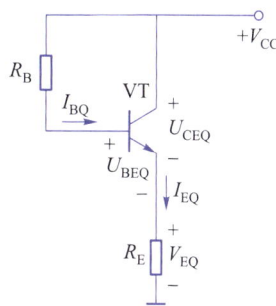

（2）动态分析。共集放大电路交流通路及小信号等效电路如图 6.20 所示。根据图 6.20(b) 所示电路可知

$$u_i = i_b r_{be} + i_e(R_L \mathbin{/\mkern-5mu/} R_E) = i_b r_{be} + (1+\beta)i_b R_L'$$

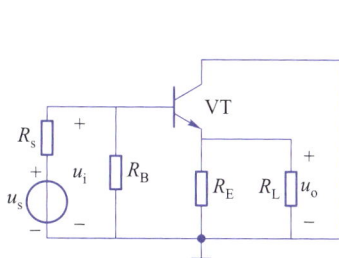

$$u_o = i_e(R_L \mathbin{/\mkern-5mu/} R_E) = (1+\beta)i_b R_L'$$

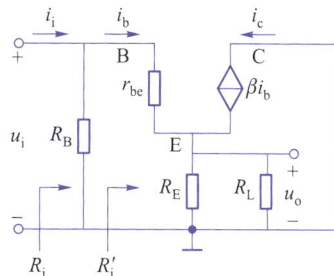

(a) 交流通路　　　　　　　(b) 小信号等效电路

图 6.20　共集放大电路交流通路及小信号等效电路

则电压放大倍数 A_u 为

$$A_u = \frac{u_o}{u_i} = \frac{(1+\beta)(R_L /\!/ R_E)}{r_{be} + (1+\beta)(R_L /\!/ R_E)} \quad (6-40)$$

一般情况下 $r_{be} \ll (1+\beta)(R_L /\!/ R_E)$，则 $A_u \approx 1$，这说明共集放大电路输出电压与输入电压大小近似相等，且相位相同，即输出电压有跟随输入电压的特点，因此该电路也称为射极跟随器。

由图 6.20(b)所示电路晶体管基极看进去的输入电阻 R_i' 为

$$R_i' = \frac{u_i}{i_b} = \frac{i_b r_{be} + (1+\beta) i_b R_L'}{i_b} = r_{be} + (1+\beta) R_L'$$

则共集放大电路输入电阻 R_i 为

$$R_i = \frac{u_i}{i_i} = R_B /\!/ R_i' = R_B /\!/ [r_{be} + (1+\beta) R_L'] \quad (6-41)$$

为求得共集放大电路输出电阻 R_o，把信号源 u_s 短路，在输出端口处外加电压 u，得到图 6.21 所示的等效电路。可知端口处电流为

$$i = i_{R_E} - i_b - \beta i_b = \frac{u}{R_E} + (1+\beta) \frac{u}{r_{be} + R_s'} \quad (6-42)$$

式中：$R_s' = R_s /\!/ R_B$。

则共集放大电路输出电阻 R_o 为

$$R_o = \frac{u}{i} = \frac{1}{\dfrac{1}{R_E} + \dfrac{1+\beta}{r_{be} + R_s'}} = R_E /\!/ \frac{r_{be} + R_s'}{1+\beta} \quad (6-43)$$

图 6.21 求共集放大电路
输出电阻的等效电路

根据前面的分析可知，共集放大电路电压放大倍数约为 1，输出与输入电压相位相同，输出电压信号近似跟随输入电压信号变化。虽然共集放大电路不具有电压放大能力，但具有电流和功率放大能力。此外，共集放大电路输入电阻大，能从信号源吸取更多的电压信号，输出电阻小，带负载能力强，因此多用于多级放大电路的输入、输出级或中间隔离级。

2. 共基放大电路

共基放大电路电流放大倍数接近于 1，也称为电流跟随器，电路如图 6.22(a)所示。在图 6.22(a)中，R_{B1}、R_{B2} 构成分压偏置电路，为基极提供偏置电压，稳定基极电位；R_E 为发射极电阻，用来稳定静态工作点；R_C 为集电极电阻，提供集电结偏置电压；C_1、C_3 分别为输入、输出耦合电容；C_2 为 R_{B1}、R_{B2} 旁路电容。

从图 6.22(b)所示直流通路可知，共基放大电路和分压偏置共射放大电路直流通路相同，因此也具有相同的静态工作点参数。即

动画：共基
放大电路

$$\left. \begin{array}{l} V_{BQ} \approx \dfrac{R_{B2}}{R_{B1} + R_{B2}} V_{CC} \\[3mm] I_{CQ} \approx I_{EQ} = \dfrac{V_{BQ} - U_{BEQ}}{R_E} \\[3mm] I_{BQ} = \dfrac{I_{CQ}}{\beta} \\[3mm] U_{CEQ} = V_{CC} - I_{CQ}(R_C + R_E) \end{array} \right\} \quad (6-44)$$

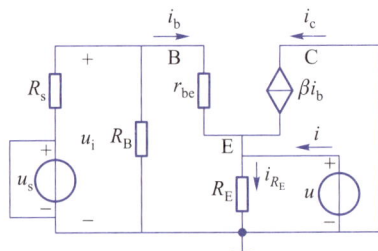

　　共基放大电路交流通路和小信号等效电路分别如图 6.22（c）和图 6.22（d）所示。这里仅给出性能指标计算公式,具体推导过程请自行分析。

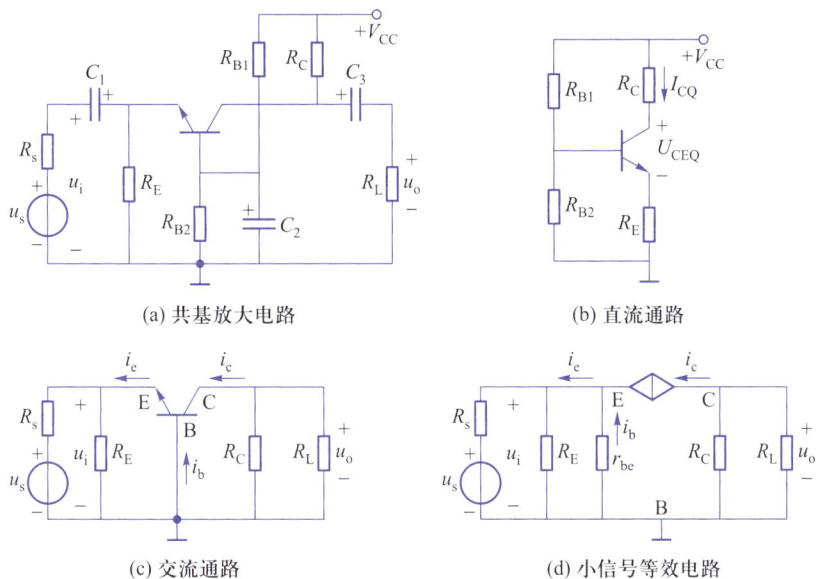

(a) 共基放大电路 　　　　　　　　(b) 直流通路

(c) 交流通路 　　　　　　　　(d) 小信号等效电路

图 6.22　共基放大电路及交直流通路

　　电压放大倍数 A_u 为

$$A_u = \beta \frac{R_C /\!/ R_L}{r_{be}} = \beta \frac{R'_L}{r_{be}} \tag{6-45}$$

可见,共基放大电路电压放大倍数与共射放大电路相同,但是输出电压和输入电压同相位。

　　输入电阻 R_i 为

$$R_i = R_E /\!/ \frac{r_{be}}{1+\beta} \tag{6-46}$$

　　输出电阻 R_o 为

$$R_o = R_C \tag{6-47}$$

　　共基放大电路电压放大倍数高,输出电压和输入电压同相,输入电阻小,输出电阻大。由于输入电阻小,输入信号源电压不能有效地激励放大电路,因此共基放大电路没有像共射放大电路一样广泛应用。但共基放大电路具有较好的高频特性,在高频电子电路中应用较多。

6.2.4　三种放大电路比较

　　根据前面分析可知,共射、共集、共基三种放大电路分别具有电压放大器、电压跟随器和电流跟随器的特性。共射放大电路电压电流和功率放大倍数都比较大,常用作基本放大电路或多级放大电路的中间放大级;共集放大电路输入电阻大,输出电阻小,常用于多级放大电路的输入、输出级和中间隔离级;共基放大电路频率特性好,常用在高频或宽频带电路中。

　　共射、共集、共基三种放大电路的比较见表 6.1。

表 6.1　共射、共集、共基三种放大电路的比较

性能指标	共射放大电路	共集放大电路	共基放大电路
A_u	$-\beta\dfrac{R_L'}{r_{be}}$，大	$\dfrac{(1+\beta)(R_L /\!/ R_E)}{r_{be}+(1+\beta)(R_L /\!/ R_E)}\approx 1$，小	$\beta\dfrac{R_L'}{r_{be}}$，大
A_i	β，大	$1+\beta$，大	≈ 1，小
R_i	$R_{B1} /\!/ R_{B2} /\!/ r_{be}$（分压偏置），中	$R_B /\!/ [r_{be}+(1+\beta)R_L']$，大	$R_E /\!/ \dfrac{r_{be}}{1+\beta}$，小
R_o	R_C　大	$R_E /\!/ \dfrac{r_{be}+R_s'}{1+\beta}$，小	R_C，大
应用	一般放大或中间级	输入级、输出级、中间隔离级	高频、宽带、恒流源

知识点 **6.3**
场效应晶体管及放大电路

单极型三极管（Unipolar Junction Transistor，UJT）是一种电压控制型器件，工作时只有一种载流子（多子）参与导电，因此称为单极型三极管。它由输入电压产生的电场效应控制输出电流，因此也称为场效应晶体管（Field Effect Transistor，FET），简称场效应管。场效应晶体管又分为绝缘栅型场效应晶体管（Insulated Gate Field Effect Transistor，IGFET）和结型场效应晶体管（Junction Field Effect Transistor，JFET）。与晶体管相比，场效应晶体管具有输入电阻高（可达 $10^8 \sim 10^{15}\ \Omega$）、噪声低、功耗小、热稳定性好、抗辐射能力强、制造工艺简单、易集成等优点，广泛应用于各种电子电路和集成芯片中。

6.3.1　绝缘栅型场效应晶体管

绝缘栅型场效应晶体管由金属、氧化物和半导体制成，故又称金属-氧化物-半导体场效应管（Metal-Oxide-Semiconductor Field Effect Transistor，MOSFET），简称 MOS 场效应管或 MOS 管。MOS 管根据制造工艺分为增强型和耗尽型两类，每类又分为 N 沟道和 P 沟道两种。

1. 增强型 N 沟道 MOSFET

（1）结构和电路符号。增强型 N 沟道 MOSFET（简称增强型 NMOS）结构示意图如图 6.23（a）所示。它以一块低掺杂浓度的 P 型硅片为衬底，利用扩散工艺在 P 型硅片上扩散出两个高掺杂浓度的 N 型区（用 N^+ 表示），并用金属铝引出两个电极，分别称为源极（Source，S）和漏极（Drain，D），两个半导体之上制作一层很薄的二氧化硅（SiO_2）绝缘层，再在 SiO_2 上制作一层金属铝，引出栅极（Gate，G），栅极与硅半导体是绝缘的，故称绝缘栅型场效应晶体管。P 型硅片底部也引出一个电极，称为衬底，用 B 表示。衬底通常在场效应管内部与源极连接在一起。增强型 N 沟道 MOSFET 的电路符号如图 6.23（b）所示，衬底箭头方向是 PN 结正偏时的电流方向。

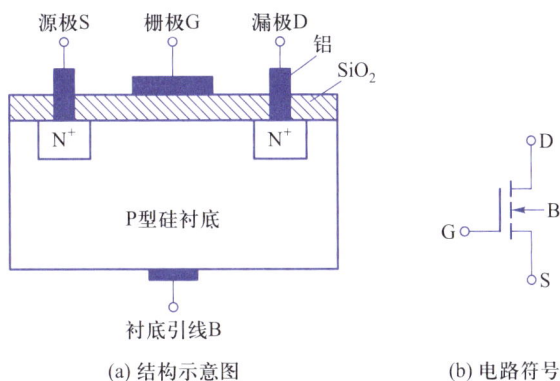

(a) 结构示意图　　　　(b) 电路符号

图 6.23　增强型 N 沟道 MOSFET

（2）工作原理。根据图 6.23（a）可知，增强型 NMOS 两个 N^+ 区被 P 型衬底隔开，形成两个 PN 结（又称为耗尽层），当栅源电压 $u_{GS}=0$ 时，不论漏源电压 u_{DS} 极性如何，总有一个 PN 结反偏截止，漏极电流 $i_D=0$。

当在栅源之间加上正向偏压 u_{GS}，栅极下面 SiO_2 绝缘层中便会产生一个由栅极指向 P 型衬底的电场。在该电场作用下，P 型衬底中的少子（电子）被吸引到 P 型衬底表面，而多子（空穴）则被排斥远离 P 型衬底表面。这样，两个 N^+ 半导体之间的 P 型衬底表面，电子数量大大超过了空穴数量，由原来 P 型半导体变成了 N 型半导体，形成了一个反型层（自由电子层）。反型层连通了两个 N^+ 半导体，形成了一个 N 型导电沟道。这时，若在漏极和源极之间加上正向电压 u_{DS}，漏极和源极就会导通，形成漏极电流 i_D，如图 6.24 所示。开始形成导电沟道的栅源电压 u_{GS} 称为开启电压，记作 $U_{GS(on)}$。随着 u_{GS} 增加，SiO_2 绝缘层中电场也会增强，将会有更多电子吸引到 P 型衬底表面，导电沟道变宽，沟道电阻减小，i_D 变大。可见栅源电压 u_{GS} 对漏极电流 i_D 具有控制作用。

增强型 NMOS 导通时，沟道中只有电子参与导电，因此属于单极型器件。因为栅极 G 和导电沟道之间有 SiO_2 绝缘层隔离，栅极电阻趋于无穷大，栅极电流 I_G 趋近于 0，所以说增强型 NMOS 工作时栅极不吸取电流。增强型 NMOS 工作是由输入电压 u_{GS} 产生的电场效应控制输出电流 i_D 的，因此是电压控制型或场控型器件。

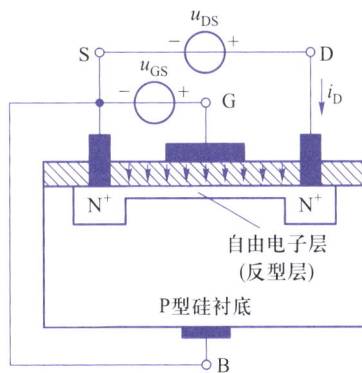

图 6.24　增强型 NMOS 导电沟道的形成

（3）工作特性。增强型 NMOS 工作特性反映了各极电压、电流之间的控制关系及工作状态，包括转移特性和输出特性。转移特性指漏源电压 u_{DS} 为常数时，漏极电流 i_D 随栅源电压 u_{GS} 的变化关系，即 $i_D=f(u_{GS})\big|_{u_{DS}=常数}$。增强型 NMOS 转移特性曲线如图 6.25（a）所示。当 $u_{GS}<U_{GS(on)}$ 时，没有导电沟道，$i_D=0$；当 $u_{GS}\geqslant u_{GS(on)}$ 时形成导电沟道，产生漏极电流 i_D，并且随着 u_{GS} 增大，i_D 逐渐增大。一般增强型 NMOS 的开启电压 $U_{GS(on)}$ 约为 2.5 V。

输出特性指栅源电压 u_{GS} 为常数时，漏极电流 i_D 随漏源电压 u_{DS} 的变化关系，即 $i_D=f(u_{DS})\big|_{u_{GS}=常数}$。增强型 NMOS 输出特性曲线如图 6.25（b）所示，同样可以分为三个区域。

① 截止区。输出特性曲线 $u_{GS}<U_{GS(on)}$ 的区域称为截止区。在此区域，$i_D=0$，增强型

NMOS 处于截止状态。

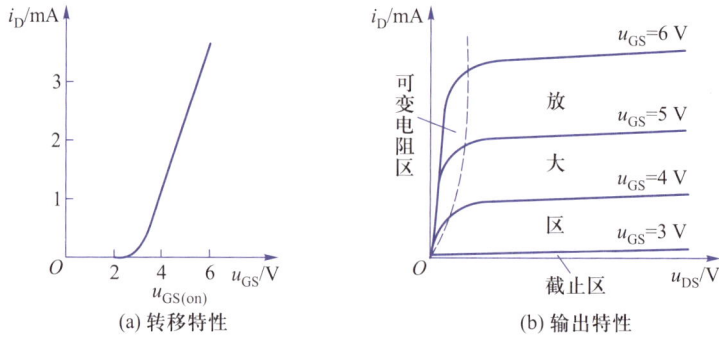

(a) 转移特性　　　　　　　(b) 输出特性

图 6.25　增强型 NMOS 特性曲线

② 饱和区。当 $u_{GS} \geq U_{GS(on)}$ 时，i_D 随 u_{GS} 变化，而不随 u_{DS} 变化，增强型 NMOS 输出特性曲线几乎与横轴平行，这部分区域称为饱和区。在饱和区，增强型 NMOS 的漏极和源极之间相当于一个受 u_{GS} 控制的电流源，因此也称为恒流区。增强型 NMOS 用于放大电路时，就工作在此区域，因此也称为放大区。

在饱和区内，增强型 NMOS 的漏极电流 i_D 可近似表示为

$$i_D = I_{DO}\left(\frac{u_{GS}}{U_{GS(on)}} - 1\right)^2 \quad (u_{GS} > U_{GS(on)}) \tag{6-48}$$

式中：I_{DO} 为 $u_{GS} = 2U_{GS(on)}$ 时的 i_D 值；$U_{GS(on)}$ 为开启电压。

③ 可变电阻区。当 u_{GS} 为大于 $U_{GS(on)}$ 的某一固定值，并且 u_{DS} 较小时，漏源之间导电沟道刚开始形成，随着 u_{DS} 的增加，i_D 也增加。这时，增强型 NMOS 的漏极和源极之间相当于一个受 u_{GS} 控制的可变电阻，因此称为可变电阻区，也称为非饱和区。在此区域增强型 NMOS 处于导通状态。

2. 耗尽型 N 沟道 MOSFET

耗尽型 N 沟道 MOSFET（简称耗尽型 NMOS）的内部结构与增强型 NMOS 基本相同，只是制造时，在 SiO_2 绝缘层中掺入了大量的正离子，由于正离子的作用，栅源电压 $u_{GS} = 0$ 时，漏源之间的 P 型衬底表面就已形成反型层，存在导电沟道。即使 $u_{GS} = 0$，只要漏极和源极之间有正向电压 u_{GS}，漏极和源极就会导通，形成漏极电流 i_D，因此耗尽型 MOSFET 属于常通型器件。耗尽型 NMOS 的电路符号如图 6.26 所示。

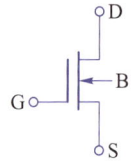

图 6.26　耗尽型 NMOS 的电路符号

耗尽型 NMOS 转移特性曲线如图 6.27(a) 所示。图中 I_{DSS} 是 $u_{GS} = 0$ 时的漏极电流，称为饱和漏极电流。同增强型 NMOS 一样，耗尽型 NMOS 漏极电流 i_D 也受栅源电压 u_{GS} 控制。当 u_{GS} 由零向正值逐渐增大时，反型层逐渐变宽，i_D 也逐渐增大；当 u_{GS} 由零向负值逐渐增大时，反型层逐渐变窄，i_D 逐渐减小，当 u_{GS} 反向增大到某一值时，反型层消失，导电沟道被夹断，$i_D = 0$，耗尽型 NMOS 截止。使漏极电流为零的栅源电压称为夹断电压，用 $U_{GS(off)}$ 表示。

耗尽型 NMOS 输出特性曲线如图 6.27(b) 所示，它也由截止区、饱和区和可变电阻区组成。在饱和区，漏极电流 i_D 可近似地表示为

$$i_D = I_{DSS}\left(1 - \frac{u_{GS}}{U_{GS(off)}}\right)^2 \qquad (u_{GS} > U_{GS(off)}) \qquad (6-49)$$

式中:I_{DSS}为饱和漏极电流;$U_{GS(off)}$为夹断电压。

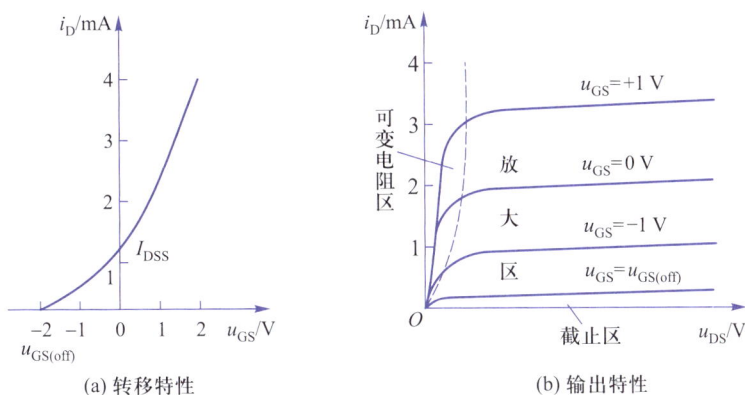

(a) 转移特性　　　　　　　　(b) 输出特性

图 6.27　耗尽型 NMOS 特性曲线

3. P 沟道 MOSFET

P 沟道 MOSFET 的结构和工作原理与 N 沟道 MOS-FET 相似,区别在于 P 沟道 MOSFET 以 N 型硅片为衬底,扩散形成两个高掺杂浓度的 P$^+$ 区分别作为源极和漏极,导电沟道为 P 型反型层,是空穴导电。使用时,u_{GS}、u_{DS} 极性与 N 沟道 MOSFET 相反,漏极电流 i_D 方向也相反,即由源极流向漏极。P 沟道 MOSFET 也有增强型和耗尽型两种,电路符号如图 6.28(a) 和图 6.28(b) 所示,其特性曲线见表 6.2。

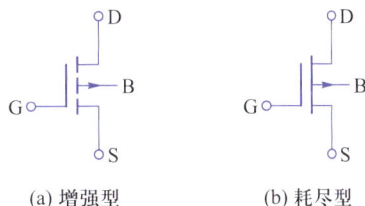

(a) 增强型　　　(b) 耗尽型

图 6.28　P 沟道 MOSFET 电路符号

表 6.2　各种场效应晶体管的比较

类型		电路符号	转移特性曲线	输出特性曲线
N 沟道 MOSFET	增强型			
	耗尽型			

续表

类型	电路符号	转移特性曲线	输出特性曲线
P 沟道 MOSFET　增强型	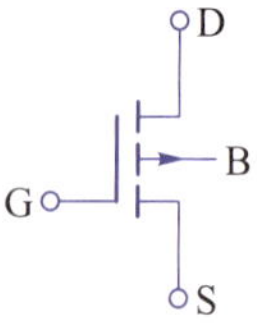 D B G S	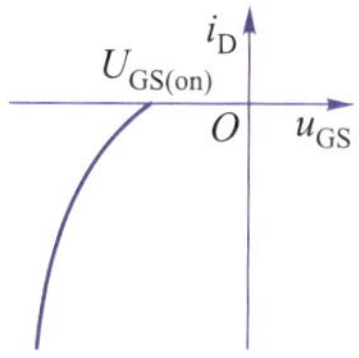 $U_{GS(on)}$　i_D　O　u_{GS}	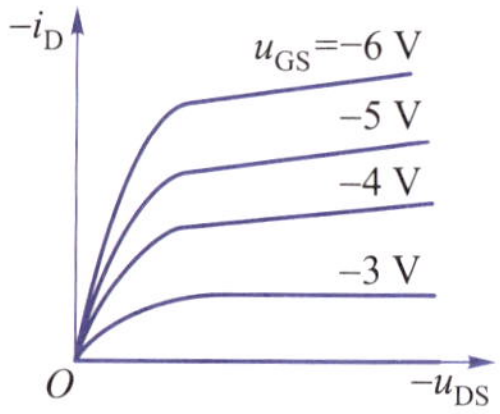 $-i_D$　$u_{GS}=-6\ V$　$-5\ V$　$-4\ V$　$-3\ V$　O　$-u_{DS}$
P 沟道 MOSFET　耗尽型	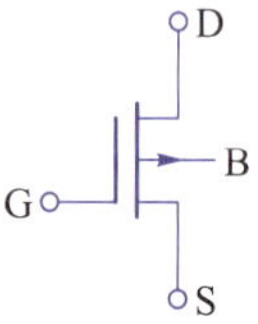 D B G S	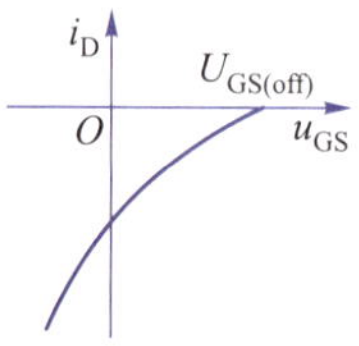 i_D　$U_{GS(off)}$　O　u_{GS}	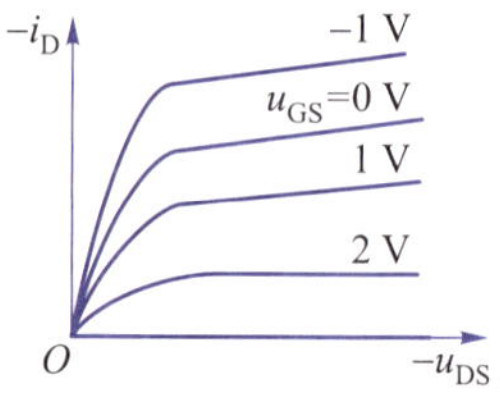 $-i_D$　$-1\ V$　$u_{GS}=0\ V$　$1\ V$　$2\ V$　O　$-u_{DS}$
N 沟道 JFET	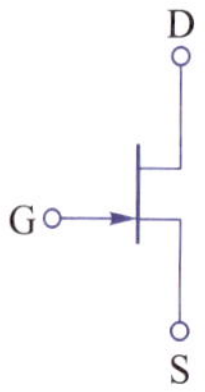 D G S	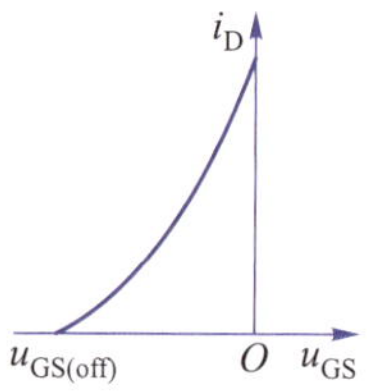 i_D　$u_{GS(off)}$　O　u_{GS}	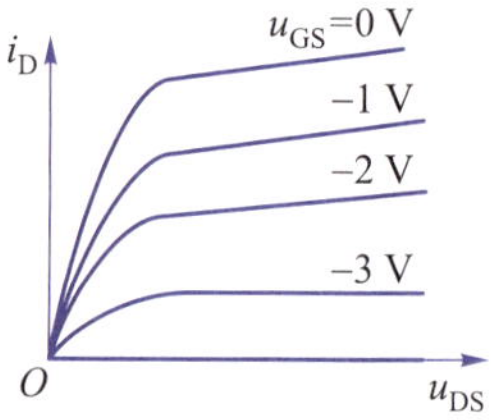 i_D　$u_{GS}=0\ V$　$-1\ V$　$-2\ V$　$-3\ V$　O　u_{DS}
P 沟道 JFET	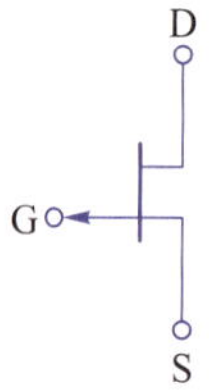 D G S	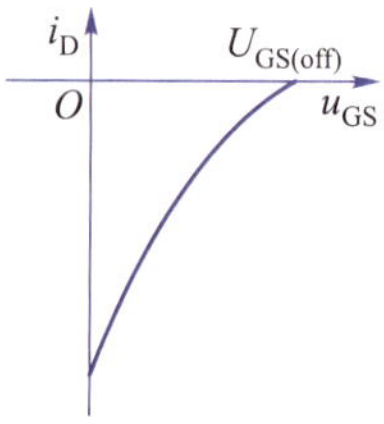 i_D　$U_{GS(off)}$　O　u_{GS}	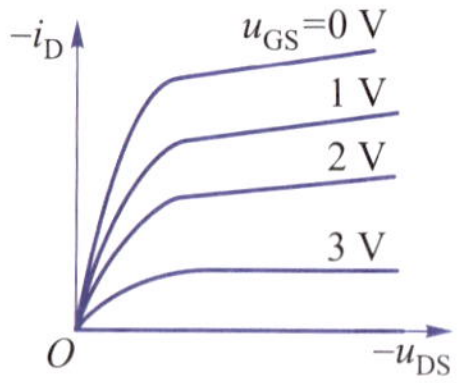 $-i_D$　$u_{GS}=0\ V$　$1\ V$　$2\ V$　$3\ V$　O　$-u_{DS}$

6.3.2　结型场效应晶体管

结型场效应晶体管(JFET)也有 N 沟道和 P 沟道两种。N 沟道 JFET 的结构如图 6.29 (a)所示。N 沟道 JFET 是在一块 N 型半导体基片两侧扩散出两个高掺杂的 P^+ 区,形成两个 PN 结。两个 P^+ 区连接在一起引出一个电极,称为栅极 G。N 型半导体两端各引出一个电极,分别称为漏极 D 和源极 S。两个 PN 结中间的 N 区是导电沟道,因此称为 N 沟道 JFET。 P 沟道 JFET 是在一块 P 型半导体基片两侧扩散出两个高掺杂的 N^+ 区,两个 N^+ 区连在一起引出栅极 G,P 型半导体两端分别引出漏极 D 和源极 S,两个 PN 结中间的 P 区是导电沟道。 其电路符号分别如图 6.29(b)和图 6.29(c)所示。

从结构上看,JFET 在制造时就存在导电沟道,当在 D、S 间施加正向电压,即使栅源电压 $u_{GS}=0$ 时,也会有漏极电流 i_D,它与耗尽型 MOSFET 一样属于长通型器件。

若要控制 JFET 漏极电流 i_D,就要改变导电沟道宽度,这就要求两个 PN 结必须反向偏置。因此对于 N 沟道 JFET,栅极电位低于漏极和源极电位,栅源电压 u_{GS} 为负值,漏源电压

(a) N沟道JFET的结构示意图　　　(b) N沟道JFET的电路符号　　　(c) P沟道JFET的电路符号

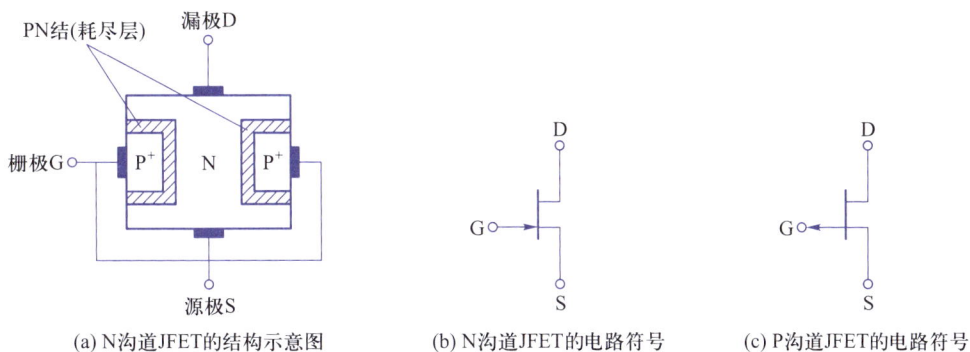

图 6.29　结型场效应晶体管

u_{DS} 为正值。如图 6.30 所示,栅—源之间加上负电压 u_{GS} 后,在电场作用下,耗尽层变宽,导电沟道变窄,沟道电阻增大,漏极电流 i_D 减小。u_{GS} 负值越大,沟道电阻越大,漏极电流 i_D 就越小。当 u_{GS} 负压增大到一定值时,两个 PN 结之间的导电沟道消失(被夹断),漏极电流 i_D 减小到 0,JFET 截止。使 $i_D=0$ 的 u_{GS} 称为夹断电压,用 $u_{GS(off)}$ 表示。由此可见,JFET 也是通过外加电压 u_{GS} 所产生的电场效应来控制漏极电流 i_D 的。

各种场效应晶体管的电路符号和特性比较见表 6.2。

图 6.30　N 沟道 JFET 接线图

6.3.3　场效应晶体管的主要参数和特点

1. 场效应晶体管主要参数

(1) 开启电压 $U_{GS(on)}$。当漏源电压 u_{DS} 为某一固定值时,把开始形成导电沟道,出现漏极电流 i_D 时的栅源电压 u_{GS} 称为开启电压,用 $U_{GS(on)}$ 表示。

$U_{GS(on)}$ 是增强型场效应晶体管的参数。当栅源电压 u_{GS} 小于开启电压的绝对值时,场效应晶体管不能导通。

(2) 夹断电压 $U_{GS(off)}$。当漏源电压 u_{DS} 为某一固定值,使漏极电流 i_D 减小到某一微小电流(如 10 μA)时的栅源电压 u_{GS} 称为夹断电压,用 $U_{GS(off)}$ 表示。

$U_{GS(off)}$ 是耗尽型场效应晶体管的参数。当栅源电压 u_{GS} 小于夹断电压绝对值时,场效应晶体管关断(截止)。

(3) 饱和漏极电流 I_{DSS}。饱和漏极电流 I_{DSS} 是栅源电压 $u_{GS}=0$ 时的漏极电流。是耗尽型场效应晶体管的参数,也是 JFET 能输出的最大电流。

(4) 直流输入电阻 R_{GS}。直流输入电阻 R_{GS} 是漏极和源极短路时,栅极和源极之间的直流电阻。场效应晶体管的直流输入电阻较高,结型场效应晶体管 $R_{GS}>10^7$ Ω,绝缘栅型场效应晶体管 $R_{GS}>10^9$ Ω,栅极电流 $I_G \propto 0$。

(5) 跨导 g_m。跨导是漏源电压 u_{DS} 为某一固定值时,漏极电流变化量和栅源电压变化量之比,用 g_m 表示,即

$$g_{m} = \frac{\Delta i_{D}}{\Delta u_{GS}}\Bigg|_{u_{DS}=常数} \qquad (6-50)$$

g_{m} 反映了场效应晶体管栅源电压对漏极电流控制能力,是表征场效应晶体管放大能力的一个重要参数,相当于晶体管电流放大倍数 β。g_{m} 的单位是西门子(S),一般场效应管的 g_{m} 为几毫西门子。

(6)漏源动态电阻 R_{DS}。漏源动态电阻 R_{DS} 是栅源电压 u_{GS} 为某一固定值时,漏源电压变化量与漏极电流变化量之比,即

$$R_{DS} = \frac{\Delta u_{DS}}{\Delta i_{D}}\Bigg|_{u_{GS}=常数} \qquad (6-51)$$

R_{DS} 反映了漏极电流和漏源电压的关系。在输出特性曲线的饱和区,漏极电流随漏源电压变化很小,R_{DS} 很大,一般为几十千欧到几百千欧。

(7)漏源击穿电压 $U_{(BR)DS}$。漏源击穿电压 $U_{(BR)DS}$ 是场效应晶体管漏极和源极之间能承受的最大电压。当 u_{DS} 超过 $U_{(BR)DS}$ 时,漏源之间便会发生击穿,i_{D} 开始急剧增加。

(8)栅源击穿电压 $U_{(BR)GS}$。栅源击穿电压 $U_{(BR)GS}$ 是场效应晶体管栅极和源极之间能承受的最大电压。当 u_{GS} 超过 $U_{(BR)GS}$ 时,栅源之间会发生击穿。

(9)最大耗散功率 P_{DM}。最大耗散功率 P_{DM} 是在额定结温时,场效应晶体管最大允许的功率损耗,即

$$P_{DM} = u_{DS}i_{D} \qquad (6-52)$$

场效应晶体管的最大耗散功率 P_{DM} 相当于晶体管集电极最大允许耗散功率 P_{CM}。

2. 场效应晶体管与晶体管的比较

(1)场效应晶体管的源极 S、栅极 G、漏极 D 分别对应于晶体管的发射极 E、基极 B、集电极 C,其作用相似。

(2)场效应晶体管是电压控制型器件,由栅源电压控制漏极电流,栅极基本没有电流,其放大系数 g_{m} 一般较小,放大能力较差;晶体管是电流控制型器件,由基极电流控制集电极电流,工作时基极总要吸取一定的电流。因此,要求输入电阻高或信号源额定电流较小的电路应选用场效应晶体管;信号源可以提供一定电流的电路可选用晶体管。

(3)场效应管是多子导电,晶体管是两种载流子都参与导电。而少子浓度受温度、辐射等因素影响较大,因而场效应管比晶体管的温度稳定性好、抗辐射能力强。在环境条件变化较大的场合,应选用场效应晶体管。

(4)场效应晶体管源极和漏极在结构上是对称的,衬底未与源极连接在一起的情况下可以互换使用,并且特性变化不大。耗尽型 MOS 管栅源电压在正、负或零电压时均可控制漏极电流,因此比晶体管更加灵活。晶体管集电极与发射极互换时,其特性差异很大,β 值将会减小很多。

(5)场效应晶体管导通电阻小,只有几百毫欧姆,而晶体管的导通电阻较大,因此场效应晶体管更适合用作电子开关。

(6)场效应晶体管噪声系数很小,因此在低噪声放大电路的输入级以及要求信噪比较高的电路中应选用场效应晶体管。

(7)场效应晶体管和晶体管均可以组成各种放大电路和开关电路,但由于场效应晶体管具有制造工艺简单、耗电少、热稳定性好、工作电压范围宽等优点,因此广泛用于大规模和

超大规模集成电路中。

（8）场效应晶体管是场控型器件,对静电较为敏感,因此在拿取、运输、存储、焊接场效应晶体管时,要特别注意防止静电使场效应晶体管栅极感应击穿。

6.3.4 场效应晶体管放大电路

场效应晶体管具有与晶体管类似的输入输出特性,也可以组成放大电路。根据接法不同,场效应晶体管放大电路也有共源、共漏和共栅三种组态结构。由于场效应晶体管跨导g_m较小,电压放大倍数较小,因此常用作多级放大电路的输入级。场效应晶体管放大电路分析方法和晶体管放大电路分析方法类似,也包括静态分析和动态分析。下面以耗尽型NMOSFET共源放大电路为例,介绍场效应晶体管放大电路的分析方法。

1. 静态分析

场效应晶体管放大电路静态分析可求得静态工作点参数U_{GSQ}、I_{DQ}、U_{DSQ},与晶体管放大电路一样,它们也对应于特性曲线上的Q点,通过直流分析可以确保场效应晶体管工作在线性放大区,保证信号放大不失真。

（1）自偏压电路。图6.31（a）所示是耗尽型NMOS自偏压共源放大电路。图中,R_D为漏极负载电阻,一般为几千欧到十几千欧;R_S为源极电阻,一般为几千欧到十几千欧;R_G为栅极电阻,一般为几兆欧;C_1、C_2为输入、输出耦合电容;C_S为漏极旁路电容。

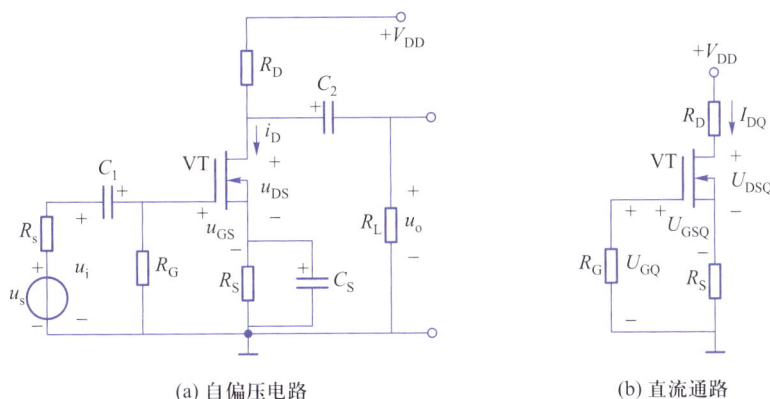

(a) 自偏压电路　　　　　　　(b) 直流通路

图6.31 场效应晶体管自偏压共源放大电路及直流通路

图6.31（b）所示是自偏压共源放大电路的直流通路。因MOSFET栅极电流近似为零,栅极电阻R_G上没有压降,即

$$U_{GQ} = 0 \tag{6-53}$$

根据图6.31（b）可知

$$U_{DSQ} = V_{DD} - I_{DQ}(R_D + R_S) \tag{6-54}$$

又因为$U_{SQ} = I_{DQ}R_S$,则

$$U_{GSQ} = U_{GQ} - U_{SQ} = -I_{DQ}R_S \tag{6-55}$$

对于耗尽型MOSFET,即使栅源电压$u_{GS} = 0$,也会有漏极电流I_{DQ},因此根据式（6-55）可知,栅极偏压是依靠MOSFET自身电流I_{DQ}产生的,这种偏压方式称为自给偏压,也称为自偏压电路。

179

又根据式(6-49)

$$i_{\mathrm{D}} = I_{\mathrm{DSS}}\left(1 - \frac{u_{\mathrm{GS}}}{U_{\mathrm{GS(off)}}}\right)^2$$

可得

$$I_{\mathrm{DQ}} = I_{\mathrm{DSS}}\left(1 - \frac{U_{\mathrm{GSQ}}}{U_{\mathrm{GS(off)}}}\right)^2 = I_{\mathrm{DSS}}\left(1 + \frac{I_{\mathrm{DQ}}R_{\mathrm{S}}}{U_{\mathrm{GS(off)}}}\right)^2 \tag{6-56}$$

联立式(6-54)~式(6-56)即可求得自偏压共源放大电路的静态工作点参数。

需要说明的事项如下。

① 自给偏压电路中源极电阻 R_{S} 越大,电路静态工作点越稳定。但是 R_{S} 过大又会使偏置太大,Q 点接近截止区,使 g_{m} 和 A_{u} 变小。

② 因为增强型场效应晶体管只有当栅源电压 $u_{\mathrm{GS}} \geqslant u_{\mathrm{GS(on)}}$ 时,才能产生漏极电流 i_{D},因此自偏压电路只适用于耗尽型场效应晶体管(包括 JFET)放大电路,而不能用于增强型场效应晶体管放大电路。

(2)分压式自偏压电路。图6.31(a)所示的自偏压共源放大电路虽然结构简单,但仅适用于耗尽型场效应晶体管放大电路。另外,源极电阻 R_{S} 太小会影响静态工作点稳定性,R_{S} 太大又会降低电压放大倍数。通常比较实用的是图6.32(a)所示的分压式自偏压共源放大电路,该电路不仅能够稳定静态工作点,而且适用于各种场效应晶体管放大电路。

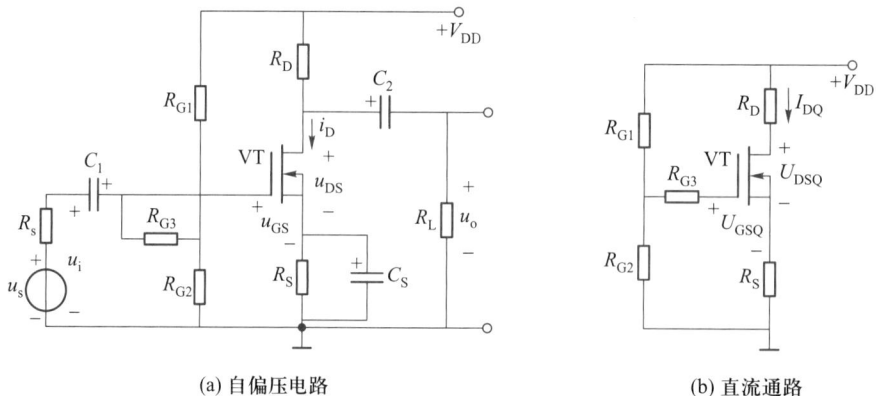

(a) 自偏压电路   (b) 直流通路

图6.32 场效应晶体管分压式自偏压共源放大电路及直流通路

图6.32(b)所示是分压式自偏压共源放大电路直流通路。根据图6.32(b)输入回路可知

$$U_{\mathrm{GQ}} = \frac{R_{\mathrm{G2}}}{R_{\mathrm{G1}}+R_{\mathrm{G2}}}V_{\mathrm{DD}} \tag{6-57}$$

因为 $U_{\mathrm{SQ}} = I_{\mathrm{DQ}}R_{\mathrm{S}}$,则

$$U_{\mathrm{GSQ}} = U_{\mathrm{GQ}} - U_{\mathrm{SQ}} = \frac{R_{\mathrm{G2}}}{R_{\mathrm{G1}}+R_{\mathrm{G2}}}V_{\mathrm{DD}} - I_{\mathrm{DQ}}R_{\mathrm{S}} \tag{6-58}$$

根据图6.32(b)中的输出回路可知

$$U_{\mathrm{DSQ}} = V_{\mathrm{DD}} - I_{\mathrm{DQ}}(R_{\mathrm{D}}+R_{\mathrm{S}}) \tag{6-59}$$

又因为 $i_{\mathrm{D}} = I_{\mathrm{DO}}\left(\frac{u_{\mathrm{GS}}}{U_{\mathrm{GS(on)}}} - 1\right)^2$(增强型 FET)或 $i_{\mathrm{D}} = I_{\mathrm{DSS}}\left(1 - \frac{u_{\mathrm{GS}}}{U_{\mathrm{GS(off)}}}\right)^2$(耗尽型 FET),联立式

（6–57）～式（6–59），即可求得静态工作点参数。

2. 动态分析

场效应晶体管也是非线性器件，当输入信号幅值较小且工作在线性放大区时，场效应晶体管也可以用微变等效电路（小信号模型）代替。由于场效应晶体管输入电阻极高，栅极电流近似为零，因此可认为栅极和源极开路。又因为场效应晶体管漏极电流受栅源电压控制，其控制能力可以用跨导表示，即 $g_m = \dfrac{\Delta i_d}{\Delta u_{gs}}\Big|_{u_{ds}=常数}$，$i_d = g_m u_{gs}$，因此，场效应晶体管漏极和源极之间可用一个受栅源电压控制的受控电流源 $g_m u_{gs}$ 代替，电流源方向由栅源电压极性决定。这样可以得到场效应晶体管小信号模型，如图6.33 所示。

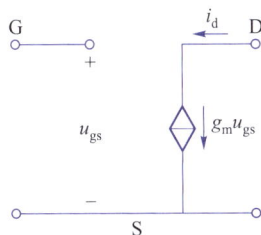

图6.33 场效应晶体管小信号模型

下面以图6.32 所示的分压式自偏压共源放大电路为例，分析场效应晶体管放大电路动态特性。

分压式自偏压共源放大电路的交流通路如图6.34（a）所示。把图6–34（a）中的 MOSFET 用小信号模型代替，得到图6.34（b）所示的小信号等效电路。

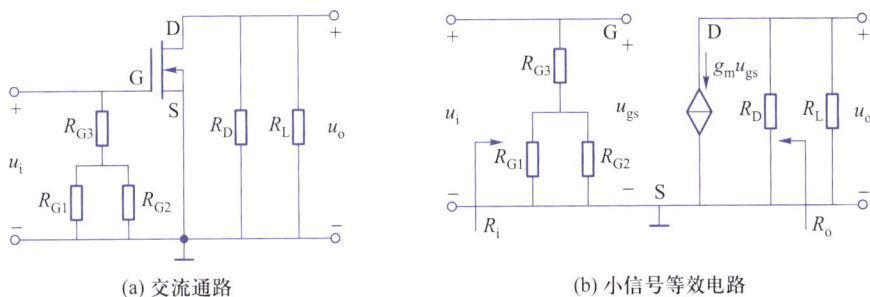

(a) 交流通路　　　　(b) 小信号等效电路

图6.34 分压式自偏压共源放大电路交流通路及小信号等效电路

根据图6.34（b），输入电压 u_i 为

$$u_i = u_{gs} \tag{6-60}$$

输出电压 u_o 为

$$u_o = -g_m u_{gs}(R_d /\!/ R_L) = -g_m u_{gs} R_L' \tag{6-61}$$

则电压放大倍数 A_u 为

$$A_u = \frac{u_o}{u_i} = -g_m(R_d /\!/ R_L) = -g_m R_L' \tag{6-62}$$

式中：$R_L' = R_D /\!/ R_L$。

输入电阻 R_i 为

$$R_i = R_{G3} + (R_{G1} /\!/ R_{G2}) \tag{6-63}$$

因为共源放大电路 R_{G3} 一般为兆欧级，R_{G1}、R_{G2} 为千欧级，$R_{G3} \gg R_{G1} /\!/ R_{G2}$，所以输入电阻可近似为

$$R_i \approx R_{G3} \tag{6-64}$$

输出电阻 R_o 为

$$R_o = R_D \tag{6-65}$$

根据上述分析可知,场效应晶体管共源放大电路与晶体管共射放大电路一样,输出与输入电压极性相反,但是场效应晶体管共源放大电路电压放大倍数较小,一般仅几倍。由于场效应晶体管共源放大电路输入电阻较高,输出电阻适中,因此适合作为多级放大电路输入级。

知识点 **6.4**
功率放大电路

前面讨论的基本放大电路主要对微小的输入信号进行电压放大,也称为电压放大电路。电压放大电路输出功率并不一定很大,不能直接驱动较大功率负载,如继电器、扬声器、伺服电动机和仪表等。若要驱动大功率负载就要求放大电路能够向负载提供足够大的电压和电流,即足够大的功率。我们把这种向负载提供功率的电路称为功率放大电路,简称功放。

电压放大电路工作在小信号状态,非线性失真小,分析时主要考虑电压放大倍数、输入电阻和输出电阻等性能指标。而功率放大电路工作在大信号状态,晶体管不能用微变等效电路替代,电路中的非线性失真和消耗较大的直流电源功率不可避免,因此实现大功率输出、减小非线性失真、提高效率及晶体管的选择和保护是功率放大电路主要考虑的性能指标。

6.4.1 功率放大电路的分类

组成功率放大电路的主要器件为晶体管(在功率放大电路中又称为功率管),根据晶体管静态工作点设置不同,功率放大电路可分为甲类、乙类和甲乙类三种。甲类功率放大电路静态工作点设置得较高,如图6.35(a)所示,在输入信号的整个周期内晶体管均导通,导通角 $\theta = 2\pi$,失真较小,但晶体管导通时间长,功耗大,效率低。前面讲的电压放大电路即工作在甲类状态;乙类功率放大电路静态工作点设置在截止点,如图6.35(b)所示,晶体管在输入信号的半个周期内导通,导通角 $\theta = \pi$,管耗小,效率高,但是失真较大;甲乙类功率放大电路静态工作点设置介于甲类和乙类之间,如图6.35(c)所示,晶体管导通时间大于半个周期小于一个周期,导通角 $\pi < \theta < 2\pi$,其失真和效率也介于甲类和乙类之间。

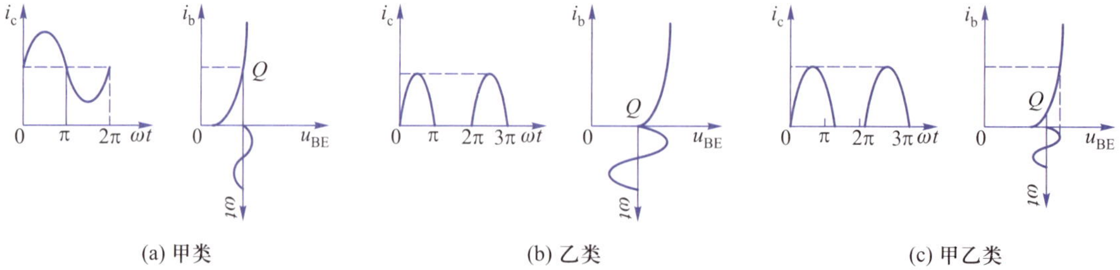

(a) 甲类 (b) 乙类 (c) 甲乙类

图6.35 功率放大电路波形

6.4.2 乙类互补对称功率放大电路

乙类互补对称功率放大电路如图6.36(a)所示。VT1 和 VT2 为两个特性相同的异型晶体管,VT1 为 NPN 管,VT2 为 PNP 管,它们的基极相连作为输入端,发射极相连作为输出端,集电极分别接正负电源。两管又分别与负载 R_L 构成共集放大电路,即互补对称射极跟随器。由于静态时发射极公共电位为零,输出不必采用电容耦合,故又称无输出耦合电容的功率放大电路(Output Capacitorless,OCL)。

设输入信号 u_i 按正弦规律变化,忽略两管的导通压降,当 $u_i > 0$ 时,VT1 正偏导通,VT2 反偏截止,此时 $+V_{CC}$ 供电,VT1 流出的电流 i_o 流过负载电阻 R_L(如图 6.36(a) 中的实线所示),输出端得到正半周输出电压 u_o,如图 6.36(b) 所示;当 $u_i < 0$ 时,VT1 反偏截止、VT2 正偏导通,此时 $-V_{CC}$ 供电,VT2 流出的电流 i_o 流经负载电阻 R_L(如图 6.36(a) 中的虚线所示),输出端得到负半周输出电压 u_o,如图 6.36(c) 所示。可见,在输入信号的一个周期内,VT1 和 VT2 的交替导通,负载上产生了一个周期的正、负半波叠加的正弦波输出信号,输出电压幅值近似为 $\pm V_{CC}$。

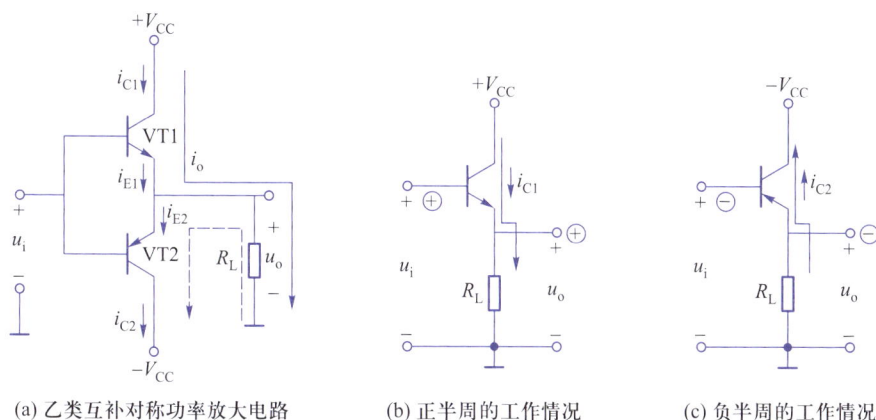

(a) 乙类互补对称功率放大电路   (b) 正半周的工作情况   (c) 负半周的工作情况

图 6.36 乙类互补对称功率放大电路及其工作情况

乙类互补对称功率放大电路的输出功率 P_o 为

$$P_o = \frac{I_{cm}}{\sqrt{2}} \frac{U_{om}}{\sqrt{2}} = \frac{1}{2} I_{cm} U_{om} \tag{6-66}$$

由于 $I_{cm} = \dfrac{U_{om}}{R_L}$,式(6-66)也可以写成

$$P_o = \frac{U_{om}^2}{2R_L} = \frac{1}{2} I_{cm}^2 R_L \tag{6-67}$$

最大不失真输出电压的幅值 U_{omm} 为

$$U_{omm} = V_{CC} - U_{CE(sat)} \approx V_{CC} \tag{6-68}$$

式中:$U_{CE(sat)}$ 为晶体管集—射饱和电压。

最大不失真输出电流的幅值 I_{cmm} 为

$$I_{cmm} = \frac{U_{omm}}{R_L} \approx \frac{V_{CC}}{R_L} \tag{6-69}$$

由式(6-68)和式(6-69)可得最大不失真输出功率为

$$P_{\text{om}} = \frac{U_{\text{omm}}}{\sqrt{2}} \frac{I_{\text{cmm}}}{\sqrt{2}} \approx \frac{V_{\text{CC}}^2}{2R_{\text{L}}} \tag{6-70}$$

由于两管轮流工作半个周期,每个电源只提供半个周期的电流,每个管子的集电极平均电流为

$$I_{\text{C1}} = I_{\text{C2}} = \frac{1}{2\pi} \int_0^{\pi} I_{\text{cm}} \sin \omega t \mathrm{d}\omega t = \frac{I_{\text{cm}}}{\pi} \tag{6-71}$$

由此,两个电源提供的总功率为

$$P_{\text{DC}} = I_{\text{C1}} V_{\text{CC}} + I_{\text{C2}} V_{\text{CC}} = 2I_{\text{C1}} V_{\text{CC}} = 2\frac{1}{2\pi} \int_0^{\pi} V_{\text{CC}} I_{\text{cm}} \sin \omega t \mathrm{d}\omega t = 2V_{\text{CC}} \frac{U_{\text{om}}}{\pi R_{\text{L}}} \tag{6-72}$$

两个晶体管功耗 P_{T} 为

$$P_{\text{T}} = P_{\text{DC}} - P_{\text{O}} = \frac{2V_{\text{CC}} U_{\text{om}}}{\pi R_{\text{L}}} - \frac{U_{\text{om}}^2}{2R_{\text{L}}} \tag{6-73}$$

对式(6-73)的 U_{om} 求导,求得 P_{T} 的最大值发生在 $U_{\text{om}} = 0.64 \, V_{\text{CC}}$ 处,将 $U_{\text{om}} = 0.64 \, V_{\text{CC}}$ 代入式(6-73)中,得到两个晶体管的最大功耗为

$$P_{\text{Tmax}} = 0.4 P_{\text{om}} \tag{6-74}$$

一只晶体管的最大功耗则是 $0.2 P_{\text{om}}$。

功率放大电路的效率是指负载获得的输出功率 P_{o} 与直流电源提供的功率 P_{DC} 的比值,用 η 表示,即有 $\eta = \dfrac{P_{\text{o}}}{P_{\text{DC}}}$。由式(6-67)和(6-72)可知乙类功率放大电路的最大效率为

$$\eta_{\text{m}} = \frac{U_{\text{om}}^2/(2R_{\text{L}})}{2V_{\text{CC}} U_{\text{om}}/(\pi R_{\text{L}})} = \frac{\pi}{4} \frac{U_{\text{om}}}{V_{\text{CC}}} \approx 78.5\% \tag{6-75}$$

式中求得的最大值为理想状态下的值,实际上由于晶体管的饱和压降和电路元件的损耗等因素,乙类互补对称功率放大电路的效率一般为 60% 左右。

例 6.5 如图 6.36(a)所示,乙类互补对称功率放大电路中,$V_{\text{CC}} = 24 \, \text{V}$,$R_{\text{L}} = 8 \, \Omega$,估算:
(1)该电路的最大输出功率 P_{om};(2)单管的最大管耗 P_{Tmax};(3)说明该功放电路对功率管的要求。

解:(1)最大输出功率 P_{om} 为

$$P_{\text{om}} = \frac{V_{\text{CC}}^2}{2R_{\text{L}}} = \frac{24 \, \text{V} \times 24 \, \text{V}}{2 \times 8 \, \Omega} = 36 \, \text{W}$$

(2)单管的最大管耗 P_{Tmax} 为

$$P_{\text{Tmax}} \approx 0.2 \, P_{\text{om}} = 0.2 \times 36 \, \text{W} = 7.2 \, \text{W}$$

(3)功率管选择需要从以下三个方面考虑。

① 功率放大电路的最大管耗。要考虑功率放大电路单管的最大管耗不能超过功率管的最大允许管耗,则

$$P_{\text{Tmax}} > P_{\text{om}} = 7.2 \, \text{W}$$

② 功率管截止时的最大反向电压。由于电路中总有一个功率管处于截止状态,当输出电压 U_{o} 达到最大不失真输出幅度时,功率管此时所承受的反向电压也为最大,且近似等于 $2V_{\text{CC}}$,因此为保证功率管不被反向击穿,要求功率管的最大反向击穿电压 $U_{\text{(BR)CEO}}$ 满足

$$U_{(\text{BR})\text{CEO}} > 2V_{\text{CC}} = 2 \times 24 \text{ V} = 48 \text{ V}$$

③ 功率管最大允许的集电极电流。功率放大电路在最大输出状态下,功率管的输出电流也达到最大,用 I_{cmax} 表示,$I_{\text{cmax}} = \dfrac{V_{\text{CC}}}{R_{\text{L}}} = \dfrac{24 \text{ V}}{8 \text{ }\Omega} = 3 \text{ A}$,由此知道功率管最大允许的集电极电流 I_{CM} 应该满足

$$I_{\text{CM}} > I_{\text{cmax}} = 3 \text{ A}$$

6.4.3 甲乙类双电源互补对称功率放大电路

前面在分析乙类互补对称功率放大电路时忽略了功率管的死区电压,实际上功率管的死区电压总是存在的,硅管约为 0.5 V,锗管约为 0.1 V。以硅管为例,只有当输入信号的绝对值大于 0.5 V 时,功率管才能导通,而在 −0.5 ~ +0.5 V,两个功率管都将反偏截止,两管的输出电流、电压均为零。因此输出波形在两管轮流工作的衔接处出现了失真,如图 6.37 所示,这种失真称为交越失真。

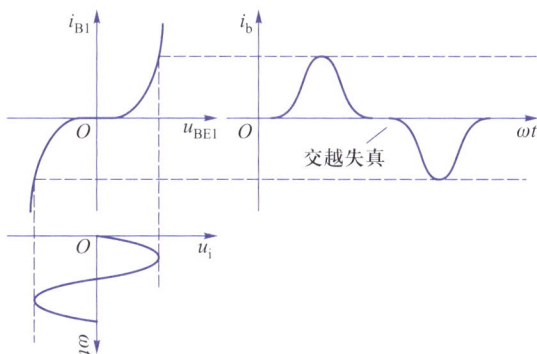

图 6.37 交越失真波形

要克服交越失真,就要给两个功率管发射结施加一个正向偏置电压,其值等于或稍大于功率管导通电压,这样当输入信号 u_i 为 −0.5 ~ +0.5 V,两管依然能够微导通,这样就得到了甲乙类互补对称功率放大电路。

图 6.38 所示是甲乙类双电源互补对称功率放大电路,电路由 ±V_{CC} 双电源供电。在图 6.38(a)中,R_1、VD1、VD2、R_2 组成二极管静态偏置电路,利用二极管导通压降为 VT1、VT2 提供正向偏置电压,消除交越失真。图 6.38(b)中 VT3、R_2、R_3 组成模拟电压源,产生正向偏置电压,消除交越失真。根据图 6.38(b)可知

$$U_{\text{AB}} = U_{\text{CE3}} = I_1 R_2 + I_2 R_3 \tag{6-76}$$

由于 VT3 的基极电流非常小,因此忽略 I_{B3} 时,$I_2 = I_1$,而 $U_{\text{BE3}} = I_2 R_3$,得

$$U_{\text{AB}} \approx U_{\text{BE3}}\left(1 + \dfrac{R_2}{R_3}\right) \tag{6-77}$$

可以发现,U_{AB} 是 U_{BE3} 的 $\left(1 + \dfrac{R_2}{R_3}\right)$ 倍,该电路也称为 U_{BE} 的电压倍增电路。调整 R_2、R_3 的比值,可以得到 VT1、VT2 所需要的发射结直流偏压值,同时也可以获得 PN 结任意倍数的温度系数,较好地实现对 VT1、VT2 的温度补偿。

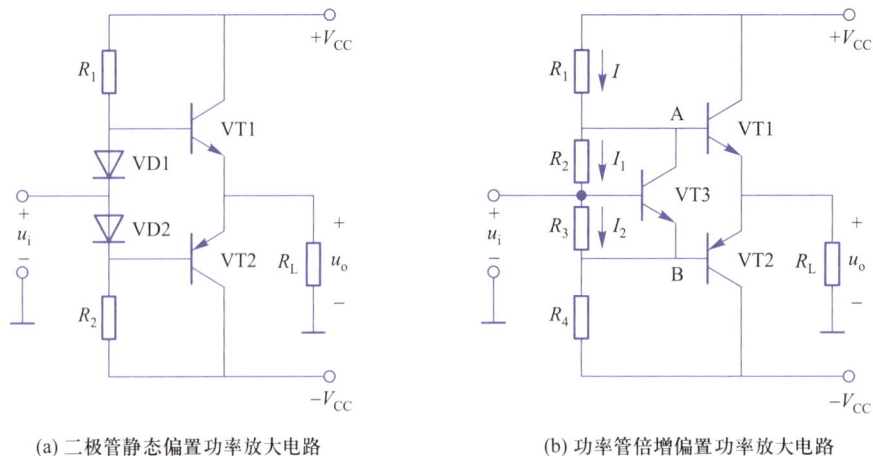

(a) 二极管静态偏置功率放大电路   (b) 功率管倍增偏置功率放大电路

图 6.38 甲乙类双电源互补对称功率放大电路

6.4.4 甲乙类单电源互补对称功率放大电路

甲乙类双电源互补对称功率放大电路需要两个独立的正、负电源供电,而当只有一个电源时,可采用甲乙类单电源互补对称功率放大电路,也称为无输出变压器功率放大电路(Output Transformer Less, OTL)。图 6.39 所示为甲乙类单电源互补对称功率放大电路,它与双电源电路的最大区别在于输出端接有大容量电容 C。电容 C 使 VT1 和 VT2 公共发射极 E 点静态时对地电压为电源电压的一半,即 $\dfrac{V_{CC}}{2}$,保证两管工作在对称状态。同时电容 C 串联在负载与输出端之间,起到了隔直的作用。

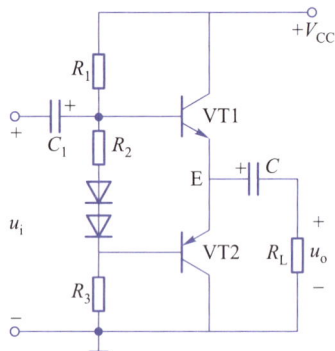

图 6.39 甲乙类单电源互补
对称功率放大电路

静态时,由于电路对称,VT1 和 VT2 的发射极电位相同,VT1 和 VT2 均处于截止状态,输出电容 C 两端电压为 $\dfrac{V_{CC}}{2}$。当有输入信号 u_i 时,在输入信号的正半周 VT1 导通,VT2 截止,电流通过负载电阻 R_L 向电容 C 充电,由于电容有 $\dfrac{V_{CC}}{2}$ 的直流压降,因此 VT1 的工作电压实际上为 $\dfrac{V_{CC}}{2}$。在输入信号的负半周,VT2 导通,VT1 截止,已充电的电容 C 起负电源 $\left(-\dfrac{V_{CC}}{2}\right)$ 的作用,通过负载 R_L 放电,又由于电容 C 的容量大,尽管负半周放掉一些电荷,但电容器两端的电压不变,最终负载 R_L 上得到了完整的交流信号。甲乙类单电源互补对称功率放大电路相关的输出功率、效率、功耗等计算方法与双电源互补功率放大电路相同,只是用 $\dfrac{V_{CC}}{2}$ 取代双电源电路公式中的 V_{CC} 即可。

多级放大电路

前面介绍的基本(单管或单级)放大电路电压放大倍数较小,一般只能达到几十倍,其他技术指标有时也难以满足设计要求,这就需要把多个基本放大电路连接起来组成多级放大电路。为此,市场上出现了包含多级放大电路的各种集成运算放大器(简称运放),如常用的低功耗运放 LM324、LM358,高阻抗运放 TL082、TL074、CA3140,精密运放 OP07、OP27、ICL7650,以及集成功率运放 LM3886、TDA7240、LM4766 等。

6.5.1 多级放大电路的组成

多级放大电路的组成框图如图6.40所示。多级放大电路由多个基本放大电路连接而成,与信号源连接的第一级称为输入级(前置级),与负载连接的末级称为输出级(推动级、激励级),输入级与输出级之间的称为中间级。因为输入级直接与输入信号源连接,需要从信号源获得尽可能大的电压信号,所以常用输入电阻较大的共集放大电路或场效应晶体管放大电路;中间级主要进行电压放大,常用电压放大倍数较大的共射放大电路组成;输出级需要把尽可能大的信号传输给负载,还要考虑信号功率较大,常用功率放大电路或输出电阻较小的共集放大电路。

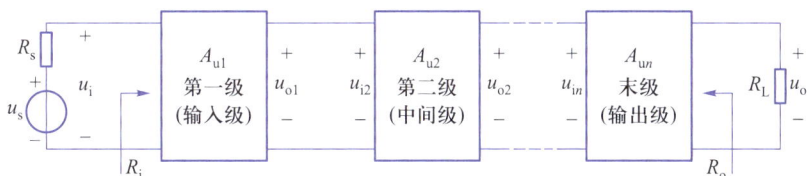

图 6.40 多级放大电路的组成框图

6.5.2 多级放大电路的零点漂移问题

当电源波动或工作温度变化等外界因素发生变化时,放大电路的静态工作点将随之变化,这种变化称为静态工作点漂移。对于多级放大电路,前一级的工作点漂移会随信号传送至下一级,并逐渐放大,使得输出信号出现严重失真。在某些情况下,即使没有输入信号,多级放大电路也会产生输出信号,这种现象称为零点漂移。其中,由温度变化引起的零点漂移(即温漂)最为严重。零点漂移会导致信号失真,严重时有用信号会被零点漂移淹没,使人们无法分辨是有用信号还是漂移信号。因此,必须采取适当的措施,抑制零点漂移。

常用抑制零点漂移的方法有以下三种。

(1)引入直流负反馈,如前面介绍的分压偏置共射放大电路。

(2)采用温度补偿的方法,如在电路中加入热敏元件。

(3)采用差分放大电路。关于差分放大电路将在下一项目中进行介绍。

6.5.3 多级放大电路的耦合方式

多级放大电路信号从上一级传输到下一级的方式称为耦合方式,也就是多级放大电路各级之间的连接方式。多级放大电路的耦合方式有直接耦合、阻容耦合、变压器耦合和光电耦合等几种。

(1)直接耦合。直接耦合是前后两级放大电路直接连接。直接耦合方式使用元件少、体积小、低频特性好,可以放大直流信号或缓慢变化的信号,便于集成化。但是由于多级放大电路前后级直流通路直接连通,各级静态工作点相互影响,存在零点漂移现象,因此直接耦合方式主要应用于集成电路中。

(2)阻容耦合。阻容耦合是用电容元件连接两级放大电路。由于电容具有通交隔直作用,因此多级放大电路各级静态工作点相互独立,互不影响,输出温漂小。只要输入信号频率较高,耦合电容容量足够大,前级的输出信号就几乎没有衰减地传输到下一级。但是阻容耦合方式低频特性差,不能放大直流信号或变化缓慢的信号,且在集成电路中制造大容量电容很困难,不易集成化,因此主要应用于分立元件组成的多级放大电路中。

(3)变压器耦合。变压器耦合是利用变压器连接两级放大电路。由于变压器不能传输直流信号,具有隔直作用,因此与阻容耦合方式一样,多级放大电路各级静态工作点也相互独立,互不影响。此外,变压器耦合方式低频特性也较差,不能放大直流信号或变化缓慢的信号,并且变压器体积大、非常笨重,无法实现集成。但是由于变压器在传输信号同时还能够进行电压、电流和阻抗变换,因此主要应用于具有特殊要求的分立元件多级放大电路中。

(4)光电耦合。光电耦合是利用光电耦合器连接两级放大电路。因为光电耦合器具有抗干扰作用,因此多用于分立元件多级放大电路输出级。

6.5.4 多级放大电路的特性指标分析

以图 6.41 所示的两级阻容耦合放大电路为例,分析多级放大电路。在图 6.41 中,输入信号 u_i 通过 C_1 传输到 VT1 基极,从 VT1 发射极引出,再通过 C_2 传输到 VT2 基极,从 VT2 集电极经 C_3 输出送给负载,由此可以看出图 6.41 是两级阻容耦合放大电路。第一级是共集放大电路,具有较高的输入电阻,用来引入输入信号,以减小输入级噪声。第二级是共射放大电路,具有较大的电压放大倍数,实现信号电压放大。

图 6.41 所示两级阻容耦合放大电路的结构框图如图 6.42 所示。可以看出,第一级的输出信号 u_{o1} 就是第二级的输入信号,第一级的输入电阻 R_{i1} 就是两级放大电路的输入电阻,第二

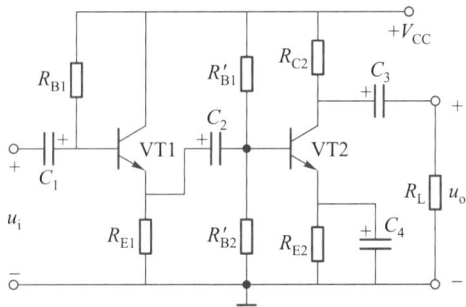

图 6.41   两级阻容耦合放大电路

级的输出信号就是两级放大电路的输出信号 u_o,第二级的输入电阻 R_{i2} 就是第一级的负载电阻,第二级的输出电阻 R_{o2} 就是两级放大电路的输出电阻 R_o。

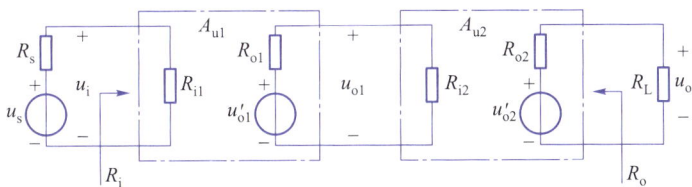

图 6.42 两级阻容耦合放大电路的结构框图

两级阻容耦合放大电路的电压放大倍数 A_u 为

$$A_u = \frac{u_o}{u_i} = \frac{u_o}{u_{o1}} \cdot \frac{u_{o1}}{u_i} = A_{u1} \cdot A_{u2} \tag{6-78}$$

式中：A_{u1}、A_{u2} 分别为第一、第二级放大电路的电压放大倍数；A_u 为总的电压放大倍数，等于两级电压放大倍数的乘积。

输入电阻 R_i 为

$$R_i = R_{i1} \tag{6-79}$$

输出电阻 R_o 为

$$R_o = R_{o2} \tag{6-80}$$

由此可以推算 n 级放大电路总的电压放大倍数等于各级放大倍数的乘积，即

$$A_u = A_{u1} \cdot A_{u2} \cdots \cdot A_{un} = \prod_{k=1}^{n} A_{uk} \tag{6-81}$$

用分贝表示为

$$A_u(\mathrm{dB}) = A_{u1}(\mathrm{dB}) + A_{u2}(\mathrm{dB}) + \cdots + A_{un}(\mathrm{dB}) = \sum_{k=1}^{n} A_{uk}(\mathrm{dB}) \tag{6-82}$$

多级放大电路的输入电阻 R_i 就是第一级的输入电阻，即

$$R_i = R_{i1} \tag{6-83}$$

多级放大电路的输出电阻 R_o 就是最后一级的输出电阻，即

$$R_o = R_{on} \tag{6-84}$$

例 6.6 两级放大电路如图 6.43 所示，已知 $V_{CC} = 12\ \mathrm{V}$，晶体管的 $\beta_1 = \beta_2 = 50$，$r_{be1} = r_{be2} = 900\ \Omega$。（1）画出放大电路的交流通路；（2）求电路的输入电阻 R_i 和输出电阻 R_o；（3）计算电压放大倍数 A_u。

解：（1）两级放大电路的交流通路如图 6.44 所示。

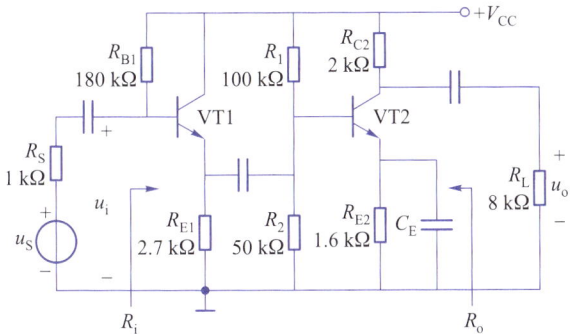

图 6.43 两级放大电路

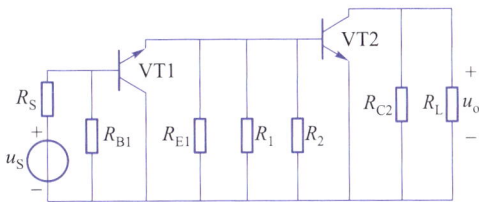

图 6.44 两级放大电路的交流通路

（2）
$$R_{i2} = R_1 // R_2 // r_{be2} = 100 \text{ k}\Omega // 50 \text{ k}\Omega // 0.9 \text{ k}\Omega \approx 0.9 \text{ k}\Omega$$
$$R_i = R_{B1} // [r_{be1} + (1+\beta_1)(R_{E1} // R_{i2})]$$
$$= 180 \text{ k}\Omega // [0.9 \text{ k}\Omega + (1+50) \times (2.7 \text{ k}\Omega // 0.9 \text{ k}\Omega)] \approx 29.6 \text{ k}\Omega$$
$$R_o = R_{C2} = 2 \text{ k}\Omega$$

（3）
$$A_{u1} = \frac{(1+\beta_1) R_{E1} // R_{i2}}{r_{be1} + (1+\beta_1) R_{E1} // R_{i2}} = \frac{(1+50) \times (2.7 \text{ k}\Omega // 0.9 \text{ k}\Omega)}{0.9 \text{ k}\Omega + (1+50) \times (2.7 \text{ k}\Omega // 0.9 \text{ k}\Omega)} = 0.97$$
$$A_{u2} = -\frac{\beta_2 (R_{C2} // R_L)}{r_{be2}} = -\frac{50 \times (2 \text{ k}\Omega // 8 \text{ k}\Omega)}{0.9 \text{ k}\Omega} = -88.9$$
$$A_u = 0.97 \times (-88.9) = -86.2$$

⚙ 项目训练

一、仿真训练

（一）共射放大电路仿真分析

1. 仿真目的

（1）掌握共射放大电路的基本结构。

（2）会通过 Multisim 仿真软件进行放大电路静态分析。

（3）了解元件参数对放大电路静态工作点的影响。

（4）学会通过 Multisim 仿真软件进行放大电路的动态分析。

2. 仿真原理

晶体管是一种对温度敏感的电子器件，温度变化使 I_C 变化，导致静态工作点漂移。这里采用工作点稳定的分压偏置放大电路来进行分析。该电路根据温度变化自动调节基极电流 I_B，集电极电流 I_C 保持不变，以稳定静态工作点。

3. 仿真设备

安装 Multisim 仿真软件的计算机 1 台。

4. 仿真步骤

（1）创建仿真框图。分压偏置式单管共射放大电路如图 6.15 所示。在 Multisim 仿真软件中创建图 6.45 所示的仿真框图。电阻、电容、晶体管在基本元件库（Basic），晶体管选用 2N2222。直流电压源、接地符号在电源库（Power Source Components）。连接好后按图 6.45 所示电路设置元件参数。

从测量器件库（Measurement Components）中调出示波器（Oscilloscope–XSC）和信号发生器（Function Generator）连接在电路中，信号发生器输出作为本电路的输入，示波器 A 通道接输入信号 u_i，B 通道测输出电压 u_o。需要注意的是，仿真分析时必须设置接地点。创建好的仿真框图如图 6.46 所示。

（2）静态工作点分析。双击信号发生器 XFG1，在打开的对话框中按照表 6.3 设置参数。

单击菜单"Option"下的"Preferences"选项，打开"Preferences"对话框，选中"Circuit"选项卡，选中"Show node names"选项，仿真框图中显示出节点名称。单击仿真软件"仿真（S）"菜单下的"Analysis and simulation"，打开"Analyses and Simulation"对话框。在该对话框左侧

"Active Analysis"窗口选择"直流工作点"选项,在"直流工作点"窗口左侧"电路中的变量(b)"中选择要分析的变量"V(1)""V(2)""V(4)",单击"添加(A)"按钮将该变量添加到右侧"已选定用于分析的变量(I)"窗口中。

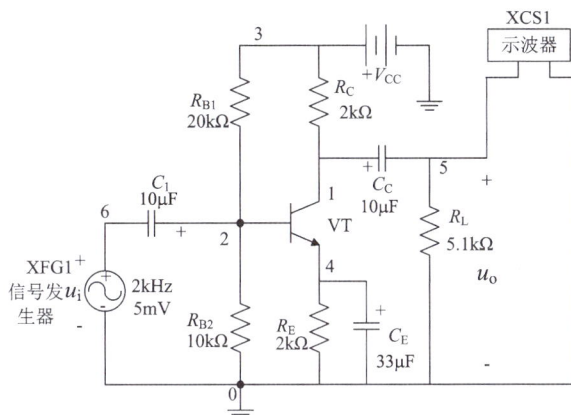

图 6.45　分压偏置式单管共射放大电路

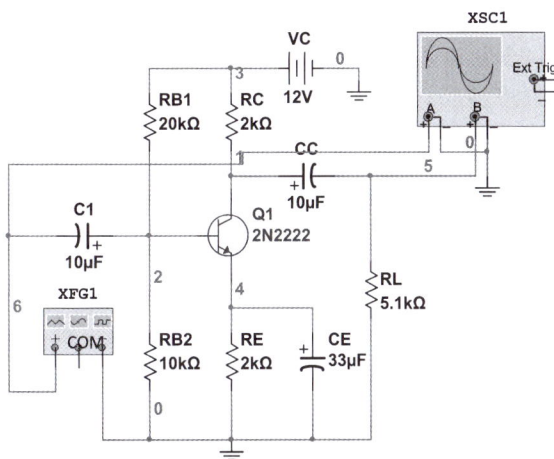

图 6.46　分压偏置式单管共射放大电路仿真框图

表 6.3　信号发生器参数设置

项目	参数
波形选择(Waveforms)	正弦波
信号参数设置(Signal Options)	1 kHz,5 mV,补偿为 0

单击仿真软件"运行/停止"开关(Simulation Switch),启动仿真,得到图 6.47 所示的仿真波形和图 6.48 所示的静态工作点分析结果。把结果记录在表 6.4 中,并与理论计算结果进行比较。

(3)放大倍数分析。在输入电压幅值为 5 mV、频率为 1 kHz 的正弦波条件下,示波器显示输出电压幅值为 380 mV,可测得电压放大倍数为 76。计算图 6.45 所示电路的电压放大倍数,与仿真结果进行比较。

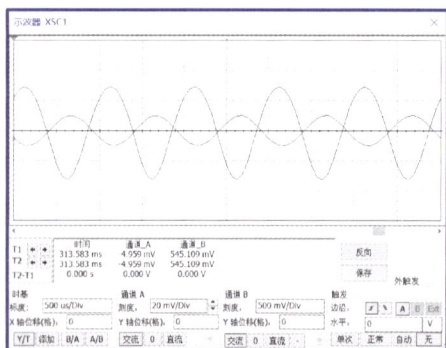

图 6.47 分压偏置式单管共射放大电路仿真波形

图 6.48 静态工作点分析结果

表 6.4 静态工作点数据记录

节点	输出结果
1	
2	
4	

将 R_{B1} 减小到 10 kΩ,重新仿真,观察示波器输出波形和静态工作点的变化。

（4）频率特性分析。单击仿真软件"仿真（S）"菜单下的"Analysis and simulation",打开"Analyses and Simulation"对话框。在该对话框左侧"Active Analysis"窗口选择"交流分析"选项,系统弹出"交流分析"对话框,在"Frequency Parameters"选项卡中设置如表 6.5 所示的参数。

表 6.5 交流分析频率参数设置

项目	参数
起始频率（Start frequency）	1 Hz
终止频率（Stop frequency）	10 GHz
扫描形式（Sweep type）	十倍频扫描（Decade）
采样点数（Number of points per decade）	默认 10
纵坐标形式（Vertical scale）	对数形式（Logarithmic）

单击"交流分析"对话框"Output variables"选项卡,在窗口左侧"电路中的变量（b）"中选择要分析的变量"V（5）",单击"添加（A）"按钮将该变量添加到右侧"已选定用于分析的变量（I）"窗口中。单击"Analyses and Simulation"对话框下面"Run"按钮或者单击仿真软件"运行/停止"开关（Simulation Switch）,启动仿真,得到仿真结果。

（5）输入输出电阻分析。通过测量输入端电压 U_i 和电流 I_i,计算出输入电阻 R_i,$R_i = U_i/I_i$。利用戴维南等效电路求出输出电阻 R_o,$R_o = \left(\dfrac{U_o}{U_L} - 1\right)R_L$。

5. 思考题

分析图 6.45 所示电路中各元器件作用。

（二）阻容耦合两级放大电路仿真分析

1. 仿真目的

（1）了解多级放大电路的耦合方式。

（2）会求多级放大电路的放大倍数。

2. 仿真原理

在实际应用中现场采集到的信号电压往往很微弱,可能仅为毫伏级或微伏级,无法对其进行有效处理,因此需要对其进行足够大的电压放大,而单级放大电路无法达到要求,这时就需要把多个基本放大电路组合起来,组成多级放大电路。

本次仿真训练以本项目中知识点6.5下例6.5中的阻容耦合两级放大电路为例,通过仿真结果与理论计算相比较,进一步掌握多级放大电路的特性。

3. 仿真设备

安装 Multisim 仿真软件的计算机 1 台。

4. 仿真步骤

（1）创建仿真框图。阻容耦合两级放大电路如图6.49所示。

在 Multisim 仿真软件中创建该电路的仿真框图。电阻、电容、晶体管在基本元件库（Basic）,晶体管选用 2N2222。直流电压源、接地符号在电源库（Power Source Components）。连接好后按图6.49所示电路设置元器件参数。从测量器件库（Measurement Components）中调出示波器（Oscilloscope-XSC）、信号发生器（Function Generator）和波特仪（XBP）连接在电路中,信号发生器输出作为本电路输入,示波器 A 通道接输入信号 u_i,B 通道测输出电压 u_o,波特仪分别接电路输入、输出端。需要注意的是仿真分析时必须设置接地点。创建好的仿真框图如图6.50所示。

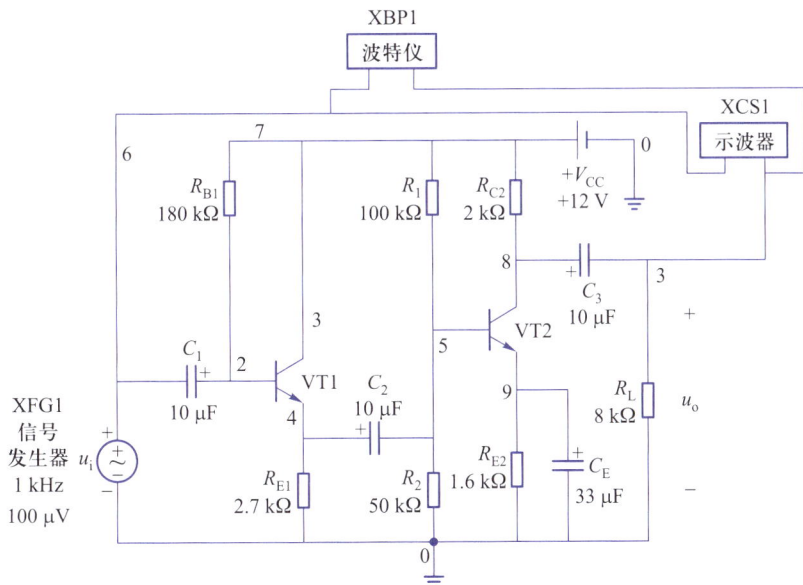

图 6.49 阻容耦合两级放大电路

（2）放大倍数分析。单击仿真软件"运行/停止"开关（Simulation Switch）,启动仿真,得到图6.51所示的仿真波形。把波形记录在表6.6中,观察电压放大倍数和波形相位关系。

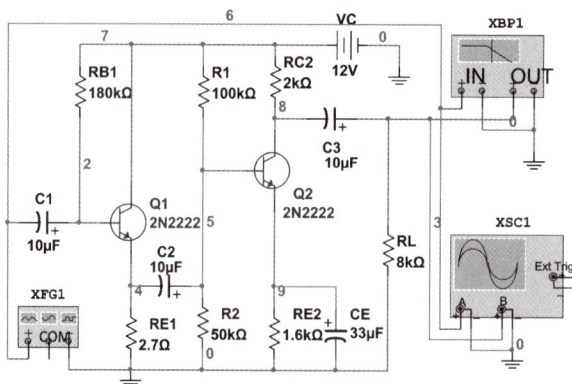

图 6.50　阻容耦合两级放大电路的仿真框图

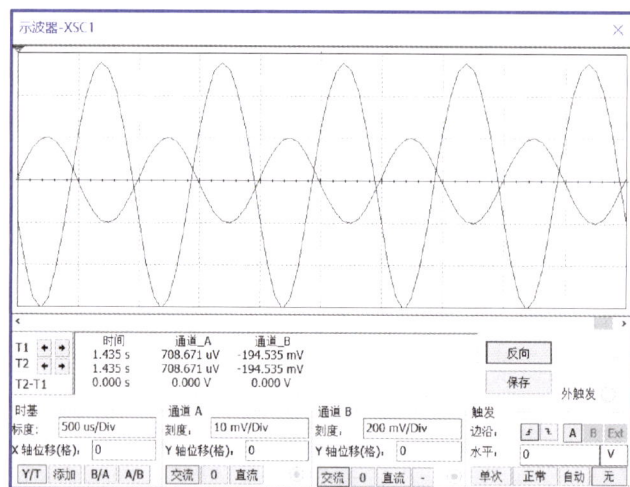

图 6.51　阻容耦合两级放大电路的仿真波形

表 6.6　阻容耦合两级放大电路仿真波形记录

输入波形 u_i	
输出波形 u_o	

（3）频率响应分析。用波特图仪（XBP1）分别测量第一级放大电路、两级放大电路的幅频特性。在表 6.7 中记录波形和数据。

表 6.7　阻容耦合两级放大电路幅频特性

项目	测试结果
第一级放大电路幅频特性图	
两级放大电路幅频特性图	

续表

项目	测试结果
第一级放大电路的下限频率	
第一级放大电路的上限频率	
两级放大电路的下限频率	
两级放大电路的上限频率	

5. 思考题

（1）多级放大电路中总的放大倍数和各级放大倍数有什么关系？

（2）将仿真分析获得的数据与例 6.5 中的理论计算结果相比较，分析误差产生的原因。

（3）波特图仪分析结果说明了什么？

（4）信号通过两级电路放大后相位是否一致？

二、技能训练

（一）晶体管认知与测试

1. 训练目的

（1）会识别晶体管类别，会自主查阅相关资料。

（2）会用万用表检测晶体管。

（3）了解晶体管另一个重要工作特性——开关特性。

2. 训练原理

晶体管按结构可分为 PNP 和 NPN 两种，按工作频率可分为低频管和高频管，按功率大小可分为小功率管、中功率管和大功率管，按所用半导体材料可分为硅管和锗管，按用途可分为放大管和开关管。当晶体管发射结反偏、集电结反偏时，晶体管工作在截止区，集电极电流约等于零，可组成开关电路。

3. 训练器材

数字万用表 1 台，晶体管（9013）1 只，通用电路板 1 块，电阻（200 Ω，3 kΩ）2 个、二极管 2 只（其中 1 只为绿光 LED）。

4. 训练内容与步骤

（1）识别各类晶体管。学生通过网络搜索关键词"晶体管"，查找相关资料，识别各知名厂家的各类晶体管。并列表举例，互相讨论交流。

（2）用数字万用表检测晶体管基极（B 极）并判断晶体管结构。把数字万用表拨到二极管挡（蜂鸣挡），万用表红表笔接晶体管任意一只管脚不动，黑表笔分别接另外两只管脚。如果两次测得数据相近（对于 NPN 型晶体管，测得数值在 0.5 ~ 0.9 V，对于 PNP 型晶体管，测得数值为∞），说明此时红表笔接的是 B 极，同时可判断出晶体管是 NPN 型还是 PNP 型。如果两次测得数据不相近，则说明此时红表笔接的不是 B 极，应把红表笔换一只管脚，用黑表笔再去测另外两只管脚,直到找到 B 极为止。晶体管基极(B 极)管脚在中间脚的居多。

(3)运用 h_{FE} 挡测放大倍数判别晶体管发射极(E 极)和集电极(C 极)。把数字万用表拨在 h_{FE} 挡,将已经确定的晶体管的基极插入对应的 NPN 或者 PNP 测试插座,如果连接正确,则万用表会显示其放大倍数。

(4)发光二极管驱动电路安装与测试。测试电路如图 6.52 所示。图中 VT 为 LED 的驱动管,起开关作用。R_1 为 LED 限流电阻兼 VT 的集电极负载电阻,R_2 为驱动管 VT 的基极限流电阻,二极管 VD2 是为了降低 VT1 基极电压而设置的,如果输入信号 u_i 的高电平电位不是很大时,可以不用。当输入为高电平时,VD2 导通,VT1 饱和导通,点亮发光二极管。当输入为低电平时,VD1 截止,VT 截止,发光二极管熄灭。

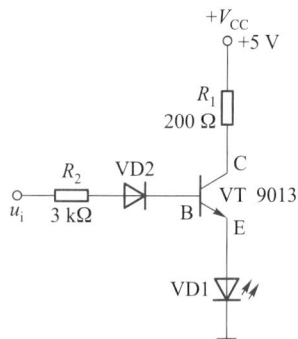

图 6.52 晶体管 LED 驱动电路

在万能印制电路板上安装好元器件,按表 6.8 测出电路中各电压并在表中记录结果。

表 6.8 测试数据记录

U_i/V	
U_{BQ}/V	
U_{CE}/V	
U_{VD1}/V	

5. 注意事项

(1)测量过程中注意万用表挡位。

(2)训练过程中遵守实训室相关规定。

6. 思考题

负载电阻变化时,输出电压怎样变化?

(二)放大电路性能测试

1. 训练目的

(1)熟悉使用常用电子仪器设备,如万用表、示波器、直流稳压电源、信号发生器、毫伏表等。

(2)学习放大电路静态工作点测试方法,了解元件参数对放大电路静态工作的影响。

(3)会测量放大电路的基本参数。

2. 训练原理

放大电路的基本知识如前文所述,这里不再赘述。实训所用电路如图 6.53 所示。

3. 训练器材

信号发生器、直流稳压电源、双踪示波器、数字万用表、电压毫伏表各 1 台,通用电路板 1 块,晶体管 1 只(9014),电阻 4 个(2 个 24 kΩ,1 个 5.1 kΩ,1 个 2.2 kΩ),电解电容 3 个(1 个 47 μF,2 个

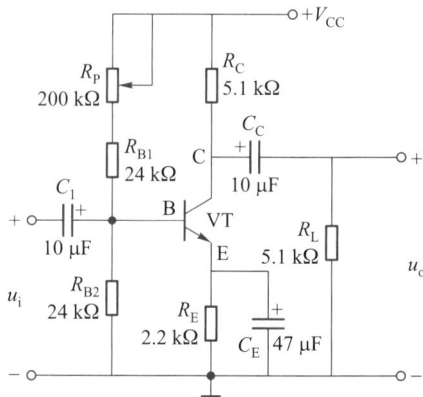

图 6.53 分压偏置式放大电路

10 μF)，滑动变阻器 1 个(0 ~ 200 kΩ)。

4. 训练内容与步骤

（1）组装电路。按图 6.53 有步骤地连接训练电路。

（2）静态调试。检查电路连接，确认连接无误后接通电源，调节电位器 R_P 使 U_E = 2.2 V，测量 U_B、U_{BE} 和 R_{B1}，计算出 I_E 和 U_{CE} 填入表 6.9 中，并判断晶体管的工作状态。注意 R_{B1} 的测量应在断电后断开与 R_P 连接端再测试。

表 6.9 静态调试数据记录

实测值			实测计算值	
U_B/V	U_{BE}/V	R_{B1}/kΩ	U_{CE}/V	I_E/mA

（3）动态调试。调节信号发生器，使输出频率为 1 kHz、有效值为 5 mV 的正弦波信号 u_i 作为放大器的输入信号，断开负载 R_L，观察输入电压 u_i 和输出电压 u_o 的波形，比较两信号的相位。

保持 u_i 频率不变，逐渐增大其幅度，观察 u_o 变化，测量最大不失真时的输入电压有效值 U_i 和输出电压有效值 U_o，填入表 6.10 中。

表 6.10 动态调试数据记录

实测		实测计算	估算
U_i/mV	U_o/V	A_u	A_u

保持 u_i = 5 mV 不变，放大电路接入负载 R_L，并将结果填入表 6.11 中。

表 6.11 输入电压逐步增大数据记录

给定参数		实测		实测计算	估算
R_c	R_L	U_i/mV	U_o/V	A_u	A_u
5.1 kΩ	5.1 kΩ				

逐渐增大输入电压 u_i，用示波器观察输出电压 u_o 的波形变化，直到出现明显失真，分析是饱和失真还是截止失真。

（4）整理测量数据，将实训测得的数据与理论计算结果加以比较，分析误差产生的原因。

5. 注意事项

（1）测量过程中须用示波器检测放大器，以防出现非线性失真。如果出现非线性失真，则应减小信号源输出电压。

（2）在使用仪器设备中，遵守各仪器的使用注意事项。

（3）在训练过程中遵守实训室相关规定。

6. 思考题

分析静态工作点对 A_u 的影响，讨论提高 A_u 的办法。

📚 项目小结

1. 晶体管有 NPN 型和 PNP 型两种类型,它们都有两个 PN 结(集电结和发射结),三个区(基区、发射区、集电区),三个电极(集电极、基极、发射极)。晶体管是电流控制型器件,基极电流控制集电极电流,实现电流放大。晶体管工作时电子和空穴两种载流子都参与导电,因此又称为双极型三极管。

2. 晶体管的工作特性有输入特性和输出特性。输入特性指基极电流随基极–发射极电压的变化关系。晶体管的输入特性与二极管的正向特性类似,当基–射电压超过开启电压时,基极电流快速上升,发射结导通。输出特性指集电极电流随集电极–发射极电压的变化关系,分为截止区、饱和区和放大区三个区域。截止区对应晶体管的截止状态,饱和区对应晶体管的导通状态,放大区对应晶体管的信号放大状态。为了实现信号的放大,晶体管应工作在放大区。

3. 晶体管的主要参数有电流放大系数、集电极最大允许电流、反向击穿电压、集电极最大允许耗散功率等。其中:电流放大系数反映了晶体管的放大能力;集电结反向饱和电流和穿透电流反映了晶体管的温度稳定性,是衡量晶体管质量好坏的重要参数之一;集电极最大允许电流、反向击穿电压和集电极最大允许耗散功率是晶体管的三个极限参数,这三个极限参数所围成的区域称为安全工作区。为保证安全可靠工作,晶体管必须工作在安全工作区。

4. 晶体管实现信号放大的基本条件是集电结反向偏置,发射结正向偏置。放大电路分析分为静态分析和动态分析两种情况。静态分析是利用直流通路,确定静态工作点参数,确保晶体管工作在线性放大区,并有合适的静态工作点,保证信号放大不失真。静态工作点设置得偏低容易产生截止失真,静态工作点设置得偏高容易产生饱和失真。动态分析是利用交流通路,求得放大电路性能指标(输入电阻、输出电阻和电压放大倍数),以分析放大电路性能。为便于动态分析,晶体管用小信号模型代替。

5. 温度对静态工作点的影响较大,为了抑制温漂,常用分压偏置式共射放大电路代替基本共射放大电路,它是利用电流负反馈原理实现的。

6. 晶体管可构成共射、共集和共基三种放大电路,分别具有电压放大、电压跟随和电流跟随特性。共射放大电路电压、电流和功率放大倍数都比较大,常用于基本放大电路或多级放大电路的中间放大级;共集放大电路输入电阻大,输出电阻小,常用于多级放大电路的输入、输出级和中间隔离级;共基放大电路频率特性好,常用于高频或宽频带电路中。

7. 场效应晶体管是电压控制型器件,由输入电压产生的电场效应控制输出电流。场效应晶体管是依靠沟道导电的,工作时只有多子参与导电,因此也称为单极型三极管。场效应晶体管也有三个电极,分别为源极 S、漏极 D、栅极 G。场效应晶体管分为绝缘栅场效应晶体管(IGFET)和结型场效应晶体管(JFET)。其中,IGFET 主要是指金属–氧化物–半导体场效应晶体管(MOSFET)。场效应晶体管具有输入电阻高、噪声低、功率小、热稳定性好、抗辐射能力强、制造工艺简单、易集成等优点。

8. MOSFET 分为增强型和耗尽型两类,每类又分为 N 沟道和 P 沟道两种。增强型 MOS-FET 栅源之间加上正向偏压后形成导电沟道,才具有导电能力,并且沟道薄厚(导电能力)受栅源偏压控制;耗尽型 MOSFET 原来就存在导电沟道,没有栅源电压也具有导电能力,栅源之间加上反向偏压后导电沟道开始变化,同样沟道薄厚(导电能力)也受栅源负偏压控制,是常通型器件。N 沟道 MOSFET 是在 P 型硅片上形成两个 N⁺ 区,是电子导电;P 沟道 MOSFET 是在 N 型硅片上形成两个 P⁺ 区,是空穴导电。

9. JFET 也有 N 沟道和 P 沟道两种,沟道结构和 MOSFET 类似。JFET 只有耗尽型,属于常通型器件,与耗尽型 MOSFET 控制原理一样,也是在栅源之间加上反向偏压控制漏极电流。

10. 场效应晶体管具有与晶体管类似的输入输出特性,也可以构成共源、共漏和共栅三种放大电路,放大电路的分析方法也与晶体管放大电路类似。由于场效应晶体管的跨导 g_m 较小,电压放大倍数较低,因此常用作多级放大电路的输入级。

11. 功率放大电路能够输出足够大的功率驱动负载。根据晶体管导通时间分为甲类、甲乙类、乙类。甲类功率放大电路晶体管在整个周期内均导通,但由晶体管导通时间长、功耗大,输出效率低而很少采用;乙类功率放大电路工作点设置在截止点,晶体管在输入信号的半个周期内导通,管耗小,但是失真较大;甲乙类界于甲类和乙类之间,晶体管导通时间大于半个周期小于一个周期,效率较高,失真较小,是目前最常用的形式。

12. 常用的功率放大电路有双电源 OCL 电路和单电源 OTL 电路。OCL 电路互补对称电路省去了输出端的大电容;OTL 电路互补对称输出端需要接入一个大电容。

13. 多级放大电路是由多个基本放大电路连接而成的,包括输入级、中间级和输出级。常用输入电阻较大的共集放大电路或场效应晶体管放大电路作输入级;常用电压放大倍数较大的共射放大电路作中间级;常用功率放大电路或共集电极放大电路作输出级。

14. 多级放大电路各级之间的连接方式称为耦合方式,常用的耦合方式有阻容耦合、变压器耦合、直接耦合和光电耦合等。阻容耦合:各级静态工作点相互独立,互不影响,输出温漂小,但是低频特性差,不能放大直流信号或变化缓慢的信号,主要应用于分立元件组成的多级放大电路中。变压器耦合:各级静态工作点也相互独立,互不影响,但是低频特性差,不能放大直流信号或变化缓慢的信号,主要应用于特殊要求的分立元件组成的多级放大电路中。光电耦合:利用光电耦合器件实现多级放大电路各级之间的信号传输,主要用作分立元件组成的多级放大电路的输出级。直接耦合所用元件少,体积小,低频特性好,可以放大直流信号或缓慢变化的信号,便于集成化,但是各级静态工作点相互影响,存在零点漂移现象,主要应用在集成电路中。

15. 多级放大电路的电压放大倍数等于各级放大倍数的乘积,输入电阻就是第一级的输入电阻,输出电阻就是最后一级的输出电阻。

习 题 6

6.1 填空题

(1) 晶体管从结构上可分成_____和_____两种类型,它们工作时_____和_____都参与导电。

(2) 晶体管工作在放大区时,发射结为_____偏置,集电结为_____偏置;工作在饱和区时发射结为_____偏置,集电结为_____偏置。

(3) 温度升高时,晶体管的 I_{CEO} 将_____,β 将_____。

(4) 场效应晶体管是_____器件,依靠_____导电。

（5）当栅源电压等于零时,增强型 FET 导电沟道_____,沟道电阻_____。

（6）已知某两级放大电路中第一、第二级的对数增益分别为 60 dB 和 20 dB,则该放大电路总的对数增益为_____dB,总的电压放大倍数为_____。

（7）在甲类、乙类和甲乙类三种功率放大电路中,效率最低的是_____,失真最小的是_____。

6.2　单项选择题

（1）某 NPN 型晶体管的输出特性曲线如图 6.54 所示,当 $U_{CE} = 6$ V,其电流放大系数 β 为（　　）。

    A. 100　　　　　　　　B. 50　　　　　　　　C. 150　　　　　　　　D. 25

（2）测量放大电路中某晶体管各电极电位分别为 6 V、2.7 V、2 V,如图 6.55 所示,则此晶体管为（　　）。

    A. PNP 型锗晶体管　　　　　　　　　　B. NPN 型锗晶体管

    C. PNP 型硅晶体管　　　　　　　　　　D. NPN 型硅晶体管

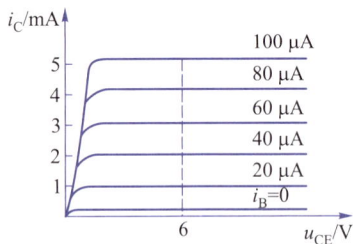 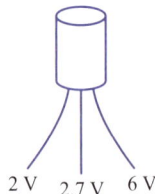

图 6.54　题 6.2（1）　　　　　　图 6.55　题 6.2（2）

（3）某晶体管接在电路中,测得三个电极的电位分别为 $U_B = 3$ V、$U_E = 2.3$ V、$U_C = 6$ V,则该管类型及工作状态为（　　）。

    A. NPN 硅管、放大　　　　　　　　　　B. NPN 硅管、饱和

    C. PNP 硅管、放大　　　　　　　　　　D. NPN 锗管、饱和

（4）温度对晶体管参数的影响是,温度升高时晶体管的（　　）。

    A. I_{CEO} 增大、β 减小、U_{BE} 减小　　　　B. I_{CEO} 增大、β 增大、U_{BE} 增大

    C. I_{CEO} 减小、β 增大、U_{BE} 减小　　　　D. I_{CEO} 增大、β 增大、U_{BE} 减小

（5）为了消除单管共射放大电路出现的饱和失真,应使 R_B 的阻值（　　）。

    A. 增大　　　　　　　　B. 减小　　　　　　　　C. 不变

（6）电路及晶体管输出特性如图 6.56 所示,若要使静态工作点由 Q_1 移到 Q_2,应使（　　）。

    A. $R_B \uparrow$　　　　　　B. $R_B \downarrow$　　　　　　C. $R_C \uparrow$　　　　　　D. $R_C \downarrow$

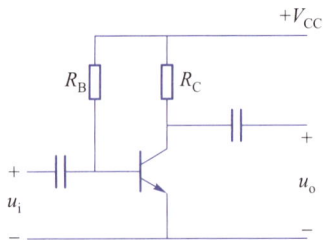 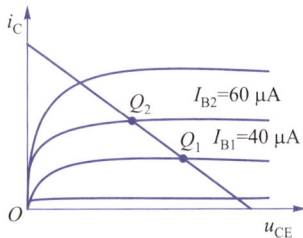

图 6.56　题 6.2（6）

（7）NPN 型晶体管组成的单管共射放大电路,输入为正弦信号,输出波形如图 6.57 所示,则该放大电路（　　）。

    A. 产生了饱和失真,应增大偏置电流 I_B　　　　B. 产生了饱和失真,应减小偏置电流 I_B

    C. 产生了截止失真,应增大偏置电流 I_B　　　　D. 产生了截止失真,应减小偏置电流 I_B

（8）放大电路如图 6.58 所示。若要使静态工作点电流增加,可调节（　　）。

A. R_B 增大   B. R_B 减小   C. R_C 减小   D. R_C 增大

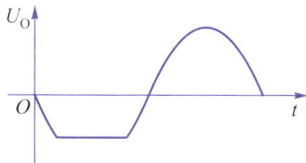

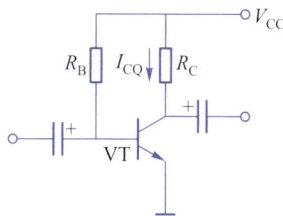

图 6.57　题 6.2(7)　　　　　　　　　图 6.58　题 6.2(8)

(9) 为了使高内阻信号源与低阻负载能很好地配合,可以在信号源与低阻负载间接入(　　　)。

    A. 共射放大电路　　　　　　　　　　　　B. 共基放大电路

    C. 共集放大电路　　　　　　　　　　　　D. 共集–共基串联放大电路

(10) 当放大电路的电压增益为 –20 dB 时,说明它的电压放大倍数为(　　　)。

    A. 20 倍　　　　　　B. –20 倍　　　　　　C. –10 倍　　　　　　D. 0.1 倍

(11) 当用外加电压法测试放大电路的输出电阻时,要求(　　　)。

    A. 独立信号源短路,负载开路　　　　　　B. 独立信号源短路,负载短路

    C. 独立信号源开路,负载开路　　　　　　D. 独立信号源开路,负载短路

(12) 耗尽型 NMOS 管的符号是(　　　)。

    A.　　　　　　　　B.　　　　　　　　C.　　　　　　　　D.

(13) 场效应晶体管放大电路的输入电阻,主要由(　　　)决定。

    A. 管子类型　　　　B. 跨导　　　　　　C. 偏置电路　　　　　D. U_{GS}

(14) 场效应晶体管的工作原理是(　　　)。

    A. 输入电流控制输出电流　　　　　　　　B. 输入电流控制输出电压

    C. 输入电压控制输出电压　　　　　　　　D. 输入电压控制输出电流

(15) 场效应晶体管属于(　　　)。

    A. 单极性电压控制型器件　　　　　　　　B. 双极性电压控制型器件

    C. 单极性电流控制型器件　　　　　　　　D. 双极性电流控制型器件

(16) 某场效应晶体管的转移特性如图 6.59 所示,该管为(　　　)。

    A. P 沟道增强型 MOS 管　　　　　　　　B. P 沟道结型场效应晶体管

    C. N 沟道增强型 MOS 管　　　　　　　　D. N 沟道耗尽型 MOS 管

(17) 与甲类功率放大方式相比,乙类 OCL 互补对称功率放大方式的主要优点是(　　　)。

    A. 不用输出变压器　　　　　　　　　　　B. 不用输出端大电容

    C. 效率高　　　　　　　　　　　　　　　D. 无交越失真

6.3　测得工作在放大电路中两个晶体管的三个电极电流如图 6.60 所示。(1) 判断它们各是 NPN 型晶体管还是 PNP 型晶体管,并在图中标出 E、B、C 极;(2) 估算图(b)晶体管的 β 值。

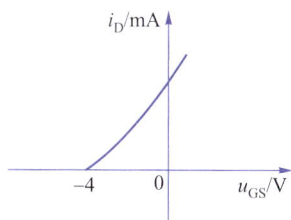

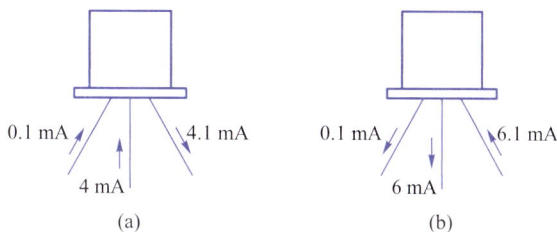

图 6.59　题 6.2(16)　　　　　　　　　图 6.60　题 6.3

6.4 电路如图 6.61 所示,已知晶体管 $\beta = 50$,设 $V_{CC} = 12$ V,晶体管饱和管压降 $u_{CES} = 0.5$ V。在下列情况下,用直流电压表测晶体管的集电极电位,应分别为多少?(1)正常情况;(2)R_{B1} 短路;(3)R_{B1} 开路;(4)R_{B2} 开路;(5)R_C 短路。

6.5 基本放大电路如图 6.62 所示,已知晶体管的 $\beta = 100$,$U_{BE(on)} = 0.7$ V,$r_{bb'} = 300\ \Omega$,r_{ce} 可忽略,$R_E = 2.3\ k\Omega$,$I_1 \approx I_2 = 10\ I_{BQ}$,$C_1$、$C_2$ 和 C_E 均可视为交流短路。(1)欲使 $I_{CQ} = 1$ mA,$U_{CEQ} = 6$ V,试确定 R_{B1}、R_{B2} 和 R_C 的值;(2)设 $R_L = 4.3\ k\Omega$,计算该放大电路的电压放大倍数。

6.6 放大电路如图 6.62 所示,已知 $R_{B1} = 120\ k\Omega$,$R_{B2} = 39\ k\Omega$,$R_C = 3.9\ k\Omega$,$R_E = 2.1\ k\Omega$,$R_L = 3.9\ k\Omega$,$r_{bb'} = 200\ \Omega$,电流放大系数 $\beta = 50$。(1)求静态值 I_{BQ}、I_{CQ} 和 U_{CEQ}(设 $U_{BEQ} = 0.6$ V);(2)画出放大电路的微变等效电路;(3)求电压放大倍数 A_u;(4)求输入电阻 R_i 和输出电阻 R_o。

图 6.61 题 6.4

图 6.62 题 6.5

6.7 放大电路如图 6.63 所示,已知晶体管 $\beta = 80$,设各电容对交流的容抗近似为零。试:(1)画出该电路的直流通路,并求静态工作点;(2)画出其微变等效电路;(3)计算 A_u、R_i、R_o。

6.8 如图 6.64 所示,已知 $V_{CC} = 12$ V,$R_{B1} = 40\ k\Omega$,$R_{B2} = 20\ k\Omega$,$R_C = 2\ k\Omega$,$R_E = 2\ k\Omega$,$R_L = 3\ k\Omega$,$r_{be} = 1\ k\Omega$,电流放大系数 $\beta = 50$,$U_{BEQ} = 0.7$ V,试求:(1)静态值 I_{BQ}、I_{CQ} 和 U_{CEQ};(2)画出微变等效电路;(3)电压放大倍数 A_u;(4)输入电阻 R_i 和输出电阻 R_o。

6.9 一双电源互补对称功率放大电路如图 6.65 所示,已知 $V_{CC} = 12$ V,$R_L = 16\ \Omega$,u_i 为正弦波。求:(1)在晶体管的饱和压降 U_{CES} 忽略不计的条件下,负载上可能得到的最大输出功率 P_{om} 为多少?(2)每个管允许的管耗 P_T 至少应为多少?(3)每个管的耐压 $|U_{(BR)CEO}|$ 应大于多少?

6.10 图 6.66 所示的两级放大电路中,β_1、β_2、r_{be1}、r_{be2} 已知。(1)说明 VT1 和 VT2 各构成何种组态放大电路;(2)画微变等效电路;(3)求 A_u、R_i、R_o 的表达式。

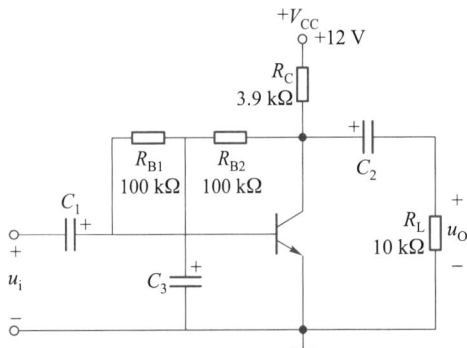

图 6.63 题 6.7

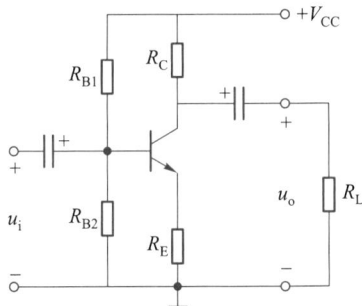

图 6.64 题 6.8

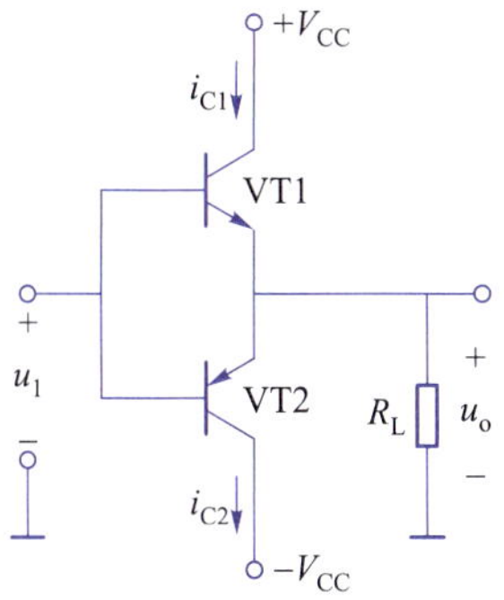

图 6.65 题 6.9

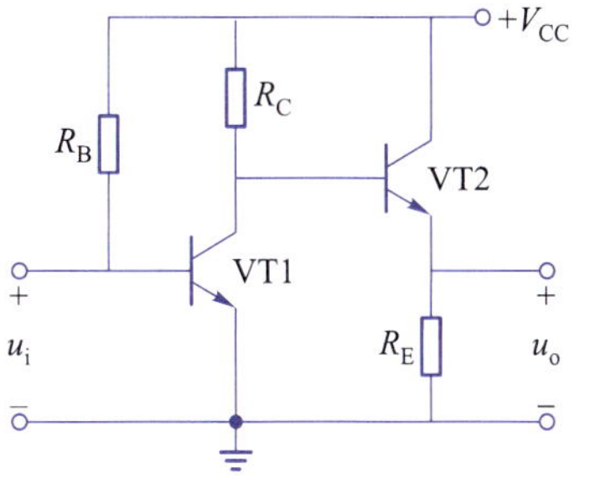

图 6.66 题 6.10

集成运算放大器及其应用

项目要求

项目主要知识点:

1. 差分放大电路的组成和工作原理;
2. 反馈的概念、分类及判别方法,以及负反馈对放大电路性能的影响;
3. 集成运放特点、理想特性、线性和非线性应用条件;
4. 运算电路组成及其输入输出关系;
5. 电压比较器的分析计算。

学习目标及素质、能力要求:

1. 掌握差分放大电路静态工作点的设置和测试方法;
2. 会判断反馈的组态和类型,会测试负反馈放大电路;
3. 会用"虚短"和"虚断"分析计算运算放大电路;
4. 会分析计算各种电压比较器;
5. 具有"反馈"修正的思维方法。

项目导入

世界上第一台计算机的体积非常庞大,占据了一百六十多平方米的大厅;最初的"手机",也称大哥大,既大又笨重。如今手提计算机可以随包携带,手机可以放在口袋里,手机的容量也快速增加。这些变化主要得益于集成电路的发展。特别是近年来新能源汽车、智能设备、物联网等新兴行业快速崛起,更为整个集成电路产业的快速发展提供了强大动力。运算放大器是最典型的集成电路,如常用的测温电路,通过传感器将温度转换成小电信号,经集成运算放大器转变成电压信号供后端电路处理,其中集成运算放大器起到了重要的作用。通过本项目学习,学生对集成运算放大器会有更加深刻的了解!

知识点 **7.1**

集成运算放大器

7.1.1 集成运算放大器的特点

集成运算放大器简称集成运放,是采用微电子工艺,把晶体管、场效应晶体管、电阻等众多元器件及电路的连线都集成制作在一片硅片上的集成电路。它是一种直接耦合多级放大电路，具有电压增益高、输入电阻大、输出电阻小、静态工作点漂移小等特点。由于在电路的选择及构成形式上受到集成工艺条件的严格制约，集成运放内部电路设计上具有许多不同于分立元器件电路的特点，主要有以下几个方面。

（1）由于各元器件通过集成工艺集中在一个非常小的基片上，同类元器件都经历相同的工艺流程，所以温度对元器件参数的影响具有一致性。

（2）由于电容元件不利于集成且集成成本大，因此放大电路之间采用直接耦合方式。

（3）集成电路中的电阻由硅半导体的体电阻构成，电阻阻值小，一般为几十欧到几十千欧，若需要大电阻，则一般用晶体管恒流源代替，或用外接电阻来解决。

（4）集成运算放大器的输入端采用差分放大电路减小静态工作点漂移，即集成运算放大电路有两个输入端。

（5）集成运算放大器的输出级与负载相接，要求其输出电阻小，带负载能力强，能输出足够大的电压和电流，其输出一般由互补功率放大电路或射极输出器构成。

（6）集成运算放大器内部电路组成比较复杂，但为了尽可能减小零点漂移，采用负反馈电路稳定静态工作点。

7.1.2　集成运算放大器的组成

集成运算放大器的种类较多、形式多样，有通用型运算放大器、高阻型运算放大器、低温漂型运算放大器、高速型运算放大器、低功耗型运算放大器和高压大功率型运算放大器等。从电路组成结构上看，集成运算放大器主要包括输入级、中间级、输出级和偏置电路四个基本组成部分，其组成框图如图 7.1 所示。

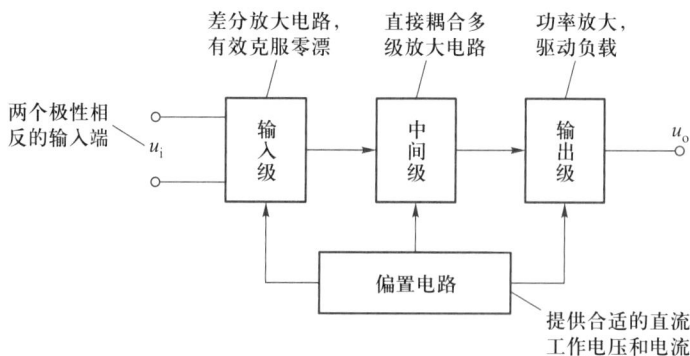

图 7.1　集成运放组成框图

（1）输入级。输入级也称为前置级，是提高集成运算放大器质量的关键部分，要求其输入电阻高，静态电流小，差模放大倍数高，零点漂移抑制能力和抗共模干扰信号的能力强。通常采用差分放大电路作为输入级。

（2）中间级。中间级要求具有较高的电压放大能力，多采用共射（共源）放大电路，放大管采用复合管，以提高电流放大倍数，或以恒流源作为放大管集电极的含源负载。

（3）输出级。输出级要求输出动态范围大、带负载能力强，一般采用互补对称功率放大电路作为输出级。

（4）偏置电路。偏置电路的作用是给输入级、中间级和输出级提供合适的直流工作电流和电压，保证放大电路具有良好的交流放大能力，多采用电流源电路作为直流偏置电路。

7.1.3 集成运算放大器的特性

1. 集成运算放大器的电路符号

如图7.2（a）所示为集成运算放大器的标准电路符号。图中"▷"表示信号的传输方向，A 表示基本放大倍数（一般在符号中可以省略），"∞"表示理想条件。两个输入端中，P 称为同相输入端，用符号"+"表示（一般省略字母 P），用 u_+（或用 u_p 或 u_P 表示）表示同相输入信号，如果输入信号由此端输入，则输出信号与输入信号极性相同；N 称为反相输入端，用符号"–"表示（一般省略字母 N），用 u_-（或用 u_n 或 u_N 表示）表示反相输入信号，如果输入信号由此端输入，则输出信号与输入信号极性相反。$+V_{CC}$ 和 $-V_{EE}$ 分别接正、负电源。图7.2（b）和图7.2（c）所示分别为集成运算放大器的简化符号和通用符号。

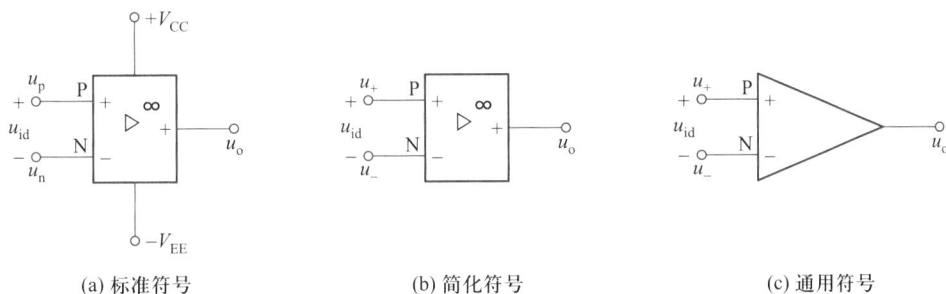

(a) 标准符号   (b) 简化符号   (c) 通用符号

图7.2 集成运算放大器的电路符号

2. 集成运算放大器的主要性能指标

为了正确地应用集成运算放大器，客观地评价集成运算放大器的性能，就必须很好地了解集成运算放大器的参数。集成运算放大器的参数有很多，下面介绍其主要参数。

（1）开环差模放大倍数 A_{ud}。在没有外部反馈时，电路的输出电压 u_o 与输入差模信号电压 u_{id} 之比的绝对值称为开环差模放大倍数，用 A_{ud} 表示。A_{ud} 的值越大，所构成的集成运放越稳定，运算精度也越高。A_{ud} 一般为 $10^4 \sim 10^7$。理想集成运算放大器的 A_{ud} 趋近于 ∞。

（2）差模输入电阻 R_{id} 和输出电阻 R_o。R_{id} 是集成运算放大器两输入端间对差模信号的动态电阻，其值一般为几十千欧到几兆欧。R_o 是集成运算放大器开环时，输出端对地的电阻，其值一般为几十到几百欧。

（3）共模抑制比 K_{CMR}。集成运算放大器开环差模放大倍数 A_{ud} 与开环共模放大倍数 A_{uc} 的比值称为共模抑制比，用 K_{CMR} 表示，其数值常用分贝（dB）表示，即

$$K_{CMR} = 20\lg \left| \frac{A_{ud}}{A_{uc}} \right|$$

K_{CMR} 是衡量集成运算放大器放大差模信号和抑制共模信号的能力的指标，K_{CMR} 越大越好。对于大多数集成运算放大器，K_{CMR} 均大于 80 dB。

（4）输入偏置电流 I_{IB}。当集成运算放大器输出电压为零时，流入放大器两个输入端的静态基极电流的平均值称为输入偏置电流，用 I_{IB} 来表示。输入偏置电流 I_{IB} 一般为微安级，其值越小越好。

（5）输入失调电流 I_{IO}。当集成运算放大器输出电压为零时，流入放大器两个输入端的静态基极电流之差，称为输入失调电流，用 I_{IO} 表示。I_{IO} 一般为微安级，其值越小越好。

（6）输入失调电压 U_{IO}。理想的集成运算放大器，当输入为零（$u_+ = u_- = 0$）时，输出电压 $u_o = 0$。但实际集成运算放大器由于元器件参数的不完全对称，当输入为零时，$u_o \neq 0$。要使 $u_o = 0$，需要在输入端加入补偿电压，这个补偿电压称为输入失调电压，用 U_{IO} 表示，其值此一般为几毫伏。

（7）最大差模输入电压 U_{IDM}。集成运算放大器输入端所承受的最大差模输入电压称为最大差模输入电压，用 U_{IDM} 表示。超过这个允许值后，集成运算放大器输入级某一侧的晶体管将会出现发射结反向截止（甚至击穿）的情况，从而使集成运算放大器的输入特性显著恶化，甚至可能使放大器发生永久性损坏。

（8）最大共模输入电压 U_{ICM}。集成运算放大器对共模信号具有很强的抑制能力，因此，一般加在集成运算放大器输入端的共模信号不会影响放大器的正常工作，但是所能承受的共模电压不是没有限度的，U_{ICM} 就是集成运算放大器所能承受的最大共模输入电压。如果共模输入电压超过 U_{ICM}，共模抑制比 K_{CMR} 将显著下降。

3. 理想化模型

图 7.3 所示为集成运算放大器理想工作条件下的低频简化等效电路。其中，R_{id} 为运放差模输入电阻，R_o 为输出电阻，A_{ud} 为开环差模电压放大倍数（或开环差模增益），u_+ 和 u_- 分别为同相和反相输入电压，u_{id} 为差模输入电压，即 $u_{id} = u_+ - u_-$，u_o 为集成运算放大器的输出电压。

理想集成运算放大器开环差模电压放大倍数很大，差模输入电阻 R_{id} 很高，输出电阻 R_o 很小，共模抑制比 K_{CMR} 也很大，即 $A_{ud} \to \infty$，$R_{id} \to \infty$，$R_o \to 0$，$K_{CMR} \to \infty$。此外，理想集成运算放大器的失调电压、失调电流和温漂也很小。

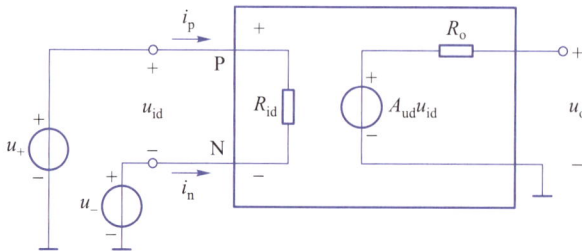

图 7.3　集成运算放大器理想工作条件下的低频简化等效电路

4. 电压传输特性

集成运算放大器输出电压 u_o 和差模输入电压 u_{id} 之间的关系称为电压传输特性。图 7.4 所示为集成运算放大器的电压传输特性曲线，曲线分为 I 和 II 两个区域。

（1）在 I 区域，集成运放输出电压 u_o 随差模输入电压 u_{id} 线性变化，集成运放工作在线性放大状态，$u_o = A_{ud} u_{id}$，此区域称为线性区。在线性区，理想集成运放有以下两个重要特点。

① 由于理想集成运放 $A_{ud} \to \infty$，而要使输出电压 u_o 具有一定值，差模输入电压就要近似为零，即 $u_{id} = u_+ - u_- = 0$，则

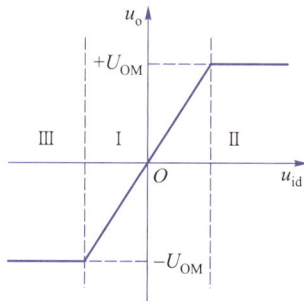

图 7.4　集成运算放大器的电压传输特性曲线

$u_+ = u_-$。由于同相输入端和反相输入端电压近似相等,但又不是真正的短路,因此称为"虚短"。

② 由于理想集成运放 $R_{id} \to \infty$,流进集成运放两个输入端的净输入电流近似为零,即 $i_+ = i_- \approx 0$,因此两个输入端相当于断路,但又不是真正的断路,因此称为"虚断"。

理想集成运放在线性区的"虚短"和"虚断"这两个特点,是分析计算各种运算电路的重要条件。

为保证理想集成运放工作在线性区,就要使 $u_+ = u_-$。为此,集成运放应用电路中常常需要引入负反馈,是否引入负反馈也成为判断集成运放是否工作在线性区的一种方法。

(2) 在 Ⅱ 区域,集成运放两个输入电压 $u_+ \neq u_-$,集成运放输出电压 u_o 不随差模输入电压 u_{id} 变化,而是两个恒定值 $+U_{OM}$ 或 $-U_{OM}$,这部分区域称为非线性区或饱和区。当 $u_+ > u_-$ 时,$u_o = +U_{OM}$;当 $u_+ < u_-$ 时,$u_o = -U_{OM}$。

理想集成运放工作在非线性区时,由于依然存在 $R_{id} \to \infty$,因此也具有"虚断"特点,只是不再满足"虚短"。若要使集成运放工作在非线性区,集成运放应用电路中无须反馈(即开环)或者引入正反馈。

知识点 **7.2** 差分放大电路

项目六中已经提及,放大电路在静态时,由于受环境温度变化、电源电压波动等因素(主要是温度变化)的影响,输出电压会出现零点漂移现象。集成运算放大器受制造工艺限制,各级放大电路采用直接耦合方式。直接耦合方式会把前一级零点漂移信号直接传输到下一级,并逐级放大,最终甚至会淹没了有用信号,因此零点漂移现象会严重影响集成运算放大器的使用。为此,集成运算放大器的输入级采用差分放大电路。差分放大电路利用电路参数的对称性和发射极电阻的负反馈作用,可以有效抑制零点漂移。

差分放大电路又称差动放大电路,有两个输入信号和两个输出信号,因它的输出电压与两个输入电压之差成正比而得名。基本差分放大电路如图 7.5(a)所示,它由两个完全对称的共发射极放大电路组成,采用双电源 V_{CC}、V_{EE} 供电。输入信号 u_{i1} 和 u_{i2} 从两个晶体管基极加入,称为双端输入;输出信号 u_o 从两个集电极之间取出,称为双端输出。R_E 为差分放大电路的公共发射极电阻,用来抑制零点漂移并决定晶体管的静态工作点。R_C 为集电极负载电阻。

7.2.1　静态分析

首先对差分放大电路进行直流分析,若输入信号为零,即 $u_{i1} = u_{i2} = 0$,其直流通路如图 7.5(b)所示。由于电路对称,所以 $U_{BEQ1} = U_{BEQ2}$,$I_{BQ1} = I_{BQ2}$,$I_{CQ1} = I_{CQ2}$,$I_{EQ1} = I_{EQ2}$,流过公共发射极电阻 R_E 的电流 $I_{EE} = I_{EQ1} + I_{EQ2}$。由此可得

$$V_{EE} = U_{BEQ1} + I_{EE} R_E \tag{7-1}$$

所以

$$I_{EE} = \frac{V_{EE} - U_{BEQ1}}{R_E} \approx \frac{V_{EE}}{R_E} \qquad\qquad (7-2)$$

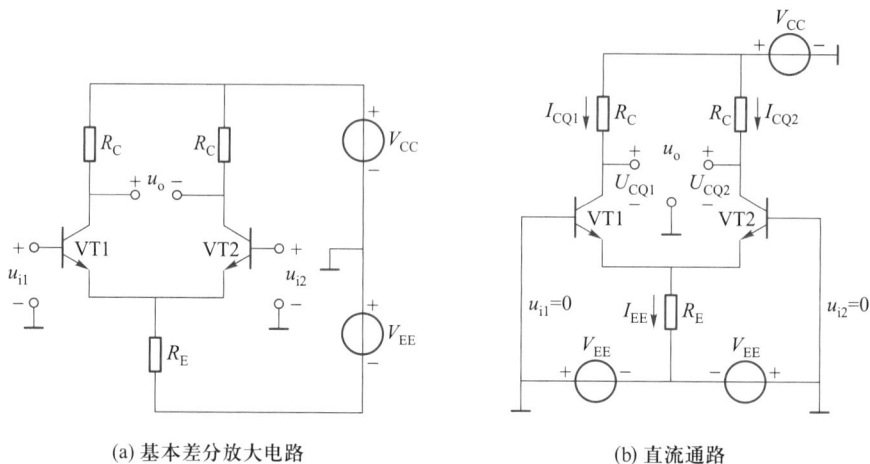

(a) 基本差分放大电路　　　　　　　　(b) 直流通路

图 7.5　基本差分放大电路及其直流通路

可得两管集电极电流为

$$I_{CQ1} = I_{CQ2} \approx \frac{I_{EE}}{2} \approx \frac{V_{EE}}{2R_E} \qquad\qquad (7-3)$$

两管 VT1 和 VT2 集电极对地电压为

$$U_{CQ1} = V_{CC} - I_{CQ1}R_C, U_{CQ2} = V_{CC} - I_{CQ2}R_C \qquad\qquad (7-4)$$

由式（7-3）和（7-4）可知，静态时两管集电极之间输出电压为零，即

$$u_o = U_{CQ1} - U_{CQ2} = 0 \qquad\qquad (7-5)$$

可见，差分放大电路没有输入信号时输出电压为零。如果温度升高，两管的集电极电流增大，集电极电位下降，但是两边的变化量相等，即集电极电流 $\Delta I_{C1} = \Delta I_{C2}$ 同时增大，集电极电位 $\Delta U_{C1} = \Delta U_{C2}$ 同时减小。根据以上分析可知，$u_o = U_{CQ1} + \Delta U_{C1} - (U_{CQ2} + \Delta U_{C2}) = 0$，即此时输出电压仍然为零。同时由于公共发射极电阻 R_E 的负反馈作用，使得 I_{CQ1}、I_{CQ2} 以及 U_{CQ1} 和 U_{CQ2} 的变化也很小，也就是说，静态时，输出电压不随温度的变化而变化，因此差分放大电路具有稳定静态工作点和抑制零点漂移的作用。上述分析可以用图 7.6 所示过程来描述温度升高时直流信号的调整过程。

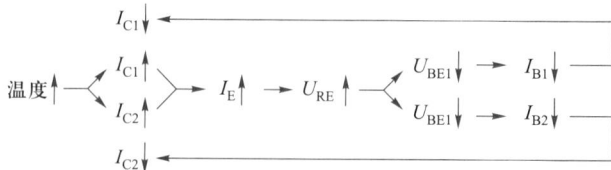

图 7.6　温度升高时直流信号的调整过程

如果差分放大电路并不完全对称，则零输入时输出电压将不为零，就会出现差分放大电路失调现象，因此在差分电路中力求放大电路对称，并在允许的条件下增大公共发射极电阻 R_E 的值。但增大 R_E 会增大 R_E 上的直流压降，影响电路静态工作点。在集成电路中常用电

流源代替 R_E ，如图 7.7 所示，供给晶体管的静态工作电流则为恒定电流 I_o ，此时 $I_{EQ1} = I_{EQ2} = \dfrac{I_o}{2}$ 。

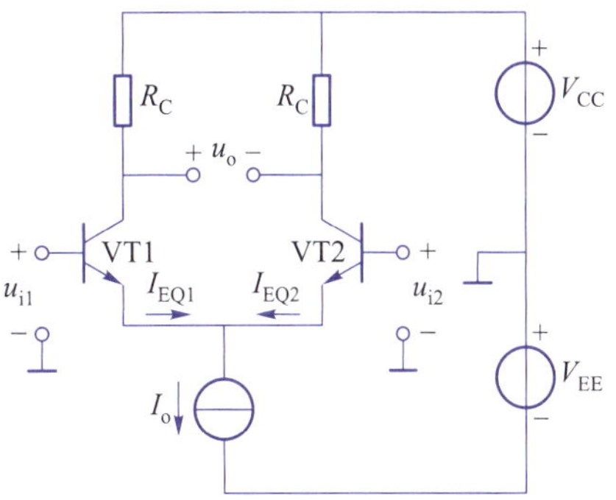

7.2.2　动态分析

当有输入信号时，对称差分放大电路的工作情况可以按下列几种输入方式来分析。

（1）差模信号输入。在差分放大电路的输入端加入两个大小相同、极性相反的输入信号，称为差模输入，如图 7.8（a）所示。此时 $u_{i1} = -u_{i2}$ ，差模信号 u_{id} 用两个输入端之间的电压差表示，即

$$u_{id} = u_{i1} - u_{i2} = 2u_{i1} \qquad (7\text{-}6)$$

式中：u_{id} 称为差模输入电压。

u_{i1} 、u_{i2} 经 VT1 和 VT2 放大后，u_{C1} 与 u_{C2} 的变化相反。由于 VT1 和 VT2 的特性相同，VT1 的交流输出电压 u_{o1} 与 VT2 的交流输出电压 u_{o2} 大小相等但极性相反。因此差分放大电路两管集电极之间的输出电压称为差模输出电压，用 u_{od} 表示。即

$$u_{od} = u_{C1} - u_{C2} = u_{o1} - u_{o2} = 2u_{o1} \qquad (7\text{-}7)$$

由于两管发射极电流 i_{e1} 和 i_{e2} 大小相等、方向相反，两者流过公共发射极电阻 R_E 时相互抵消，所以流经 R_E 的电流仍然等于静态工作时的电流 I_o ，当输入差模信号时，R_E 端电压几乎不变，也就是说 R_E 对于差模信号来说没有影响，相当于短路，由此得到差分放大电路中的差模信号交流通路，如图 7.8（b）所示。

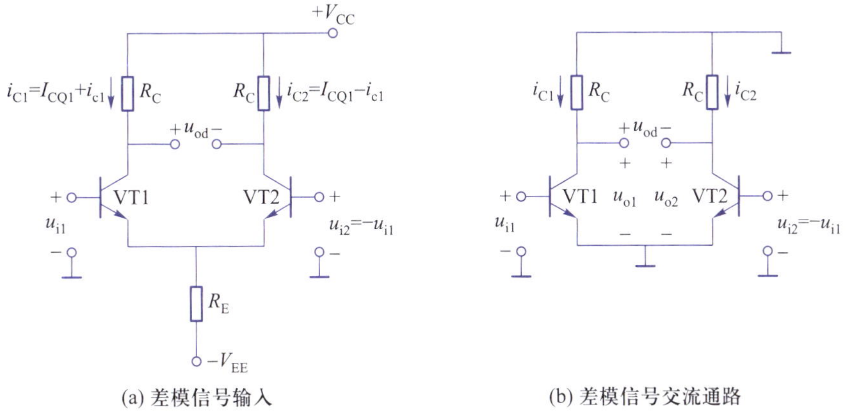

图 7.7　具有电流源的差分放大电路

(a) 差模信号输入　　　　　　(b) 差模信号交流通路

图 7.8　差模信号输入及其交流通路

差模电压放大倍数为

$$A_{ud} = \frac{u_{od}}{u_{id}} = \frac{u_{o1} - u_{o2}}{u_{i1} - u_{i2}} = \frac{2u_{o1}}{2u_{i1}} = \frac{u_{o1}}{u_{i1}} \qquad (7\text{-}8)$$

由以上分析可知差模电压放大倍数 A_{ud} 等于单管的电压放大倍数，即

$$A_{ud} = -\frac{\beta R_C}{r_{be}} \qquad (7\text{-}9)$$

如果在图 7.8(a)所示电路的两个集电极之间接有负载电阻 $R_{\rm L}$，如图 7.9 所示。VT1、VT2 的集电极电位一增一减而且变化量相等，负载电阻 $R_{\rm L}$ 的中点电位仍然不变，为交流零电位，因此每边电路的交流等效负载电阻 $R_{\rm L}' = R_{\rm C} /\!/ \dfrac{R_{\rm L}}{2}$，此时差模放大倍数为

$$A_{\rm ud} = -\frac{\beta R_{\rm L}'}{r_{\rm be}} \tag{7-10}$$

以上分析是针对双端输出的情况，双端输出时的差模放大倍数等于单边放大电路的电压放大倍数。

单端输出时，则

$$A_{\rm ud(单)} = -\frac{u_{\rm od1}}{u_{\rm id}} = -\frac{u_{\rm o1}}{2u_{\rm id1}} = -\frac{1}{2}A_{\rm ud} \tag{7-11}$$

如果输出端在另一侧，则

$$A_{\rm ud(单)} = \frac{u_{\rm od2}}{u_{\rm id}} = \frac{u_{\rm o2}}{2u_{\rm id1}} = \frac{1}{2}A_{\rm ud} \tag{7-12}$$

从差分放大电路两个输入端看进去的等效电阻称为差分放大电路的差模输入电阻 $R_{\rm id}$，由图 7.8(b)所示可知

$$R_{\rm id} = \frac{u_{\rm id}}{i_{\rm id}} = \frac{2u_{\rm id1}}{i_{\rm id}} = 2r_{\rm be} \tag{7-13}$$

双端输出的差模输出电阻为

$$R_{\rm od} = 2R_{\rm C} \tag{7-14}$$

单端输出的差模输出电阻为

$$R_{\rm od} = R_{\rm C} \tag{7-15}$$

例 7.1　差分放大电路如图 7.10 所示，已知 $V_{\rm CC} = V_{\rm EE} = 12\ {\rm V}$，$\beta = 60$，$r_{\rm bb'} = 200\ \Omega$，$U_{\rm BEQ} = 0.7\ {\rm V}$。试求：静态工作点 $I_{\rm CQ1}$ 和 $U_{\rm CEQ1}$；差模放大倍数 $A_{\rm ud} = \dfrac{u_{\rm o}}{u_{\rm i}}$；差模输入电阻 $R_{\rm id}$ 和输出电阻 $R_{\rm o}$。

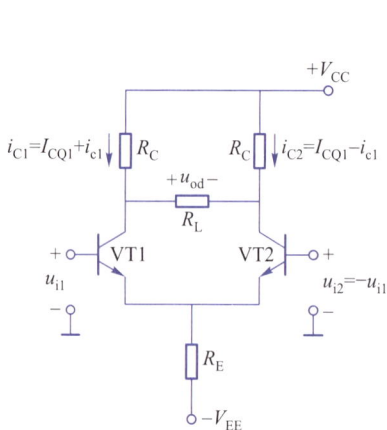

图 7.9　带有负载的差分放大电路

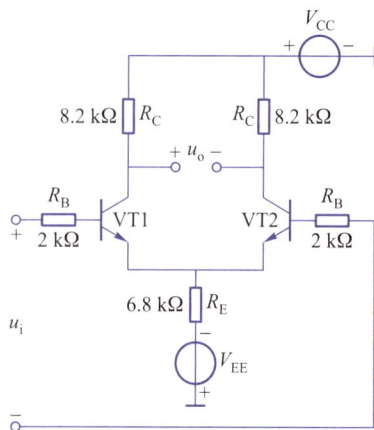

图 7.10　差分放大电路

解：① 求静态工作点。由于基极电流很小，因此 $R_{\rm B}$ 上的电压很小可以忽略。

$$I_{CQ1} \approx \frac{V_{EE} - U_{BEQ}}{2R_E} = \frac{(12 - 0.7)\ V}{2 \times 6.8\ k\Omega} = 0.83\ mA$$

$$U_{CEQ1} = V_{CC} - I_{CQ1}R_C - U_{EQ} = 12\ V - 0.83\ mA \times 8.2\ \Omega - (-0.7)\ V = 5.9\ V$$

② 求差模放大倍数 A_{ud}。

$$r_{be} = r_{bb'} + (1+\beta)\frac{U_T}{I_{EQ}} = 200\ \Omega + (60+1) \times \frac{26\ mV}{0.83\ mA} = 2.1\ k\Omega$$

$$A_{ud} = \frac{u_o}{u_i} = -\frac{\beta R_C}{R_B + r_{be}} = -\frac{60 \times 8.2\ k\Omega}{2\ k\Omega + 2.1\ k\Omega} \approx -120$$

③ 求差模输入电阻 R_{id}、输出电阻 R_o。

$$R_{id} = 2(R_B + r_{be}) = 2 \times (2\ k\Omega + 2.1\ k\Omega) = 8.2\ k\Omega$$

因为双端输出,所以

$$R_o = 2R_C = 16.4\ k\Omega$$

(2)共模信号输入。在基本差分放大电路的输入端加入两个大小相同、极性相同的共模输入电压 u_{ic},如图 7.11(a)所示,此时 $u_{ic} = u_{i1} = u_{i2}$。由图可知,两管的发射极将产生相同变化的电流 $i_{e1} = i_{e2}$,使得流过公共发射极电阻 R_E 的电流为 $2i_{e1}$,R_E 两端的交流电压 $u_e = 2i_{e1}R_E$。从电压等效的观点看,相当于每管的发射极各接有 $2R_E$ 的电阻。

在输出端,由于共模信号引起两管集电极的电位变化完全相同,因此输出电压 $u_{oc} = u_{c1} - u_{c2} = 0$,如果输出端接有负载电阻 R_L,相当于 R_L 开路。实际电路两管不可能完全相同,u_{oc} 不可能为 0,但要求 u_{oc} 越小越好。

图 7.11(b)所示为基本差分放大电路的共模信号通路,由图可求出对应的共模放大倍数为

$$A_{uc} = \frac{u_{oc}}{u_{ic}} = \frac{u_{oc1} - u_{oc2}}{u_{ic}} \tag{7-16}$$

当电路完全对称时,$u_{oc} = u_{c1} - u_{c2} = 0$,双端出的共模放大倍数为 0,即 $A_{uc} = 0$。

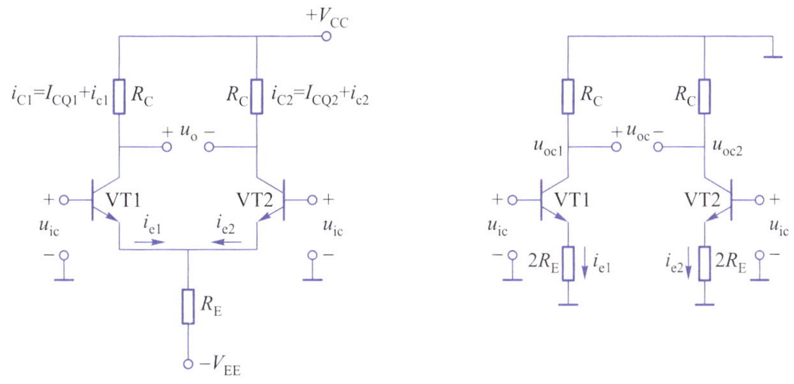

(a) 共模信号输入   (b) 共模信号通路

图 7.11　基本差分放大电路的共模信号输入及共模信号通路

单端输出共模放大倍数为

$$A_{uc} = \frac{u_{oc1}}{u_{ic}} = -\frac{\beta R_C}{r_{be} + (1+\beta)2R_E} \tag{7-17}$$

由于实际电路中均满足 $R_E > R_C$，特别是用恒流源代替 R_E 电路，所以由式（7−17）可知差分放大电路对共模信号不是放大而是抑制。共模负反馈电阻 R_E 越大，抑制作用越强。

在差分放大电路中，因温度变化、电源波动等引起 VT1、VT2 集电极电流的变化相同，其影响可等效看成一对共模信号，所以差分放大电路对温度变化和电源波动等共模信号的影响具有抑制作用。

由上述分析可知，差分放大电路对差模信号有良好的放大能力，而对共模信号有较强的抑制能力。但在实际电路应用中，差分放大电路两输入信号 u_{i1} 和 u_{i2} 中，既有差模信号成分又有共模信号成分。这时可以把 u_{i1} 和 u_{i2} 写成如下形式，即

$$u_{i1} = \frac{u_{i1}+u_{i2}}{2} + \frac{u_{i1}-u_{i2}}{2} = u_{ic} + \frac{u_{id}}{2} \tag{7-18}$$

$$u_{i2} = \frac{u_{i1}+u_{i2}}{2} - \frac{u_{i1}-u_{i2}}{2} = u_{ic} - \frac{u_{id}}{2} \tag{7-19}$$

例如，$u_{i1} = 10\ mV$，$u_{i2} = 6\ mV$，则可以把 u_{i1} 分解成 8 mV 和 2 mV，即 $u_{i1} = 8\ mV + 2\ mV$；而把 6 mV 分解为 $u_{i2} = 8\ mV - 2\ mV$。这样其中的 8 mV 就是共模分量，而 +2 mV 和 −2 mV 就是差模分量。不难看出，只要差分放大电路有输入信号，则任何时候都可以看成是一对差模信号和一对共模信号共同作用的结果。

（3）共模抑制比 K_{CMR}。为了衡量差分放大电路对差模信号的放大能力和共模信号的抑制能力，引入参数共模抑制比 K_{CMR}。它定义为差模放大倍数 A_{ud} 和共模放大倍数 A_{uc} 之比的绝对值，即

$$K_{CMR} = \left| \frac{A_{ud}}{A_{uc}} \right| \tag{7-20}$$

用分贝表示为

$$K_{CMR} = 20\lg \left| \frac{A_{ud}}{A_{uc}} \right| \ (dB) \tag{7-21}$$

在双端理想输出的情况下，K_{CMR} 趋于无穷大。

（4）差分放大电路的连接方式。以上均以双端输入双端输出差分放大电路为例，说明差分放大电路的工作状态，但实际使用中还有单端输入或单端输出的情况。差分放大电路的连接方式及相关性能指标见表 7.1。

表 7.1　差分放大电路连接方式及性能指标

连接方式	电路模型	性能指标
双端输入双端输出		$A_{ud} = -\beta \dfrac{\left(R_C \mathbin{/\mkern-5mu/} \dfrac{R_L}{2} \right)}{r_{be}}$ $R_{id} = 2r_{be}$ $R_o = 2R_C$

续表

连接方式	电路模型	性能指标
双端输入单端输出		$A_{ud} = -\dfrac{1}{2}\beta\dfrac{(R_C /\!/ R_L)}{r_{be}}$ $R_{id} = 2r_{be}$ $R_o = R_C$
单端输入双端输出		$A_{ud} = -\beta\dfrac{\left(R_C /\!/ \dfrac{R_L}{2}\right)}{r_{be}}$ $R_{id} = 2r_{be}$ $R_o = 2R_C$
单端输入单端输出		$A_{ud} = -\dfrac{1}{2}\beta\dfrac{(R_C /\!/ R_L)}{r_{be}}$ $R_{id} = 2r_{be}$ $R_o = R_C$ 若输出在 VT2 集电极处 $A_{ud} = \dfrac{1}{2}\beta\dfrac{(R_C /\!/ R_L)}{r_{be}}$

知识点 7.3
电流源电路

由前面分析可知, R_E 越大, A_{uc} 越小, 电路抑制共模信号的能力越强, 但 R_E 越大, 晶体管获得合适静态工作点所需负电源 V_{EE} 的值也越高。因此常用电流源代替 R_E。电流源对提高集成运放性能起着非常重要的作用, 一方面它为各级电路提供稳定的直流偏置电路, 另一方面它可以作为有源负载,提高放大电路增益。下面介绍集成运放中常用的电流源电路。

7.3.1　镜像电流源

图 7.12(a)中的 VT1 和 VT2 具有完全相同的输入输出特性,且两管的基极、发射极分别相连,则 $U_{BE1}=U_{BE2}=U_{BE}$,$I_{B1}=I_{B2}=I_B$,$I_{C1}=I_{C2}=I_C$。由于 VT1 的基极和集电极相连,因此 VT1处于临界放大状态,电阻 R 中的电流 I_R 为基准电流,表达式为

$$I_R = \frac{V_{CC}-U_{BE}}{R} \tag{7-22}$$

且 $I_R = I_{C1}+I_{B1}+I_{B2} = I_{C2}+2I_{B2} = \left(1+\dfrac{2}{\beta}\right)I_{C2}$,当 $\beta \gg 2$ 时,有

$$I_{C2} \approx I_R = \frac{V_{CC}-U_{BE}}{R} \tag{7-23}$$

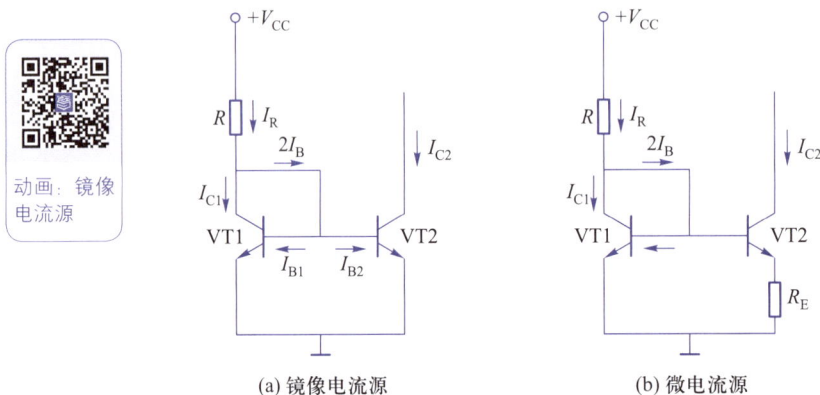

动画:镜像
电流源

(a) 镜像电流源　　　　　(b) 微电流源

图 7.12　镜像电流源和微电流源

由式(7-23)可知,只要电源 V_{CC} 和电阻 R 确定,I_{C2} 就能确定,把 I_{C2} 看成是 I_R 的镜像,故称图 7.12(a)所示的电流源为镜像电流源。恒定的 I_{C2} 可作为供给某个放大级的静态偏置电流。在镜像电流源中,VT2 的发射结对 VT1 具有温度补偿作用,可有效地抑制 I_{C2} 的温漂。例如,温度升高后,镜像电流源两工作管的相关参数变化过程如图 7.13 所示。

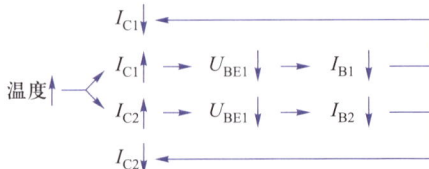

图 7.13　温度升高后镜像电流源两工作管的相关参数变化过程

例 7.2　如图 7.12(a)所示,已知电阻 $R=10$ kΩ,$V_{CC}=12$ V,试分析 β 分别为 4、20、100时,I_{C2} 与 I_R 的误差。

解:由图 7.12(a)可知 $I_R = I_{C1}+I_{B1}+I_{B2} = I_{C2}+2I_{B2} = \left(1+\dfrac{2}{\beta}\right)I_{C2}$

当 $\beta=4$ 时,$I_R = \left(1+\dfrac{2}{4}\right)I_{C2} = 1.5I_{C2}$,集电极电流 I_{C2} 与基准电流 I_R 的偏差为 50%;

当 $\beta = 20$ 时，$I_R = \left(1 + \dfrac{2}{20}\right) I_{C2} = 1.1 I_{C2}$，集电极电流 I_{C2} 与基准电流 I_R 的偏差为 10%；

当 $\beta = 100$ 时，$I_R = \left(1 + \dfrac{2}{100}\right) I_{C2} = 1.02 I_{C2}$，集电极电流 I_{C2} 与基准电流 I_R 的偏差为 2%。

由此可见，β 值越大，集电极电流 I_{C2} 与基准电流 I_R 的偏差越小。

7.3.2　微电流源

在集成电路中，有时需要提供微安级的小电流。如果采用图 7.12（a）所示的镜像电流源电路，R 就会过大。在镜像电流源 VT2 的发射极接入电阻 R_E，如图 7.12（b）所示，当基准电流 I_R 一定时，I_{C2} 可确定为

$$U_{BE1} - U_{BE2} = \Delta U_{BE} = I_{E2} R_E \tag{7-24}$$

由此得

$$I_{C2} \approx I_{E2} = \frac{\Delta U_{BE}}{R_E} \tag{7-25}$$

由式（7-25）可发现，利用 VT1、VT2 发射结电压差 ΔU_{BE} 可以控制输出电流 I_{C2}。由于 ΔU_{BE} 的数值较小，用阻值不大的 R_E 即可得到微小工作电流，所以图 7.12（b）所示电路称为微电流源。该电路中由于 VT1、VT2 是对管，基极又连接在一起，当 V_{CC}、R 和 R_E 为已知时，基准电流 $I_R = \dfrac{V_{CC}}{R}$，在 U_{BE1}、U_{BE2} 一定时，I_{C2} 也就确定了。

知识点 **7.4**
放大电路中的反馈

基本放大电路的工作稳定性受到环境、温度、电源电压及负载变化等因素影响，往往不能满足实际应用要求，因此通常要在放大电路中引入适当的反馈来改善电路的性能。反馈在电子电路中的应用十分广泛。

7.4.1　反馈的基本概念

将放大电路输出信号（电流或电压）的一部分或全部通过某种电路（称为反馈网络）送回输入回路的过程，称为反馈。反馈的结果使净输入信号增大则称为正反馈；反馈的结果使净输入信号减小则称为负反馈。含有反馈网络的放大电路称为反馈放大电路，其组成框图如图 7.14 所示。

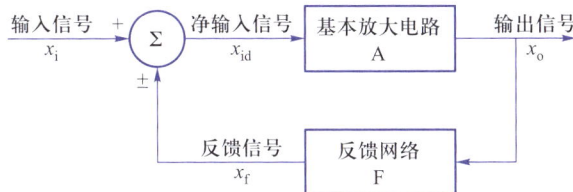

图 7.14　反馈放大电路的组成框图

反馈放大电路是由基本放大电路和反馈网络构成的闭环系统。图 7.14 中,A 为基本放大电路开环增益,F 为反馈网络反馈系数,x_i 为输入信号,x_{id} 为净输入信号,x_f 为反馈信号,x_o 为输出信号。图中箭头表示信号的传输方向,"+"号表示正反馈,"–"表示负反馈。识别电路是否存在反馈,主要是看放大电路输出端(或输出回路)与输入端(或输入回路)之间是否存在反馈网络。

由图 7.14 可知,基本放大电路的放大倍数(开环放大倍数,也称开环增益)为

$$A = \frac{x_o}{x_{id}} \tag{7-26}$$

反馈网络系数为

$$F = \frac{x_f}{x_o} \tag{7-27}$$

反馈放大电路的放大倍数(闭环放大倍数,也称闭环增益)为

$$A_f = \frac{x_o}{x_i} \tag{7-28}$$

根据电路节点定理可得

$$x_{id} = x_i - x_f \tag{7-29}$$

将式(7-26)~式(7-28)代入式(7-29),可得

$$A_f = \frac{A}{1+AF} \tag{7-30}$$

式(7-30)说明了闭环放大倍数与开环放大倍数以及反馈系数之间的关系,其中 $AF = \dfrac{x_f}{x_{id}}$ 称为环路放大倍数(也称环路增益)。若$(1+AF)<1$,则 $A_f>A$,引入反馈后增益增大了,反馈为正反馈;若$(1+AF)>1$,则 $A_f<A$,引入反馈后增益减小了,反馈为负反馈。

在反馈放大电路中$(1+AF)$是一个重要的量,它表示引入反馈后,电路增益增大和减小的倍数,是衡量反馈程度的一个重要指标,称为反馈深度。当负反馈放大电路的反馈深度$(1+AF)\gg1$时称为深度负反馈放大电路。在深度负反馈的情况下,放大电路的闭环增益可近似认为

$$A_f = \frac{A}{1+AF} \approx \frac{A}{AF} = \frac{1}{F} \tag{7-31}$$

这说明在深度负反馈放大电路中,闭环增益由反馈系数决定,此时反馈信号 x_f 近似等于输入信号 x_i,净输入信号 x_{id} 近似为零,这是深度负反馈放大电路的重要特点。

7.4.2　反馈的类型与应用

1. 正反馈与负反馈

放大电路中引入反馈后使净输入信号 x_{id} 比输入信号 x_i 小,则为负反馈,此时增益 A_f 小于 A,因此负反馈使放大电路的增益减小。反之,引入反馈后使净输入信号 x_{id} 比输入信号 x_i 大,则为正反馈,正反馈使放大电路的增益变大。

正、负反馈的判别方法是瞬时极性法,即在电路的输入端加一个正极性的交流信号,并以此为基础,根据具体电路的信号传递方向,判别信号到达输出端时的极性,再按照具体电路的反馈网络,判断经反馈后反馈信号的瞬时极性,最后考虑原有输入信号的极性与反馈信

号的极性以及具体的连接方式,判断净输入信号的值是增大还是减小。如前所述,结果使净输入信号值减小,则是负反馈;反之,结果使净输入信号值增大,则是正反馈。

正反馈虽然能提高增益,但是会使放大电路的工作稳定度、失真度、频率特性等性能显著变坏,一般用于振荡电路。负反馈虽降低了放大电路增益,但却能使放大电路的上述性能得到很好的改善(图 7.5 中基本差分放大电路的公共发射极电阻 R_E 就起到了负反馈作用),一般用于放大电路。本知识点主要讨论负反馈对放大电路性能的影响。

2. 直流反馈和交流反馈

除了正、负反馈外,反馈还可以分为直流反馈和交流反馈。若反馈信号只含直流量,则称为直流反馈;若反馈信号只含交流量,则称为交流反馈。直流负反馈影响放大电路的静态特性,常用于稳定静态工作点;交流负反馈影响放大电路的动态特性。

在图 7.15(a)中,公共发射极电阻 R_E 既在输入回路又在输出回路,所以电阻 R_E 存在反馈,但由于有旁路电容 C_E 的存在,电阻 R_E 只通有直流信号,电阻 R_E 起到直流负反馈的作用,稳定了静态工作特性,但不影响动态特性。而图 7.15(b)所示的电阻 R_E 两侧没有旁路电容 C_E,电阻 R_E 既通有直流信号又通有交流信号,此时电阻 R_E 起到交直流负反馈的作用,在稳定放大电路静态工作点的同时,也降低了电压放大倍数等动态特性。

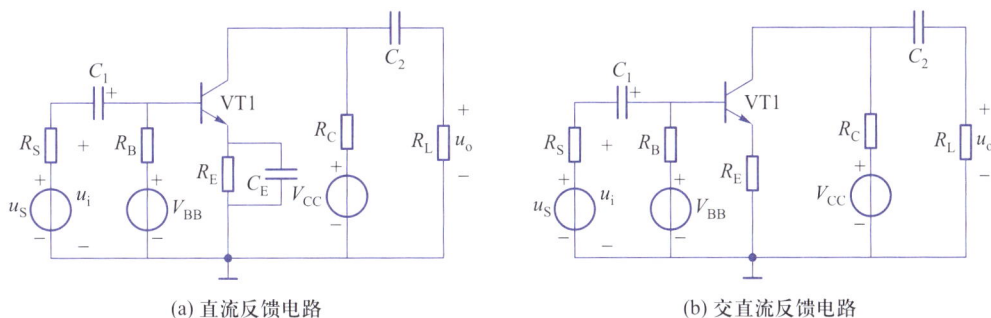

(a) 直流反馈电路　　　　　　　　　　　　(b) 交直流反馈电路

图 7.15　直流和交直流反馈电路

3. 本级反馈和级间反馈

在多级放大电路中每级电路各自的反馈称为本级反馈或局部反馈,从多级放大电路的输出端引回输入端的反馈称为级间反馈。如图 7.16(a)所示,该电路只有一级电路,所以是本级反馈,而图 7.16(b)所示电路是两级反馈,电阻 R_5 跨接第一、二级电路,是级间反馈。

4. 电压反馈和电流反馈

根据反馈量在放大电路输出端取样方式不同,反馈可以分为电压反馈和电流反馈。电压反馈是指将输出电压的一部分或全部反馈到输入端;电流反馈是指将输出电流的一部分或全部反馈到输入端。如图 7.16(a)所示,电阻 R_2 跨接在输入与输出回路之间,是反馈元件,反馈信号是电压信号,所以是电压反馈。电压反馈的特点是反馈网络和基本放大电路输出端以及负载电阻三者是并联关系。在图 7.16(b)所示电路中,电阻 R_5 跨接在第一、二级电路之间,反馈信号是电流信号,所以是电流反馈。电流反馈的特点是反馈网络串接在基本放大电路的输出回路中,反馈网络、基本放大电路的输出端以及负载电阻三者是串联关系,反馈信号与输出电流成正比。也可以用输出短路法判别输出是电压采样还是电流采样,具体方法是:输出短路后,如果反馈信号 x_f 消失,则为输出电压采样,是电压反馈;反之,如果反

馈信号 x_f 不消失,则为输出电流采样,是电流反馈。

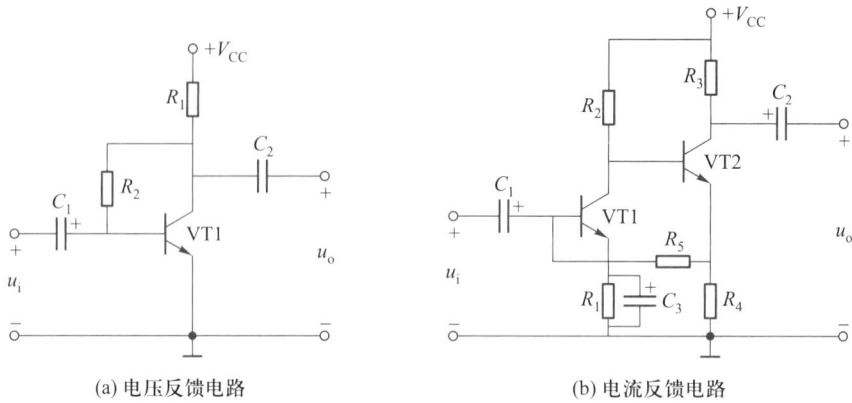

(a) 电压反馈电路   (b) 电流反馈电路

图 7.16 电压电流反馈电路

5. 串联反馈和并联反馈

按反馈信号在输入端的连接方式不同,反馈还可以分为串联反馈和并联反馈。若反馈信号与输入信号在输入回路中以电压形式比较求和,即反馈信号与输入信号串联,则称为串联反馈。若反馈信号与输入信号以电流形式比较求和,即反馈信号与输入信号并联,则称为并联反馈。串联反馈的特点是反馈网络与信号源以及基本放大电路的输入端三者构成串联关系;并联反馈的特点是反馈网络与信号源以及基本放大电路的输入端三者构成并联关系。图 7.15 所示电路的反馈信号均与输入端串联连接,所以是串联反馈;而如图 7.16 所示电路的反馈信号均与输入端并联连接,所以是并联反馈。

7.4.3 四种反馈的组态与应用

根据反馈网络与放大电路的不同连接方式,可以得到如图 7.17 所示的四种反馈组态,即电压串联负反馈、电压并联负反馈、电流串联负反馈和电流并联负反馈。

1. 电压串联负反馈

在图 7.17(a)所示的电路框图中,输入信号、反馈信号及净输入信号组成串联回路,净输入信号为电压信号,输出端和反馈端是并联连接,反馈信号是电压信号,因此图 7.17(a)所示是电压串联负反馈电路。

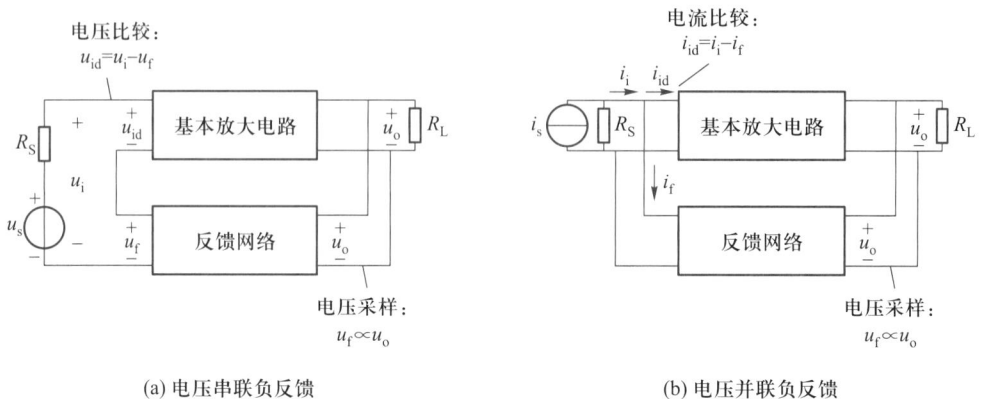

(a) 电压串联负反馈   (b) 电压并联负反馈

(c) 电流串联负反馈 (d) 电流并联负反馈

图 7.17　负反馈电路框图

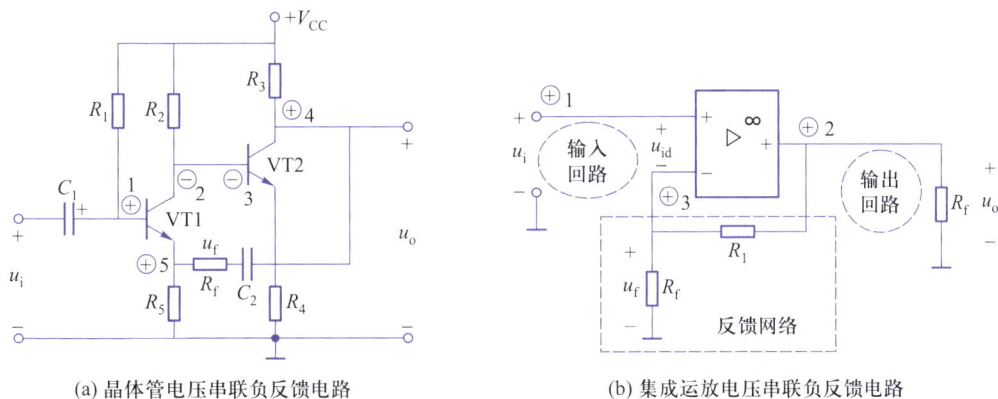

图 7.18 所示为电压串联负反馈网络实际电路。在图 7.18(a)所示电路中(图中瞬时极性标号右下角数字代表信号顺序),假设输入电压 u_i 的瞬时极性为正,则通过 VT1 共射放大电路得到集电极电位 u_{c1} 的极性为负,按照信号传递的具体过程,得到 $u_i(+) \to u_{c1}(-) \to u_{b2}(-) \to u_{c2}(+) \to u_{e1}(+) \to u_f(+) \to u_{id} = (u_i - u_f) \to (u_{id} < u_i)$。

(a) 晶体管电压串联负反馈电路 (b) 集成运放电压串联负反馈电路

图 7.18　电压串联负反馈网络实际电路

由此可以看到净输入电压减小了,为负反馈,输入端是串联连接电压信号,输出端是并联连接电压采样,因此图 7.18(a)所示电路的级间反馈是电压串联负反馈。

在图 7.18(b)所示电路中,输入回路、输出回路、反馈网络如图上标注所示,由于反馈网络由电阻 R_1 和 R_f 组成,为线性反馈网络,当输入信号 u_i(瞬时极性为正)输入到同相输入端时,输出信号也为正,通过反馈网络反馈信号极性仍然为正,又由于输入回路是串联连接,输出是并联连接,是电压采样,则按照信号传递的具体过程,得到 $u_i(+) \to u_o(+) \to u_f(+) \to u_{id} = (u_i - u_f) \to u_{id} < u_i$。反馈结果使净输入信号 u_{id} 减小,为负反馈。因此图 7.18(b)所示电路为电压串联负反馈。

2. 电压并联负反馈

在图 7.17(b)所示的电路框图中,输入信号、反馈信号及净输入信号组成并联回路,净输入信号为电流信号,输出端和反馈端是并联连接,反馈信号是电压信号,因此图 7.17(b)所示是电压并联反馈电路框图。

图 7.19 所示为电压并联负反馈电路。在图 7.19 中，R_f 跨接在输出回路与输入回路间构成反馈网络，并且净输入是电流信号。如果把输出端 R_L 短路，则反馈信号消失，故为输出电压采样。

令输入电压瞬时极性为正，则输入电流 i_i 的瞬时流向如图 7.19 所示，经过反相输入端，输出电压 u_o 瞬时极性为负，再通过反馈电阻 R_f 返回到输入端，由于净输入端是并联连接，因此使净输入电流 $i_{id} = i_i + i_f$。

由于 i_f 瞬时极性为负，i_{id} 减小，因此为负反馈。具体过程为

$$u_i(+) \rightarrow i_i(+) \rightarrow u_o(-) \rightarrow i_f(-) \rightarrow i_{id} = (i_i + i_f) \rightarrow i_{id} < i_i$$

净输入信号减小，所以图 7.19 所示电路的反馈类型为电压并联负反馈。

3. 电流串联负反馈

在图 7.17(c) 所示的电路框图中，输入信号、反馈信号及净输入信号组成串联回路，净输入信号为电压信号，输出端和反馈端是串联连接，反馈信号是电流信号，因此 7.17(c) 所示为电流串联负反馈电路。

图 7.20 所示为电流串联负反馈电路。在图 7.20 中，R_f 跨接在输出回路与输入回路间构成反馈网络，并且输入端为串联连接，净输入是电压信号。如果把输出端 R_L 短路，反馈信号没有消失，u_f 电压依然存在，故为输出电流采样。令输入电压瞬时极性为正，如图 7.20 所示，经过同相输入端，输出电压 u_o 瞬时极性为正，再通过反馈电阻 R_f 返回到输入端，由于净输入端是串联连接，则使净输入电压 $u_{id} = u_i - u_f$，由于 u_f 瞬时极性为正，u_{id} 减小，故为负反馈。具体过程为

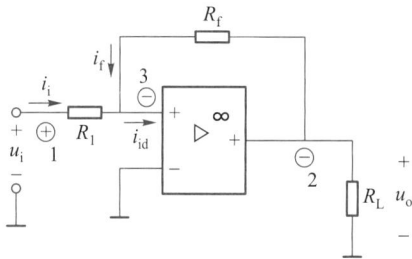

图 7.19　电压并联负反馈电路

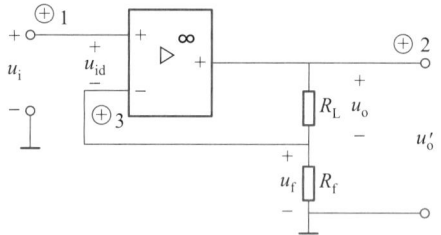

图 7.20　电流串联负反馈电路

$$u_i(+) \rightarrow u_o(+) \rightarrow u_f(+) \rightarrow u_{id} = (u_i - u_f) \rightarrow u_{id} < u_i$$

所以图 7.20 所示电路的反馈类型为电流串联负反馈。

4. 电流并联负反馈

在图 7.17(d) 所示的电路框图中，输入信号、反馈信号及净输入信号组成并联回路，净输入信号为电流信号，输出端和反馈端是串联连接，反馈信号是电流信号，因此 7.17(d) 所示是电流并联负反馈电路。

图 7.21 所示为电流并联负反馈电路。在图 7.21 中，R_L 为放大电路输出负载电阻，R_f 跨接在输出回路与输入回路之间，R_f 与 R_2 共同构成反馈网络，并且输入端为并联连接，净输入是电流

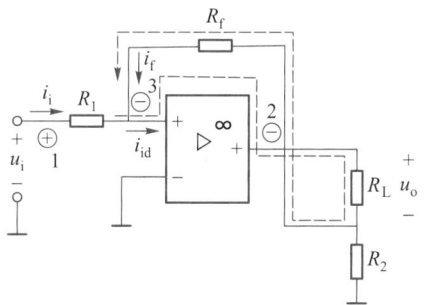

图 7.21　电流并联负反馈电路

信号。如果把输出端 R_L 短路,反馈信号没有消失,i_f 电流依然存在,故为输出电流采样。令输入电压瞬时极性为正,如图 7.21 所示(虚线为信号传输路径),经过反相输入端,输出电压 u_o 瞬时极性为负,再通过反馈电阻 R_f 返回到输入端,反馈到输入端的电流 i_f 为负,由于净输入端是并联连接,则使净输入电流 $i_{id}=i_i+i_f$,由于电流 i_f 瞬时极性为负,i_{id} 减小,故为负反馈。具体过程为

$$u_i(+)\rightarrow i_i(+)\rightarrow u_o(-)\rightarrow i_f(-)\rightarrow i_{id}=(i_i+i_f)\rightarrow i_{id}<i_i$$

所以图 7.21 所示电路的反馈类型为电流并联负反馈。

总结负反馈放大电路的四种基本组态,归纳见表 7.2。

表 7.2　负反馈放大电路的四种基本组态

名称	输入端比较方式	输出端采样方式	反馈信号 x_f	对输入信号源要求
电压串联负反馈	串联	并联	$u_f\propto u_o$	近似于恒压源
电压并联负反馈	并联	并联	$i_f\propto u_o$	近似于恒流源
电流串联负反馈	串联	串联	$u_f\propto i_o$	近似于恒压源
电流并联负反馈	并联	串联	$i_f\propto i_o$	近似于恒流源

例 7.3　反馈放大电路如图 7.22 所示,(1)判断该电路的反馈类型和极性;(2)若反馈为深度负反馈,写出电路的闭环增益 A_{uf}。

解:(1)令 u_i 对地瞬时极性为正,根据信号传递路径得到图中所示各电位的瞬时极性。从而分析得到在电阻 R_3 上获得反馈电压 u_f,u_f 使得差分放大电路的净输入电压 $u_{id}=u_i-u_f$ 减小,所以该反馈为负反馈。把 R_3 短路,反馈信号消失,故输出是电压信号采样。输入端是串联连接,故反馈类型为电压串联负反馈。

(2)在深度负反馈条件下,$u_{id}\approx u_f$,因此电路闭环电压增益 A_{uf} 为

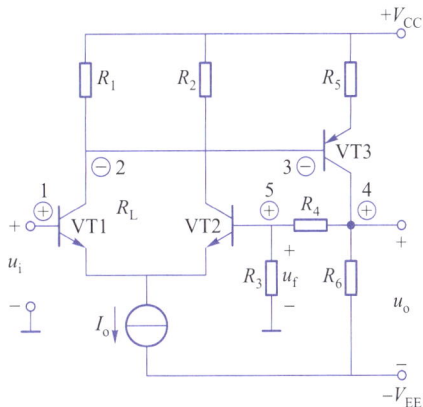

图 7.22　例 7.3 用图

$$A_{uf}=\frac{u_o}{u_i}\approx\frac{u_o}{u_{id}}=\frac{R_3+R_4}{R_3}=1+\frac{R_4}{R_3}$$

7.4.4　负反馈对放大电路性能的影响

1. 负反馈对增益的影响

负反馈对放大电路增益的影响包括两个方面:一是负反馈对增益大小的影响;二是负反馈对增益稳定性的影响。

(1)负反馈对增益大小的影响。由式(7-30)可知 $A_f=\dfrac{A}{1+AF}$,由于 $|1+AF|>1$,故 $|A_f|$ 的值小于 $|A|$ 的数值,这就说明,负反馈是以损失电路增益为代价,换取电路相关性能的改善,如电路增益的稳定性有所提高等。

(2)负反馈对增益稳定性的影响。放大电路引入负反馈后,最直接显著的效果是放大

电路增益的稳定性得到了提高。在输入信号一定的情况下,当电路参数出现波动(如温度对晶体管性能的影响)、电源电压的波动以及负载发生变化时,由于引入了负反馈,从而使净输入信号 x_{id} 减小,这就抑制了输出信号的增大,使放大电路的增益维持稳定。深度反馈时 $A_f \approx \dfrac{1}{F}$,可以看出,闭环增益只与反馈系数 F 有关,而反馈网络由于都是由一些性能稳定的电阻、电容元件组成的,反馈系数 F 很稳定,因此,反馈深度越深,增益的稳定性越高,如图 7.23 所示。

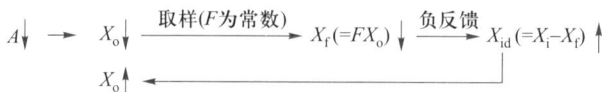

图 7.23　负反馈对增益稳定性的影响描述

也可以通过公式推导得出以上结论。引入放大倍数的相对变化量,即开环放大倍数的相对变化量为 $\dfrac{dA}{A}$,闭环放大倍数的相对变化量为 $\dfrac{dA_f}{A_f}$,对 $A_f = \dfrac{A}{1+AF}$ 两边求导,得到

$$\frac{dA_f}{dA} = \frac{1+AF-AF}{(1+AF)^2} = \frac{1}{(1+AF)^2} \tag{7-32}$$

用 $A_f = \dfrac{A}{1+AF}$ 除式(7-32)的两边,得

$$\frac{dA_f}{A_f} = \frac{1}{1+AF}\frac{dA}{A} \tag{7-33}$$

通过式(7-33)可以看出,有反馈时的增益相对变化量 $\dfrac{dA_f}{A_f}$ 是无反馈时的增益相对变化量 $\dfrac{dA}{A}$ 的 $\dfrac{1}{1+AF}$,也可以说,有了反馈后增益稳定性提高了 $(1+AF)$ 倍。

例如,由于某种原因无反馈放大电路 A 的增益变化了 5%,若引入了负反馈后,当反馈深度 $(1+AF)=10$ 时,闭环增益相对变化量为 $\dfrac{dA_f}{A_f} = \dfrac{1}{1+AF}\dfrac{dA}{A} = \dfrac{1}{10} \times 5\% = 0.5\%$。可见,闭环增益的稳定性有了很大的提高,但这是以降低环路增益为代价的。

2. 减小非线性失真

如上所述,由于晶体管是非线性器件,使放大电路的输出信号与输入信号之间不是线性关系。如输入正弦信号,输出不是正弦信号时,则说明放大电路出现了失真现象。这种由于电路元器件非线性特性引起的信号失真,称为非线性失真。

引入负反馈后,可以在一定程度上改善非线性失真。图 7.24(a)所示为无反馈时的信号波形,输出信号正半波大,负半波小,出现了非线性失真。

引入负反馈后,如图 7.24(b)所示。初始的输出信号(如图中虚线所示)也是正半波大负半波小,该信号经反馈网络 F 反馈后,产生成比例的正半波大负半波小的 x_f,x_f 与输入信号 x_i 叠加后,使净输入信号 x_{id} 的正半波被削弱很多,而负半波削弱相对较小,再经 A 放大后使输出波形得到一定程度的矫正,如图 7.24 中 x_o 波形的实线部分所示,这样便减小了非线性失真。注意,这里减小非线性失真是指在反馈环内(如晶体管非线性)引起的非线性失真。如果失真发生在反馈环外(如外部输入信号 x_i 本身引起的失真),则引入负反馈也无法改善失真情况。

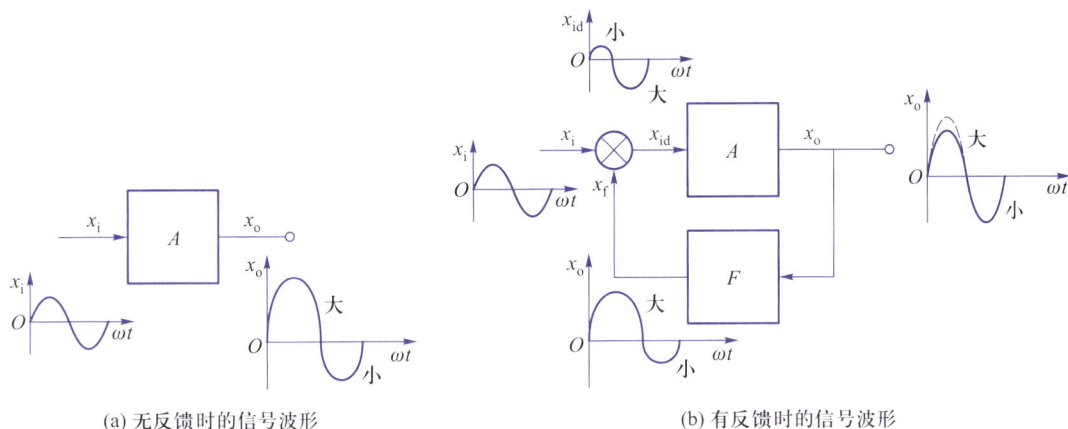

(a) 无反馈时的信号波形　　　　　　　　　　　　(b) 有反馈时的信号波形

图 7.24　无反馈和有反馈的信号波形

3. 改变输入电阻和输出电阻

放大电路引入负反馈后,输入电阻和输出电阻的阻值将受到很大的影响。负反馈对输入电阻的影响取决于输入端的连接形式,与输出端的采样方式无关。输入端如果是串联负反馈,则引入负反馈后输入电阻增大,使得反馈后输入等效电阻 R_{if} 与原有的输入电阻 R_i 之间的关系为 $R_{if} = (1+AF)R_i$,即输入电阻将增大到原来的 $(1+AF)$ 倍;输入端如果是并联负反馈,则引入负反馈后输入电阻减小,$R_{if} = \dfrac{1}{(1+AF)}R_i$,即输入电阻将减小到原来的 $\dfrac{1}{1+AF}$。负反馈对输出电阻的影响取决于输出端的采样方式,与输入端的连接形式无关。

由此可以得出结论:输出端如果是电压采样负反馈,则引入负反馈后输出电阻减小,可以证明电压负反馈放大电路的输出电阻 R_{of} 是基本放大电路输出电阻 R_o 的 $\dfrac{1}{1+AF}$,即 $R_{of} \approx \dfrac{1}{1+AF}R_o$,电路等效电压源;输出端如果是电流采样负反馈,则引入负反馈后输出电阻增大,可以证明电流负反馈放大电路的输出电阻 R_{of} 是基本放大电路输出电阻 R_o 的 $(1+AF)$ 倍,即 $R_{of} \approx (1+AF)R_o$,电路等效恒流源。

4. 扩展通频带

放大电路都有一定的频带宽度,在这个频带宽度的频率范围内,放大增益上下浮动不超过 3 dB,超过这个范围的信号,增益将显著下降。一般将增益下降 3 dB 时所对应的频率范围称为放大电路的通频带,称为带宽,用 BW 表示。引入负反馈后,由于负反馈能稳定增益,因此对于工作频率不同引起的增益变化,它也有稳定的作用。图 7.25 所示为引入负反馈前后的频带宽度的变化。图 7.25 中 $|A_0|$ 为开环增益,$|A_f|$ 为引入负反馈后的闭环增益。引入负反馈后电路增益由 $|A_0|$ 下降到 $|A_f|$,下限频率和上限频率由原来的 f_1 和 f_2 改变为 f_3 和 f_4,频带宽度由 BW_1 增加到 BW_2。

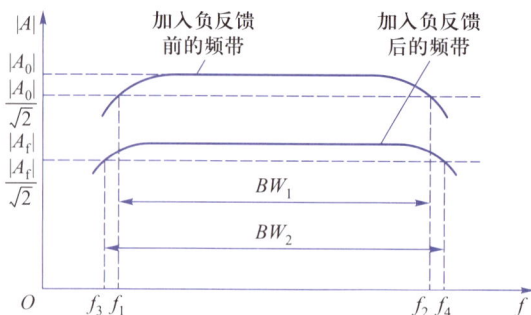

图 7.25 扩展通频带

知识点 **7.5**
集成运算放大器的线性应用

集成运算放大器加入适当的负反馈网络可以构成各种运算电路,实现比例运算、加法运算和微积分运算等数学运算功能。在运算电路中,由于集成运算放大器引入的是负反馈,因此集成运算放大器工作在线性区,具有"虚短"和"虚断"的特点。

7.5.1 比例运算电路

将信号按比例放大的电路称为比例运算电路。根据输入方式的不同,比例运算电路分为反相比例运算电路和同相比例运算电路。

1. 反相比例运算电路

反相比例运算电路如图 7.26 所示,输入信号 u_i 通过电阻 R_1 加到集成运算放大器的反相输入端,输出信号通过反馈电阻 R_f 反送到集成运算放大器的反相输入端,构成了电压并联负反馈。同相输入端经电阻 R_2 接地,R_2 称为平衡电阻,其作用是使集成运算放大器的两个输入端对地的直流等效电阻相等,可以避免集成运算放大器的偏置电流在两个输入端之间产生附加的差模电压,即 $R_2 = R_1 /\!/ R_f$。

由于引入了深度负反馈,因此集成运算放大器具有"虚短"和"虚断"的特点。

图 7.26 反相比例运算电路

因为"虚断",流进反相输入端电流 $i_- \approx 0$,同样流进同相输入端电流 $i_+ \approx 0$。由于 $i_+ \approx 0$,则 R_2 两端的电压为零,即同相输入端电压 $u_+ = 0$;又因为"虚短",反相输入端电压 $u_+ = u_- = 0$,可见反相输入与地等电位,这种情况称为"虚地"。由此得 $i_i = \dfrac{u_i - u_-}{R_1} = \dfrac{u_i}{R_1}$,$i_f = \dfrac{u_- - u_o}{R_f} = -\dfrac{u_o}{R_f}$,又因为 $i_+ \approx i_- \approx 0$,最后可得

仿真动画:
反相比例运
算电路

$$u_o = -\frac{R_f}{R_1} u_i \tag{7-34}$$

式(7-34)表明,输出电压与输入电压呈比例运算关系,输出与输入极性相反,则接入负反馈后电压放大倍数(闭环电压放大倍数)为 $A_{uf} = -\dfrac{R_f}{R_1}$。当 $R_1 = R_f$ 时,$A_{uf} = -1$,$u_o = -u_i$,对应电路称为反相器。

2. 同相比例运算电路

同相比例运算电路如图 7.27 所示,输入信号 u_i 通过电阻 R_2 连接到了集成运算放大器的同相输入端,输出信号通过反馈电阻 R_f 反送到集成运算放大器的反相输入端,构成了电压串联负反馈。平衡电阻为 $R_2 = R_1 /\!/ R_f$。利用"虚短"和"虚断"的特点,由图 7.27 可知

$$u_+ = u_- = u_i \tag{7-35}$$

又由于 $i_+ \approx i_- \approx 0$,得

$$u_- = \frac{R_1}{R_1 + R_f} u_o = u_+ = u_i \tag{7-36}$$

整理式(7-36)得

$$u_o = \left(1 + \frac{R_f}{R_1}\right) u_i \tag{7-37}$$

式(7-37)表明,输出电压与输入电压相位相同,大小呈一定的比例关系,电路实现了同相比例运算。此时闭环电压放大倍数为 $A_{uf} = \dfrac{u_o}{u_i} = 1 + \dfrac{R_f}{R_1}$。当 $R_1 = \infty$,$R_f = 0$ 时 $A_{uf} = 1$,输出电压与输入电压大小相等,相位相同,这种电路称为电压跟随器,如图 7.28 所示。由于输出端采用了电压采样,等效输出 R_o 很小,输入为串联连接,等效输入电阻 R_i 无穷大,所以,电压跟随器的特点是输入电阻很高,输出电阻近似为零,主要用于实现阻抗变换,常用于连接在具有高阻抗的信号源与低阻抗的负载之间作为缓冲电路,因此也称为缓冲器。

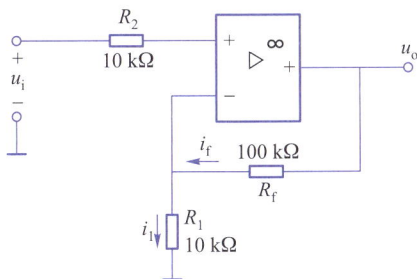

图 7.27　同相比例运算电路

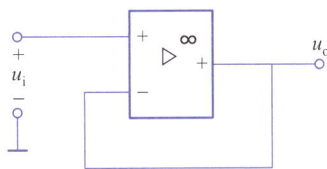

图 7.28　电压跟随器

仿真动画:
同相比例运
算电路

例 7.4　如图 7.29 所示,已知 $u_i = 1\ V$,$R_1 = R_3 = R_4 = R$,$R_{f1} = 5R$,$R_{f2} = R$。试求出电路的输出电压 u_o。

解:图 7.29 所示为两个反相比例运算电路的组合,根据信号传递方向,首先计算出 A 点电压 u_{o1},为

$$u_{o1} = -\frac{R_{f1}}{R_1} u_i = -5\ V$$

u_{o1} 作为第二级反相比例运算电路的输入电压,得

$$u_o = -\frac{R_{f2}}{R_3} u_{o1} = -\frac{R}{R}(-5\ V) = 5\ V$$

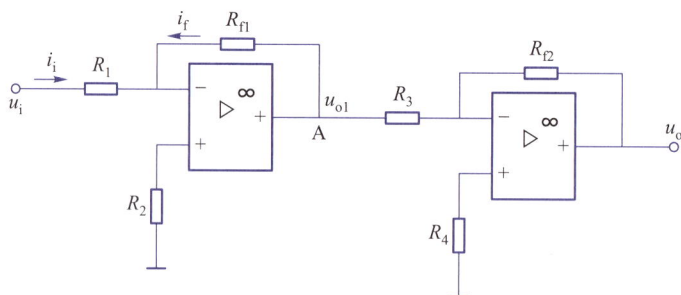

图 7.29 例 7.4 用图

例 7.5 如图 7.30 所示,已知 $u_i = 1\text{ V}$,$R_1 = R_3 = R_4 = R$,$R_{f1} = 5R$,$R_{f2} = R$。试求出电路的输出电压 u_o。

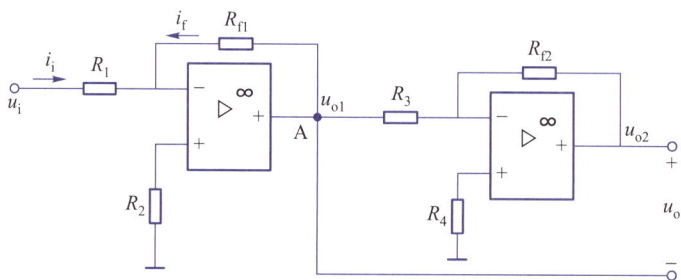

图 7.30 例 7.5 用图

解:根据图 7.30 所示,计算出第一级运放的输出 u_{o1} 后,再计算第二级运放的输出电压 u_{o2}(对地电位)。例 7.5 中已经计算出 $u_{o1} = -5\text{ V}$,$u_{o2} = 5\text{ V}$,则输出电压 u_o 为

$$u_o = u_{o2} - u_{o1} = 5\text{ V} - (-5\text{ V}) = 10\text{ V}$$

7.5.2 加减运算电路

实现多个输入信号按各自不同比例求和或求差的电路称为加减运算电路。

1. 反相加法运算电路

反相加法运算电路如图 7.31 所示,u_{i1} 和 u_{i2} 两个输入端分别通过电阻 R_1 和 R_2 连接到集成运算放大器的反相输入端,输出信号通过反馈电阻 R_f 反送到集成运算放大器的反相输入端。

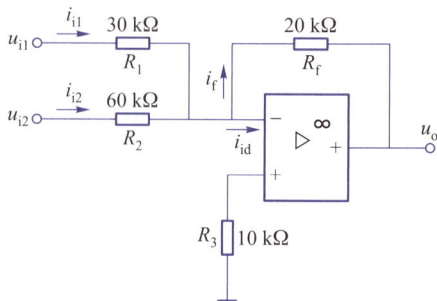

图 7.31 反相加法运算电路

与比例运算放大电路的分析方法相似,因为"虚断",则平衡电阻 R_3 上的电流近似为零,故得到 $u_+ \approx 0$,又因为"虚短",$u_- = u_+ \approx 0$。再根据节点电流和为 0 得到 $i_{i1} + i_{i2} = i_f$,而又由于"虚断""虚短"得

$$i_{i1} = \frac{u_{i1} - u_-}{R_1} = \frac{u_{i1}}{R_1}$$

$$i_{i2} = \frac{u_{i2} - u_-}{R_2} = \frac{u_{i2}}{R_2}$$

仿真动画:
反相加法运算电路

$$i_f = \frac{u_- - u_o}{R_f} = -\frac{u_o}{R_f}$$

对以上方程式进行整理得

$$u_o = -\left(\frac{R_f}{R_1} u_{i1} + \frac{R_f}{R_2} u_{i2} \right) \tag{7-38}$$

2. 同相加法运算电路

同相加法运算电路如图 7.32 所示,因为"虚断"可得 $i_3 \approx i_f$,由此 $\frac{u_- - 0}{R_3} = \frac{u_o - u_-}{R_f}$ 得到

$$u_- = \frac{R_3}{R_3 + R_f} u_o \tag{7-39}$$

又因为"虚断"和叠加原理可得 $\frac{u_{i1} - u_+}{R_1} + \frac{u_{i2} - u_+}{R_2} = 0$,整理后得

$$u_+ = \frac{R_2}{R_1 + R_2} u_{i1} + \frac{R_1}{R_1 + R_2} u_{i2} \tag{7-40}$$

再利用"虚短"($u_- = u_+$)得

$$u_o = \left(1 + \frac{R_f}{R_3} \right) \left(\frac{R_2}{R_1 + R_2} u_{i1} + \frac{R_1}{R_1 + R_2} u_{i2} \right) \tag{7-41}$$

3. 减法运算电路

前面的两个加法运算电路都是输入信号放在同一个输入端,如果把两个或两个以上输入信号放在不同极性的输入端就会构成减法运算电路,如图 7.33 所示,两个输入信号 u_{i1} 和 u_{i2} 分别由运算放大电路的同相输入端和反相输入端输入。

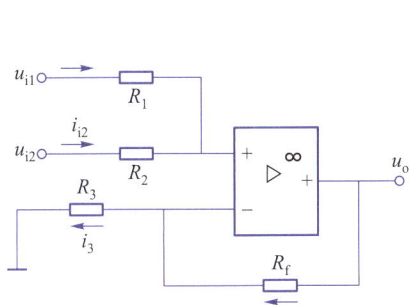

图 7.32 同相加法运算电路

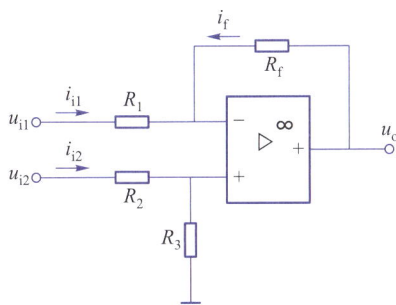

图 7.33 减法运算电路

利用同相输入端"虚断"的特点分析可得

$$\frac{u_{i2} - u_+}{R_2} = \frac{u_+ - 0}{R_3}$$

经整理得(也可以由叠加定理得)

$$u_+ = \frac{R_3}{R_2 + R_3} u_{i2} \tag{7-42}$$

再通过反相输入端"虚断"的特点,分析可得

$$\frac{u_{i1} - u_-}{R_1} + \frac{u_o - u_-}{R_f} = 0$$

仿真动画:
减法运算电路

经整理得

$$u_- = \frac{R_f}{R_1+R_f}u_{i1} + \frac{R_1}{R_1+R_f}u_o \tag{7-43}$$

又因为"虚短"特点,由式(7-42)和(7-43)得

$$u_o = \left(1+\frac{R_f}{R_1}\right)\left(\frac{R_3}{R_2+R_3}\right)u_{i2} - \frac{R_f}{R_1}u_{i1} \tag{7-44}$$

若取$\frac{R_3}{R_2}=\frac{R_f}{R_1}$,则 $u_o = \frac{R_f}{R_1}(u_{i2}-u_{i1})$,输出信号电压正比于两个输入信号的电压差。

7.5.3 积分和微分运算电路

电容的电压与电流之间有积分和微分关系,利用这一概念可以构成积分和微分运算电路。

1. 积分运算电路

如图7.34所示,把反相比例运算电路中的反馈电阻R_f用电容C替代,就构成了积分运算电路。

根据"虚短""虚断"的特点,可知电容电流$i_C = i_i = \frac{u_i}{R_1}$,且$i_C = -C\frac{du_o}{dt}$,设电容$C$的初始电压为零,则

$$u_o = -u_C = -\frac{1}{C}\int i_C dt = -\frac{1}{R_1 C}\int u_i dt \tag{7-45}$$

由式(7-45)可知,该电路的输出电压u_o为输入电压u_i对时间的积分,$\tau=R_1C$为积分时间常数,故该电路为积分运算电路。

当输入电压u_i为一常量时,设$u_i=U_1$,由式(7-45)可得

$$u_o = -\frac{U_1}{R_1 C}t$$

可以看到输出电压u_o与t呈线性关系,如图7.35所示。但是u_o不会随着时间t不断增长,原因是当u_o随着时间负向增长到运放最大输出电压$-U_{om}$时,运放会进入非线性工作状态,$u_o = -U_{om}$保持不变,积分运算停止。

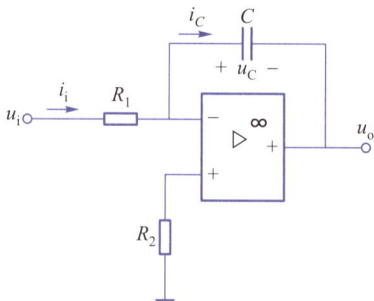

图7.34 积分运算电路

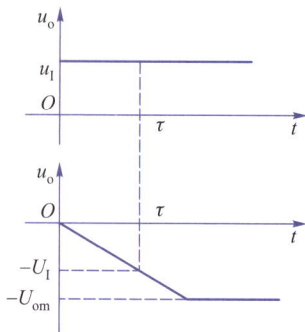

图7.35 积分电路输入输出波形

2. 微分运算电路

将积分运算电路中的R和C互换位置就得到了微分运算电路,如图7.36(a)所示。

因为"虚断",故 $u_+ \approx 0$,又因为"虚短",故 $u_- = u_+ \approx 0$。再根据反相输入端处的节点电流关系及"虚断"得

$$i_i = i_f$$

$$i_i = C \frac{\mathrm{d}u_i}{\mathrm{d}t}$$

$$i_f = \frac{u_- - u_o}{R_f} = -\frac{u_o}{R_f}$$

把以上三个公式进行整理,可得

$$u_o = -R_f C \frac{\mathrm{d}u_i}{\mathrm{d}t} \tag{7-46}$$

由式(7-46)可见,输出电压与输入电压为微分关系,其波形如图7.36(b)所示。

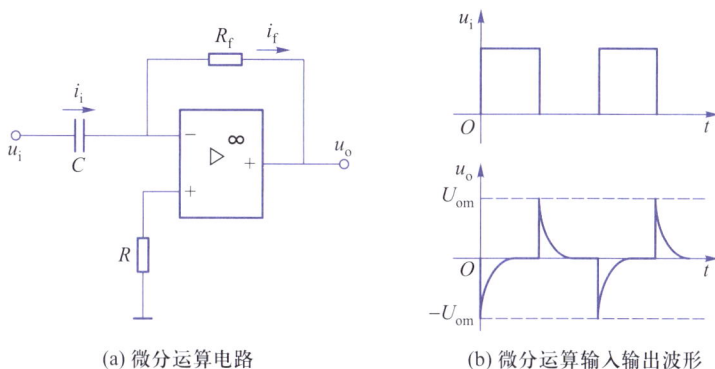

(a) 微分运算电路　　　　　　(b) 微分运算输入输出波形

图 7.36　微分运算电路及其输入输出波形

知识点 7.6
集成运算放大器的非线性应用

　　集成运算放大器开环或引入正反馈时工作在非线性区,输出电压 u_o 为正或负的最大值,利用这一特性,可以组成各种电压比较器。电压比较器是一种常见的模拟信号处理电路,它将被测模拟输入电压和参考电压进行比较,根据输出高低电平(数字信号)反映比较的结果,因此电压比较器可作为模拟电路和数字电路的接口电路。电压比较器还可以组成方波、锯齿波等非正弦波形的产生和变换电路。常用的电压比较器有单限比较器、迟滞比较器和窗口比较器。

7.6.1　单限比较器

单限比较器只有一个门限电压,在此门限电压处输出信号发生翻转。

1. 过零比较器
过零比较器是一种较为简单的单限比较器,如图7.37(a)所示为反相输入过零比较器。

集成运放开环,反相输入端接输入信号 u_1,同相输入端接地,即参考电压为 0 V。输入信号 u_1 与参考电压 0 V 进行比较,以确定输出信号 u_o。

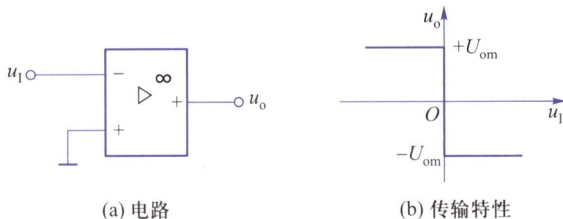

(a) 电路   (b) 传输特性

图 7.37 反相输入过零比较器及其传输特性

当 $u_1<0$,即 $u_+>u_-$ 时,$u_o=+U_{om}$;当 $u_1>0$,即 $u_+<u_-$ 时,$u_o=-U_{om}$。传输特性如图 7.37(b) 所示,输出波形在 $u_1=0$ 处发生翻转。比较器的输出 u_o 从一个电平翻转到另一个电平时所对应的输入电压称为门限电压或阈值电压,用 U_T 表示。显而易见,图 7.37(a) 所示比较器的门限电压 $U_T=0$,因此该电路称为过零比较器。

如果集成运放的同相输入端接输入信号 u_1,反相输入端接地,则称为同相输入过零比较器,其传输特性与反相输入过零比较器对称。

2. 同相输入单限比较器

同相输入单限比较器如图 7.38(a) 所示。集成运放开环,同相输入端接输入信号 u_1,反相输入端接参考电压 U_{REF}。集成运放的输出端接一个双向稳压二极管,稳压值为 U_Z。不论集成运放输出为 $+U_{om}$ 或 $-U_{om}$,双向稳压二极管中总有一个导通,另一个反向击穿,输出电压 u_o 等于稳压值 $+U_Z$ 或者为 $-U_Z$,具体由同相输入端和反相输入端比较的结果决定。由于输出端接入了双向稳压二极管,输出电压 u_o 便会钳位在稳压值 U_Z 上,即实现了稳幅。

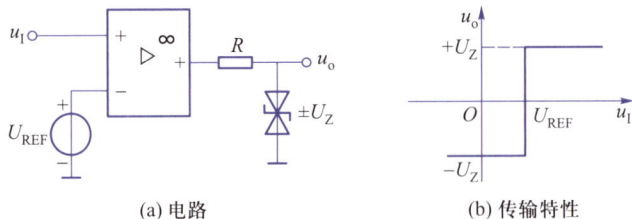

(a) 电路   (b) 传输特性

图 7.38 同相输入单限比较器及其传输特性

当 $u_1<U_{REF}$,即 $u_+<u_-$ 时,$u_o=-U_Z$;当 $u_1>U_{REF}$,即 $u_+>u_-$ 时,$u_o=+U_Z$。传输特性如图 7.38(b) 所示。输出波形在 $u_1=U_{REF}$ 处发生翻转,因此门限电压 $U_T=U_{REF}$。

例 7.6 电路如图 7.39(a) 所示,输入 u_1 为正弦波,画出输出 u_o 的波形。

解:根据图 7.39(a) 所示电路可知,为同相输入单限比较器,参考电压为 0 V。当输入正弦波信号 $u_1>0$,$u_+>u_-$ 时,$u_o=+U_Z$;当 $u_1<0$,$u_+<u_-$ 时,$u_o=-U_Z$。因此门限电压 $U_T=0$,该电路为过零比较器,其传输特性如图 7.39(b) 所示,根据传输特性画出输出 u_o 的波形如图 7.39(c) 所示。

本例中,电压比较器将输入的正弦波变成了输出的方波,这就是电压比较器的波形变换应用。单限比较器灵敏度高,但抗干扰性差,输入信号在门限附近有微小干扰可能就会导致输出误翻转。

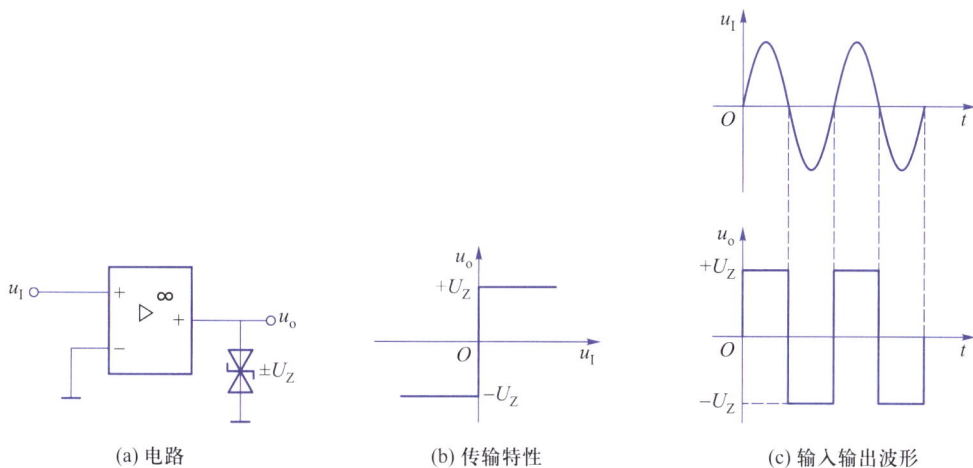

(a) 电路　　　　　　(b) 传输特性　　　　　　(c) 输入输出波形

图 7.39　例 7.6 用图

7.6.2　迟滞比较器

迟滞比较器也称为滞回比较器或施密特触发器,它在单限比较器的基础上引入了正反馈网络,门限电压随输出电压的变化而变化,是具有迟滞回环传输特性的双门限比较器。迟滞比较器除了可以进行电压比较外,还可以组成矩形波、锯齿波等非正弦波的信号发生电路,也可以实现波形转换。与单限比较器相比,迟滞比较器的抗干扰能力强,但灵敏度有所降低。

1. 反相输入迟滞比较器

反相输入迟滞比较器的反相输入端接输入信号 u_1,同相输入端接参考电压 U_{REF},如图 7.40(a)所示,输出信号 u_o 经反馈电阻 R_f 接到同相输入端,构成正反馈网络。

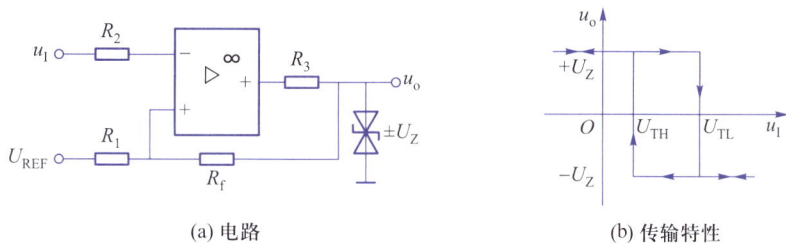

(a) 电路　　　　　　　　　　(b) 传输特性

图 7.40　反相输入迟滞比较器及其传输特性

根据图 7.40(a)所示电路得

$$\frac{U_{REF}-u_+}{R_1}=\frac{u_+-(\pm U_Z)}{R_f}$$

解得同相输入端电压 u_+ 为

$$u_+=\frac{R_f}{R_1+R_f}U_{REF}\pm\frac{R_1}{R_1+R_f}U_Z$$

根据集成运放非线性区特性可知,输出波形在 $u_+=u_-$ 处发生翻转,而 $u_-=u_1$,也就是当 $u_1=u_+$ 时输出波形将发生翻转,u_1 发生翻转时的值即为比较器的门限电压,因此反相输入迟

滞比较器将会有两个门限电压,为

$$\begin{cases} U_{TH} = \dfrac{R_f}{R_1+R_f}U_{REF} + \dfrac{R_1}{R_1+R_f}U_Z \\[3mm] U_{TL} = \dfrac{R_f}{R_1+R_f}U_{REF} - \dfrac{R_1}{R_1+R_f}U_Z \end{cases} \tag{7-47}$$

当 u_1 逐渐增大时,只要 $u_1<u_{TH}$,就存在 $u_-<u_+$,$u_o = +U_Z$。一旦 $u_1>U_{TH}$,就会使 $u_->u_+$,则 $u_o = -U_Z$,输出波形便发生翻转;当 u_1 逐渐减小时,只要 $u_1>U_{TL}$,就存在 $u_->u_+$,$u_o = -U_Z$。一旦 $u_1<U_{TL}$,就会使 $u_-<u_+$,则 $u_o = +U_Z$,输出波形便发生翻转。其传输特性如图 7.40(b)所示。U_{TH} 和 U_{TL} 是反相输入迟滞比较器的两个门限电压,分别称为上门限和下门限。分析双限比较器传输特性时,当 u_1 逐渐增大时 u_1 与上门限比较,确定输出电平;当 u_1 逐渐减小时 u_1 与下门限比较,确定输出电平。双限比较器两个门限电压的差称为回差电压,用 ΔU_T 表示,则

$$\Delta U_T = U_{TH} - U_{TL} \tag{7-48}$$

反相输入迟滞比较器的回差电压为

$$\Delta U_T = U_{TH} - U_{TL} = \frac{2R_1}{R_1+R_f}U_Z$$

调节 R_1 和 R_f 的值,可以调节回差电压 ΔU,回差电压越大,反相输入迟滞比较器的抗干扰能力越强,但灵敏度也会越差。

2. 同相输入迟滞比较器

同相输入迟滞比较器的同相输入端接输入信号 u_1,反相输入端接参考电压 U_{REF},如图 7.41(a)所示,输出信号 u_o 经反馈电阻 R_f 接到同相输入端,构成正反馈网络。

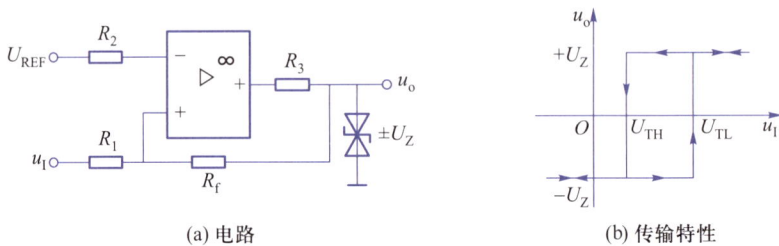

(a) 电路　　　　　　　　　　　　　　(b) 传输特性

图 7.41　同相输入迟滞比较器及其传输特性

根据图 7.41(a)所示电路得

$$\frac{u_1 - u_+}{R_1} = \frac{u_+ - (\pm U_Z)}{R_f}$$

因为比较器输出波形在 $u_+ = u_-$ 处发生翻转,而 $u_- = U_{REF}$,则 $u_+ = U_{REF}$,代入上式得

$$u_1 = \frac{U_{REF}(R_1+R_f)}{R_f} \pm \frac{U_Z R_1}{R_f}$$

因此,同相输入迟滞比较器的门限电压为

$$\begin{cases} U_{TH} = \dfrac{U_{REF}(R_1+R_f)}{R_f} + \dfrac{U_Z R_1}{R_f} \\[3mm] U_{TL} = \dfrac{U_{REF}(R_1+R_f)}{R_f} - \dfrac{U_Z R_1}{R_f} \end{cases} \tag{7-49}$$

因为门限电压 U_T 是在 $u_+ = u_-$ 时求得的 u_I 值,这样,当 u_I 逐渐增大时,只要 $u_I < U_{TH}$,就存在 $u_+ < u_-$, $u_o = -U_Z$。一旦 $u_I > U_{TH}$,就会使 $u_+ > u_-$,则 $u_o = +U_Z$,输出波形便发生翻转;当 u_I 逐渐减小时,只要 $u_I > U_{TL}$,就存在 $u_+ > u_-$, $u_o = +U_Z$。一旦 $u_I < U_{TL}$,就会使 $u_+ < u_-$,则 $u_o = -U_Z$,输出波形便发生翻转。其传输特性如图 7.41(b)所示。

同相输入迟滞比较器的回差电压为

$$\Delta U_T = U_{TH} - U_{TL} = \frac{2 U_Z R_1}{R_f}$$

同样,通过调节 R_1 和 R_f 的值,可以调节回差电压 ΔU,回差电压越大,同相输入迟滞比较器抗干扰能力越强,但灵敏度也会越差。

例 7.7　在图 7.40(a)所示电路中,已知 $R_1 = 5\ \Omega$, $R_f = 5\ \Omega$, $U_Z = 6\ V$, $U_{REF} = 8\ V$,输入 u_I 为如图 7.42(a)所示波形,画出传输特性曲线和输出电压 u_o 的波形。

解:图 7.40(a)所示电路为反相输入迟滞比较器,其门限电压为

$$U_{TH} = \frac{R_f}{R_1 + R_f} U_{REF} + \frac{R_1}{R_1 + R_f} U_Z = \frac{5\ \Omega}{5\ \Omega + 5\ \Omega} \times 8\ V + \frac{5\ \Omega}{5\ \Omega + 5\ \Omega} \times 6\ V = 7\ V$$

$$U_{TL} = \frac{R_f}{R_1 + R_f} U_{REF} - \frac{R_1}{R_1 + R_f} U_Z = \frac{5\ \Omega}{5\ \Omega + 5\ \Omega} \times 8\ V - \frac{5\ \Omega}{5\ \Omega + 5\ \Omega} \times 6\ V = 1\ V$$

当 u_I 从 0 V 开始逐渐增大,只要 $u_I < 7$ V,则 $u_- < u_+$, $u_o = +U_Z = 6$ V。当 $u_I > 7$ V 时,则 $u_- > u_+$, $u_o = -U_Z = -6$ V,输出波形发生翻转;当 u_I 从最大值逐渐减小,只要 $u_I > 7$ V,则 $u_- > u_+$, $u_o = -U_Z = -6$ V。当 $u_I < 1$ V 时,则 $u_- < u_+$,则 $u_o = +U_Z = 6$ V,输出波形发生翻转。根据分析,画出传输特性如图 7.42(b)所示,输出 u_o 的波形如图 7.42(c)所示。

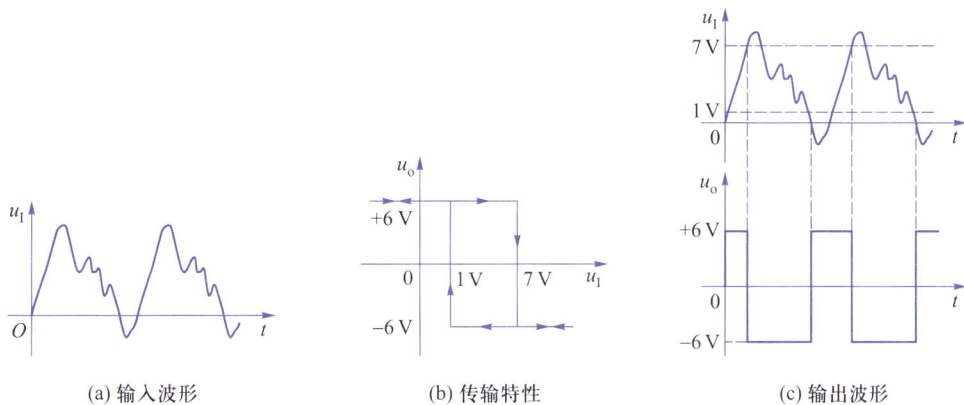

(a) 输入波形　　　　(b) 传输特性　　　　(c) 输出波形

图 7.42　例 7.7 用图

从本例可以看出,即使输入信号 u_I 叠加了较多的干扰信号,但输出信号 u_o 依然能够保持较好的波形,因此说迟滞比较器具有很好的抗干扰作用,只要回差电压大于干扰电压变化幅度,就能有效抑制干扰信号。

7.6.3　窗口比较器

例 7.7 中,输入信号 u_I 从 0 V 开始增大,只有达到上门限 U_{TH} 时,输出电压 u_o 才翻转;u_I 从最大值开始逐渐减小,只有达到下门限 U_{TL} 时,输出电压 u_o 才翻转。可见,单限比较器和迟滞比较器在输入信号 u_I 单一方向变化时,输出电压 u_o 只翻转一次。也就是说比较器只能

检测出输入信号 u_1 与一个参考电压的大小关系,如果要和两个参考电压进行比较,即判断 u_1 是否在两个参考电压之间,就要采用窗口比较器。

窗口比较器如图 7.43(a)所示。比较器使用了 A_1、A_2 两个集成运放,U_{REF1} 和 U_{REF2} 是两个参考电压,分别经电阻 R_1、R_3 接入 A_1 和 A_2 的反相输入端和同相输入端。u_1 是输入信号,经电阻 R_2 分别接入 A_1 和 A_2 的同相输入端和反相输入端。电阻 R_{D1}、R_{D2} 和稳压二极管 VD_Z 组成输出限幅电路,VD_Z 的稳压值为 U_Z。

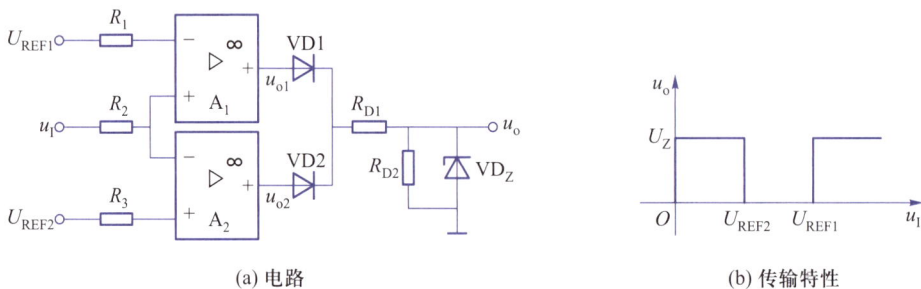

图 7.43　窗口比较器及其传输特性

设 $U_{REF1}>U_{REF2}$,① 当 $u_1<U_{REF2}<U_{REF1}$ 时,集成运放 A_1 中 $u_+<u_-$,输出低电平,二极管 VD1 截止;集成运放 A_2 中 $u_+>u_-$,输出高电平,二极管 VD2 导通,输出电压 u_o 为高电平。② 当 $u_1>U_{REF1}>U_{REF2}$ 时,集成运放 A_1 中 $u_+>u_-$,输出高电平,二极管 VD1 导通;集成运放 A_2 中 $u_+<u_-$,输出低电平,二极管 VD2 截止,输出电压 u_o 也为高电平。③ 当 $U_{REF2}<u_1<U_{REF1}$ 时,集成运放 A_1 中 $u_+<u_-$,输出低电平,二极管 VD1 截止;集成运放 A_2 中 $u_+<u_-$,输出低电平,二极管 VD2 截止,输出电压 u_o 为低电平。其传输特性如图 7.43(b)所示,输入信号 u_1 从 0 V 开始逐渐增大过程中,输出信号 u_o 在 U_{REF1} 处和 U_{REF2} 处各翻转一次,U_{REF1} 和 U_{REF2} 是窗口比较器的两个门限电压。

项目训练

一、仿真训练

(一)差分放大电路仿真分析

1. 仿真目的

(1)熟练使用 Multisim 仿真软件,运用元器件库组建差分放大电路。

(2)掌握差分放大电路静态工作点及其测试方法。

(3)掌握差分放大电路放大差模信号、抑制共模信号的原理及测试方法。

2. 仿真原理

双端输入、双端输出的长尾式差分放大电路是由两个完全对称的单管共发射极电路组成的。差分放大电路放大差模信号,抑制共模信号。

通过对长尾式差分放大电路的性能分析,再逐步过渡到对具有恒流源的差分放大电路的分析。

3. 仿真设备

安装 Multisim 仿真软件的计算机 1 台。

4. 仿真步骤

（1）元器件选取及电路组成。仿真电路所有元器件及选取途径如下。

① 电源：Place Sources→POWER_SOURCES→VCC/VEE，电源电压默认值为 5 V/−5 V。双击电源打开其属性对话框，将电压值设置为 12 V/−12 V。

② 接地：Place Sources→POWER_SOURCES→GROUND，选取电路中的接地。

③ 电阻：Place Basic→RESISTOR，选取 1 kΩ、5 kΩ、5.1 kΩ、200 Ω、51 Ω。

④ 晶体管：Place Transistor→BJT_NPN→2N3903。

⑤ 虚拟仪器：从虚拟仪器栏中调取万用表（XMM1）、信号发生器（XFG1）、双通道示波器（XSC2）。

（2）把选好的元器件连接绘制成仿真电路，如图 7.44 所示。

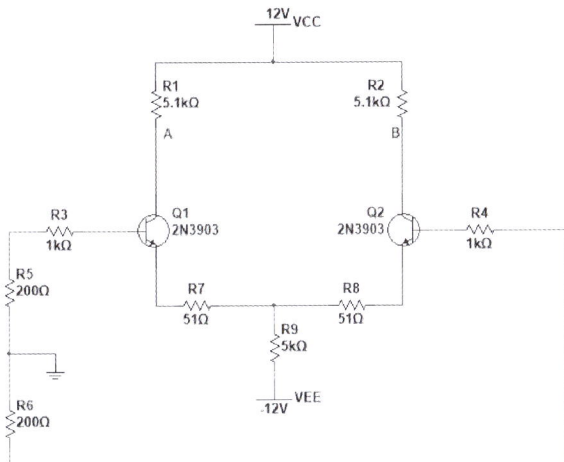

图 7.44 双端输入双端输出长尾式差分放大电路

（3）仿真分析。

① 静态工作点分析。

a. 调零。信号源先不接入回路中，将输入端对地短接，用万用表测量两个输出节点，调节晶体管的射极电位，使万用表的示数相同，即调整电路使左右完全对称。测量电路及结果如图 7.45 所示。

b. 静态工作点测试。零点调好以后，可以用万用表测量 Q1、Q2 管各电极电位，如图 7.46 所示。

② 测量差模放大倍数。将函数信号发生器 XFG1 的"＋"端接放大电路的 R_3 输入端，"−"端接 R_4 输入端。调节信号输出频率为 1 kHz，输出电压 10 mV，接入双踪示波器，分别接输入、输出信号，如图 7.47 所示，观察波形变化。示波器观察到的波形如图 7.48 所示。

5. 思考题

分析差分放大电路对差模信号的放大原理。

（二）集成运算放大器线性应用仿真分析

1. 仿真目的

（1）熟练掌握比例运算放大电路的原理。

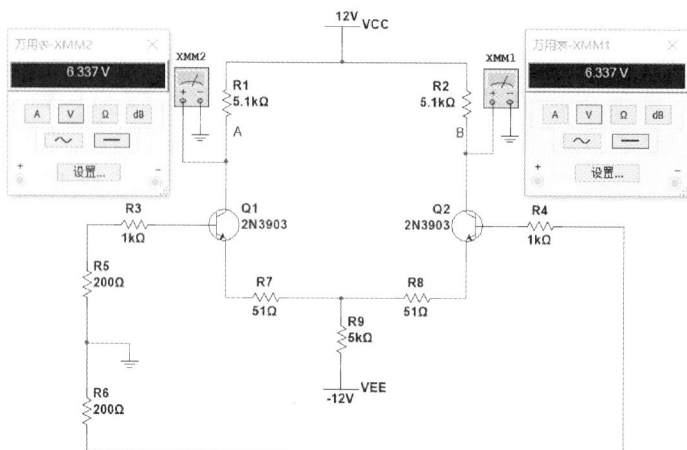

图 7.45　差分放大电路调零

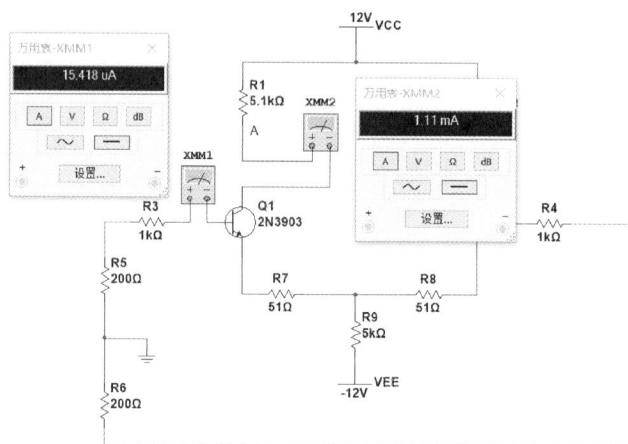

图 7.46　差分放大电路静态工作点测量

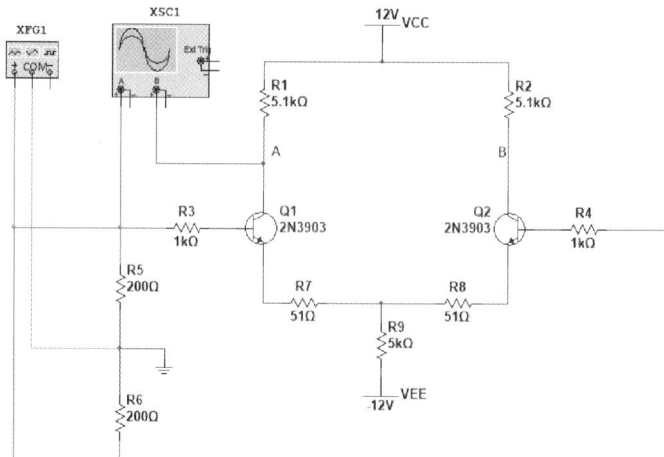

图 7.47　测量差模电压放大倍数

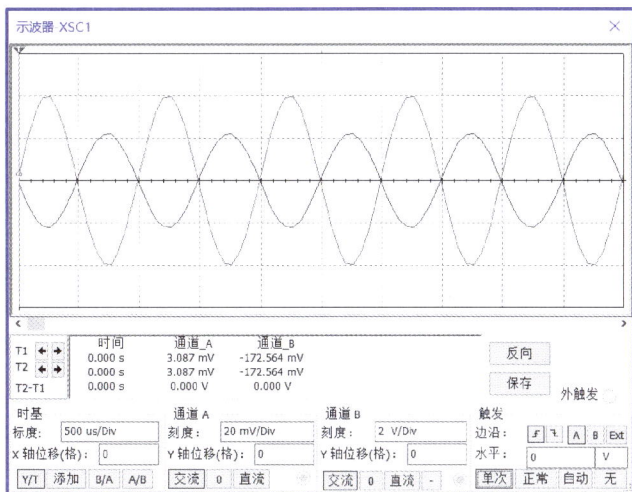

图 7.48　差模输入差分放大电路输入输出波形

（2）掌握加减法运算放大电路的原理。

2. 仿真原理

集成运算放大器是一种高放大倍数、高输入阻抗、低输出阻抗的直接耦合线性放大器集成电路，可以在很宽的信号频率范围内对信号进行运算、处理。集成运算放大器的线性应用，主要是构成比例、加法、减法、积分、微分等模拟运算电路。

3. 仿真设备

安装 Multisim 仿真软件的计算机 1 台。

4. 仿真步骤

（1）元器件选取及电路组成。仿真电路所有元器件及选取途径如下。

① 信号源：Place Sources→SIGNAL_VOLTAGE_SO→AC_VOLTAGE，根据不同电路要求修改电压值。

② 接地：Place Sources→POWER_SOURCES→GROUND，选取电路中的接地。

③ 电阻：Place Basic→RESISTOR，根据不同电路要求选取所需值的电阻。

④ 运算放大器：Place→Analog_VIRTUAL→OPAMP_3T_VIRTUAL。

⑤ 虚拟仪器：从虚拟仪器栏中调取双通道示波器（XSC1）或四通道示波器（XSC1）。

（2）反相比例运算电路的仿真。如果输入信号从反相输入端引入，则完成的运算是反相运算，其仿真电路及仿真结果分别如图 7.49 和图 7.50 所示。

（3）同相比例运算电路的仿真。输入信号从同相输入端引入的，便是同相运算，其仿真电路如图 7.51 所示，仿真结果如图 7.52 所示。

（4）减法运算电路的仿真。如果两个输入端都有信号输入，则为差分输入，即可构成减法运算电路。减法运算电路在测量和控制系统中应用较多，其仿真电路如图 7.53 所示，仿真结果如图 7.54 所示。

（5）加法运算电路的仿真。如果在反相输入端增加若干输入电路，则可以构成反相加法运算电路，其仿真电路如图 7.55 所示，仿真结果如图 7.56 所示。

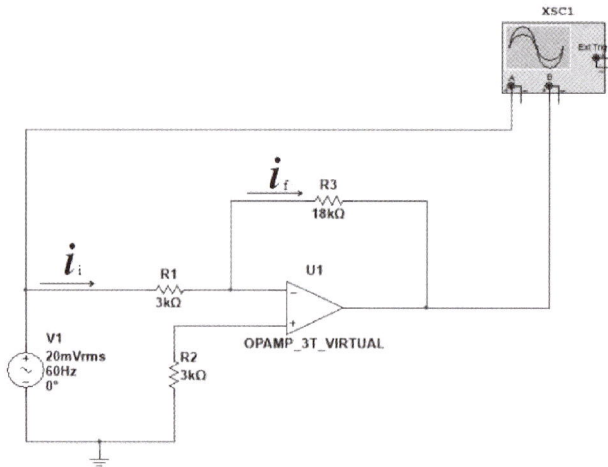

图 7.49 反相比例运算仿真电路

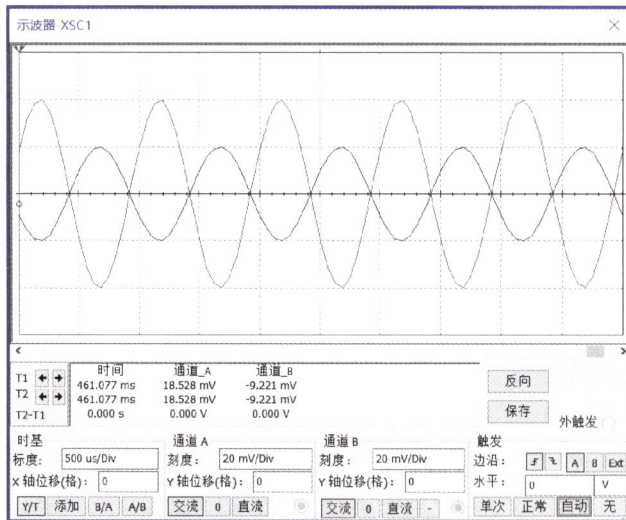

图 7.50 反相比例运算电路仿真结果

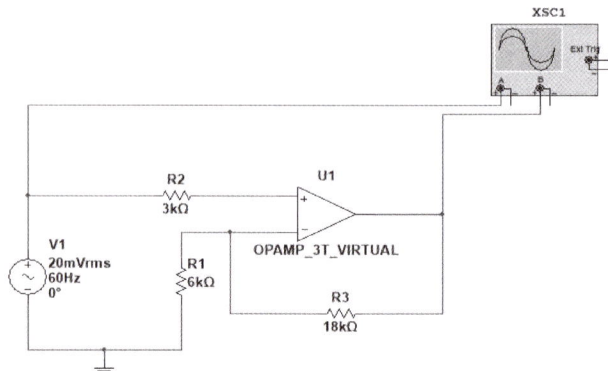

图 7.51 同相比例运算仿真电路

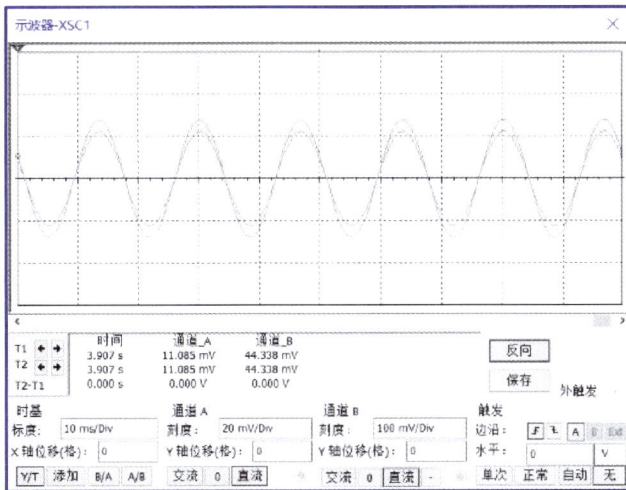

图 7.52　同相比例运算电路仿真结果

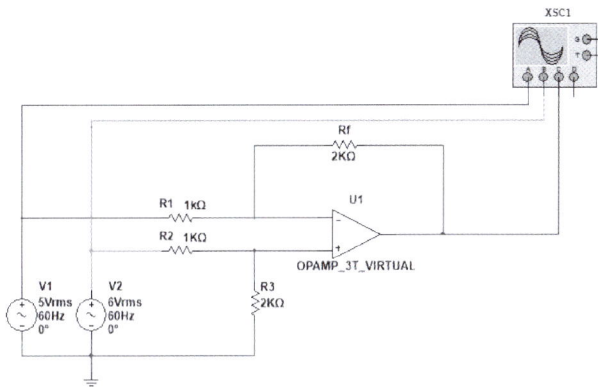

图 7.53　减法运算仿真电路

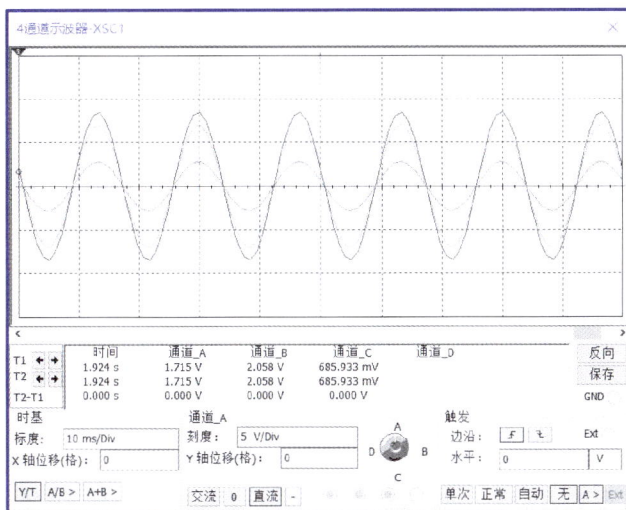

图 7.54　减法运算电路仿真结果

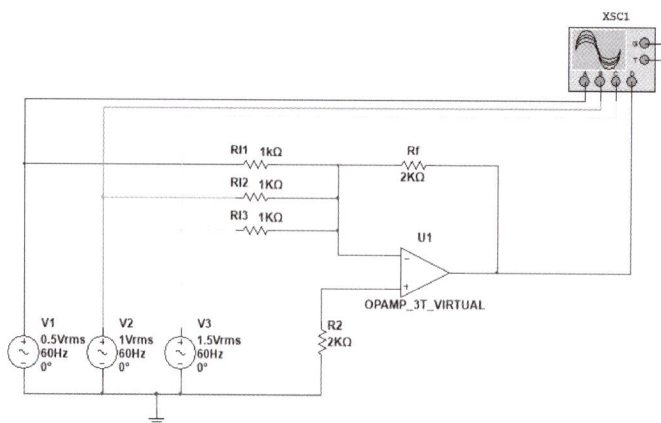

图 7.55 加法运算仿真电路

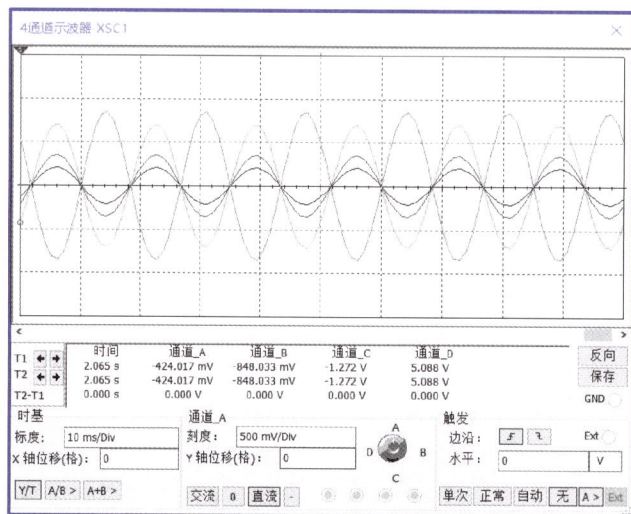

图 7.56 加法运算电路仿真结果

经过对集成运算放大器线性电路的仿真,可以看到集成运算放大器线性应用具有"虚短"和"虚断"的特点。

5. 思考题

分析集成运算放大器满足"虚短"和"虚断"的条件。

二、技能训练

(一)差分放大电路性能测试

1. 训练目的

(1)学习差分放大电路静态工作点的测量方法。

(2)测定差分放大电路在不同输入和输出连接方式下的差模和共模电压放大倍数。

(3)了解差分放大电路的四种输入和输出连接方式。

2. 训练原理

差分放大电路是模拟集成电路中的基本单元。差分放大电路只放大两输入端的差模信号,而抑制两输入端的共模信号。因此差分放大电路可以消除由于工作温度、电源电压波动、外界干扰等具有共模特征的信号引起的输出电压误差。

3. 训练器材

直流稳压电源(+12 V、−12 V)1 个,直流电流表(50 mA)1 只,电阻(510 Ω、2 kΩ、5.1 kΩ、6.8 kΩ、510 Ω)各 2 个,100 Ω 电位器 1 个,晶体管 3DG6 共 2 只,数字万用表 1 只,示波器 1 台,函数发生器及数字频率计 1 台。

4. 训练内容与步骤

接线如图 7.57 所示,VT1 和 VT2 为两个完全相同的晶体管。

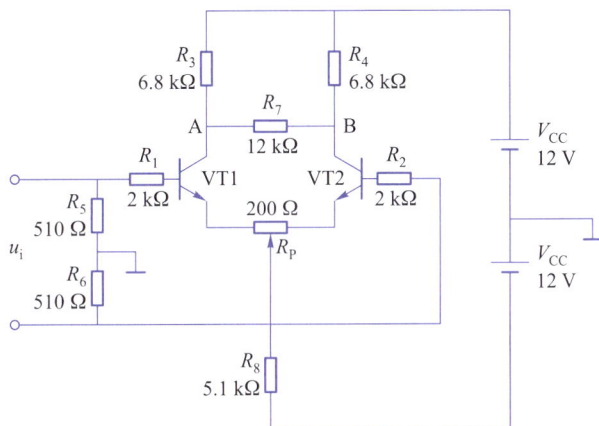

图 7.57　双端输入双端输出长尾式差分放大电路

(1) 静态工作点测试。

① 调零。不接信号源,将输入端对地短接,用万用表测量两个输出节点 A、B 的电位,调节晶体管的发射极电位器 R_P,使万用表的读数相同,此时电路左右完全对称。把数据记录在表 7.3 中。

表 7.3　调零数据记录表

A 点电位	
B 点电位	

② 静态工作点测试。调零结束后,用万用表测电阻 R_1、R_3、R_7 两端的电压,VT1 和 VT2 晶体管的基极、集电极、发射极的对地电位,求得相关的 I_{B1}、I_{C1}、U_{CE},完成表 7.4。

表 7.4　静态工作点数据记录表

R_1 两端电压 $U_{R_1}=$	R_3 两端的电压 $U_{R_3}=$	R_7 两端的电压 $U_{R_7}=$
U_{C1}点电位		
U_{E1}点电位		
$I_{B1}=$	$I_{C1}=$	$U_{CE}=$

(2) 测量差模放大倍数。将信号发生器的输出信号端"+"端接入 R_1 输入端,"−"接 R_2 输入端,COM 端接地,调节信号发生器使其输出频率为 1 kHz,幅值为 10 mV 的正弦波,用双

踪示波器观察输入与输出波形,调节输入幅值,观察输出波形的变化,记录输入与输出的幅值及波形于表 7.5 中。

表 7.5　输入输出波形及幅值记录

u_i 输入幅值	
u_o 输出幅值	
u_i 输入波形	
u_o 输出波形	

（3）测量共模放大倍数。将信号发生器的输出端"+"端接入放大电路的输入端,COM端接地,构成共模输入方式,调节信号频率为 1 kHz,幅值为 10 mV 的正弦波,用万用表交流挡测 A、B 两端的输出电压,计算共模放大倍数。

5. 注意事项

（1）输入信号取值不能过大,否则输出被限幅会产生失真。

（2）训练过程中遵守实训室相关规定。

6. 思考题

差分放大电路的输入输出四种连接方式是什么? 每种连接方式的输入电阻、输出电阻和差模电压放大倍数是多少?

（二）集成运算放大器的线性应用

1. 训练目的

（1）掌握集成运算放大器线性应用的条件和特点。

（2）测试反相比例运算电路和同相比例运算电路的电压传输特性。

（3）了解集成运算放大器的三种输入方式及加法、减法、积分等运算电路。

2. 训练原理

集成运算放大器是一种高增益的放大器,根据输入电路的不同,有同相输入、反相输入和差分输入三种方式。在实际应用中都必须用外接的负反馈网络构成闭环,用于实现各种模拟运算。

实训用集成运放型号为 LM324。它是由四个独立的高增益、内部频率补偿的运算放大器组成,既可以在双电源下工作,也可以在宽电压范围的单电源下工作。

3. 训练器材

直流稳压电源（+5 V、+12 V、-12 V）1 个,直流电流表（50 mA）1 只,电阻（100 kΩ、10 kΩ、2 kΩ、5.1 kΩ）各 4 个,数字万用表 1 只,示波器 1 台,函数信号发生器及数字频率计 1 台,运算放大器（LM324 或 μA741）1 个,导线若干。

4. 训练内容与步骤

（1）反相输入比例运算电路及电压传输特性。按图 7.58 所示的电路接线构成反相比例运算电路。当输入端 A 加入信号电压 u_i 时,在理想条件下,输入与输出关系为

$$u_o = -\frac{R_f}{R_1} u_i$$

输入输出呈反相比例关系。但输出信号的大小受放大器最大输出幅度的限制,因此输入输

出只在一定范围内保持线性关系。

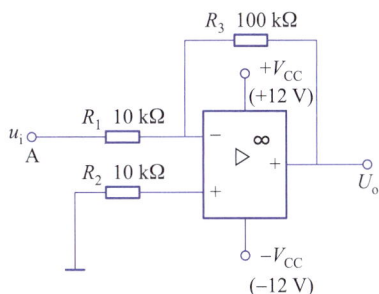

图 7.58 反相比例运算电路接线图

① 交流法。用频率为 100 Hz 的音频信号作 u_i,接到输入端 A,由零逐渐增大,用示波器观察输出电压 u_o 的波形,记录输入电压及最大不失真输出电压值,记录在表 7.6 中。

表 7.6 交流法相关数据记录

输入信号 u_i		最大不失真输出电压 u_o		电压传输特性曲线
有效值	波形	有效值	波形	

② 直流法。用图 7.59 所示电路得到的直流信号 U_i 作输入,适当地改变 U_i,测试相应的 U_o 值,记入表 7.7 中,并计算出 $\dfrac{U_o}{U_i}$(要求测得的 U_o 值有正有负,大小不同)。

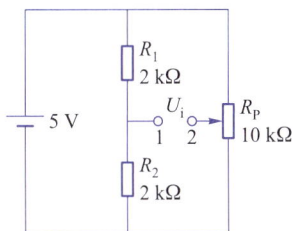

图 7.59 可调直流输入电压接线图

表 7.7 直流法相关数据记录

输入信号 U_i	
输出电压 U_o	
$\dfrac{U_o}{U_i}$	

(2)同相输入比例运算电路及电压传输特性。按图 7.60 所示电路接线构成同相比例运算电路。

① 交流法。用频率为 100 Hz 的音频信号作 u_i,接到输入端 A,由零逐渐增大,用示波器

观察输出电压 u_o 的波形,记录输入电压及最大不失真输出电压值,记录在表 7.8 中。

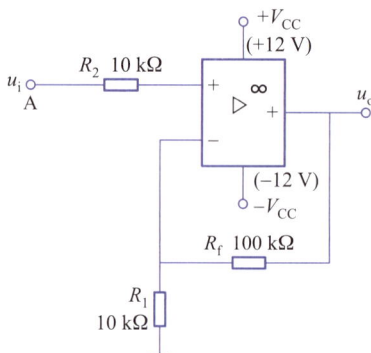

图 7.60　同相比例运算接线图

表 7.8　交流法相关数据记录

输入信号 u_i/V		最大不失真输出电压 u_o/V		电压传输特性曲线
有效值	波形	有效值	波形	

② 直流法。用图 7.59 所得到的直流信号 U_i 作输入,适当地改变 U_i,测试相应的 U_o 值,记入表 7.9 中,并计算出 $\dfrac{U_o}{U_i}$(要求测得的 U_o 的值有正有负,大小不同)。

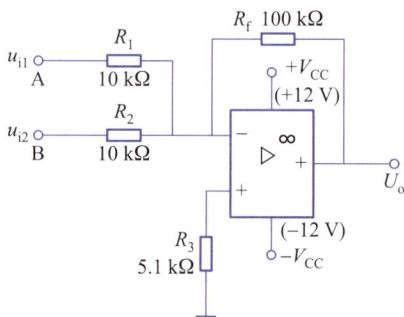

图 7.61　加法运算接线图

表 7.9　直流法相关数据记录

输入信号 U_i	
输出电压 U_o	
$\dfrac{U_o}{U_i}$	

（3）加法运算。按照图 7.61 所示接线完成加法运算电路。按照图 7.62 接线得到两个直流输入电压,1 端与 A 端相连接,2 端与 B 端相连接,适当调节信号的大小和极性,测出 U_o 的值,记录在表 7.10 中。

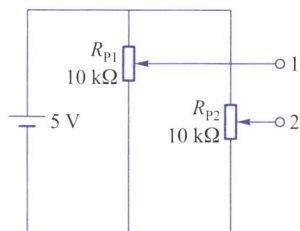

图 7.62　直流信号输出接线图

表 7.10　加法运算相关数据记录

输入电压 U_{i1}	
输入电压 U_{i2}	
输出电压 U_o	

（4）减法运算

按照图 7.63 所示接线完成减法运算电路。按照图 7.62 接线得到了两个直流输入电压，1 端与 u_{i1} 相连，2 端与 u_{i2} 相连，适当调节信号的大小和极性，测出 U_o 的值，记录表 7.11 中。

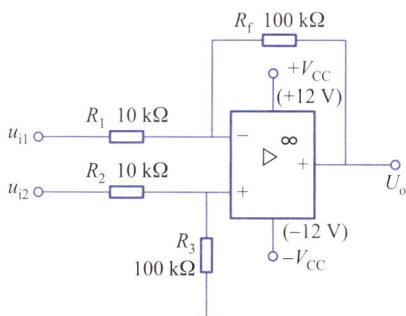

图 7.63　减法运算接线图

表 7.11　减法运算相关数据记录

输入电压 U_{i1}	
输入电压 U_{i2}	
输出电压 U_o	

5. **注意事项**

（1）输入信号取值不能过大，否则输出会被限幅，输入与输出的对应线性关系不存在。

（2）双电源电压极性不能接反。

（3）通过查器件手册，掌握各引脚的相关定义，接线要确保准确。

（4）训练过程中遵守实训室相关规定。

6. **思考题**

（1）集成运算放大电路线性应用的条件是什么？

（2）如果输出被限幅，则最大输出电压是多少？为什么？

项目小结

1. 集成运算放大器

集成运算放大器是一种高增益直接耦合多级放大器。它通常由差分输入级、中间共射放大级(一般采用放大能力很强的复合管共射放大电路)、互补射极跟随器输出级(功率放大电路)以及电流源电路组成。它具有体积小、性能好、价格便宜等优点,在模拟电路中获得了广泛应用。

2. 差分放大电路

差分放大电路是模拟集成电路中的基本单元。它由两个对称放大器经公共电阻或电流源耦合而成,有两个输入端和两个输出端,根据实际电路的需求电路有双端输入双端输出、双端输入单端输出、单端输入双端输出、单端输入单端输出四种模式。差分放大电路只放大两输入端的差模信号,而抑制两输入端的共模信号。因此差分放大电路可以消除由于工作温度、电源电压波动、外界干扰等具有共模特征的信号引起的输出电压误差。差分放大电路主要性能指标有差模电压、放大倍数、输入电阻、输出电阻及共模抑制比。

3. 恒流源

恒流源对提高集成运放的性能有重要作用:一是为各种基本放大电路提供稳定的偏置电流;二是用作放大电路的有源负载。

4. 负反馈

(1) 确定电路有无反馈及反馈组态类型。

① 根据电路找出跨接在输入端(回路)与输出端(回路)之间的反馈电阻(网络)。

② 判断反馈量是直流量还是交流量,得出是直流反馈、交流反馈还是交直流反馈。

③ 判断正、负反馈的方法为瞬时极性法:假设在电路的输入端加上正极性信号,以此为基础,根据实际电路的连接与信号传递的路径依次标出有关点的电压或电流极性,判断最后反馈到输入端的信号是使净输入信号增大还是减小,如果净输入信号增大,则是正反馈;如果净输入信号减小,则是负反馈。

④ 输入端:反馈输入端按连接方式分为串联连接和并联连接。输出端用输出短路法判断是电压采样还是电流采样。如果输出短路反馈信号消失,则输出是电压采样;如果输出短路后反馈信号还存在,则为电流采样。

(2) 负反馈的特点。

① 电压负反馈使输出电阻减小,输出电压更为稳定。电流负反馈使输出电流更为稳定;串联负反馈使输入电阻增大,提高电路的抗干扰能力。

② 负反馈影响放大电路的性能指标。负反馈使放大电路增益减小,但换来了增益稳定性的提高,非线性失真减小,内部噪声得到有效抑制等许多优点;同时负反馈使放大电路的输入电阻和输出电阻都受到影响。

(3) 深度负反馈。当负反馈放大电路的反馈深度$(1+AF)\gg1$时称为深度负反馈放大电路,在深度负反馈的情况下$A_f=\dfrac{1}{F}$,$x_i=x_f$,$x_{id}\approx0$,即在深度负反馈放大电路中,闭环增益由反馈系数决定,反馈信号近似等于输入信号x_i,净输入信号x_{id}近似为零,这是深度负反馈放大电路的重要特点。

5. 集成运算放大器的线性应用

（1）理想集成运算放大器工作在线性区有两个重要的特点：① 虚断（$i_+ = i_- \approx 0$ 或 $i_n = i_p \approx 0$）；② 虚短（$u_+ = u_-$ 或 $u_n = u_p$）。

（2）集成运算放大器的线性应用主要有反相比例、同相比例、加法运算、减法运算、微分运算和积分运算等。

6. 集成运算放大器的非线性应用

集成运算放大器开环或引入正反馈时工作在非线性区，输出电压 U_o 为正或负最大值，利用这一特性，可以组成各种电压比较器。电压比较器可以对被测模拟输入电压和参考电压进行比较，根据输出高低电平（数字信号）反映比较的结果。电压比较器还可以组成方波、锯齿波等非正弦波形产生和变换电路。常用的电压比较器有单限比较器、滞回比较器和窗口比较器。

习 题 7

7.1 填空题

（1）不同类型的反馈对放大电路产生的影响不同。正反馈使放大倍数_____；负反馈使放大倍数_____；但其他各项性能可以获得改善。直流负反馈的作用是_____，交流负反馈能够_____。

（2）电压负反馈使输出_____保持稳定，因而放大电路的输出电阻_____；而电流负反馈使输出_____保持稳定，因而输出电阻_____。串联负反馈_____放大电路的输入电阻；并联负反馈则_____输入电阻。

（3）负反馈按输出采样和输入求和方式的不同有四种类型分别为_____、_____、_____和_____。

（4）通用集成运放电路由_____、_____、_____和偏置电路四部分组成。

（5）直流负反馈的作用是_____。

（6）差分放大电路的输入信号 $u_{i1} = 20\ mV$，$u_{i2} = -10\ mV$，则该差分放大电路的差模信号 $u_{id} = $_____ mV，$u_{ic} = $_____ mV。如果差分放大电路的差模放大倍数 $A_{ud} = 100$，共模放大倍数 $A_{uc} = 10$，则输出电压为_____ mV。

（7）电路如图 7.64 所示，各电路的交流反馈类型和极性分别为：图（a）为_____，图（b）为_____，图（c）为_____，图（d）为_____。

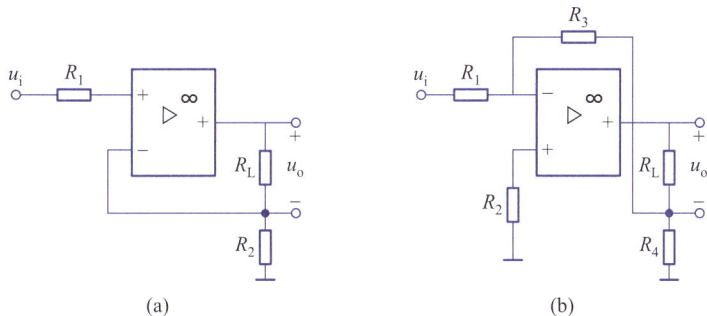

(a)　　　　　　　　　(b)

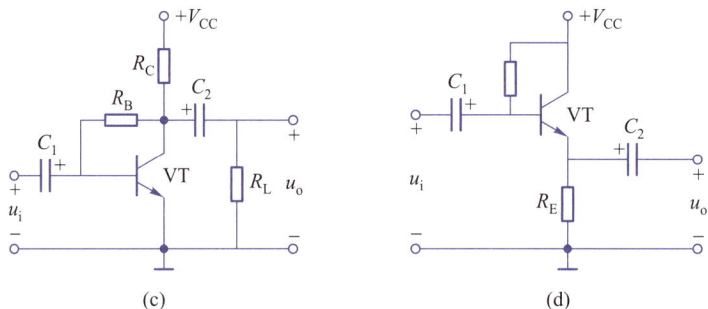

图 7.64　题 7.1(7)

7.2　选择题

(1) 差分放大电路是为(　　)而设置的。

A. 稳定电压放大倍数　　　B. 增加带负载能力　　　C. 抑制零点漂移　　　D. 展宽频带

(2) 差模信号电压是两个输入信号电压的(　　)值；共模信号的电压是两个输入信号电压的(　　)值。

A. 差　　　　　　　　　B. 和　　　　　　　　　C. 算术平均

(3) 共模抑制比 K_{CMR} 越大，表明电路(　　)。

A. 放大倍数越稳定　　　　　　　　　　B. 交流放大倍数越大

C. 抑制温漂能力越强　　　　　　　　　D. 输入信号差成分越大

(4) 差分放大电路一端输入电压为 100 mV，另一端输入 −300 mV，其共模输入电压为(　　)。

A. 100 mV　　　　　B. −100 mV　　　　　C. 200 mV　　　　　D. −200 mV

(5) 差分放大电路的主要特点是(　　)。

A. 有效放大差模信号，有力抑制共模信号　　　B. 既放大差模信号，又放大共模信号

C. 有效放大共模信号，有力抑制差模信号　　　D. 既抑制差模信号，又抑制共模信号

(6) 在图 7.65 所示的单端输出差分放大电路中，若输入电压 $u_{i1} = 20$ mV，$u_{i2} = -10$ mV。则差模输入电压 u_{id} 为(　　)。

A. 10 mV　　　　　B. 20 mV　　　　　C. 70 mV　　　　　D. 30 mV

(7) 双端输入双端输出差分放大电路如图 7.66 所示。已知静态时电路输出电压为 0，如果差模电压增益为 $A_{ud} = 100$，共模电压增益 $A_{uc} = 0$，$u_{i1} = 10$ mV，$u_{i2} = 8$ mV。则输出电压 u_o 为(　　)。

A. 125 mV　　　　　B. 1000 mV　　　　　C. 100 mV　　　　　D. 200mV

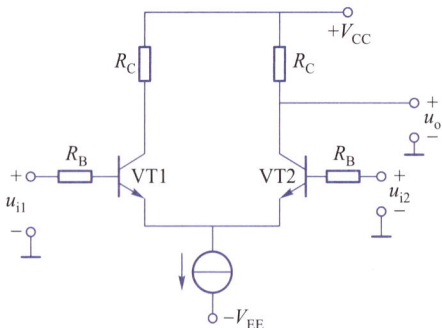

图 7.65　题 7.2(6)

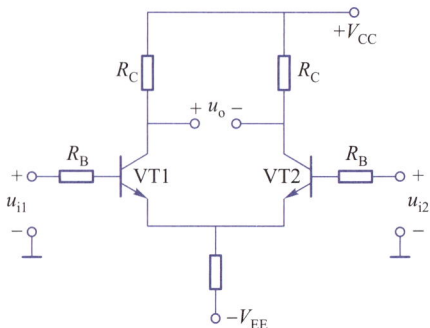

图 7.66　题 7.2(7)

(8) 负反馈所能抑制的干扰和噪声是(　　)。

A. 输入信号所包含的干扰和噪声　　　　B. 反馈环内的干扰和噪声

C. 反馈环外的干扰和噪声　　　　　　　D. 输出信号中的干扰和噪声

（9）多级负反馈放大电路在(　　　)情况下容易引起自激振荡。

    A. 回路增益 AF 大   B. 反馈系数太小

    C. 闭环放大倍数很大   D. 放大器的级数少

（10）在放大电路中,如要求输入电阻 R_i 大,输出电流稳定,应选(　　　)。

    A. 电流并联负反馈   B. 电压并联负反馈

    C. 电流串联负反馈   D. 电压串联负反馈

（11）用恒流源取代差分放大电路中公共发射极电阻 R_{EE},将使电路(　　　)。

    A. 增大差模增益   B. 增大差模输入电阻

    C. 提高共模抑制比   D. 动态范围减小

（12）放大电路产生零点漂移的主要原因是(　　　)。

    A. 采用了直接耦合方式   B. 采用了阻容耦合方式

    C. 采用了正负双电源供电   D. 增益太大

（13）在输入量不变的情况下,若引入反馈后(　　　),则说明引入的反馈是正反馈。

    A. 输入电阻增大   B. 输出电阻增大

    C. 净输入量增大   D. 净输入量减小

（14）若要求放大电路信号源的电流小,输出电压基本不随负载变化,在放大电路中应引入的负反馈类型为(　　　)。

    A. 电流串联   B. 电压串联   C. 电流并联   D. 电压并联

（15）互补输出级采用射极输出方式是为了使(　　　)。

    A. 电压放大倍数高   B. 输出电流小

    C. 输出电阻增大   D. 带负载能力强

（16）集成运放电路采用直接耦合方式是因为(　　　)。

    A. 可获得较高增益   B. 可使温漂变小   C. 难于制造大电容   D. 可以增大输入电阻

（17）在输入量不变的情况下,若引入反馈后(　　　),则说明引入的是负反馈。

    A. 输入电阻增大   B. 净输入量减小   C. 净输入量增大   D. 输出量增大

（18）集成运放中间级的作用是(　　　)。

    A. 提高共模抑制比   B. 提高输入电阻

    C. 提高放大倍数   D. 提供过载保护

7.3　判断题(正确的请在每小题后的圆括号内打"√",错误的打"×")

（1）若放大电路的放大倍数为负,则引入的反馈一定是负反馈。　　　　　　　　　　　　　(　　)

（2）在运算电路中,集成运放的反相输入端均为虚地。　　　　　　　　　　　　　　　　　(　　)

（3）集成运放只能放大直流信号,不能放大交流信号。　　　　　　　　　　　　　　　　　(　　)

（4）产生零点漂移的原因主要是晶体管参数受到温度的影响。　　　　　　　　　　　　　　(　　)

（5）电压负反馈稳定输出电压,电流负反馈稳定输出电流。　　　　　　　　　　　　　　　(　　)

（6）使净输入量减小的反馈是负反馈,否则则为正反馈。　　　　　　　　　　　　　　　　(　　)

（7）差分放大电路的电压放大倍数(增益)仅与其单端或双端的输出方式有关,而与输入方式无关。(　　)

（8）一个理想的差分放大电路,只能放大差模信号,不能放大共模信号。　　　　　　　　　(　　)

（9）运放的共模抑制比越大,其温度稳定性越好。　　　　　　　　　　　　　　　　　　　(　　)

（10）单端输出差分放大电路比双端输出差分放大电路抑制共模信号的能力更强。　　　　　(　　)

7.4　差分放大电路如图 7.67 所示,已知 $V_{CC}=V_{EE}=15\ V$,VT1 和 VT2 的 $\beta=100$,$r_{bb'}=200\ \Omega$,$R_E=7.2\ k\Omega$,$R_C=R_L=6\ k\Omega$。求:(1)估算 VT1 和 VT2 的静态工作点 I_{CQ} 和 U_{CEQ};(2)试求差模放大倍数 A_{ud} 及差模输入电阻 R_{id} 和输出电阻 R_{od}。

7.5　差分放大电路如图 7.68 所示,已知 $V_{CC}=V_{EE}=15\ V$,VT1 和 VT2 的 $\beta=100$,$r_{bb'}=200\ \Omega$,$R_B=2\ k\Omega$,$R_C=$

$R_E = R_L = 10$ kΩ。（1）估算 VT2 的静态工作点 I_{CQ2} 和 U_{CEQ2}；（2）试估算共模抑制比 K_{CMR}；（3）求差模输入电阻 R_{id} 和共模输出电阻 R_{oc}。

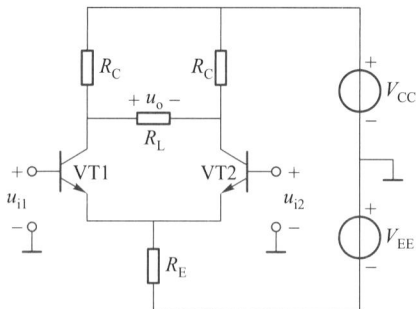
图 7.67　题 7.4

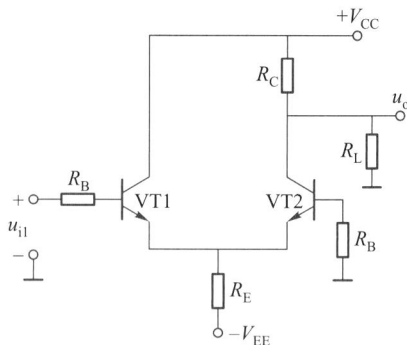
图 7.68　题 7.5

7.6　差分放大电路如图 7.69 所示，设 $V_{CC} = V_{EE} = 15$ V，$I_0 = 2$ mA，$R_C = 5$ kΩ。（1）估算 VT2 的静态工作点 I_{CQ2} 和 U_{CQ2}；（2）当 $u_i = 10$ mV 时，$i_{C1} = 1.2$ mA，试求 VT2 的集电极电位 u_{C2}，输出电压 u_o 以及差模电压放大倍数 A_{ud}。

7.7　如图 7.70 所示，设 $V_{CC} = V_{EE} = 15$ V，$I_0 = 2$ mA，$r_{bb'} = 200$ Ω，$\beta = 100$，$R_C = 5$ kΩ，$R_L = 10$ kΩ。试求：
（1）U_{CE1} 的值；（2）差模放大倍数 A_{ud}，差模输入电阻 R_{id}。

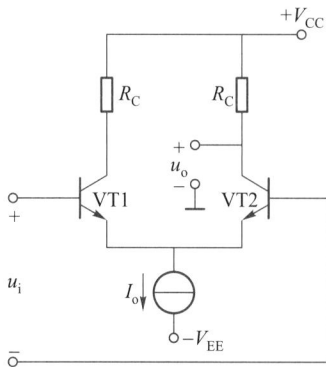
图 7.69　题 7.6

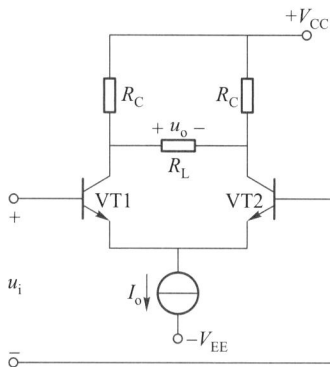
图 7.70　题 7.7

7.8　在图 7.71 所示电路中，A 为理想运放，则电路的输出电压约为多少？

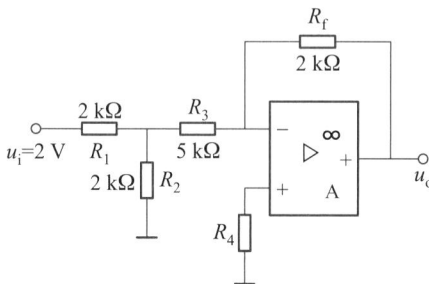
图 7.71　题 7.8

7.9　如图 7.72 所示，已知 $u_{i2} = 2$ V，$u_{i1} = 1$ V，$u_{i3} = 3$ V，分别求出电路图中的输出电压 u_o。

7.10　求图 7.73 所示各电压比较器的门限电压，并画出传输特性曲线。

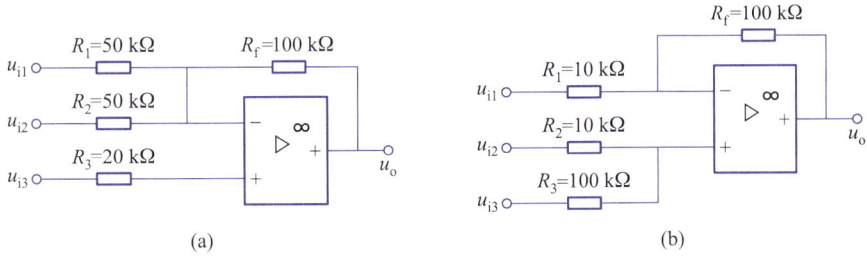

图 7.72 题 7.9

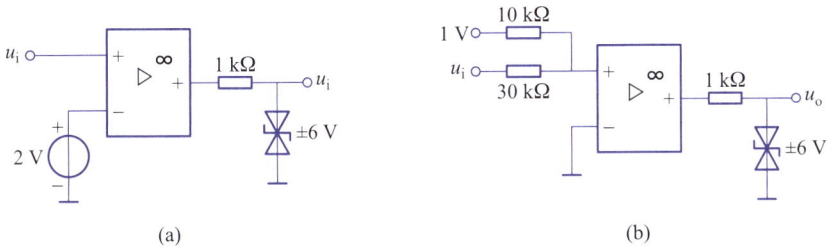

图 7.73 题 7.10

7.11 迟滞比较器如图 7.74 所示,输入 $u_i = 6\sin \omega t$ V,计算门限电压和回差电压,画出传输特性曲线和输出电压 u_o 的波形。

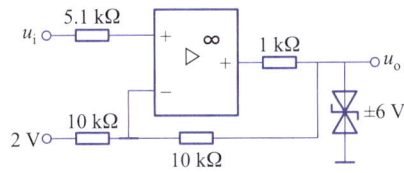

图 7.74 题 7.11

项目 **8**

信号发生电路

项目要求

项目主要知识点

1. 正弦波信号发生电路的组成、功能及应用；
2. 信号发生电路的起振条件和平衡条件；
3. *RC* 振荡器、*LC* 振荡器的工作原理和振荡频率的计算；
4. 石英晶体振荡器的工作原理；
5. 方波及三角波振荡电路的工作原理。

学习目标及素质、能力要求

1. 学习仿真软件及仪器仪表的使用；
2. 学会波形发生电路在实际案例中的应用；
3. 具备学以致用的素养。

项目导入

信号发生电路在测量、自控、通信等许多技术领域都有着广泛的应用,如电视机扫描电路中用到的锯齿波,数字电路中用到的方波或矩形波,以及在实验室中常用的函数信号发生器(能够提供正弦波和非正弦波信号的仪器设备)等。这些信号是怎么产生的? 通过本项目的学习,相信你就能够了解啦!

知识点 **8.1**

正弦波信号发生电路

信号发生电路是电子电路中重要的基本电路,其输出可作为测量设备、检测装置中常用的信号源。信号发生电路不需要外加输入信号,而是利用电路本身的自激振荡,产生具有一定幅值、频率的输出波形,因此也称为振荡电路。振荡电路按输出波形可分为正弦波振荡电路和非正弦波振荡电路,正弦波振荡电路又分为 *RC* 振荡电路、*LC* 振荡电路和石英晶体振荡电路;非正弦波振荡电路又分为方波、三角波和锯齿波等振荡电路。

8.1.1　正弦波振荡电路的工作原理

1. 正弦波振荡电路的组成

正弦波振荡电路的工作过程就是自激振荡的过程。正弦波振荡电路的初始信号是由电源接通瞬间产生的电扰动引起的,电扰动信号经过放大电路放大得到具有一定频宽的输出信号,输出信号经选频网络选出所需频率的信号,这个特定频率的信号再经反馈网络反馈传输到放大电路的输入端,经放大电路放大后再反馈传输到放大电路的输入端,如此循环,输出信号幅值不断增大。幅值达到一定值时,放大电路进入非线性区,增益开始减小。当反馈电压幅值正好等于原输入电压幅值时,输出信号幅值不再增大,正弦波振荡电路进入平衡状态,输出具有一定幅值和频率的正弦波信号。反馈振荡原理框图如图 8.1 所示,其中 $\dot{A}$ 为放大电路电压放大倍数,$\dot{F}$ 为反馈网络反馈系数,$\dot{U}_\mathrm{o}$ 为振荡电路的输出信号,$\dot{U}_\mathrm{id}$ 为放大电路输入信号,$\dot{U}_\mathrm{f}$ 为反馈信号。

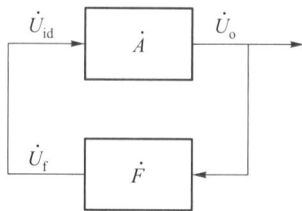

图 8.1　反馈振荡原理框图

根据上述分析可知,正弦波振荡电路由放大电路、反馈网络、选频网络和稳幅环节四部分组成。

(1) 放大电路。放大电路具有一定的电压放大倍数,对选频出来的特定频率的信号进行放大。根据电路需要,放大电路可采用单级放大电路、多级放大电路或集成运算放大器。

(2) 反馈网络。反馈网络将输出信号反馈到输入端,引入自激振荡所需的正反馈。

(3) 选频网络。选频网络从具有一定频宽的电扰动信号中选出特定频率的信号,使正弦波振荡电路实现单一频率振荡。选频网络分为 RC 选频网络和 LC 选频网络。使用 RC 选频网络的正弦波振荡电路,称为 RC 振荡电路;使用 LC 选频网络的正弦波振荡电路,称为 LC 振荡电路。选频网络可以设置在放大电路中,也可以设置在反馈网络中。

(4) 稳幅环节。稳幅环节稳定输出信号的幅值,使电路实现等幅振荡,输出具有一定幅值的正弦波,通常用放大器件的非线性特性来实现。利用放大器件本身的非线性实现稳幅称为内稳幅,加入专门的稳幅电路实现稳幅则称为外稳幅。

2. 振荡的起振条件和平衡条件

若在接通电源后振荡电路能够自动产生振荡(起振),幅值上要求反馈信号幅值大于原输入信号的幅值,即开环增益幅值要大于 1;相位上要求反馈电压与原输入电压同相,环路增益的总相移为 0 或者是 2π 的整数倍,即包含选频网络在内的基本放大电路的相移 φ_A 与反馈网络的相移 φ_F 之和等于 2π 的整数倍。振荡电路只有同时满足幅值起振条件和相位起振条件时才能够起振。

幅值起振条件为

$$|\dot{A}\dot{F}| > 1 \tag{8-1}$$

相位起振条件为

$$\varphi_\mathrm{A} + \varphi_\mathrm{F} = \pm 2n\pi \quad (n = 0, 1, 2, \cdots) \tag{8-2}$$

振荡电路开始振荡后,随着输入信号幅值不断增大,放大器件将逐步进入非线性工作状态,电压增益开始减小,环路增益 $|\dot{A}\dot{F}|$ 下降。振荡幅值越大,放大器件进入非线性状态越

深,放大电路的电压放大倍数下降越多,环路增益 $|\dot{A}\dot{F}|$ 下降也越多。当 $|\dot{A}\dot{F}|=1$ 时,反馈信号幅值等于输入信号幅值,振荡幅值将不再增大,而是保持一定幅值持续振荡,达到平衡状态。振荡的平衡条件包括幅值平衡条件和相位平衡条件。

幅值平衡条件为

$$|\dot{A}\dot{F}|=1 \tag{8-3}$$

相位平衡条件为

$$\varphi_A+\varphi_F=\pm 2n\pi \quad (n=0,1,2,\cdots) \tag{8-4}$$

振荡电路只有同时满足幅值平衡条件和相位平衡条件时才能够产生持续稳定的振荡。利用幅值平衡条件可以确定振荡电路输出信号的幅值,利用相位平衡条件可以确定振荡电路输出信号的频率。

8.1.2　*RC* 正弦波振荡电路

RC 正弦波振荡电路适用于低频振荡,一般用于产生 1 Hz ~ 1 MHz 的低频信号。常用的 *RC* 正弦波振荡电路有 *RC* 桥式振荡电路和 *RC* 移相式振荡电路。

1. *RC* 桥式振荡电路

(1) *RC* 串并联选频网络。*RC* 桥式振荡电路使用 *RC* 串并联网络作为选频网络。*RC* 串并联选频网络如图 8.2 所示。设 R_1、C_1 串联阻抗为 Z_1,R_2、C_2 并联阻抗为 Z_2。用 $\dot{F}$ 表示输出电压 $\dot{U}_2$ 与输入电压 $\dot{U}_1$ 之比,称为 *RC* 串并联网络传输系数。根据图 8.2 所示电路可得

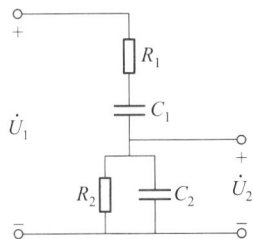

图 8.2　*RC* 串并联选频网络

$$\dot{F}=\frac{\dot{U}_2}{\dot{U}_1}=\frac{Z_2}{Z_1+Z_2}=\frac{R_2//\frac{1}{j\omega C_2}}{R_1+\frac{1}{j\omega C_1}+R_2//\frac{1}{j\omega C_2}}=\frac{1}{\left(1+\frac{R_1}{R_2}+\frac{C_2}{C_1}\right)+j\left(\omega R_1 C_2-\frac{1}{\omega R_2 C_1}\right)}$$

在实际电路中通常取 $C_1=C_2=C$,$R_1=R_2=R$,则

$$\dot{F}=\frac{1}{3+j\left(\omega RC-\frac{1}{\omega RC}\right)}=\frac{1}{3+j\left(\frac{\omega}{\omega_0}-\frac{\omega_0}{\omega}\right)} \tag{8-5}$$

式中: $\omega_0=\frac{1}{RC}$。由此可得到 *RC* 串并联选频网络幅频特性和相频特性为

$$|\dot{F}|=\frac{1}{\sqrt{3^2+\left(\frac{\omega}{\omega_0}-\frac{\omega_0}{\omega}\right)^2}} \tag{8-6}$$

$$\varphi_F=-\arctan\left(\frac{\frac{\omega}{\omega_0}-\frac{\omega_0}{\omega}}{3}\right) \tag{8-7}$$

根据式(8-6)和式(8-7),画出 *RC* 串并联网络的幅频特性曲线和相频特性曲线,如图 8.3 所示。

257

从图 8.3 所示的幅频特性和相频特性曲线来看,当 $\omega \neq \omega_0$ 时,$\varphi_F \neq 0$(此时 $|\dot{F}| < \frac{1}{3}$),选频网络输出电压相位滞后或超前输入电压相位,不能满足振荡电路相位起振条件。当 $\omega = \omega_0$ 时,相位角 $\varphi_F = 0$,输出电压与输入电压同相位,满足振荡电路相位起振条件,此时反馈网络反馈系数 $\dot{F}$ 值最大,$|\dot{F}| = \frac{1}{3}$。因此 RC 串并联网络具有选频作用。

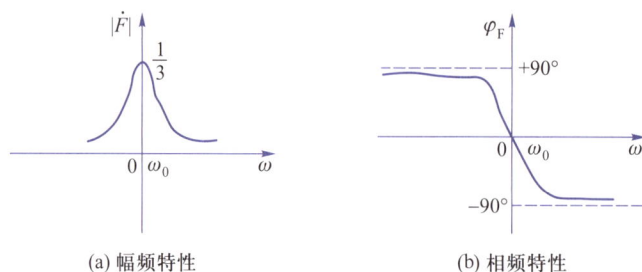

(a) 幅频特性　　　　(b) 相频特性

图 8.3　RC 串并联网络的幅频特性和相频特性

（2）RC 桥式振荡电路。RC 串并联选频网络和集成运算放大器结合可以构成 RC 桥式振荡电路,如图 8.4(a)所示。图 8.4(a)中 RC 串并联选频网络接在集成运算放大器的输出端和同相输入端之间,构成正反馈网络。R_F 和 R_1 接在集成运算放大器的输出端和反相输入端之间,构成负反馈网络。正反馈网络与负反馈网络构成文氏桥电路,如图 8.4(b)所示,集成运算放大器的输入端和输出端分别跨接在电桥的对角线上,所以这种振荡电路称为 RC 桥式振荡电路。

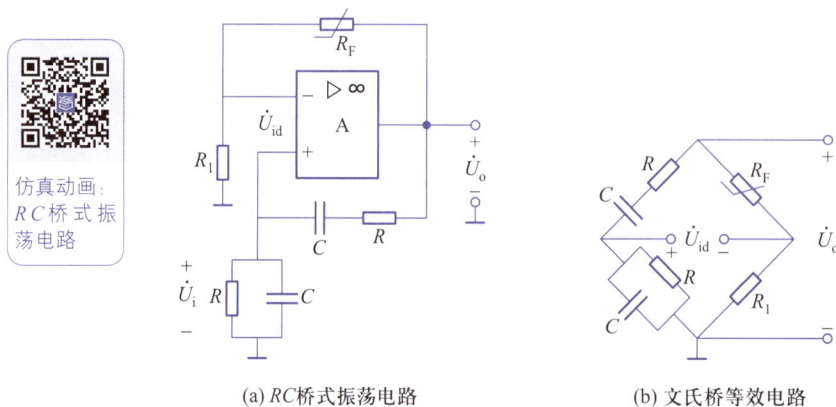

仿真动画:
RC 桥式振荡电路

(a) RC 桥式振荡电路　　　　(b) 文氏桥等效电路

图 8.4　RC 桥式振荡电路

对于 RC 串并联选频网络,当 $\omega = \omega_0 = \frac{1}{RC}$ 时,$\varphi_F = 0$,电路总相移 $\varphi_{AF} = \varphi_A + \varphi_F = \pm 2n\pi$($n$ 为自然数),满足振荡的相位起振条件。又因为幅值起振条件为 $|\dot{A}\dot{F}| > 1$,当 $\omega = \omega_0 = \frac{1}{RC}$ 时,$|\dot{F}| = \frac{1}{3}$,因此只要保证 $|\dot{A}| = 1 + \frac{R_F}{R_1} > 3$,即 $R_F > 2R_1$,就能满足振幅起振条件,产生自激振荡。振荡频率为

$$f_0 = \frac{1}{2\pi RC} \tag{8-8}$$

RC 桥式振荡电路中,采用双联可调电位器或双联可调电容器即可方便地调节振荡频率。

在图 8.4(a)中,R_F 采用了负温度系数热敏电阻,RC 桥式振荡电路不仅容易起振,而且还能够自动稳幅,具有很好的稳幅特性。

RC 桥式振荡电路是一种使用比较广泛的低频振荡电路,具有波形好、振幅稳定及频率调节方便等特点。

例 8.1 如图 8.5 所示,$R = 1\ \mathrm{k\Omega}$,$C = 0.1\ \mathrm{\mu F}$,$R_1 = 10\ \mathrm{k\Omega}$。求 R_F 为多大时才能起振? 振荡频率 f_0 是多少?

解:图 8.5 所示电路为 RC 桥式振荡电路,振幅起振条件是 $AF>1$,又因为满足相位起振条件时

$$|\dot{F}| = \frac{1}{3}$$

则

$$|\dot{A}_u| = 1 + \frac{R_F}{R_1} = 3$$

$$R_F = 2R_1 = 2 \times 10\ \mathrm{k\Omega} = 20\ \mathrm{k\Omega}$$

$$f_0 = \frac{1}{2\pi RC} = \frac{1}{2\pi \times 1\ \mathrm{k\Omega} \times 0.1\ \mathrm{\mu F}} = 1\ 592\ \mathrm{Hz}$$

2. RC 移相式振荡电路

RC 移相式振荡电路如图 8.6 所示。图 8.6 中反馈网络由三节 RC 移相电路构成。由于集成运算放大器的相移 φ_A 为 180°,为满足振荡的相位平衡条件,要求反馈网络的相移 φ_F 为 180°,图 8.6 中三节 RC 电路构成超前相移网络。由于一节 RC 电路的相移最大为 90°,不能满足振荡的相位平衡条件;两节 RC 电路的最大相移可以达到 180°,但是当相移等于 180° 时,超前相移 RC 网络频率很低,并且输出电压接近于零,不能满足振荡起振的振幅条件。所以实际应用中至少要用三节 RC 移相电路,才能满足振荡条件。

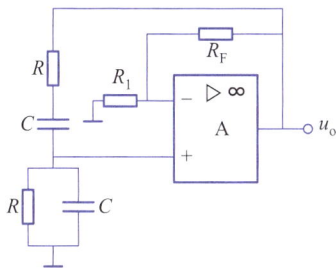

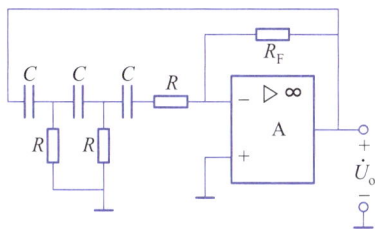

图 8.5 例 8.1 用图   图 8.6 RC 移相式振荡电路

RC 移相式振荡电路的振荡频率为

$$f_0 = \frac{1}{2\pi\sqrt{6}\,RC} \tag{8-9}$$

RC 移相式振荡电路结构简单,但是选频特性较差,频率调节不方便,输出波形幅度不够稳定,输出波形较差,适用于振荡频率固定、稳定性要求不高的场合。

8.1.3　LC 正弦波振荡电路

LC 正弦波振荡电路能够产生高频正弦波信号,振荡频率可达到几十兆赫兹以上。按照反馈形式不同,LC 正弦波振荡电路可分为变压器反馈式、电感反馈式和电容反馈式三种。

1. 变压器反馈式 LC 振荡电路

变压器反馈式 LC 振荡电路如图 8.7 所示。它由放大电路、LC 选频网络和正反馈网络组成。放大电路采用单级晶体管放大电路,稳幅环节由晶体管的非线性来实现。变压器一次绕组 L_1 和电容 C 并联谐振电路构成 LC 选频网络。变压器二次绕组 L_2 构成正反馈网络。

电路接通电源,输入端(集电极电流)含有各种频率分量的正弦波(噪声或电源突然接入引起)。集电极电流流过 $L_1 C$ 并联电路时,角频率为 $\omega_0 = 1/\sqrt{L_1 C}$,分量产生最大电压(谐振)。经变压器的二次绕组 L_2 反馈到放大器输入端,再经放大器使角频率为 ω_0 的正弦波得到进一步放大,从而形成振荡,最终输出角频率为 ω_0 的稳定电压。通过调节变压器匝数比,反馈系数可以做得很大,通常能够满足振荡的幅值条件。电路能否振荡主要看是否满足相位平衡条件。由图 8.7 可以看出,晶体管集电极输出电压 $\dot{U}_o$ 与基极输入电压 $\dot{U}$ 相位差为 $180°$,$\varphi_A = 180°$。通过变压器的适当连接,二次绕组 L_2 引出的反馈电压 $\dot{U}_F$ 又产生 $180°$ 的相移,$\varphi_F = 180°$。因此 $\varphi_A + \varphi_F = 360°$,满足振荡的相位条件($\dot{U}$、$\dot{U}_o$ 和 $\dot{U}_F$ 的瞬时极性用 ⊕ 或 ⊖ 标于图 8.7 中)。

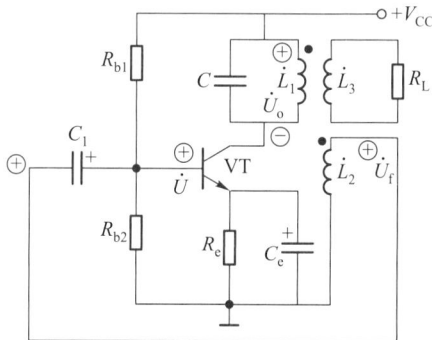

图 8.7　变压器反馈式 LC 振荡电路

变压器反馈式 LC 振荡电路的振荡频率取决于 LC 并联谐振回路的谐振频率,即

$$f_0 = \frac{1}{2\pi\sqrt{L_1 C}} \tag{8-10}$$

变压器反馈式 LC 振荡电路特点如下。

(1)易起振,易调整。通过改变变压器匝数比,容易调节输出电压和阻抗匹配。

(2)频率调节方便。改变电容的大小可以方便地调节频率。

(3)输出波形失真大。反馈信号取自电感 L_2 两端,电感 L_2 对高次谐波呈现高阻抗,不能抑制高次谐波的反馈,输出信号的高次谐波成分较多。

(4)用变压器作反馈元件,电路结构比较笨重,低频特性较差。

2. 电感反馈式 LC 振荡电路

电感反馈式 LC 振荡电路是另一种常用的 LC 正弦波振荡电路,也称为哈特莱(Hartely)电路。电路原理图如图 8.8 所示。晶体管 VT 构成共射放大电路,电感 L_1 和 L_2 绕在同一骨架上,其间存在互感。电感 L_1、L_2 和电容 C 并联谐振电路构成正反馈选频网络,反馈信号取自电感线圈 L_2 两端电压,故称为电感反馈式 LC 振荡电路。交流等效电路中,直流电源 V_{CC} 对地短路,晶体管 VT 发射极的旁路电容 C_e 短路发射极电阻 R_e,使 VT 发射极直接接地,这样相当于电感 L_1 和 L_2 的中点 2 直接与 VT 发射极相连。VT 基极电容 C_b 交流短路,电感 L_2 的端点 3 直接与 VT 基极相连,而电感 L_1 的端点 1 又直接与 VT 集电极相连。这样,电感 L_1

和 L_2 的 1、2、3 三端分别与晶体管 VT 的三个电极相连,因此该电路也称为电感三点式振荡电路。

电感反馈式振荡电路中,电感的反馈系数(电感分压系数)可以做得较大,通常能够满足振荡的幅值条件。电路能否振荡主要看是否满足相位平衡条件。当 LC 回路谐振时,集电极负载呈纯电阻性,相对 2 端公共端(地电位),1 端与 3 端极性相反,输出电压 $\dot{U}_\circ$ 与反馈电压 $\dot{U}_f$ 反相(各点瞬时电压极性如图 8.8 所示),$\varphi_F = 180°$。又由于晶体管集电极输出电压 $U_\circ$ 与基极输入电压 $\dot{U}_i$ 相位相反,$\varphi_A = 180°$,因此 $\varphi_A + \varphi_F = 360°$,满足相位平衡条件。

电感反馈式 LC 振荡电路的振荡频率为

$$f_0 = \frac{1}{2\pi\sqrt{LC}} = \frac{1}{2\pi\sqrt{(L_1+L_2+2M)C}} \tag{8-11}$$

式中:L 为回路的总电感;M 为 L_1、L_2 的互感系数。

电感反馈式 LC 振荡电路特点如下。

(1)易起振。L_1 与 L_2 之间耦合很紧,正反馈较强。

(2)频率调节方便。改变电容的大小可以很方便地调节频率。

(3)输出波形失真大。与变压器反馈式 LC 振荡电路一样,反馈信号取自电感 L_2 两端,电感 L_2 对高次谐波呈现高阻抗,不能抑制高次谐波的反馈,输出信号的高次谐波成分较多。

3. 电容反馈式振荡电路

电容反馈式振荡电路也称为考皮兹(Colpitts)振荡电路,电路原理图如图 8.9 所示。从图 8.9 可以看出,电容 C_1、C_2 和电感 L 并联谐振电路构成正反馈选频网络,反馈信号取自电容 C_2 两端电压,故称为电容反馈式振荡电路。电容 C_1、C_2 的三端 1、2、3 三点分别与晶体管的三个电极连接,因此该电路也称为电容三点式振荡电路。

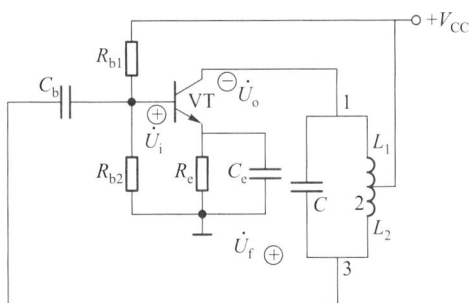

图 8.8　电感反馈式 LC 振荡电路　　　图 8.9　电容反馈式 LC 振荡电路

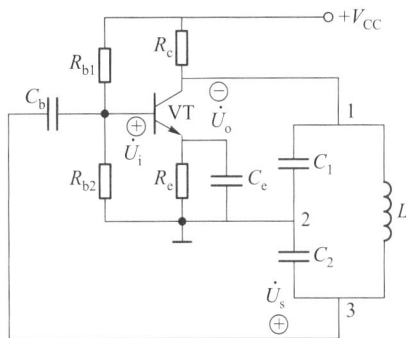

电容反馈式振荡电路中,电容的反馈系数可以做得很大,通常能够满足振荡的幅值条件。电路能否振荡主要看是否满足相位平衡条件。因为共射放大电路输入输出相位相反(各点瞬时电压极性如图 8.9 所示),$\varphi_A = 180°$,当 LC 回路谐振时,1 端与 3 端极性相反,$\varphi_F = 180°$。因此 $\varphi_A + \varphi_F = 360°$,满足相位平衡条件。

电容反馈式振荡电路的振荡频率为

$$f_0 = \frac{1}{2\pi\sqrt{LC}} = \frac{1}{2\pi\sqrt{L\dfrac{C_1 C_2}{C_1+C_2}}} \tag{8-12}$$

电容反馈式振荡电路的特点如下。

（1）输出波形好。反馈信号取自电容 C_2 两端,反馈信号中的高次谐波分量小。

（2）振荡频率较高。因电容的容量可以选得较小,故频率一般可达 100 MHz 以上。

（3）调节频率不方便。电路的振荡频率不能通过调节电容来改变,否则将改变反馈系数,而要靠调节电感来调节电路的频率,因此频率调节很不方便。

电容反馈式振荡电路常用于高频固定频率振荡。

例 8.2　如图 8.10 所示的 LC 并联谐振电路（LC 选频网络）,R 是电感线圈中的电阻,$L=1$ mH,$C=0.1$ μF,$R=10$ Ω,$U=1$ V。求谐振时的 f_0、I_0、I_L。

解：图 8.10 中,谐振信号通过互感线圈引出。有

$$f_0 \approx \frac{1}{2\pi\sqrt{LC}} = \frac{1}{2\pi\sqrt{1 \text{ mH} \times 0.1 \text{ μF}}} = 15\,924 \text{ Hz}$$

$$Z_0 = \frac{L}{RC} = \frac{1 \text{ mH}}{10 \text{ Ω} \times 0.1 \text{ μF}} = 1\,000 \text{ Ω}$$

$$I_0 = \frac{U}{Z_0} = \frac{1 \text{ V}}{1\,000 \text{ Ω}} = 1 \text{ mA}$$

$$Z_C = \frac{1}{\omega C} = \frac{1}{2\pi \times 15\,924 \text{ Hz} \times 0.1 \text{ μF}} = 100 \text{ Ω}$$

$$I_C = \frac{U}{Z_C} = \frac{1 \text{ V}}{100 \text{ Ω}} = 10 \text{ mA}$$

$$I_L = \frac{U}{Z_{LR}} = \frac{U}{\sqrt{R^2 + (\omega L)^2}} = \frac{1 \text{ V}}{\sqrt{10^2 + (2\pi \times 15\,924 \text{ Hz} \times 1 \text{ mH})^2}} = 9.95 \text{ mA}$$

从例 8.2 可知,LC 并联谐振电路中 $I_C \approx I_L \gg I_0$。

例 8.3　判断图 8.11 所示电路是否能够产生振荡,振荡频率是多少?

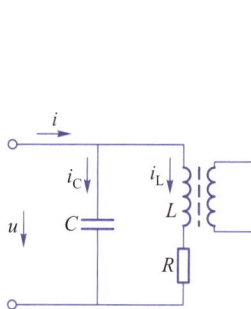

图 8.10　例 8.2 用图　　　　图 8.11　例 8.3 用图

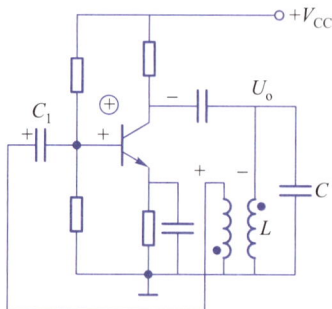

解：图 8.11 中,放大电路为晶体管共射放大电路,LC 并联谐振电路构成选频网络,互感线圈为反馈网络。该电路只要参数设置合适,一般可以满足振荡的幅值平衡条件,判断电路是否能够振荡应主要分析是否满足相位条件。

因为共射放大电路集电极电位与基极电位相反,$\varphi_A = 180°$。互感线圈同名端与输出相连,而反馈信号取自互感线圈非同名端,反馈信号与输出信号极性相反,$\varphi_A = 180°$。因此 $\varphi_A + \varphi_F = 360°$,满足相位平衡条件,电路能够振荡。振荡频率为 LC 并联谐振频率,即

$$f_0 \approx \frac{1}{2\pi\sqrt{LC}}$$

8.1.4　石英晶体正弦波振荡电路

石英晶体正弦波振荡电路由石英晶体组成选频网络,具有较稳定的振荡频率,常用在对振荡频率稳定性要求较高的电路中。

1. 石英晶体简介

石英(SiO_2)是一种具有各向异性的结晶体。从一块晶体上按一定的方向切成矩形或圆形的薄片称为晶片,在晶片的两个面上镀上银层作为电极,再用金属或玻璃外壳封装并引出电极,就构成了石英晶体谐振器,简称石英晶振。石英晶振的电路符号如图 8.12(a)所示。

在石英晶体两个引脚加交变电场时,石英晶体将会产生一定频率的机械振动,这种机械振动又会产生交变电场,这种现象称为石英晶体的压电效应。石英晶体通过压电效应可以产生振荡。一般情况下,无论是机械振动的振幅,还是交变电场的振幅都非常小。但是,当交变电场的频率为某一特定值时,会产生共振,振幅骤然增大,形成压电振荡。这一特定频率就是石英晶体的固有频率,也称谐振频率。在谐振频率附近,石英晶体振荡电路和 LC 串联谐振电路的谐振特性非常相似,石英晶体振荡电路可等效为图 8.12(b)所示的 LC 谐振回路。当晶片不振动时,石英晶体结构类似于一个平板电容器,等效为一个静态电容 C_0,其值取决于晶片的几何尺寸和电极面积,一般为几皮法到几十皮法。当晶片产生振动时,机械振动的惯性等效为电感 L_q,其值为几十毫亨到几百毫亨。晶片的弹性可用电容 C_q 来等效,其值为几微法到几十微法。晶片振动时因摩擦引起的损耗用 R_q 来等效,其值为几十欧姆。由于石英晶体等效电感很大,C_q 和 R_q 很小,因此石英晶体振荡电路的品质因数 Q 很大,可达 1 000 ~ 10 000。由于石英晶片的谐振频率基本上只与晶片的切割方式、几何形状、尺寸有关,而且可以做得很精确,因此利用石英组成的振荡电路可以获得很高的频率稳定度。石英晶体有两个振荡频率。

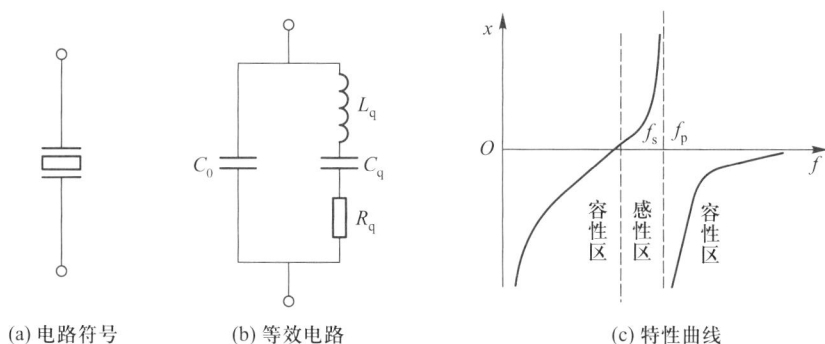

(a) 电路符号　　　(b) 等效电路　　　　　(c) 特性曲线

图 8.12　石英晶振的电路符号、等效电路及特性曲线

(1) 当等效电路中的 L_q、C_q、R_q 支路产生串联谐振时,该支路的等效阻抗最小,呈纯阻性,等于 R_q。串联谐振频率 f_s 为

$$f_s = \frac{1}{2\pi\sqrt{L_q C_q}} \tag{8-13}$$

(2) 当频率高于串联谐振频率时,L_q、C_q、R_q 支路呈感性,可与电容 C_0 产生并联谐振,并联谐振频率 f_p 为

$$f_{p} = \frac{1}{2\pi\sqrt{L_{q}\dfrac{C_{0}C_{q}}{C_{0}+C_{q}}}} = f_{s}\sqrt{1+\frac{C_{q}}{C_{0}}} \qquad (8-14)$$

根据石英晶体的等效电路,可定性画出电抗-频率特性曲线,如图 8.12(c)所示。当频率低于串联谐振频率 f_s 或者高于并联谐振频率 f_p 时,石英晶体呈容性。仅在 $f_s<f<f_p$ 极窄的范围内,石英晶体呈感性。

2. 石英晶体正弦波振荡电路

(1)并联型石英晶体振荡电路。将电容反馈式正弦波振荡电路中的电感 L 用石英晶体替代,就可以得到并联型石英晶体振荡电路,如图 8.13(a)所示,石英晶体在电路中起电感作用。石英晶体的电感区电抗曲线非常陡峭,石英晶体工作在这一很窄的频率区域时,可等效为一个很大的电感,具有很大的 Q 值,从而具有很强的稳频作用。电路的振荡频率处于石英晶体的串并联谐振频率之间,即 $f_s<f_0<f_p$。

(2)串联型石英晶体振荡电路。串联型石英晶体振荡电路如图 8.13(b)所示。电路的第一级为共基放大电路,第二级为共集放大电路,石英晶体所在的支路为反馈网络。只有当石英晶体呈纯电阻性时,R_f 与石英晶体串联支路构成正反馈网络,满足振荡相位平衡条件,因此电路振荡频率为石英晶体串联谐振频率 f_s。调整 R_f,可以满足振荡幅值平衡条件。

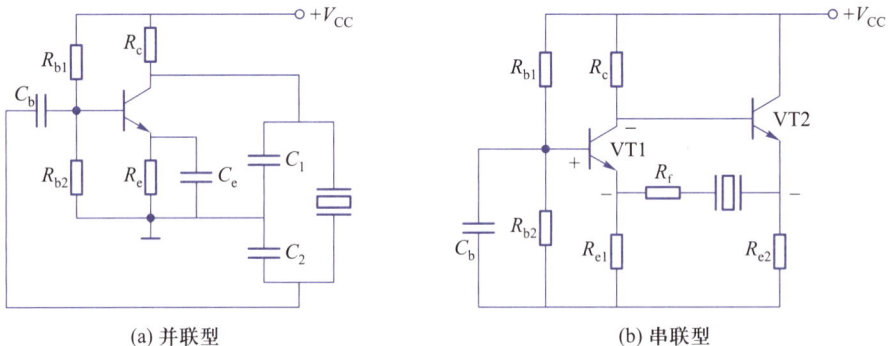

图 8.13　石英晶体振荡电路

知识点 8.2
非正弦波信号发生电路

自动化、电子、通信等领域经常要进行信息传递、性能测试等,这些功能离不开非正弦信号。常见的非正弦信号主要包括方波、矩形波、三角波和锯齿波等,其中方波和矩形波在本质上相同,三角波和锯齿波类似。本知识点主要介绍方波和三角波信号发生电路。

8.2.1　方波信号发生电路

方波是矩形波的统称,常用于脉冲和数字系统作为信号源。利用模拟电路产生方波信号的电路结构示意如图 8.14 所示。该电路包括 RC 积分电路、迟滞比较器和反馈网络三个环节。其中，RC 积分电路利用定时元件作为延时环节，输出电压接到迟滞比较器反相输入端；反馈网络把输出电压分压后送到迟滞比较器同相输入端；迟滞比较器采用反相输入迟滞比较器，又称反相输入施密特触发器，对输入电压进行比较，从而输出方波信号。

方波信号发生电路原理图如图 8.15(a) 所示。图中，双向稳压二极管 VD_Z 将输出电压钳位在 $\pm U_Z$，U_Z 为 VD_Z 的稳压值。集成运算放大器和电阻 R_1、R_2、R_3 构成迟滞比较器。迟滞比较器输出电压为 $u_O = \pm U_Z$，上下门限电压为

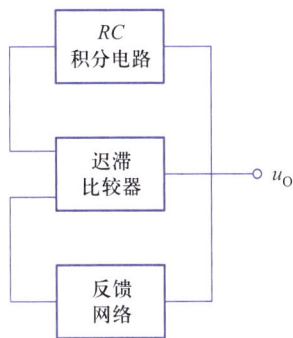

图 8.14　方波信号发生电路结构示意图

$$U_{T+} = \frac{R_2}{R_1 + R_2} U_Z$$

$$U_{T-} = \frac{R_2}{R_1 + R_2}(-U_Z)$$

图 8.15(a) 中 R 和 C 为定时元件，构成积分电路，把输出电压反馈到集成运算放大器的反相输入端。积分电路既作为延迟环节，又作为反馈网络。电容 C 两端电压与 U_+ 进行比较，决定电容 C 是充电还是放电，进一步通过电阻电容充放电实现输出状态的自动转换。

当电路振荡稳定后，电容 C 交替充电和放电。当 u_o 为高电平 U_Z 时，电容 C 充电，充电电流方向如图 8.15(b) 中实线所示。电容电压 u_C 上升，此时同相输入端电压为上门限电压 U_{T+}。当 $u_C > U_{T+}$ 时，输出电压 u_o 翻转为低电平 $-U_Z$，同相输入端电压为下门限电压 U_{T-}，电容 C 开始放电，放电电流方向如图 8.15(b) 中虚线所示。电容电压 u_C 下降，当 u_C 降低到 $u_C < U_{T-}$ 时，输出电压 u_o 又变为高电平 U_Z，电容又开始充电。如此循环，重复上述过程，电路产生自激振荡，输出方波。图 8.15(c) 所示为输出电压和电容电压波形。由于方波包含非常丰富的谐波，因此方波信号发生电路又称为多谐振荡器。

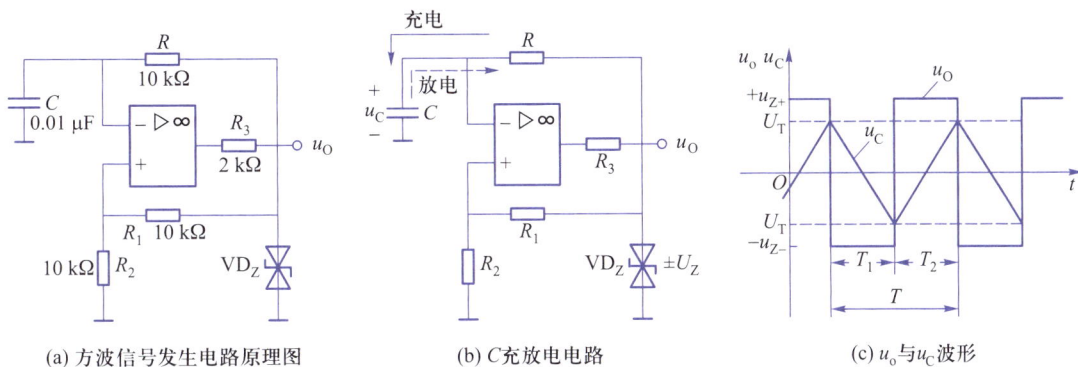

(a) 方波信号发生电路原理图　　(b) C充放电电路　　(c) u_o 与 u_C 波形

图 8.15　方波信号发生电路及波形

从图 8.15(c) 可以得到振荡周期 T 为

$$T = T_1 + T_2 = 2RC\ln\left(1 + \frac{2R_2}{R_1}\right) \tag{8-15}$$

振荡频率为

$$f = \frac{1}{T} = \frac{1}{2RC\ln\left(1 + \dfrac{2R_2}{R_1}\right)} \tag{8-16}$$

占空比为

$$D = \frac{T_2}{T} \tag{8-17}$$

当 $T_1 = T_2$ 时,占空比 D 为 50% ,波形为方波。

图 8.15(a)所示电路能够产生低频固定频率的方波,是一种较好的振荡电路,但是输出方波的前后沿陡度取决于集成运放的转换速率,当振荡频率较高时,为了获得前后沿较陡的方波,必须选用转换速率较大的集成运放。

8.2.2 三角波和锯齿波信号发生电路

方波经过积分可以得到三角波。因此,在方波信号发生电路基础上,加入积分电路就可以得到三角波信号。图 8.16 所示为三角波信号发生电路组成框图。其中,迟滞比较器与同相输入信号比较产生方波信号,积分电路进行波形变换,把方波信号转变成三角波信号。

三角波信号发生电路的原理图如图 8.17 所示。图 8.17 中集成运放 A_1、电阻 R_1、R_2、R_3 以及双向稳压二极管 VD_Z 构成迟滞比较器,集成运放 A_2、R_P、R 和 C 构成积分电路。

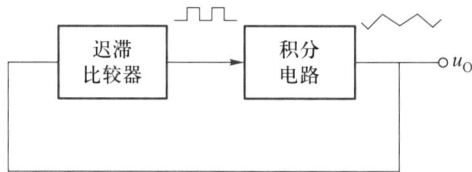

图 8.16 三角波信号发生电路组成框图

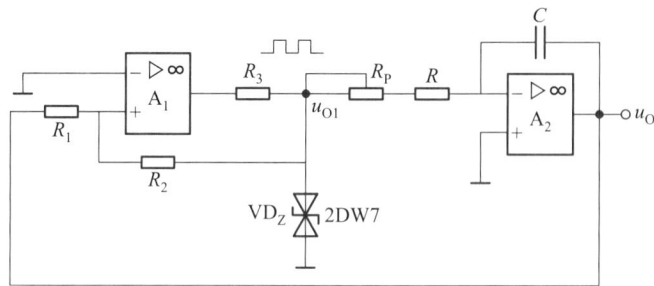

图 8.17 三角波信号发生电路原理图

迟滞比较器的输出电压为

$$U_{OH} = +U_Z$$
$$U_{OL} = -U_Z$$

集成运放 A_1 同相输入端电压为

$$u_+ = \frac{R_1}{R_1 + R_2}u_{O1} + \frac{R_2}{R_1 + R_2}u_O$$

因此,门限电压为

$$U_T = \pm \frac{R_1}{R_2} U_Z$$

当 $u_0(u_C)$ 下降到 $u_+ \leqslant u_-$（即 $u_- \leqslant U_{T-}$）时，u_{O1} 从 $+U_Z$ 跳变到 $-U_Z$，电容 C 开始放电，输出电压 u_0 线性上升。当 $u_0(u_C)$ 上升到 $u_+ \geqslant u_-$（即 $u_1 \geqslant U_{T+}$）时，u_{O1} 从 $-U_Z$ 跳变到 $+U_Z$，电容 C 开始充电，u_0 再次线性下降。如此周而复始，A_1 的输出 u_{O1} 为方波，A_2 的输出 u_0 为三角波信号，其波形如图 8.18 所示。

根据图 8.18 可知，三角波信号发生电路的输出电压为

$$u_0 = \frac{1}{(R+R_P)C} \int_0^t u_{O1} \, \mathrm{d}t = \frac{1}{(R+R_P)C} \int_0^{\frac{T}{2}} U_Z \mathrm{d}t \tag{8-18}$$

振荡周期为

$$T = 4(R+R_P)C \frac{U_T}{U_Z} = \frac{4(R+R_P)CR_1}{R_2} \tag{8-19}$$

振荡频率为

$$f = \frac{1}{T} = \frac{R_2}{4(R+R_P)CR_1} \tag{8-20}$$

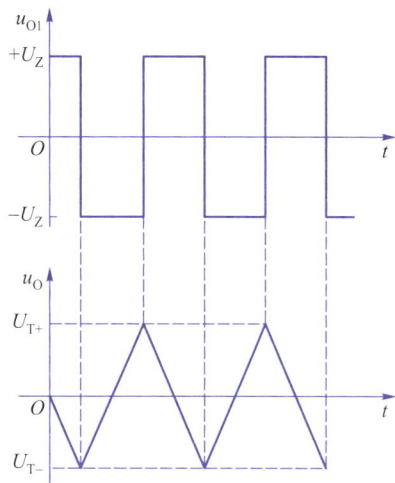

图 8.18　三角波信号发生电路的输出波形

锯齿波与三角波的不同之处在于波形上升和下降的斜率不对称。因此，只要在三角波信号发生电路的基础上，使得积分电路中的积分电容 C 的充放电路径不同，就可以使上升和下降斜率不同，从而输出锯齿波信号。

⚙ 项目训练

一、仿真训练

（一）电容三点式振荡电路仿真分析

1. 仿真目的

（1）掌握正弦波振荡电路的工作原理。

（2）了解电容三点式振荡电路的工作特点。

（3）学习正弦波振荡电路振荡频率的测量和调试方法。

2. 仿真原理

电容三点式振荡电路也称为考皮兹（Colpitts）振荡电路，是自激 LC 振荡电路的一种，因振荡回路中两个串联电容的三个端分别与晶体管的三个极相接而得名，是适用于高频振荡输出的电路形式之一。电容三点式振荡电路的重要特性是：与晶体管发射极相连的两个电抗元件为相同性质的电抗元件，而与晶体管集电极（或基极）相连接的电抗元件是相反性质的。如果合理设置电路参数使其满足起振条件，电路将开始振荡。

3. 仿真设备

安装 Multisim 仿真软件的计算机 1 台。

4. 仿真步骤

（1）搭建仿真框图。电容三点式振荡电路如图 8.19 所示。在 Multisim 仿真软件窗口创建仿真框图。在仿真软件的元件库中选用元器件。电阻、电容、电感、晶体管等在基本元件库（Basic），晶体管选用 2N2222。直流电压源、接地符号在电源库（Power Source Components），电源选用 VCC。从基本元件库（Basic）中单击开关（SWITCH），选择 DIPSW1，放置在 VCC 电源和电路之间。在仿真运行开始后再闭合这个电源开关，可以让电路产生扰动从而更容易起振。连接好电路后按照图 8.19 所示电路设置元件和电源数值（双击各元件在弹出的面板中设置参数）。从测量器件库（Measurement Components）中调出示波器（Oscilloscope-XSC）和频率计数器（XFC）接在电路中，示波器和频率计都接在输出端。创建好的仿真框图如图 8.20 所示。

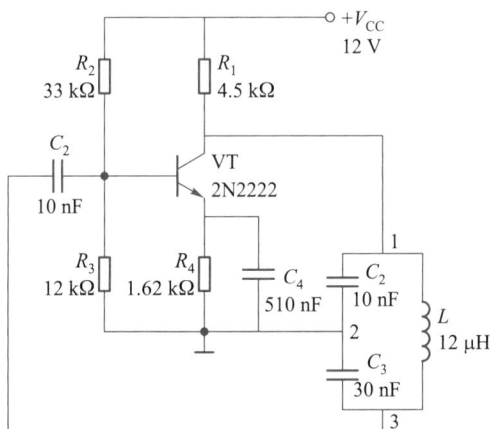

图 8.19　电容三点式振荡电路

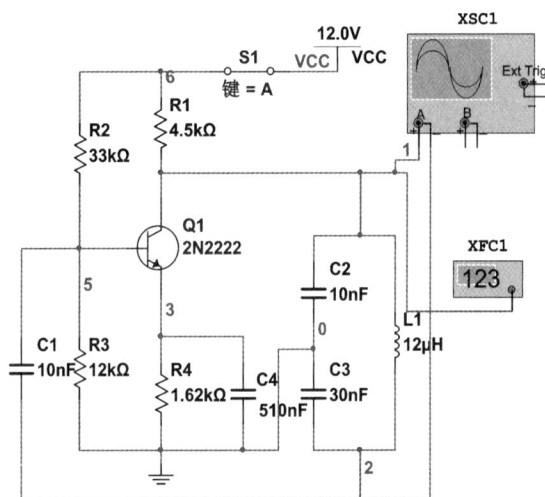

图 8.20　电容三点式振荡电路仿真框图

（2）仿真测量。单击仿真软件"运行/停止"开关（Simulation Switch），启动仿真，合上电源开关 S1，得到图 8.21 所示的仿真波形和图 8.22 所示的振荡频率。注意：要先启动仿真再合上电源开关。将输出波形 u_o 和频率 f_0 记录在表 8.1 中。

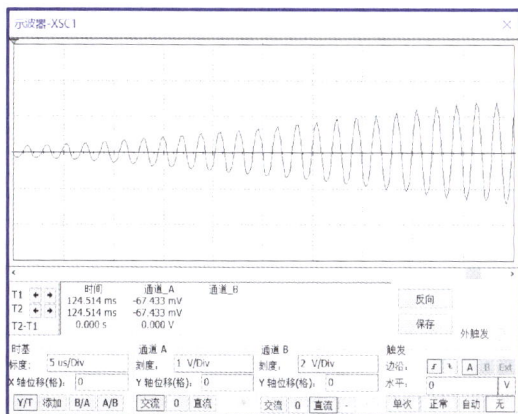

图 8.21　电容三点式振荡电路仿真波形

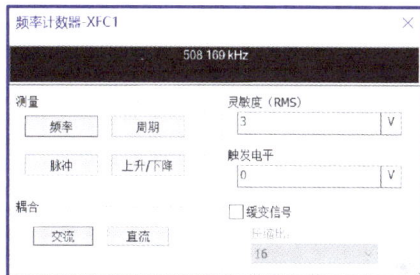

图 8.22　电容三点式振荡电路振荡频率

修改电容 C_2 为 100 nF，重新仿真，把输出波形和频率记录在表 8.1 中。

表 8.1　电容三点式振荡电路仿真波形记录

电容 C_2	10 nF	100 nF
输出频率 f_0		
输出波形 u_o		

5. 思考题

（1）计算图 8.19 所示电路振荡频率 f_0 的理论值，与仿真结果进行比较。

（2）如何改变电容三点式振荡电路振荡频率。

（二）RC 桥式正弦波振荡电路仿真分析

1. 仿真目的

（1）进一步掌握正弦波振荡电路的工作原理。

（2）加深对正弦波振荡电路起振条件的理解。

（3）学习正弦波振荡电路振荡频率的调试和测量方法。

2. 仿真原理

正弦波振荡电路是一种具有正反馈网络的自激选频放大电路，谐振频率取决于正反馈选频网络参数。理论上，为了维持稳定的振荡，环路增益 AF 要等于 1。但为了容易起振，一般取环路增益 AF 略大于 1。当正弦波振荡电路达到等幅正弦振荡后，输出信号是正弦波。

图 8.23 左侧为 RC 桥式（文氏桥）正弦波振荡电路，右侧是由集成运放构成的同相比例运算放大电路，其中，正反馈选频网络由 RC 串并联电路（R_1 和 C_1 串联，R_2 和 C_2 并联）组成，通常取 $R_1=R_2$，$C_1=C_2$。R_f 与 R_3 组成深度负反馈网络，以提供良好的输出波形。为了稳定电路和改善输出波形，在反馈支路加入二极管 VD1、VD2 和电阻 R_4 并联电路，如图 8.24 所示，其中二极管具有自动稳幅的作用。

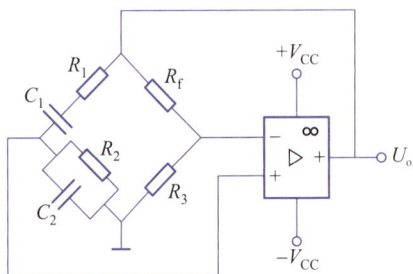

图 8.23　*RC* 桥式正弦波振荡电路

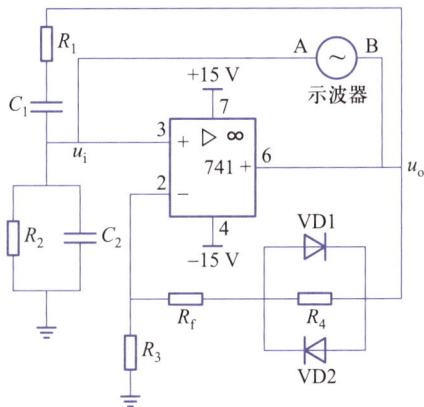

图 8.24　*RC* 桥式正弦波振荡电路

正常工作时,集成运放的闭环电压增益 $A = 3$,反馈系数 $F = 1/3$,环路增益 $AF = 1$。电路的电压增益为

$$A_\mathrm{u} \approx 1 + \frac{R_4 + R_\mathrm{f}}{R_3}$$

如果集成运放的电压增益过高,集成运放可能会进入饱和状态,这时振荡电路的输出有可能不再是正弦波,而是方波信号。

该 *RC* 桥式(文氏)振荡电路的振荡频率为

$$f_0 = \frac{1}{2\pi RC}$$

改变 R 或 C,即可改变振荡电路的频率。改变 R_f 可改变振荡器的工作状态,当 $R_\mathrm{f} = 0$ 时,$A_\mathrm{u} < 3$,电路停振,输出波形 u_o 为一条与时间轴重合的直线;$R_\mathrm{f} \to \infty$ 时,$A_\mathrm{u} \to \infty$,输出波形 u_o 近似于方波。

3. 仿真设备

安装 Multisim 仿真软件的计算机 1 台。

4. 仿真步骤

(1)创建仿真框图。*RC* 桥式正弦波振荡电路如图 8.24 所示。在 Multisim 仿真软件窗口创建仿真框图。在仿真软件的元件库中选用元器件。电阻、电容、二极管、集成运放 741 等在基本元件库(Basic)中,二极管选用 IN4001GP。直流电压源、接地符号在电源库(Power Source Components)中,电源选用 VCC 和 VEE。连接好电路后设置元件数值(双击各元件,在弹出的面板中设置参数),$R_1 = R_2 = 1.6\ \mathrm{k\Omega}$,$R_3 = R_4 = 1\ \mathrm{k\Omega}$,$R_\mathrm{f} = 1.8\ \mathrm{k\Omega}$,$C_1 = C_2 = 10\ \mathrm{nF}$,$V_\mathrm{CC} = +15\ \mathrm{V}$,$V_\mathrm{EE} = -15\ \mathrm{V}$。从测量器件库(Measurement Components)中取出示波器(Oscilloscope–XSC)接在电路中,示波器 A 端接输入 u_i,B 端接输出 u_o。需要注意的是软件分析时必须有接地点。创建好的仿真框图如图 8.25 所示。

(2)仿真测量。单击仿真软件"运行/停止"开关(Simulation Switch),启动仿真,得到图 8.26 所示的仿真波形。把波形记录在表 8.2 中。修改反馈电阻值分别为 $R_\mathrm{f} = 1\ \mathrm{k\Omega}$ 和 $10\ \mathrm{k\Omega}$ 重新仿真,把波形记录在表 8.2 中。

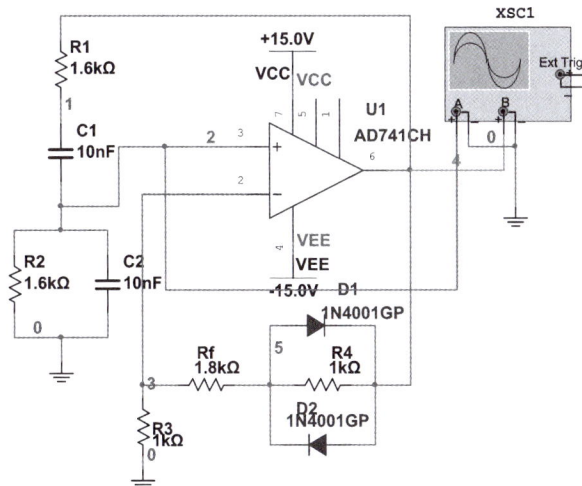

图 8.25 RC 桥式正弦波振荡电路仿真框图

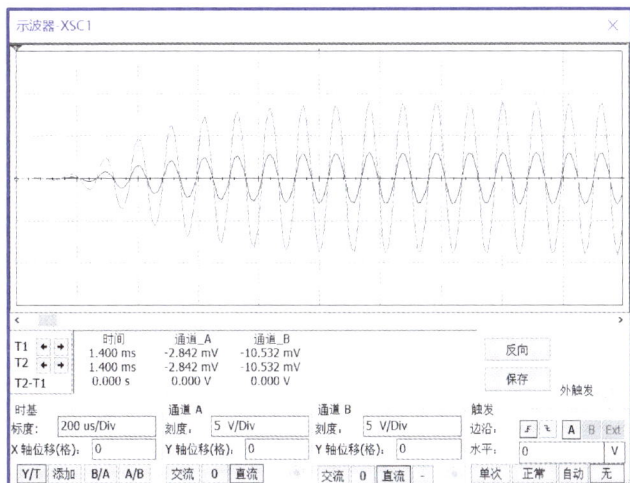

图 8.26 RC 桥式正弦波振荡电路仿真波形

（3）瞬态分析。单击仿真软件"仿真（S）"菜单下的"Analysis and simulation"，打开"Analyses and Simulation"对话框。在对话框左侧"Active Analysis"窗口选择"瞬态分析"选项，然后在右侧"分析参数"选项卡设置仿真初始条件为"Set to zero"（初始状态为零），起始时间和终止时间分别为"0"和"0.01Sec"；单击"Output"选项卡，在"Output"窗口左侧"电路中的变量（b）"中选择要分析的变量"V（2）""V（4）"，单击"添加（A）"按钮将该变量添加到右侧"已选定用于分析的变量（I）"窗口中。

表 8.2 RC 桥式正弦波振荡电路仿真波形记录表

反馈电阻 R_f	1.8 kΩ	1 kΩ	10 kΩ
输入波形 u_i			
输出波形 u_o			

单击"Analyses and Simulation"对话框下面"Run"按钮或者单击仿真"运行/停止"开关（Simulation Switch），启动仿真，得到图8.27所示的瞬态分析结果，可看到实际中很难观察到的振荡电路输出电压振幅从小到大，然后稳定过渡（起振）过程的波形及相关数据（振荡周期约为1 ms）。

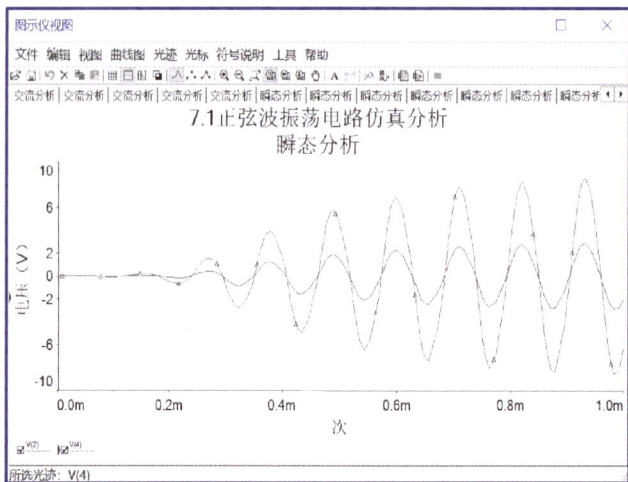

图8.27　RC桥式正弦波振荡电路瞬态分析

5. 思考题

（1）比较三种不同反馈电阻值时仿真波形有什么区别？为什么？

（2）计算图8.24所示电路的电压增益 A_u 和振荡频率 f_0 的理论值，并与仿真结果比较。

二、技能训练

利用741集成运放产生锯齿波信号

1. 训练目的

（1）会用集成运放设计锯齿波发生电路。

（2）学会安装调试集成电路组成的电子电路。

2. 训练原理

电子设备中，常常需要用到非正弦波信号，如电视机扫描电路中的锯齿波信号等。

从数学分析可知，方波信号经过积分可得三角波信号。因此，在方波信号发生器基础上，加入积分电路就可以得到三角波信号。锯齿波信号与三角波的不同之处在于波形上升和下降的斜率不对称。因此，只要在三角波信号发生电路的基础上，使得积分电路中的积分电容充放电路径不同，就可以使上升和下降斜率不同，从而输出锯齿波信号。

本训练利用LM741集成运放组成锯齿波信号发生电路。LM741的管脚和引线图如图8.28所示。锯齿波信号发生电路如图8.29所示。

3. 训练器材

双路直流电源±15 V、双踪示波器、信号发生器和交流毫伏表各一台，电阻（100 Ω、200 Ω、300 Ω）各一只，数字万用表1只，开关1只，电容、二极管（IN4001）、稳压二极管（3.6 V）、集成运放（LM741）、万能电路板、安装电路板所需工具和耗材等。

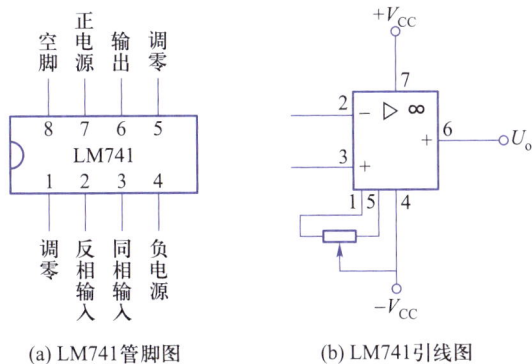

(a) LM741管脚图　　　　(b) LM741引线图

图 8.28　LM741 的管脚和引线图

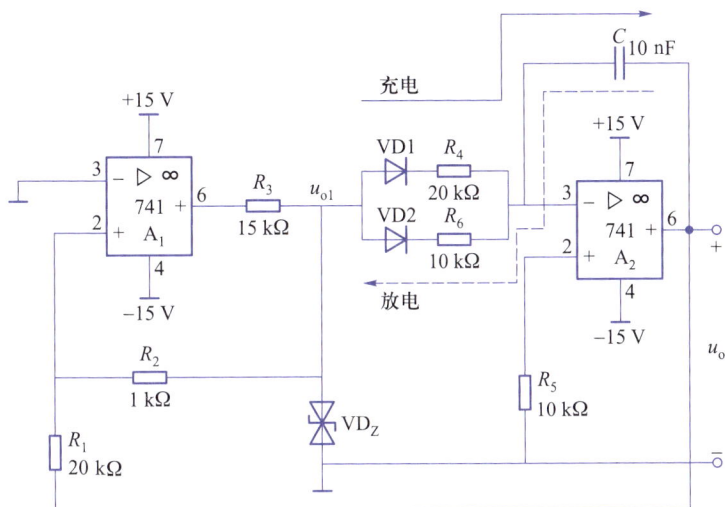

图 8.29　锯齿波信号发生电路

4. 训练内容与步骤

（1）根据图 8.29 所示电路绘制装配图。

（2）对元件进行检测与筛选,按装配图完成电路的装配,装配过程按工艺文件要求进行。

（3）用示波器测试输入输出波形,记录在表 8.3 中。

（4）用交流毫伏表测试 u_{o1} 和 u_o,记录在表 8.3 中。

表 8.3　锯齿波信号发生电路测试数据记录

项目	数据记录
u_{o1} 波形	
u_o 波形	
u_{o1} 有效值	
u_o 有效值	

5. 注意事项

（1）实训过程中注意用电安全。

（2）训练过程中遵守实训室相关规定。

6. 思考题

观察电路输出波形，分析存在的问题和产生的原因。

项目小结

1. 信号发生电路通常称为振荡器，用于产生一定频率和幅值的信号，有正弦波和非正弦波振荡电路两类。正弦波振荡电路包括 LC 振荡电路、RC 振荡电路、石英晶体振荡电路等；非正弦波振荡电路包括方波（矩形波）、三角波（锯齿波）信号发生电路等。

2. 正弦波振荡电路是利用选频网络，通过正反馈产生自激振荡的。振荡的相位起振条件为 $\varphi_A + \varphi_F = \pm 2n\pi (n = 0,1,2,3,\cdots)$，振幅起振条件为 $|\dot{A}\dot{F}| > 1$。相位平衡条件为 $\varphi_A + \varphi_F = \pm 2n\pi (n = 0,1,2,3,\cdots)$，振幅平衡条件为 $|\dot{A}\dot{F}| = 1$。

振荡电路起振时，电路处于小信号工作状态；振荡处于平衡状态时，电路处于大信号工作状态。为了满足振荡的起振条件并实现稳幅、改善输出波形，要求振荡电路的环路增益应随振荡输出幅值而变，当输出幅值增大时，环路增益应减小；反之，增益应增大。

3. RC 正弦波振荡电路适用于低频振荡，一般在 1 MHz 以下，常采用 RC 桥式振荡电路，当 RC 串并联选频网络 $R_1 = R_2 = R, C_1 = C_2 = C$ 时，其振荡频率 $f_0 = \dfrac{1}{2\pi RC}$。为了满足振荡条件，要求 RC 桥式振荡电路中的放大电路应满足下列条件：① 同相放大，$A_u > 3$；② 高输入阻抗，低输出阻抗；③ 为了起振容易、改善输出波形及稳幅，放大电路需采用非线性器件构成负反馈电路，使放大电路的增益自动随输出电压的增大（或减小）而下降（或增大）。

4. LC 振荡电路的选频网络由 LC 回路构成，它可以产生较高频率的正弦波振荡信号。包括变压器反馈、电感反馈和电容反馈等几种电路，振荡频率近似等于 LC 谐振回路的谐振频率。

5. 石英晶体振荡电路是采用石英晶体谐振器代替 LC 谐振回路来构成的，其振荡频率的准确性和稳定性很高，石英晶体振荡电路有并联型和串联型两种。

6. 非正弦波信号发生电路中没有选频网络，它通常由比较器、积分回路和反馈电路等组成，其状态的翻转依靠电路中定时电容能量的变化改变定时电容的充、放电电流，可以得到理想的振荡波形，同时振荡频率的调节也很方便，故集成压控振荡器的使用越来越广泛。

习题 8

8.1 选择题

（1）信号发生电路的作用是在（　　　　）情况下，产生一定频率和幅值的正弦或非正弦信号。

    A. 外加输入信号　　　　　　　　　　B. 没有输入信号

    C. 没有直流电源电压　　　　　　　　D. 没有反馈信号

（2）正弦波振荡电路维持振荡的条件为（　　　　）。其中，相位平衡条件是 $\varphi_A + \varphi_F = ($　　　　$)$；幅值平衡条件是

（　　　）；起振振幅条件是（　　　）。

A. $\dot{A}\dot{F}=1$　　　B. $\dot{A}\dot{F}=-1$　　　C. $|\dot{A}\dot{F}|>1$　　　D. $|\dot{A}\dot{F}|<1$

E. $|\dot{A}\dot{F}|=1$　　　F. $|\dot{A}\dot{F}|=0$　　　G. $|\dot{A}\dot{F}|=\infty$　　　H. $\pm 2n\pi$

I. $\pm n\pi$　　　J. $\pm(2n+1)\pi$　　　K. $n\pi/2$

（3）RC 桥式振荡电路增益必须满足（　　　）。

A. 大于1　　　B. 大于$\sqrt{2}$　　　C. 大于2　　　D. 大于3

（4）RC 桥式振荡电路中，当 $\omega=\omega_0$ 时，其电压反馈系数 $F_u=$（　　　）。

A. 1　　　B. 3　　　C. 1/3　　　D. 0.707

（5）用集成运放组成的 RC 桥式振荡电路，R_f 与 R_1 的关系应为（　　　）。

A. $R_f=2R_1$　　　B. $R_f>2R_1$　　　C. $R_f=3R_1$　　　D. $R_f>3R_1$

（6）用集成运放组成的 RC 桥式振荡电路，为稳定振幅，负反馈支路中 R_f 可选用（　　　）温度系数电阻，R_1 可选用（　　　）温度系数电阻。

A. 正　　　B. 负　　　C. 零　　　D. 无关

（7）RC 桥式振荡电路的振荡频率 f_0 为（　　　）。

A. $\dfrac{1}{LC}$　　　B. $\dfrac{1}{2\pi RC}$　　　C. $\dfrac{1}{\sqrt{RC}}$　　　D. $\dfrac{1}{2\pi\sqrt{RC}}$

（8）LC 振荡电路的振荡角频率 ω_0 为（　　　）。

A. $\dfrac{1}{LC}$　　　B. $\dfrac{1}{\sqrt{LC}}$　　　C. $\dfrac{1}{2\pi LC}$　　　D. $\dfrac{1}{2\pi\sqrt{LC}}$

（9）若 LC 并联谐振回路的谐振频率为 ω_0，则当 $\omega>\omega_0$ 时，回路呈（　　　）性；当 $\omega<\omega_0$ 时，回路呈（　　　）性；当 $\omega=\omega_0$ 时，回路呈（　　　）性。

A. 感　　　B. 容　　　C. 阻　　　D. 不定

（10）有关石英晶体电抗特性区域的正确说法是（　　　）。

A. 1个容性区和1个感性区　　　B. 2个容性区和2个感性区

C. 2个容性区和1个感性区　　　D. 1个容性区和2个感性区

（11）有关石英晶体谐振频率个数的正确说法是（　　　）。

A. 1个谐振频率　　　B. 2个谐振频率　　　C. 3个谐振频率　　　D. 不定

（12）要产生低频正弦波一般可用（　　　）振荡电路；要产生高频正弦波一般可用（　　　）振荡电路；要求频率稳定度很高，则可用（　　　）振荡电路。

A. RC　　　B. LC　　　C. RL　　　D. 石英晶体

（13）正弦波振荡电路中，输出波形较好的是（　　　）正弦波振荡电路；输出波形较差的是（　　　）正弦波振荡电路。

A. RC 串并联　　　B. RC 移相式　　　C. 电感三点式　　　D. 电容三点式

（14）正弦波振荡电路中振荡频率主要由（　　　）决定。

A. 放大倍数　　　B. 反馈网络参数

C. 稳幅电路参数　　　D. 选频网络参数

（15）常用正弦波振荡电路中，频率稳定度最高的是（　　　）振荡电路。

A. RC　　　B. 单限电压比较器

C. 并联型晶体　　　D. 串联型晶体

8.2. 判断题（正确的请在每小题后的圆括号内打"√"，错误的打"×"）

（1）信号发生电路用于产生一定频率和幅值的信号，所以信号发生电路工作时不需要接入直流电源。（　　　）

（2）只要满足正弦波振荡的相位平衡条件，电路就一定产生振荡。（　　　）

（3）在正弦波振荡电路中，只允许存在正反馈，不允许引入负反馈。（　　　）

（4）在以放大信号为目标的放大电路中，只允许有负反馈，不允许引入正反馈。　　　　（　　）

（5）三点式振荡电路的连接是电抗元件的三个引出端与晶体管三个电极相连接。　　　（　　）

（6）正弦波振荡电路的输出波形，电容三点式比电感三点式好。　　　　　　　　　　（　　）

（7）RC 桥式振荡电路中，RC 串并联网络既是选频网络又是正反馈网络。　　　　　（　　）

（8）选频网络采用 LC 回路的振荡电路，称为 LC 振荡电路。　　　　　　　　　　（　　）

（9）电压比较器输出只有高、低电平两种状态，输入高电平时，输出高电平；输入低电平时，输出低电平。

　　　　　　　　　　　　　　　　　　　　　　　　　　　　　　　　　　　　　　（　　）

（10）非正弦波信号发生电路没有选频网络，其状态的翻转依靠电路中定时电容的能量变化来实现。（　　）

8.3　某外差式收音机本机振荡电路如图 8.30 所示，$L_{13} = 120\ \mu\text{H}$，$L_{23} = 30\ \mu\text{H}$，$C_1 = 285\ \text{pF}$，$C_2 = 10\ \text{pF}$，$C_3 = (10 \sim 270)\ \text{pF}$，试求：（1）标出振荡线圈一、二次侧同名端；（2）求反馈系数 F_u；（3）求电路振荡频率 f_0 的可调范围。

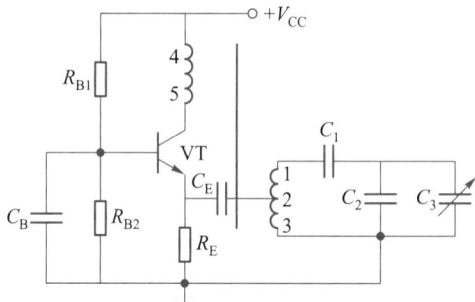

图 8.30　题 8.3

8.4　试分析图 8.31 所示各电路能否产生正弦振荡，并说明理由（题图 8.4 中 C_B、C_E 均为旁路或隔直耦合电容）。

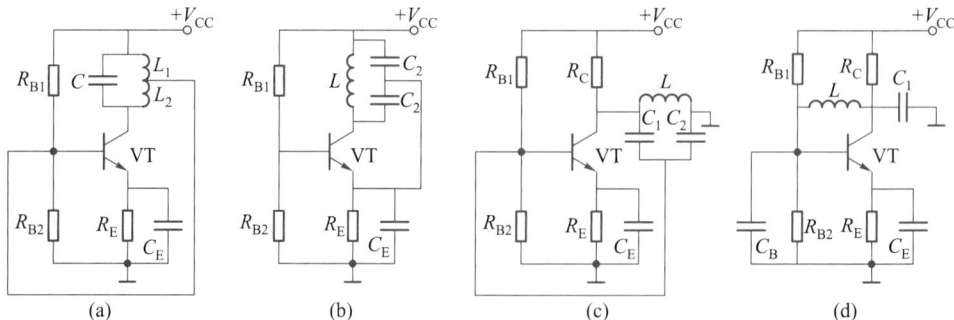

图 8.31　题 8.4

8.5　将图 8.32 所示各电路连接成正弦波振荡电路，指出其振荡电路类型，写出振荡频率表达式（图 8.32 中 C_B、C_E、C_C 均为旁路或隔直耦合电容，L_C 为高频扼流圈）。

8.6　试写出图 8.33 中各电路的谐振频率表达式。

8.7　已知文式电桥和集成运放如图 8.34 所示。试分析：

（1）欲组成 RC 桥式振荡电路，电路应如何连接？

（2）正确连接后，试求电路振荡频率；

（3）电路起振和维持振荡的条件；

（4）要使振荡稳定，R_1、R_2 应选用什么元件？

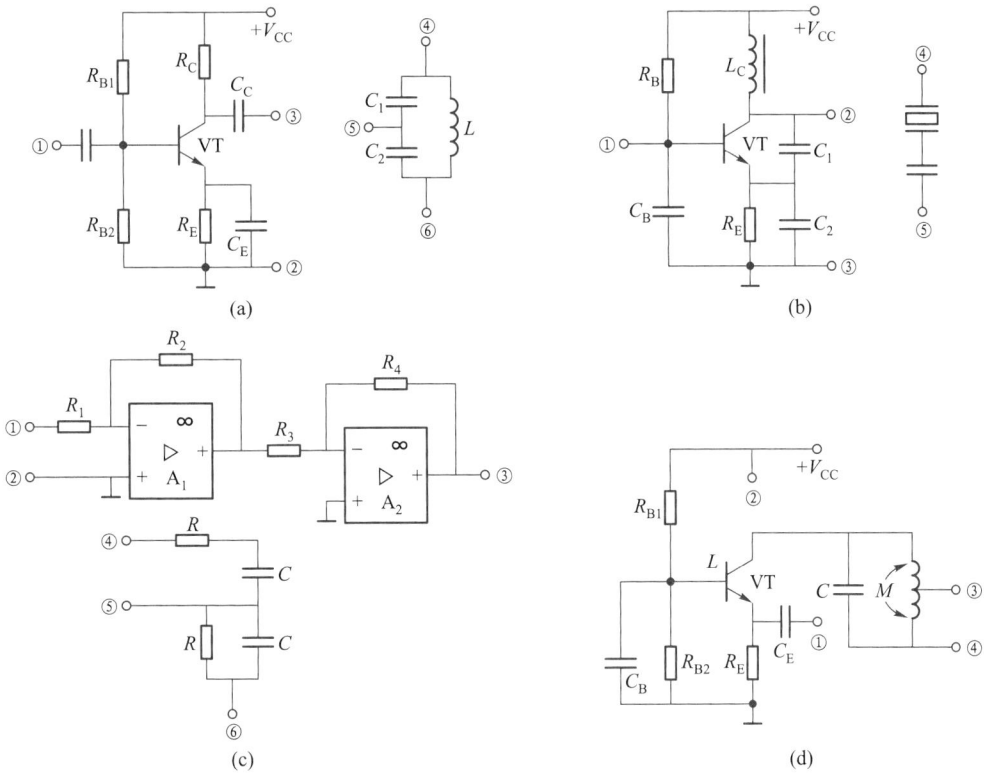

图 8.32　题 8.5

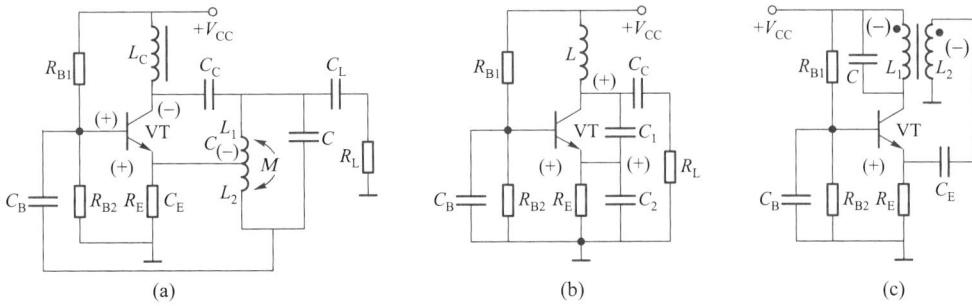

图 8.33　题 8.6

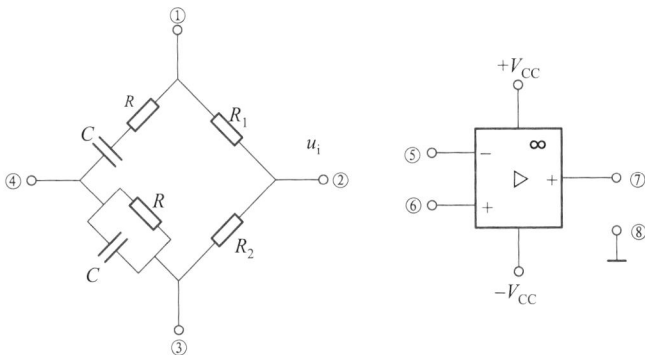

图 8.34　题 8.7

8.8 已知 RC 桥式振荡电路如图 8.35 所示, $R = 16\ \text{k}\Omega$, $C = 0.01\ \mu\text{F}$, $R_1 = 1.1\ \text{k}\Omega$, 试求: (1) 振荡频率 f_0; (2) R_f 最小值; (3) 若电路连接无误,但不能振荡,应调整电路哪一个元件? (4) 若输出波形失真严重,应如何调整?

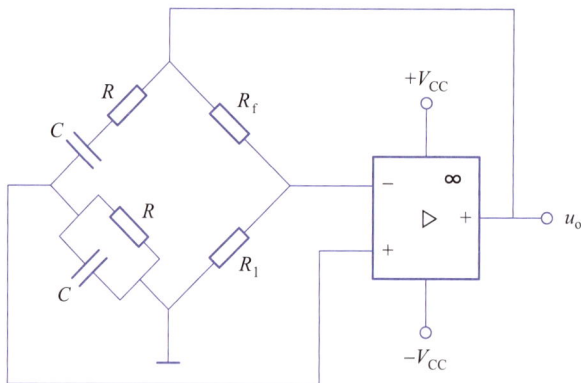

图 8.35   题 8.8

8.9 试判断图 8.36 中各电路能否组成正弦波振荡电路? (图题 8.9 中 C_B、C_E 均为旁路或隔直耦合电容)

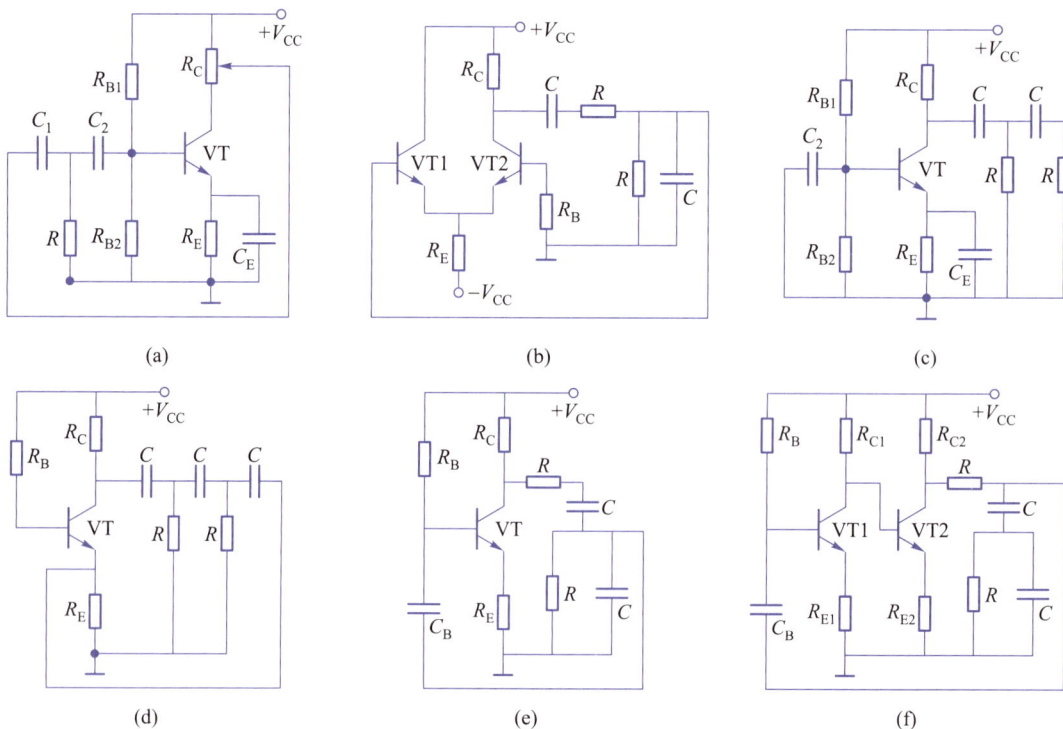

图 8.36   题 8.9

参考文献

[1] 张绪光.电路与模拟电子技术[M].2 版.北京:北京大学出版社,2018.

[2] 童建华.电路分析基础[M].3 版.大连:大连理工大学出版社,2018.

[3] 李广明等.电路与模拟电子技术[M].北京:人民邮电出版社,2018.

[4] 蔡红娟.模拟电子技术[M].2 版.武汉:华中科技大学出版社,2019.

[5] 金巨波,张炯,刘烨.模拟电子技术[M].哈尔滨:哈尔滨工程大学出版社,2017.

[6] 江晓安,付少峰.模拟电子技术学习指导与题解[M].西安:西安电子科技大学出版社,2018.11.

[7] 于宝明,张园.模拟电子技术基础[M].北京:电子工业出版社,2018.

[8] 王贞.模拟电子技术实验教程[M].北京:机械工业出版社,2018.

[9] 邵雅斌,胡晓阳,陈晨.电路分析基础[M].北京:北京邮电大学出版社,2018.

[10] 吴安岚.电路分析基础[M].北京:清华大学出版社,2018.

[11] 吴仕宏,高艳萍.电路[M].大连:大连理工大学出版社,2018.

[12] 王英.电路与电子技术实验与实训教程[M].成都:西南交通大学出版社,2018.

[13] 方奕乐.电路与电子技术实验教程[M].武汉:武汉理工大学出版社,2018.

[14] 殷瑞祥.电路与模拟电子技术[M].2 版.北京:高等教育出版社,2009.

[15] 汪建.电路原理学习指导与习题题解[M].2 版.北京:清华大学出版社,2017.

[16] 卢飒.电路与电子技术[M].北京:电子工业出版社,2018.

[17] 董毅.电路与电子技术[M].北京:机械工业出版社,2008.

[18] 李树雄.电路基础与模拟电子技术[M].北京:北京航空航天大学出版社,2005.

[19] 查丽斌.电路与模拟电子技术基础[M].4 版.北京:电子工业出版社,2019.

[20] 魏秉国,梁成升.模拟电子技术与应用[M].北京:国防工业出版社,2008.

[21] 徐遵,刘莉莉.模拟电子技术[M].北京:中国铁道出版社,2017.

[22] 苏士美.模拟电子技术[M].北京:人民邮电出版社,2005.

[23] 林平勇,高嵩.电工电子技术[M].5 版.北京:高等教育出版社,2019.

[24] 王连英.基于 Multisim 10 的电子仿真实验与设计[M].北京:北京邮电大学出版社,2009.

[25] 方奕乐.电路与电子技术实验教程[M].武汉:武汉理工大学出版社,2018.

[26] 朱亚丽.模拟电路及其产品安装调试[M].北京:中国电力出版社,2015.

高等职业教育
智能制造专业群
新专业教学标准课程体系

机械设计方向专业

机械设计与制造 / 机械制造及自动化 / 数字化设计与制造技术 / 增材制造技术

自动化方向专业

机电一体化技术 / 电气自动化技术 / 智能机电技术

机械制造工艺
机械 CAD/CAM 应用
工装夹具选型与设计
生产线数字化仿真技术
产品数字化设计与仿真

增材制造技术
产品逆向设计与仿真
增材制造设备及应用
增材制造工艺制订与实施

机械产品数字化设计
可编程控制器技术
机电设备故障诊断与维修
电机与电气控制
自动控制原理

机电设备装配与调试
运动控制技术
自动化生产线安装与调试
工厂供配电技术
工业网络与组态技术

专业群平台课

机械制图与计算机绘图
机械设计基础
公差配合与测量技术
液压与气压传动
工程力学
工程材料及热成形工艺

电工电子技术
电气制图及 CAD
智能制造概论
工业机器人技术基础
传感器与检测技术
金工实习

机器人方向专业

工业机器人技术
智能机器人技术

数控模具方向专业

数控技术
模具设计与制造

工业机器人现场编程
智能视觉技术应用
工业机器人应用系统集成
协作机器人技术应用

工业机器人离线编程与仿真
数字孪生与虚拟调试技术应用
工业机器人系统智能运维

数控机床故障诊断与维修
数控加工工艺与编程
多轴加工技术
智能制造单元生产与管理

冲压工艺与模具设计
注塑成型工艺与模具设计
注塑模具数字化设计与智能制造

工业网络方向专业

工业互联网应用
智能控制技术

制造执行系统应用（MES）
工业网络技术
工业数据采集与可视化
工业互联网平台应用

工业互联网基础
工业互联网标识解析技术应用
工业 App 开发